第十一届全国气象行业职业技能竞赛

试题及分析

中国气象局气象探测中心　编

气象出版社
China Meteorological Press

内容简介

本书汇编了由中国气象局、中国农林水利工会全国委员会、中国就业培训技术指导中心共同举办的“第十一届全国气象行业职业技能竞赛”试题及分析，内容主要包括：竞赛简介、综合气象业务基础理论试题及分析、强对流天气监测预警与服务试题及分析、技术保障试题及分析、观测数据综合处理试题、总裁判长技术点评、获奖人员和获奖代表队名单。本书还选编了河北省、安徽省、山东省、湖北省、广西壮族自治区、云南省的省级气象行业职业技能竞赛的部分试题。

图书在版编目(CIP)数据

第十一届全国气象行业职业技能竞赛试题及分析/中国气象局气象探测中心编. —北京：气象出版社，2018.10

ISBN 978-7-5029-6838-0

Ⅰ. ①第… Ⅱ. ①中… Ⅲ. ①气象观测-题解 ②气象预报-题解 Ⅳ. ①P41-44 ②P457-44

中国版本图书馆 CIP 数据核字(2018)第 231336 号

Dishiyijie Quanguo Qixiang Hangye Zhiye Jineng Jingsai Shiti Ji Fenxi

第十一届全国气象行业职业技能竞赛试题及分析

出版发行：气象出版社

地　　址：北京市海淀区中关村南大街 46 号　　邮政编码：100081

电　　话：010-68407112(总编室)　010-68408042(发行部)

网　　址：http://www.qxcbs.com　　E-mail：qxcbs@cma.gov.cn

责任编辑：张锐锐　王凌霄　　终　　审：吴晓鹏

责任校对：王丽梅　　责任技编：赵相宁

封面设计：易普锐创意

印　　刷：三河市君旺印务有限公司

开　　本：787 mm×1092 mm　1/16　　印　　张：19.25

字　　数：518 千字

版　　次：2018 年 10 月第 1 版　　印　　次：2018 年 10 月第 1 次印刷

定　　价：88.00 元

编　委　会

编写组成员

序 言

自 2007 年以来，全国气象行业职业技能竞赛已成功举办了十一届，其中面向基层台站观测员的技能竞赛举办了六届。这期间，随着中国气象局综合气象业务的不断改革发展，竞赛内容逐渐丰富，经历了从单一的地面测报竞赛，到综合观测竞赛，再到县级综合业务竞赛；竞赛形式也推陈出新，从笔试到现场动手操作，从纸质试卷到考试系统上机考试，竞赛组织工作在多方的共同努力下不断完善。

第十一届全国气象行业职业技能竞赛是第二次专门针对县级综合气象业务举办的技能竞赛，本次竞赛进一步强化了观测与预报、服务的互动，增设了新的考试科目和新型观测设备，对基层台站业务人员的综合业务素质提出了更高要求。我们希望通过竞赛这个指挥棒，激发基层业务人员学习热情，鼓励基层台站持续推进新技术、新方法的学习，同时也为我国气象事业培养工匠级业务人才，推进综合气象业务发展起到引领作用。

为帮助基层业务人员更好地学习竞赛试题，深刻理解和掌握业务知识，中国气象局气象探测中心组织编写了《第十一届全国气象行业职业技能竞赛试题及分析》一书，对相关知识点进行解读，具有很强的实用性，为基层综合业务人员学习培训提供重要参考。

如何紧跟业务改革和发展步伐，将业务竞赛开展得更好更完善，需要我们进一步的思考和努力。衷心希望大家结合本书，不断提高业务素质，为气象事业的发展做出应有贡献。

*

2018 年 9 月

---

* 李良序：中国气象局气象探测中心主任。

前 言

为提高县级综合气象业务人员的业务素质和技能水平，进一步提升气象服务能力，促进综合气象业务发展，中国气象局、中国农林水利工会全国委员会、中国就业培训指导中心于2016年11月底在成都信息工程大学共同举办了“第十一届全国气象行业职业技能竞赛暨第二届全国气象行业县级综合气象业务职业技能竞赛”。

本届竞赛以综合气象观测发展为主线，以提高新时期、新形势下业务人员的综合素质和业务能力为目标，引导业务人员全面掌握综合气象观测知识，全面提高县级综合业务人员的综合业务水平。竞赛分为四个科目：综合业务理论、监测预警服务、装备技术保障和观测数据处理。本届竞赛以技能竞赛为主，采取理论与技能结合方式进行，内容涵盖了气象防灾减灾与公共气象服务、天气预报与气象灾害预警、综合气象观测和技术保障等综合气象业务知识。

本书汇编了第十一届全国气象行业职业技能竞赛试题，选编了河北、安徽、山东、湖北、广西、云南等省级综合气象业务的竞赛试题。并对试题进行了分析，方便读者应用和学习。编者希望通过本书进一步扩展县级综合业务人员的知识层次，增强业务技能，提高综合业务水平。

由于本书内容涉及面广，资料体量大，编写时间紧促，难免有差错和遗漏，欢迎广大读者批评指正。

目　　录

❺ 竞赛总结及获奖情况

竞赛简介

2016 年中国技能大赛——第十一届 全国气象行业职业技能竞赛实施方案节选

为了深入贯彻落实中国气象局全面推进气象现代化，推动气象现代化“四大体系”建设的重要举措，以技能竞赛的方式促进基层气象观测预报预警业务的发展；以弘扬工匠精神为导向，以提高广大基层气象业务人员素质和技能为目标，促进县级综合气象业务发展。

一、竞赛组织机构

（一）竞赛组织委员会

负责竞赛重大事项决策、竞赛实施方案及相关文件审定。

（二）竞赛组织委员会办公室

竞赛组织委员会办公室（设在中国气象局综合观测司），负责协调、落实、检查与竞赛相关各项目的执行情况；负责竞赛组委会的日常工作。

（三）竞赛实施组

负责编制各项竞赛试题。在竞赛过程中，负责对竞赛试题及答案进行技术解答，对试卷进行监管、保密；负责竞赛用设备的安装、调试、监管、布置、维护等；组织监考人员负责监督各考场竞赛纪律；阅卷人员负责各项竞赛答题的审阅、打分；记分人员负责将各项竞赛答题计分、记录、归总；负责安排住宿、饮食、布置赛场等后勤及会务事项；负责获奖证书的制作、管理；负责工作证、参赛资格证的制作、发放等；负责考试用具的监管。

（四）竞赛监审组

负责监督裁判职责、监督考场秩序、监督违纪人员处理、监督竞赛评卷计分；负责竞赛工作中出现的各种问题，向组委会提出处理意见。

二、竞赛安排

（一）竞赛地点

成都信息工程大学

（二）竞赛日程安排

竞赛日期：2016 年 11 月 28—30 日，赛程 3 天。

表 1　竞赛日程安排

时间		内容
11 月 27 日（报到）	全天	代表报到
	20:00—21:30	预备会（各参赛队领队参加）

续表

时间		内容
11月28日(竞赛)	09:00—09:30	开幕式
	10:10—13:10	技术保障
	16:00—17:00	强对流天气监测预警与服务
11月29日(竞赛)	09:00—10:30	观测数据综合处理
	14:30—16:30	综合气象业务基础理论
11月30日(总结)	09:00-11:00	闭幕式(总结、颁奖)

(三)代表队及参赛选手

1. 名额

各省(区、市)气象局均组队参加竞赛,行业内相关单位可组队参加竞赛。各代表队领队1名、教练1名、参赛选手3名。

2. 参赛选手确定

各省(区、市)气象局自行抽签确定参赛选手;行业内相关单位推荐三名选手组队参赛。

3. 参赛资格

已参加过三届竞赛或取得个人全能前三名的不得再参加本届竞赛。

(四)参赛须知

1. 报到注意事项

各参赛代表队应按时报到。报到时,领队、教练、参赛队员应出示本人身份证,确认后发给工作证、参赛资格证。

2. 赛场纪律

(1)参赛队员必须听从指挥,服从裁判。

(2)应至少提前15分钟进入赛场并对号入座。入场时须佩戴参赛资格证,否则不得入场。除规定的比赛用具外,手机、提包、书籍等与竞赛无关的其他物品一律不得带入赛场。迟到30分钟以上者禁止入场,取消本场竞赛资格。

(3)入场后,应认真听取监考人员宣布的有关注意事项。

(4)应保持赛场安静,不得在赛场内吸烟。如竞赛系统运行异常,应举手示意,但与题意有关的内容监考人员不予解答。

(5)答题期间不准左顾右盼、交头接耳、传递纸条、抄袭他人答案或故意让他人抄袭。一般不得离开赛场。确须中途外出时应举手示意,经监考人员批准后方可离开,并由监考人员随行监督。

(6)每项竞赛结束前30分钟和5分钟时,监考人员各提示一次。

(7)参赛队员违反赛场纪律时,情节轻微的,第一次提出警告,第二次取消本场竞赛资格,该项成绩按零分处理;情节严重的,取消本场竞赛资格,该项成绩按零分处理;情节特别严重的,取消竞赛队员资格。

(8)本次竞赛由竞赛组织单位提供竞赛环境,包括电脑、键盘、鼠标和竞赛系统。要求参赛队员:

在考试过程中不得擅自重启计算机(试卷要求除外);不得擅自修改计算机操作系统的系统设置如IP地址、分辨率等;不得擅自卸载计算机上已安装的软件或删除文件;不得安装其他任何软件或拷贝文件(试卷要求除外)。考试期间,因计算机硬件或软件出现故障导致无法答题时,应及时向现场监考老师报告,不得自行处理。

三、竞赛内容与评分标准

竞赛内容包含四个竞赛科目：综合气象业务基础理论、强对流天气监测预警与服务、技术保障、观测数据综合处理，满分 410 分。

表 2　竞赛科目及分值

序号	竞赛内容	分值
1	综合气象业务基础理论	150
2	强对流天气监测预警与服务	60
3	技术保障	100
4	观测数据综合处理	100
总分	—	410

（一）综合气象业务基础理论

1. 竞赛内容

（1）防灾减灾与共气象服务部分竞赛内容：考查气象灾害防御、预警信息发布、气象为农服务"两个体系"建设、气象灾害风险业务和人工影响天气知识。

（2）气象预警预报部分竞赛内容：天气学基本概念及天气分析与预报的基本思路、多普勒天气雷达和卫星气象应用基本知识、天气预报与气象灾害预警的业务规范。

（3）气象观测和技术保障部分竞赛内容：综合气象观测基本知识、地面观测自动化相关知识及业务规定、气象观测相关法律、法规和规章，数据质量控制与气象资料应用。

表 3　综合气象业务基础理论内容及分值

序号	竞赛内容	分值	占基础理论比例
1	防灾减灾与公共气象服务	45	30%
2	气象预警预报	40.5	27%
3	气象观测和技术保障	64.5	43%
总分	—	150	—

2. 竞赛形式和评分标准

（1）竞赛形式

机考，闭卷考试，满分 150 分，考试时间 120 分钟。

试题类型：单项选择题、多项选择题、判断题。

（2）评分标准

单项选择题 100 题，满分 40 分，每题 0.4 分；多项选择题 100 题，满分 80 分，每题 0.8 分，多选、少选不得分；判断题 100 题，满分 30 分，每题 0.3 分。

表 4　综合气象业务基础理论竞赛试题类型及评分标准

题型	数量(个)	每题分值(分)	总分值(分)
单项选择题	100	0.4	40
多项选择题	100	0.8	80
判断题	100	0.3	30
—	300	—	150

注：多项选择题多选、少选的不得分。

(二)强对流天气监测预警与服务

考查对强对流天气特点掌握程度,运用业务理论知识开展强对流天气监测、临近预警与服务的能力。

1.竞赛内容

参赛选手在赛场提供的计算机上通过对一个强对流天气历史个例的分析,结合环境背景和SA/SB新一代天气雷达回波特征,综合分析两个指定的县域范围内的未来强对流天气并发布气象灾害预警信号,撰写决策气象服务材料,内容包括实况、预报、可能产生的影响和对策建议等,报送县政府。

各代表队竞赛题目均为1个强对流天气历史个例。预报个例采用真实时间地点,各省题目均不考本省或本区域的强对流天气过程。行业单位代表队为本单位预报责任区外其他任意一省的考试题目。

(1)试题所用天气背景资料包括:

a)起报时刻前1小时至预报时效内SA或SB雷达回波产品数据,以*.zip压缩包形式提供,考生需要使用PUP软件调用。请提前熟悉PUP软件操作,包括产品资料路径设置及地图文件设置;

b)起报时刻前6小时内逐半小时的红外云图;

c)起报时刻前最近时刻的250 hPa、500 hPa、700 hPa、850 hPa、925 hPa和地面图,经过订正的T-ln$P$图,地面观测资料提供逐小时的国家级和区域站资料。

(2)强对流天气监测预警历史个例分析的监测分析部分试题类型为判断题。根据提供的观测资料判断是否会出现表格中列出的灾害性强对流天气,答案填写在相应的表格中,无须填写分析判断理由。

(3)强对流天气监测预警历史个例分析的预警信号文字撰写部分重点考查预警发布(变更)时间、预警信号种类和等级等。考试提供预警信号发布用语模板。文件依据主要有《气象灾害预警信号发布与传播办法》(中国气象局16号令)和《气象灾害预警信号发布业务规定》(气发〔2008〕476号),为简化考试,此次模拟预警信号发布在所依据文件的基础上做了一些调整,请特别注意:

a)预警发布未来2小时内的天气,如果预计两小时内灾害性强对流天气不影响本区,不发布预警信号;

b)预警信号发布2小时后自动撤销,2小时后预警维持或升级,需再次发布;

c)发布雷暴大风、冰雹、短时强降水预警信号,不发布雷电预警信号;

d)预警信号等级均只设两档,蓝色和红色,根据表5和表6标准发布;

e)当不同种类的灾害性天气同时出现时,选最可能致灾的天气发布,其他灾害性天气也必须在预警文字中提及,当雷暴大风和短时强降水均可能致灾时,可以发布雷雨大风预警。

表5 冰雹雷暴大风预警等级标准

灾害性天气类型	蓝色	红色
冰雹	2小时内有直径2 cm以上冰雹	1小时内有直径2 cm以上的冰雹
雷暴大风	2小时内阵风可达8级	2小时内阵风可达10级

表 6　短时强降水分区域预警等级标准(分区域,不同区域标准不同)

灾害性天气类型	蓝色	红色
短时强降水	2 小时内将出现 1 小时××mm 以上降水	2 小时内将出现 1 小时××mm 以上降水,或强降水进行中,预计 3 小时累计降水量可达××mm

2. 竞赛形式和评分标准

本科目考试提供电子版和纸质版试卷各一份,考生最终提交电子文档,闭卷考试。

满分 60 分,考试时间 60 分钟,赛后,阅卷人员根据评分标准进行打分。

表 7　强对流天气监测预警与服务试题类型及评分标准

试题类型		分值(分)
强对流天气监测预警历史个例分析	监测分析	20
	预警信号文字撰写	20
决策气象服务材料		20
总分值(分)		60

(三)技术保障

1. 竞赛设备

赛前设计制作 40 套竞赛平台,包括:

DZZ4 型 20 套和 DZZ5 型 20 套,其中 36 套自动站供竞赛使用,其余 4 套备用;DNQ1 型前向散射式能见度仪 40 套,其中 36 套供竞赛使用,其余 4 套备用;DPZ1 型综合集成硬件控制器 40 套,其中 36 套供竞赛使用,其余 4 套备用。

观测要素包括:气温、湿度、气压、风速、风向、降水量、能见度。

2. 竞赛内容

技术保障科目考试内容具体包括:观测设备的拆解与安装、调试、故障诊断等。

(1)观测设备拆装

使用给定的设备,完成拆装与检查。包括:传感器接线、传感器与防雷板连接、防雷板与采集器连接、综合集成硬件控制器的连接、供电系统接线等。

要求正确完成观测设备拆装,操作规范,各类接线检查准确,完成安装后操作台整洁美观。

(2)观测设备调试

使用台站地面综合观测业务软件(ISOS)或串口测试软件完成观测设备现场调试。包括:传感器相关参数读取和设置、采集器相关参数读取和设置、能见度传感器的应用与维护、综合集成硬件控制器设置与维护等。

要求正确完成观测设备调试、测试软件相关读取和配置等操作,能够正常读取观测数据。

(3)观测设备故障诊断

使用提供的工具对预先设置的自动气象站一种或几种故障进行故障诊断。

要求正确使用工具,判断故障具体位置,分析故障原因,更换相应备件后排除故障。

3. 竞赛形式和评分标准

(1)竞赛形式

a)现场闭卷考试和实际操作相结合,满分 100 分。考生使用机房提供的计算机完成竞赛。每名选手由 1 名裁判对其现场操作过程评分并计时,根据考生提交试卷和现场操作进行评分,具体评分标准以竞赛裁判手册为准。分数相同时,操作完成时间短的排名在前,但不影响个人全能排名和团体排名。

b)分3组每组32人同时进行竞赛,每人1台设备,每组竞赛时间30分钟,两组竞赛之间15分钟为设备调校准备时间,竞赛结束后,选手不得再接触竞赛设备。行业代表队使用DZZ5型自动气象站参加竞赛。

c)所有参赛选手需提前半小时进入候考区备考,上交电子通信设备,并统一抽取参赛顺序和参赛设备。参赛组别由Ⅰ、Ⅱ、Ⅲ表示;参赛设备由A、B表示,A代表DZZ4型,B代表DZZ5型;设备编号由1,2,3,…,15,16表示。参赛选手抽签后,向监考人员展示,监考人员记录(举例:某选手抽到ⅡB11,表示该选手第二组参赛,参赛设备为DZZ5型,对应的设备编号为11号)。考生中途不得离开,如需中途离开,需经工作人员批准后方可离开,并由监考人员随行监督。

(2)评分标准

根据考生提交试卷和现场操作进行评分,具体评分标准以竞赛裁判手册为准。分数相同时,操作完成时间短的排名在前,但不影响个人全能排名和团体排名。

(四)观测数据综合处理

1.竞赛内容

观测数据综合处理的相关规范及业务操作规定,包括:地面气象测报业务软件(ISOS)安装、参数设置、模拟自动气象观测系统实时数据处理及业务值班、观测数据录入及维护、气象报文编发、逐日地面数据维护、数据文件上传、观测数据及台站元数据分析、MDOS平台反馈信息查询处理等。

2.竞赛形式及评分标准

(1)闭卷考试,采用电子和纸质试卷两种方式,纸质试卷仅供选手浏览使用,在纸质试卷上答题无效。

满分100分,考试时间90分钟。

(2)数据处理及软件操作以国家基本气象站的方式为准。竞赛用软件为ISOS(SMO Ver4.0.8.2,MOI Ver3.0.0.2),可从http://www.moc.cma.gov.cn/16网址下载。

(3)评分标准

参赛选手用考场统一提供的电脑完成规定的操作,操作完毕之后将答案存放在试卷(或考试说明)要求的目录下,评卷时以参赛队员提交的电子答题卡、数据文件以及屏幕截图为准。

参数设置:满分15分,按项扣分,每错、漏1项扣0.1~0.3分(以试卷为准,下同);自动观测系统实时运行模拟:满分25分,按项扣分,每错、漏1项扣0.5~1分;整点数据维护处理和重要天气报:满分40分,每少1项,扣1.0分,数据文件中每错、漏1个要素扣0.2~0.5分;地面数据维护:满分10分,每错、漏1项扣0.2~1.0分,扣完为止;MDOS平台反馈信息查询处理:满分10分。

本次观测数据综合处理试题不正常记录的处理均按《地面气象观测业务技术规定(2016版)》执行。

四、竞赛工作人员职责及工作纪律

(一)裁判长职责

1.在竞赛组委会的领导下,负责竞赛裁判的组织和指导工作。

2. 组织竞赛实施的各小组按时完成各自工作。

3. 负责制定竞赛工作流程、职责和纪律，并监督执行情况。

4. 负责竞赛试卷的监管。

5. 负责裁决竞赛中出现的技术争议。

6. 竞赛结束时，向组委会报告比赛成绩。

（二）裁判工作纪律

1. 裁判人员在竞赛裁判工作中，要作风正派，实事求是，认真负责，严格遵守公正、公平原则，不得徇私舞弊。

2. 严格遵守竞赛规则，保守竞赛秘密，不得泄漏竞赛试题和评卷、计分情况。

3. 坚守工作岗位，履行工作职责，不得擅离职守。

4. 服从领导听指挥。遇有不同意见，共同协商，并服从裁判长的裁决。

（三）监考人员职责

1. 监考人员应提前 30 分钟到达赛场，检查赛场布置、设施等是否符合要求。

2. 参赛队员入场时，检查参赛队员资格证，收缴禁止带入赛场的物品，查验参赛队员座次。

3. 监督赛场纪律，作好监考记录，竞赛结束后交裁判长。发现违纪现象时，按照赛场纪律进行处理。若有严重违纪或其他突发事件发生时，应立即报告裁判长。

4. 竞赛结束前 30 分钟、5 分钟时，各提示一次。

5. 宣布比赛结束，组织选手离场。

（四）评卷人员职责

1. 在裁判长、评卷小组组长的领导下，严格按照评分规定和标准答案做好评分工作。

2. 评分时，两人一组，设初评和复评。遇有问题应及时报告评卷小组组长和裁判长，并服从裁判长的裁决。

（五）计分人员职责

1. 在裁判长的领导下，严格按照竞赛规则做好计分工作。

2. 遇有问题应及时报告裁判长，并服从裁判长的裁决。

3. 计分时，两人一组，设初算和复算。

4. 所有试卷分数核对无误后，由评卷小组现场对单项得分前 10 名的试卷，进行终评、计分。

5. 终评、计分结束后，统计个人成绩，并将成绩表交裁判长。

（六）监审职责

1. 监督裁判员履行工作职责情况。

2. 监督裁判员遵守裁判纪律情况。

3. 监督赛场纪律执行情况。

4. 监督违纪人员的处理。

5. 对竞赛工作中出现的各种问题，向组委会提出处理意见。

五、竞赛奖项设置及奖励办法

竞赛设个人单项、个人全能和团体奖项。

(一)个人全能

1.“个人全能”的评奖依据为参赛选手的所有单项成绩相加求和。

2.个人全能设一等奖1名、二等奖2名,三等奖10名,优秀奖10名。

3.一等奖为个人全能第一名,报请人力资源和社会保障部授予“全国技术能手”荣誉称号,报请中华全国总工会授予“全国五一劳动奖章”,颁发奖章、奖牌和证书,并以适当形式给予鼓励。

4.二等奖为个人全能第二、三名,报请人力资源和社会保障部授予“全国技术能手”,颁发奖章、奖牌和证书,并以适当形式给予鼓励。

5.非气象部门参赛选手中个人全能成绩最优者,由中国气象局进行表彰,颁发奖励证书,并以适当形式给予鼓励。

6.三等奖为个人全能第四名至第十三名,由中国气象局进行表彰,颁发奖励证书,并以适当形式给予鼓励。

7.优秀奖为个人全能第十四名至第二十三名,颁发奖励证书,并以适当形式给予鼓励。

8.个人全能前三十名颁发名次证书。

9.其他名次的个人全能参赛选手颁发参赛证书。

10.获个人全能前十三名的选手,可作为职称评审的破格依据。

(二)个人单项

1.“个人单项”的评奖依据为参赛选手的个人单项成绩。

2.每个竞赛单项均设个人单项奖,分别设一等奖1名、二等奖2名、三等奖3名,颁发奖励证书,并以适当形式给予鼓励。

3.个人单项前三名可作为职称评审的破格依据。

(三)团体奖项

1.团体成绩前十名的代表队授予“第十一届全国气象行业县级综合气象业务技能竞赛团体奖”,并颁发奖牌。“团体奖”的评奖依据为代表队的单项团体成绩为队内3名参赛选手个人全能成绩相加求和。

2.团体单项成绩第一名的代表队授予“第十一届全国气象行业县级综合气象业务技能竞赛团体单项奖”,并颁发奖牌。“团体单项奖”的评奖依据为代表队内3名参赛选手单项成绩相加求和。

3.与第九届全国气象行业县级综合气象业务技能竞赛相比,团体成绩进步最快的代表队授予“第十一届全国气象行业县级综合气象业务技能竞赛团体最快进步奖”,并颁发奖牌。“团体最快进步奖”的评奖依据为与上届全国气象行业县级综合气象业务技能竞赛相比,团体成绩进步最快的代表队。

各单位竞赛的表彰奖励办法可自行确定。

1

第十一届全国气象行业职业技能竞赛试题及分析

1.1 综合气象业务基础理论试题及分析

竞赛工种：县级综合气象业务

竞赛时间150分钟，总分150分

单选题

1.《气象灾害防御条例》中规定，当发生跨省、自治区、直辖市大范围的气象灾害，并造成较大危害时，由国务院决定启动(　　)。

A. 重大气象灾害应急响应　　B. 国家气象灾害应急预案

C. 突发公共事件应急预案　　D. 重大突发事件应急响应

答案：B。《气象灾害防御条例》第四章第三十四条，发生跨省、自治区、直辖市大范围的气象灾害，并造成较大危害时，由国务院决定启动国家气象灾害应急预案。

2.《气象灾害防御条例》中规定，县级以上地方人民政府应当根据灾害性天气影响范围、强度，将可能造成人员伤亡或者重大财产损失的区域临时确定为(　　)，并及时予以公告。

A. 气象灾害高风险区　　B. 地质灾害脆弱区

C. 气象灾害危险区　　D. 气象灾害重点防御区

答案：C。《气象灾害防御条例》第四章第三十五条，县级以上地方人民政府应当根据灾害性天气影响范围、强度，将可能造成人员伤亡或者重大财产损失的区域临时确定为气象灾害危险区，并及时予以公告。

3.2016年7月20日06时左右，云南省临沧市耿马傣族佤族自治县境内突降单点式暴雨，勐永、耿马2个镇遭受洪涝灾害，农作物受灾18.3 hm^2，成灾12.8 hm^2，绝收2.1 hm^2，坚果苗冲毁4.5万株。请问按照《全国气象灾情收集上报技术规范》中灾情填报规范，该案例中“农作物成灾12.8 hm^2”约占当地农作物播种面积的(　　)以上。

A. 1成(含1成)　　B. 3成(含3成)

C. 5成(含5成)　　D. 8成(含8成)

答案：B。《全国气象灾情收集上报技术规范》第四部分第二点(3)农业影响，“农作物成灾面积”指因灾减产3成(含3成)以上的农作物播种面积。

4.2016年4月21日以来，云南曲靖、玉溪、保山等11市(自治州)24个县(市、区)遭受风雹灾害，12.6万人受灾，31人死亡，1000余人紧急转移安置；近1.9万间房屋不同程度损坏；直接经济损失近2.3亿元。按照气象灾害评估分级处置标准，此次气象灾情属于(　　)气象灾害。

A. 特大型　　B. 大型　　C. 中型　　D. 小型

答案:B。《气象灾情收集上报调查和评估规定》第四章第五条,因灾死亡 30 人(含)以上 100 人以下,或者伤亡总数 100 人(含)以上 300 人以下,或者直接经济损失 1 亿元(含)以上 10 亿元以下的,属于大型气象灾害。

5.《国家气象灾害应急预案》中气象灾害预警标准规定,当过去 24 小时 2 个及以上省(区、市)大部地区出现暴雨天气,预计未来 24 小时上述地区仍将出现暴雨天气;或者预计未来 24 小时 2 个及以上省(区、市)大部地区将出现大暴雨天气,且南方有成片或北方有分散的特大暴雨,应发布暴雨(　　)预警。

A. Ⅰ级　　B. Ⅱ级　　C. Ⅲ级　　D. Ⅳ级

答案:C。《国家气象灾害应急预案》附则中 8.1.3Ⅲ级预警。

6.《国家气象灾害应急预案》中规定,当启动暴雨应急响应后,各有关部门和单位要加强值班,密切监视灾情,针对不同气象灾害种类及其影响程度,采取应急响应措施和行动。暴雨灾害发生后,(　　)、防汛、气象等部门应按照有关规定进行灾情调查、收集、分析和评估工作。

A. 民政　　B. 农业　　C. 教育　　D. 卫生

答案:A。《国家气象灾害应急预案》第四部分"应急处置"中 4.4.2 暴雨,灾害发生后,民政、防汛、气象等部门按照有关规定进行灾情调查、收集、分析和评估工作。

7.《全国气象灾情收集上报技术规范》中提到,本次灾害性天气过程中除主要致灾灾种以外的其他同时发生的灾害类别,称为(　　)。

A. 次要灾害　　B. 伴随灾害　　C. 非主要灾害　　D. 其他灾害

答案:B。《全国气象灾情收集上报技术规范》第四部分"灾情填报规范"第二点第一小点。

8. 县级以上地方人民政府、有关部门应当根据气象灾害发生情况,依照(　　)的规定及时采取应急处置措施;情况紧急时,及时动员、组织受到灾害威胁的人员转移、疏散,开展自救互救。

A.《中华人民共和国气象法》　　B.《中华人民共和国突发事件应对法》

C.《国家突发公共事件总体应急预案》　　D.《国家气象灾害应急预案》

答案:B。见《气象灾害防御条例》第四章第三十六条。

9.《国务院办公厅关于加强气象灾害监测预警及信息发布工作的意见》(简称"国办 33 号文")中"总体要求"指出,坚持以人为本、预防为主,政府主导、部门联动,统一发布、分级负责,以保障人民生命财产安全为根本,以(　　)为重点,进一步完善气象灾害监测预报网络。

A. 提高预报预警准确率　　B. 提高预警信息发布时效性和覆盖面

C. 加强防灾减灾体系建设　　D. 加强基础观测设施建设

答案:B。国办 33 号文"总体要求"。

10.《国务院办公厅关于加强气象灾害监测预警及信息发布工作的意见》的"工作目标"指出,力争到 2020 年,建成功能齐全、科学高效、覆盖城乡和沿海的气象灾害监测预警及信息发布系统,气象灾害监测预报预警能力进一步提升,预警信息发布时效性进一步提高,(　　)预警信息发布"盲区"。

A. 基本消除　　B. 消除　　C. 显著减少　　D. 部分减少

答案:A。国办 33 号文"工作目标"。

11.《国务院办公厅关于加强气象灾害监测预警及信息发布工作的意见》中指出,为了强化监测预报工作，要建立(　　)，在人口密集区及其上游高山峡谷地带加强气象、水文、地质联合监测，及早发现山洪及滑坡、泥石流等地质灾害险情。

A. 自动加密观测系统　　B. 综合临近报警系统

C. 地质灾害风险评估系统　　D. 部门联合工作机制

答案：B。国办 33 号文的第二部分(四)。

12.《国务院办公厅关于加强气象灾害监测预警及信息发布工作的意见》中强调要加强基层预警信息接收传递，县、乡级人民政府有关部门，学校、医院、社区、工矿企业、建筑工地等要指定专人负责气象灾害预警信息接收传递工作，重点健全向基层社区传递机制，形成(　　)直通的气象灾害预警信息传播渠道。

A. 县—乡—村—户　　B. 省—市—乡—村

C. 县—乡　　D. 省—市—县

答案：A。国办 33 号文的第四部分(十一)。

13.《现代农业气象服务示范县创建标准(试行)》中要求，示范县在开展"直通式"农业气象服务时，农业气象服务信息村屯覆盖率应达(　　)以上。

A. 90%　　B. 80%　　C. 70%　　D. 60%

答案：A。《现代农业气象服务示范县创建标准(试行)》，第 4 页，知识点：具有"直通式"农业气象服务的标准，原文为"实现农业气象服务信息村屯覆盖率达 90%以上"。

14.《现代农业气象服务示范县创建标准(试行)》中要求，示范县应每年组织至少一次农业气象服务需求调研活动，进一步明确农业气象服务需求和(　　)。

A. 不同服务对象的服务方式　　B. 服务重点

C. 调研服务的效益　　D. 当地农业和气候特点

答案：B。《现代农业气象服务示范县创建标准(试行)》，第 4 页，知识点：具有信息反馈机制的标准，原文为"示范县应每年组织至少一次农业气象服务需求调研活动，进一步明确农业气象服务需求和服务重点"。

15. 某县具有农业气象服务岗位，且有 1 名相对固定的农业气象服务人员，该名服务人员为农业气象学中专毕业，该县的人员数量和学历是否符合《现代农业气象服务示范县创建标准(试行)》中的要求。(　　)

A. 数量符合　　B. 数量和学历都符合

C. 数量和学历都不符合　　D. 学历符合

答案：C。《现代农业气象服务示范县创建标准(试行)》，第 1 页，知识点：具有农业气象专业人员，原文为"示范县应设置农业气象服务岗位，有 2 名以上相对固定的专职农业气象服务人员，其中至少 1 人为农业气象专业专科以上学历或经过省级及以上气象部门组织的农业气象专业培训并获合格证书"。

16.《气象灾害防御示范乡(镇)创建标准(试行)》中要求，气象灾害防御领导小组组长由乡镇气象灾害防御工作分管领导担任，(　　)和乡镇气象协理员为领导小组成员。

A. 各村党支部宣传委员　　B. 各村委主任

C. 乡镇党委宣传委员　　D. 乡镇党委组织委员

答案：B。《气象灾害防御示范乡(镇)创建标准(试行)》，第 1 页，知识点：气象防灾减灾领导机构组成。原文为“成立乡镇气象灾害防御领导小组，组长由乡镇气象灾害防御工作分管领导担任，各村委主任和乡镇气象协理员为领导小组成员”。

17.《气象灾害防御示范乡(镇)创建标准(试行)》中，有关气象信息员队伍，下列哪个说法是正确的。(　　)

A. 乡镇至少有1名气象联络员　　B. 乡镇至少有1名气象协理员

C. 所辖各村至少有1名气象协理员　　D. 所辖各村至少有1名气象联络员

答案:B。《气象灾害防御示范乡(镇)创建标准(试行)》，第2页，知识点：气象信息员队伍建设。原文为“乡镇至少有1名气象协理员，所辖各村至少有1名气象信息员，各农业园区或农业专业生产企业、各学校、医院等重点单位至少有1名气象联络员”。

18.《气象灾害防御示范乡(镇)创建标准(试行)》的气象防灾减灾科普宣传计划中指出，要向公众发放气象防灾减灾明白卡，家庭覆盖率达到(　　)以上。

A. 90%　　B. 80%

C. 60%　　D. 50%

答案:A。《气象灾害防御示范乡(镇)创建标准(试行)》，第7页，知识点：具有气象防灾减灾科普宣传计划。原文为“向公众发放气象防灾减灾明白卡，家庭覆盖率达到90%以上”。

19.《气象灾害防御示范乡(镇)创建标准(试行)》中，有关气象科普宣传的主要内容，下列哪一项是错误的。(　　)

A. 宣传本地主要气象灾害预警信号发布标准和防御指南

B. 普及气象防灾减灾知识和避险自救技能

C. 让村民知晓各类灾害气象预报方法

D. 让村民知晓本乡镇的避难场所和行走路线、逃生自救、互帮互救的基本技能

答案:C。《气象灾害防御示范乡(镇)创建标准(试行)》，第7页，知识点：具有气象防灾减灾科普宣传计划。原文为“充分利用宣传板报、橱窗、广播、进行气象科普宣传，宣传本地主要气象灾害预警信号发布标准和防御指南，普及气象防灾减灾知识和避险自救技能，让村民知晓各类灾害风险及其分布、本乡镇的避难场所和行走路线、逃生自救、互帮互救的基本技能”。

20. 以下不宜建立气象信息服务站的地点是(　　)。

A. 乡镇办公室　　B. 村委会办公室

C. 农业“园区”　　D. 灾害易发区

答案:D。《气象灾害防御示范乡(镇)创建标准(试行)》第3页，知识点：具有乡镇气象信息服务站。原文为“乡镇气象信息服务站、村级气象信息服务点可设在当地乡镇政府、街道办事处或村委会办公场所内。也可与同级办事大厅、农村社区综合信息服务站、农业技术推广站等合作共用”。农业“园区”气象信息服务点一般设在园区综合服务中心内。

21. 根据《现代农业气象服务示范县创建标准(试行)》的要求，某县准备建立冬小麦-夏玉米气象观测示范田，针对观测仪器的布局设计了四种布局图，请问哪种布局图是正确的。(　　)

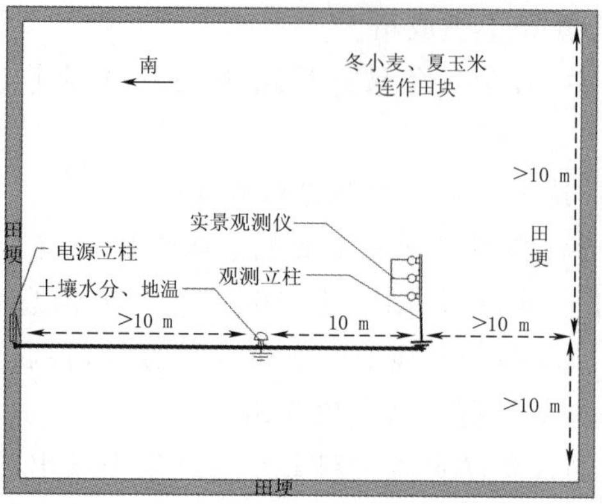

A. 观测仪器布局图（一）

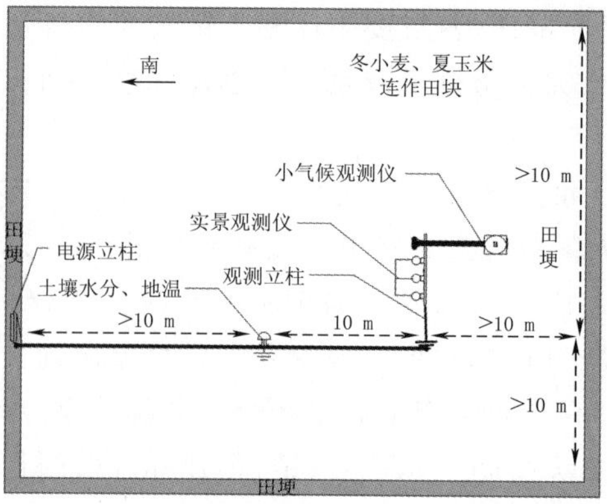

B. 观测仪器布局图（二）

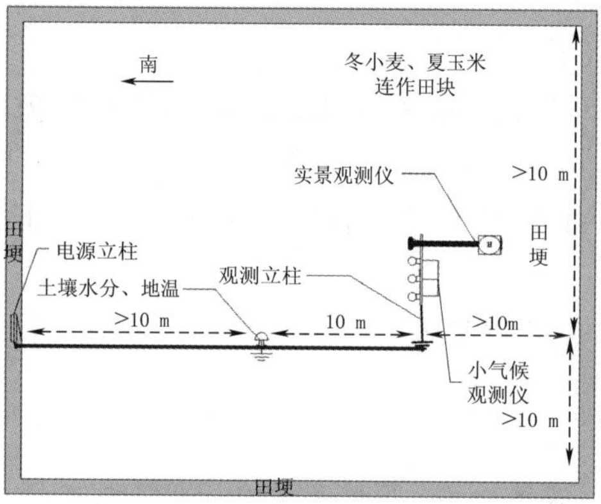

C. 观测仪器布局图（三）

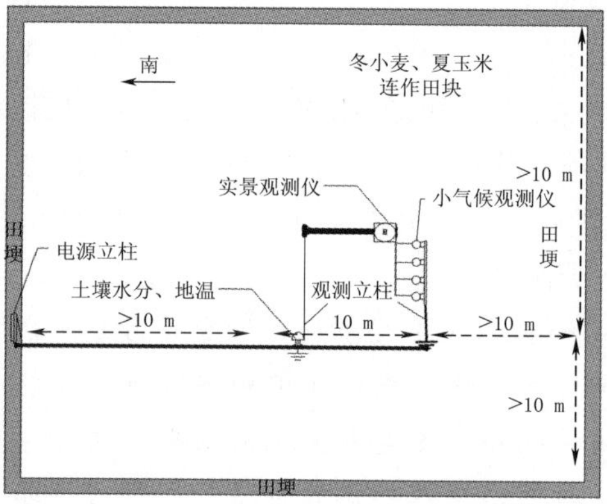

D. 观测仪器布局图（四）

A. 观测仪器布局图(一)　　B. 观测仪器布局图(二)

C. 观测仪器布局图(三)　　D. 观测仪器布局图(四)

答案:B。《现代农业气象服务示范县创建标准(试行)》,第 20 页,知识点:冬小麦-夏玉米示范田块气象观测布局标准。

22. 暴雨洪涝灾害风险普查工作中收集气象、水文资料时,各省统一按(　　)比例尺绘制本省站网水系分布图,以全面了解区域内的气象、水文观测资料情况,并绘制站点分布图。

A. 1∶50000　　B. 1∶100000　　C. 1∶150000　　D. 1∶250000

答案:D。《全国暴雨洪涝灾害风险普查技术规范》第五部分第 3 点。

23. 进行暴雨洪涝灾害风险普查时,县级单位应根据普查实施技术方案,将普查信息进行整理、审核、并上报(　　)。

A. 市级气象中心　　B. 省级气象中心

C. 市级气候中心　　D. 省级气候中心

答案:D。《全国暴雨洪涝灾害风险普查技术规范》第三部分第 3 点。

24. 作为水库特征水位之一,(　　)是指水库遇到下游保护对象的设计标准洪水位时,在坝前达到的最高水位。

A. 保证水位　　B. 防洪高水位　　C. 设计洪水位　　D. 校核洪水位

答案:B。《暴雨洪涝灾害致灾临界(面)雨量技术指南》1.1.8 防洪高水位。

25. 开展山洪灾害实地调查时,所示图像为测量哪种数据时的操作示意。(　　)

A. 洪水淹没高度测量

B. 防洪堤高度测量

C. 高度测量

D. 河道宽度测量

答案:A。《山洪灾害实地调查指南》第四部分 4.2。

26. 根据《人工影响天气管理条例》,利用高射炮、火箭发射装置实施人工影响天气作业,由作业地的县级以上地方气象主管机构向有关飞行管制部门申请(　　)。

A. 空域和作业时限　　B. 作业规模

C. 作业站点　　D. 作业计划

答案:A。说明:《人工影响天气管理条例》,知识点:第十一条　利用高射炮、火箭发射装置实施人工影响天气作业,由作业地的县级以上地方气象主管机构向有关飞行管制部门申请空域和作业时限。

27. 根据《人工影响天气安全管理规定》,经批准的高炮、火箭作业站点,必须调查和掌握高炮、火箭射程范围内的城镇、厂矿企业、村庄等人口稠密区的分布情况,绘制(　　)。作业时,高炮、火箭的发射方向和角度应避开上述地点,减少意外事故的发生。

A. 发射仰角图　　B. 发射方位角图

C. 发射高度图　　D. 安全射界图

答案:D。说明:《人工影响天气安全管理规定》,知识点:第六条　经批准的作业站点,必须调查和掌握高炮、火箭射程范围内的城镇、厂矿企业、村庄等人口稠密区的分布情况,绘制安全射界图。作业时,高炮、火箭的发射方向和角度应避开上述地点,减少意外事故的发生。

28.《增雨防雹火箭作业系统安全操作规范》规定,增雨防雹火箭以发射架中心为基准,发射架前方(　　)内半径(　　)的扇形区和后方(　　)内半径(　　)的扇形区为禁区,作业过程中严禁任何人进入该区。

A. 120°,300 m,180°,50 m　　B. 180°,300 m,120°,50 m

C. 120°,200 m,180°,100 m　　D. 180°,200 m,120°,100 m

答案:B。说明:《增雨防雹火箭作业系统安全操作规范》,第 3 页 8 发射场所要求,知识点:8.3 作业安全区及禁区设定。

29.《增雨防雹火箭作业系统安全操作规范》指出,增雨防雹火箭作业系统的发射仰角应为 55°～85°,当发射仰角大于(　　)时,火箭操作手及阵地附近人员应注意顶空安全,防止弹体伤害。

A. 60°　　B. 65°　　C. 70°　　D. 75°

答案:C。说明:《增雨防雹火箭作业系统安全操作规范》,第 4 页 8 发射仰角与发射方向,知识点:9.1 发射仰角增雨防雹火箭作业系统的发射仰角应为 55°～85°,当发射仰角大于 70°时,火箭操作手及阵地附近人员应注意顶空安全,防止弹体伤害。

30. 利用高炮开展防雹作业的物理依据主要包括(　　)和爆炸影响。

A. 贝吉隆过程　B. 过量催化　C. 静力催化　D. 动力催化

答案:B。说明:《高炮人工防雹增雨作业业务规范》,§1.1 高炮防雹增雨作业科学依据,知识点:§1.1.1 防雹作业的物理依据包括§1.1.1.1 过量催化和§1.1.1.2 爆炸影响。

31. 通常,成云致雨的过程可以不需要(　　)条件。

A. 水汽　B. 风的垂直切变　C. 上升运动　D. 凝结核

答案:B。《天气学原理与方法》§7.1。

32. 当 700 hPa 的高空槽线位于地面冷锋锋线的后面时,坏天气出现在(　　),待(　　)过后天气转为晴或高云天气。

A. 锋前,700 hPa 槽　B. 锋前,500 hPa 槽

C. 锋后,700 hPa 槽　D. 锋后,500 hPa 槽

答案:D。《天气学原理与方法》§2.3。

33. 冷锋后偏北大风,出现在冷锋后高压前沿气压梯度最大的地方;预报冷锋后偏北大风时主要应分析锋后的(　　)。

A. 涡度变化　B. 高空槽　C. 冷空气活动　D. 垂直运动

答案:C。《天气学原理与方法》§5.2。

34. 700 hPa 或者 850 hPa 图上,生成于青藏高原附近的闭合天气系统(　　),如果其东移,可能发展成为江淮气旋,从而引起江淮流域的降水过程。

A. 东北冷涡　B. 江淮切变线　C. 低槽　D. 西南低涡

答案:D。《天气学原理与方法》§7.2。

35. 在常规观测中,垂直速度是一个(　　)观测到的(　　)的物理量。

A. 无法直接,动力学　B. 可以直接,动力学

C. 无法直接,热力学　D. 可以直接,热力学

答案:A。《天气学原理与方法》§7.1。

36. 产生垂直上升运动的有利因子不包括(　　)。

A. 低层气流辐合　B. 锋面抬升

C. 高层气流辐合　D. 太阳辐射

答案:C。《天气学原理与方法》§7.1。

37. 对垂直运动的诊断分析可以通过分析(　　)来进行。

A. 气压场和温度场　B. 气压场和湿度场

C. 水平风场和气压场　D. 水平风场和温度场

答案:D。《天气学原理与方法》§7.1。

38. 根据热成风公式,当某层中地转风随高度变化逆转时,可以判断有(　　)。

A. 暖平流　B. 冷平流　C. 正涡度平流　D. 负涡度平流

答案:B。《天气学原理与方法》§1.5,§5.1,§7.1,§7.2。

39. 通常,急流轴的左侧风速具有(　　),右侧风速具有(　　),如果流线曲率小,那么急流轴的左侧相对涡度为(　　),右侧相对涡度为(　　)。

A. 反气旋性切变,气旋性切变,正,负

B. 气旋性切变，反气旋性切变，正，负

C. 反气旋性切变，气旋性切变，负，正

D. 气旋性切变，反气旋性切变，负，正

答案：B。《天气学原理与方法》§5.1。

40. 在低纬地区进行天气分析的时候，采用的天气图地图投影应为（　　）。

A. 兰勃托投影　　　　B. 极射赤面投影

C. 墨卡托投影　　　　D. 以上三种都可以

答案：C。《天气学分析》(第二版)第 3 页，知识点：墨卡托投影适用于赤道或者低纬度地区的天气图底图。

41. 图中哪一幅图表示冷平流。（　　）

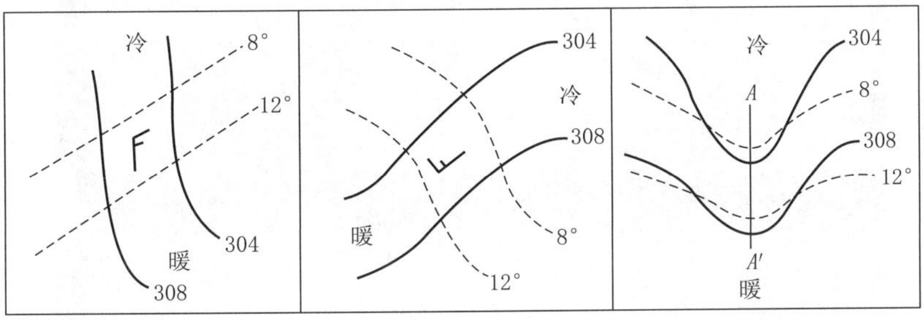

图一　　　　图二　　　　图三

A. 图一　　B. 图二　　C. 图三　　D. 以上都不是

答案：A。《天气学分析》(第二版)第 10 页，知识点：温度平流分析。

42. 如图为某雷达站 1.5°仰角多普勒径向速度图，图中方框所示中 γ 尺度速度为（　　）。

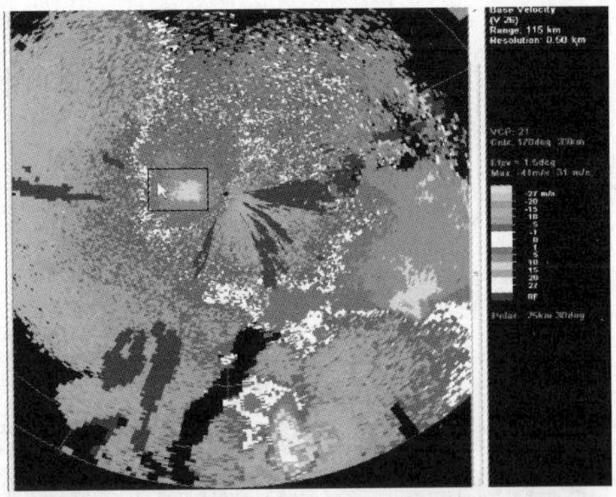

A. 辐合

B. 辐散

C. 气旋式旋转

D. 反气旋式旋转

答案：C。

43. 如图为中国某多普勒天气雷达大致沿 184°径向的反射率因子垂直剖面图，请判断距离雷达 70～80 km 的位置最可能产生的是哪种灾害性天气。（　　）

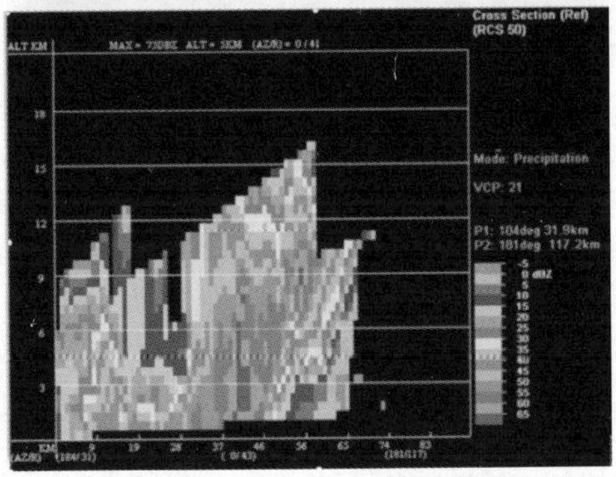

A. 没有灾害性强对流天气

B. 短时强降水

C. 大冰雹

D. 龙卷

答案：C。参考《多普勒天气雷达原理与业务应用》第 6 章"冰雹的临近预报"。

44. 0.5°仰角图上，距离雷达 100 km 处，反射率因子产品一个像素点沿垂直于波束方向的宽度即波束宽度约为(　　)。

A. 1 km　　B. 2 km　　C. 4 km　　D. 5.7 km

答案:B。《多普勒天气雷达原理与业务应用》第 11 页。

45. 如图为 Doswell(1985)给出的处于不同发展阶段的多单体风暴中各单体的演变。假设组成多单体的每个风暴均为一般单体，从最后一张图开始且不再有新的单体产生，由图并结合一般单体生命史推断，强降水还将持续多长时间。(　　)

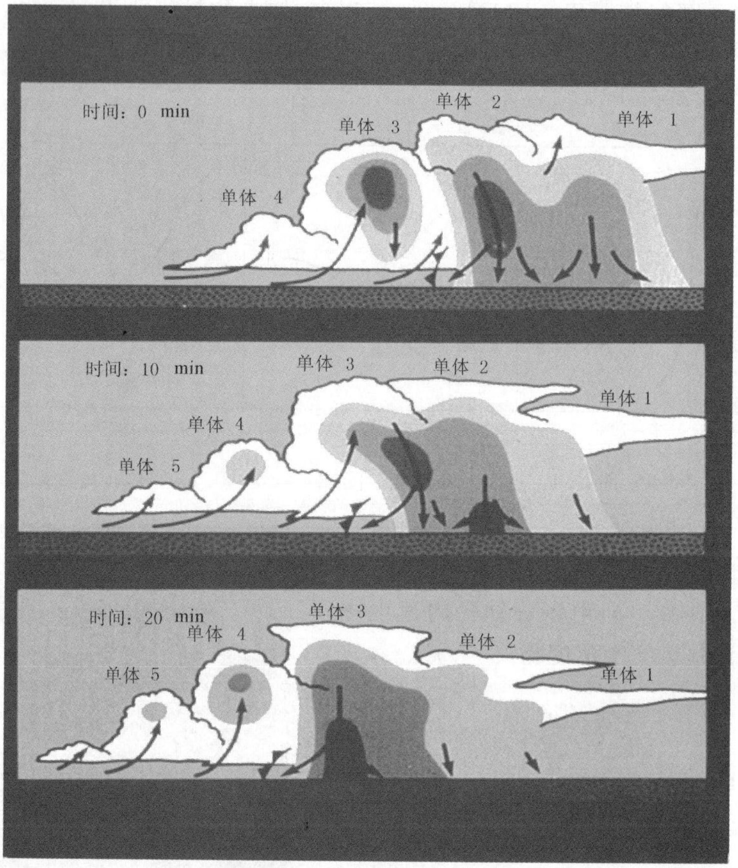

A. 5 min　　B. 15 min　　C. 45 min　　D. 90 min

答案:C。参考《多普勒天气雷达原理与业务应用》第 5 章“一般单体生命史”,“多单体结构及其对强降水的影响”。

46. 有爆料称某地出现了直径 2 cm 的冰雹，气象人员需要通过多普勒天气雷达验证其真实性，于是反查冰雹发生时观测位置最佳的某部雷达图，如果是真实的，则其组合反射率因子的回波强度最有可能为(　　)。

A. 25 dBz　　B. 35 dBz　　C. 45 dBz　　D. 55 dBz

答案:D。参考《多普勒天气雷达原理与业务应用》第 6 章与第 3 章适度扩展题。

47. 图中由多普勒天气雷达探测的小尺度风场特征结构中，哪个表示辐散(注：雷达位于正南侧标注“rad”处，深色表示离开雷达的速度，浅色表示朝向雷达的速度)。(　　)

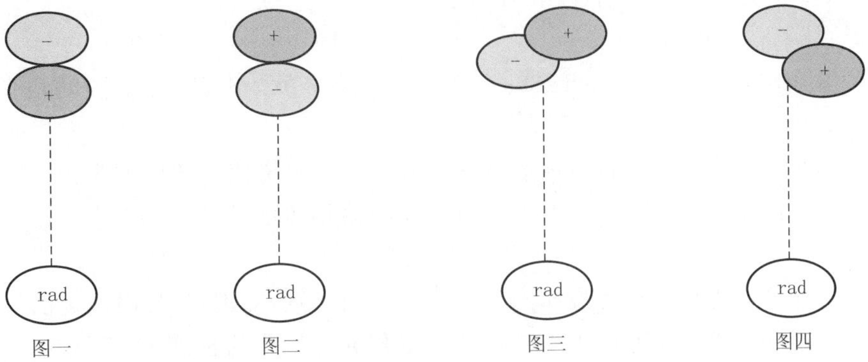

A. 图一　　B. 图二　　C. 图三　　D. 图四

答案:B。参考《多普勒天气雷达原理与业务应用》第 3 章"速度图识别"。

48. 对流有效位能(CAPE)是估计浮力大小的重要参数,CAPE 值越大,则 CAPE 能量释放后的上升气流(　　)。

A. 越强　　B. 越弱

C. 没有什么影响　　D. 存在很大不确定性

答案:A。参考《多普勒天气雷达原理与业务应用》第 5 章"雷暴产生的环境条件"。

49. 由风暴追踪信息得到多个风暴单体均以 10 m/s 的速度朝东南风向移动,则风暴的平流风矢量为(　　)。

A. 东南风 10 m/s　　B. 西北风 10 m/s

C. 偏西风 10 m/s　　D. 无法确定

答案:B。参考《多普勒天气雷达原理与业务应用》第 5 章"风暴的移动"。

50. 一般来说,在弱的风垂直切变下,只有一种类型的强风暴,它是:(　　)

A. 一般单体风暴　　B. 多单体风暴

C. 超级单体风暴　　D. 脉冲风暴

答案:D。参考《多普勒天气雷达原理与业务应用》第 5 章。

51. 在黑白色调的红外云图上,斜压叶状云系后界处云系色调变暗,表示高空有(　　)侵入云区。

A. 西南暖湿气流　　B. 西北冷平流

C. 东部回流　　D. 偏南越赤道气流

答案:B。《卫星气象学》(第二版),第 244 页,知识点:斜压叶状云系特征。

52. 根据提供的图片判别图中的云系为(　　)。

A. 涡旋状云系

B. 逗点云系

C. 闭口细胞状云系

D. 开口细胞状云系

答案:D。《卫星气象学》(第二版),第 250 页,知识点:细胞状云系卫星云图特征。

53. 根据《降水量等级》(GB/T28592—2012)的规定,

暴雪的 24 小时时段降雪量为(　　)mm。

A. ≥30　　B. 20.0～29.9　　C. 10.0～19.9　　D. 5.0～9.9

答案:C。《降水量等级》(GB/T28592—2012),第 3 页,知识点:不同时段降雪量等级划分。

54. 根据《气象灾害预警信号发布与传播办法》,暴雨黄色预警信号的标准为:(　　)小时内降雨量将达 50 mm 以上,或者已达 50 mm 以上且降雨可能持续。

A. 3　　B. 6　　C. 12　　D. 24

答案:B。《气象灾害预警信号发布与传播办法》,第 4 页,知识点:暴雨预警信号的规定。

55. 根据《雾的预报等级》(GB/T27964—2011)规定,大雾的能见度范围为(　　)m 到(　　)m。

A. 500,800　　B. 500,1000　　C. 800,1000　　D. 800,1200

答案:B。《雾的预报等级》(GB/T27964—2011),第 1 页,知识点:雾的等级划分。

56. 根据《气象灾害预警信号发布与传播办法》,大雾红色预警信号的标准为:(　　)小时内可能出现能见度小于 50 m 的雾,或者已经出现能见度小于 50 m 的雾并将持续。

A. 5　　B. 4　　C. 3　　D. 2

答案:D。《气象灾害预警信号发布与传播办法》,第 14 页,知识点:大雾预警信号的规定。

57. 根据《基层气象台站突发气象灾害临近预警服务业务基本要求》(气预函〔2016〕31 号)的规定,当预计或发生突发气象灾害时,实行(　　)小时值班。基层台站预报员、值班领导要在岗值守,直至突发气象灾害结束。

A. 24　　B. 12　　C. 6　　D. 3

答案:A。《基层气象台站突发气象灾害临近预警服务业务基本要求》(气预函〔2016〕31 号),第 3 页,知识点:业务规范、值守班制度。

58. 根据《现代气象预报业务发展规划(2016—2020)》(气发〔2016〕1 号),在构建无缝隙精细化气象预报业务的短临预报(0～2 h)中,开展每(　　)滚动制作、时空分辨率分别为(　　)和(　　)的突发灾害性天气落区格点预报。

A. 6 min,30 min,5 km　　B. 5 min,30 min,1 km

C. 5 min,10 min,5 km　　D. 6 min,10 min,1 km

答案:D。《现代气象预报业务发展规划(2016—2020)》(气发〔2016〕1 号),第 11 页,知识点:完善无缝隙集约化业务体系——构建无缝隙精细化气象预报业务。

59.《中国气象局关于县级综合气象业务改革发展的意见》(气发〔2013〕54 号)中对气象观测业务的规定:根据站类和布局,国家地面气象观测站开展气压、气温、湿度、风向、风速、蒸发、辐射、地温等自动观测,开展日照、冻土、雪深、电线积冰等观测,编发(　　)重要天气报。

A. 龙卷和降水　　B. 视程障碍和龙卷

C. 冰雹和降水　　D. 冰雹和视程障碍

答案:D。《中国气象局关于县级综合气象业务改革发展的意见》(气发〔2013〕54 号),知识点:气象观测业务。

60.《中国气象局关于发展现代气象业务的意见》(气发〔2007〕477 号)关于科学发展综合气象观测业务中指出:在完成国家气候观象台试点工作基础上,分期分批完成国家气候观象台建设任务。(　　)实现业务化自动观测，业务规范、业务流程更加完善，运行监控、质量保证和技术支持能力进一步加强。

A. 温、压、湿　　B. 云、温、湿　　C. 云、能、天　　D. 能、天、压

答案:C。《中国气象局关于发展现代气象业务的意见》(气发〔2007〕477 号)，第 5 页，知识点:发展目标中对科学发展综合气象观测业务的指导意见。

61. 室内大气湿度测量最精确的方法是(　　)。

A. 露点法　　B. 干湿球法　　C. 湿敏电容法　　D. 称重法

答案:D。《现代气象观测》(第 2 版)第 25 页。

62. 在风速检定时，要求风速计的堵塞面积不能超过工作段面积的比例为(　　)。

A. 2%　　B. 4%　　C. 5%　　D. 10%

答案:C。《现代气象观测》(第 2 版)第 90 页。

63. 激光雨滴谱仪的工作原理是测量雨滴经过一束光线时由于雨滴的(　　)引起光的变化。

A. 透射效应　　B. 折射效应　　C. 衍射效应　　D. 散射效应

答案:C。《现代气象观测》(第 2 版)第 119 页。

64. 下图是焚风的形成原理示意图，焚风是由于过山气流在背风坡下沉而变得干热的一种地方性风，图中所示的过程是(　　)。

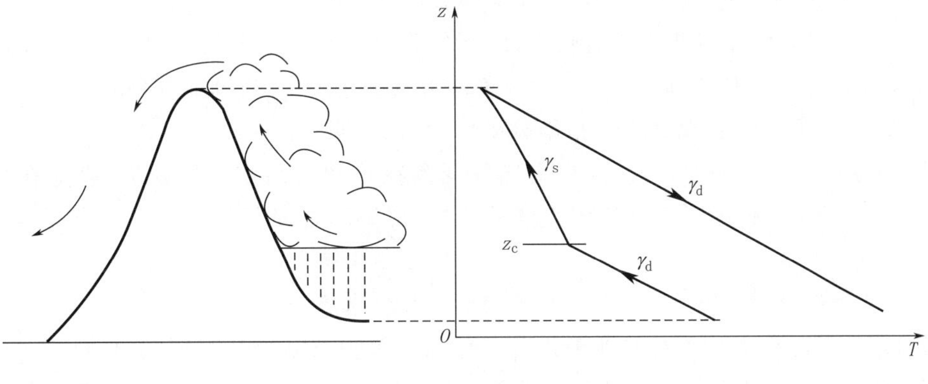

A. 干绝热过程　　B. 湿绝热过程

C. 假绝热过程　　D. 可逆绝热过程

答案:C。《大气物理学》(第二版)。

65. 在气象中计算海平面气压时，通常采用的压高公式是基于(　　)大气模式推导出来的。

A. 等温大气　　B. 多元大气　　C. 均质大气　　D. 标准大气

答案:A。《大气物理学》(第二版)第 34 页。

66. 一空气微团在上升运动中保持比湿不变，那么它的露点温度将(　　)。

A. 保持不变　　B. 不断降低

C. 不断升高　　D. 先升高，后降低

答案:B。《大气物理学》(第二版)第 22 页:空气微团上升运动隐含着微团的压力不断减少，比湿不变，则说明水汽压在变小，由此可得露点是不断降低的。

67. 下图中的天气现象是一种什么大气物理现象：（　　）。

A. 冰晶对日光或月光的散射

B. 太阳光在水滴中进过折射和反射

C. 冰晶对日光或月光的折射和反射

D. 水滴或冰晶对光线的衍射

答案：D。图中是华的现象。A 项为干扰项。B 项太阳光在水滴中进过折射和反射是虹，《大气物理学》(第二版)第 460 页。C 项冰晶对日光或月光的折射和反射是晕，《大气物理学》(第二版)第 462 页。D 项水滴或冰晶对光线的衍射是华。

68. 通常，晴天自由大气电场强度随高度增加而（　　）。

A. 增加　　B. 减小　　C. 不变　　D. 迅速增长

答案：B。根据《大气物理学》(第二版)第 15 章，第 382 页。

69. 某站守班期间发现风传感器故障，且该台站没有备份风传感器，值班员发现观测场外的蒿草不时伏地，远处的大树枝摇动，则估测风力应记为（　　）。

A. 9 m/s　　B. 12 m/s　　C. 16 m/s　　D. 19 m/s

答案：B。《地面气象观测规范》第 131 页，6 级风，中数为 12 m/s，《地面气象观测业务技术规定实用手册》第 23 页，估测应记录相应风速的中数值。

70. 气象观测根据其用途应使之具有代表性，天气观测站必须代表其周围（　　）范围。

A. 10 km　　B. 100 km　　C. 200 km　　D. 500 km

答案：B。《气象仪器和观测方法指南》(第六版)第 3 页。

71. 某高空站海拔高度 3500 m，某次高空气象观测在近地层高空测风缺失，则应在（　　）内用经纬仪进行补测，确因天气原因无法补测的，按失测处理。

A. 正点放球后 90 min　　B. 探空记录终止前

C. 测风记录终止前　　D. 正点放球后 75 min

答案：D。《常规高空气象观测业务规范》第八章"探空仪施放及观测"8. 4. 4。

72. 北方某高空站夏季 08 时次高空观测曲线趋势分布如图所示，其中（　　）是温度观测曲线。

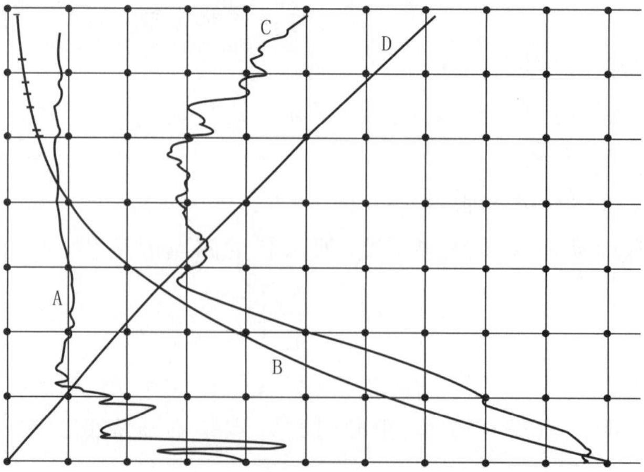

A. 曲线 A　　B. 曲线 B　　C. 曲线 C　　D. 曲线 D

答案:C。参考《常规高空气象观测业务手册》和《常规高空气象观测业务规范》的综合应用。

73. 在台站地面综合观测业务软件(ISOS)中,以下哪个历史数据下载的设置是有效的(　　)。

A. 2016 年 7 月 18 日 19:30—2016 年 7 月 28 日 19:30

B. 2016 年 7 月 18 日 19:30—2016 年 7 月 17 日 19:30

C. 2025 年 7 月 18 日 19:30—2025 年 7 月 19 日 19:30

D. 2016 年 7 月 18 日 19:30—2016 年 7 月 19 日 19:30

答案:D。根据操作手册 4.1“历史数据下载”章节,时间跨度最长为 7 d,结束时间不能超过当前时间。

74. 某台站使用地面综合观测业务软件(ISOS),能见度自动观测,则在发送视程障碍重要报时,能见度的发报标准是以以下哪个数据判断(　　)。

A. 10 min 能见度　　B. 10 min 平均能见度

C. 10 min 最小能见度　　D. 10 min 滑动平均能见度

答案:D。根据操作手册“重要天气报”章节,能见度为自动观测时,视程障碍重要报发报标准均为 10 min 滑动平均能见度。

75. 根据要求称重式降水传感器有效容量范围应达到 400 mm,那么与称重式降水传感器的最大量程最接近为(　　)kg。

A. 5　　B. 8　　C. 10　　D. 15

答案:D。《新型自动气象站实用手册》第 126 页。称重式降水传感器承水口径 $r=100$ mm,由计算重量公式 $M=\pi\times1\times1\times4\times1\approx12.56$ kg,所以至少应大于 12.56 kg。

76. 依据《新型自动气象站实用手册》,对于气温传感器的检测与维护,以下描述错误的是(　　)。

A. 确认业务软件参数设置正确

B. 确认主采集器中启用了温湿度分采

C. 确认主采集器中启用了气温传感器,输入 SENST␣0↙,将其启用

D. 检查各线缆插头是否牢固,有无脱落或松动

答案:C。《新型自动气象站实用手册》97 页。将其启用应为 SENST␣T0␣1↙

77. 以下地面气象观测自动化系统组成结构图中“?”处,应是(　　)。

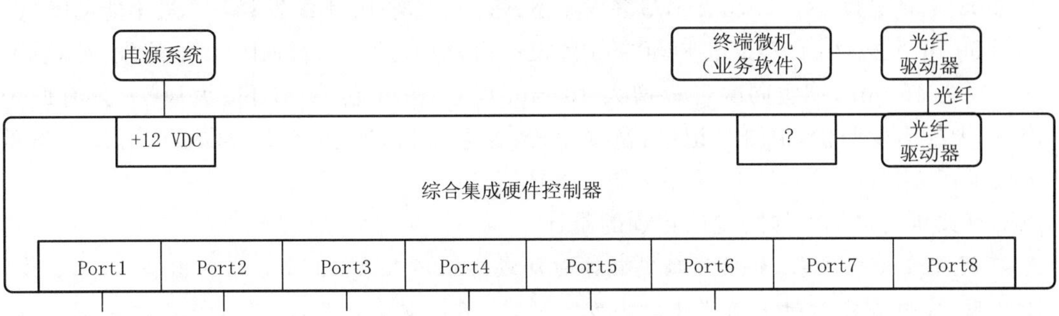

A. RS232　　B. RS485　　C. RJ45　　D. CAN

答案:C。《新型自动气象站实用手册》第 4 页。

78. 新型自动气象站终端操作命令中下载小时常规观测数据命令符是(　　)。

A. STAT　　B. DMGD　　C. SAMPLE　　D. DHGD

答案:D。《新型自动气象站实用手册》第 67 页。

79. 20 ℃时自动气象站气温传感器 Pt100 的电阻值约为(　　)Ω。

A. 107.7　　B. 92.3　　C. 117.7　　D. 102.3

答案:A。《新型自动气象站实用手册》第 95 页。计算方法:气温传感器 Pt100 在 0 ℃对应的电阻值约为 100 Ω,每变化 1 ℃对应电阻值变化约为 0.385 Ω,所以 20 ℃时对应电阻值约为:100+20×0.385=107.7 Ω。

80. 根据下列 ISOS 软件自动判识各时次天气现象编码记录,判断日数据文件天气现象记录,其中正确的是(　　)。

时次 日期	04 时	05 时	06 时	07 时	08 时	09 时	10 时	11 时	12 时
2	10	10,05	10,05	05	05	05	05	05	05
3	10	10	05	05	05	05	05	05	05
4	10	10	05	05	05	05	05	05	60,05
5	10	05	05	05	05	05	05	05	

A. 2 日:(═,∞,)∞,.　　B. 3 日:(═,∞,)∞,.

C. 4 日:(═,∞,)∞,.　　D. 5 日:(═,∞,),.

答案:D。《地面气象观测业务技术规定实用手册》第 14 页。知识点:夜间栏与白天栏霾的记录处理。A 项,有轻雾就记录大码,所以夜间不能算有霾;B 项,前三后四,记录在白天;C 项,因为 12 时有雨 60,只记录大码,所以该日不记录霾。

81. 某站能见度实现了自动观测,该站某日天气现象记录为(01,05,10,42,)42 0800-0842 [50],10,80 1122-1245,89 1142-1156,15 1201-1215,且从值班日记记录得知 11 时 20 分雷声大作;12 时 14 分出现龙卷风;11 时 42 分开始降冰雹,11 时 50 分测得最大冰雹直径 10 mm,则该日理论上最多应发(　　)份重要天气报。已知大风始发和续发标准分别为 17 m/s 和 24 m/s。

A. 6　　B. 7　　C. 8　　D. 9

答案:C。《地面气象观测业务技术规定实用手册》第 35 页,考察重要天气报编发标准。夜间霾 05,若能见度小于 3.75 km,最多发 1 份;露 01、轻雾 10 不编发;雾 42 最小能见度 50 m,小于 50 m 才发,小于 750 m 和 500 m 各发一份,最多发 2 份;阵雨 80 不编发;冰雹 89 最大直径为 10 mm,冰雹同次过程增大 10 mm 以上,发 1 份,共 1 份;大风 15 只有两个标准,一天最多发两份;值班日记中:雷暴 1 份;龙卷 1 份,所以该日总共累计可发 8 份重要天气报。

82. 以下有关重要报编发规则说法正确的是(　　)。

A. 夜间重要天气现象,如不能确定具体时间或者来不及在 10 分钟内发出的,可不编发

B. 大风、冰雹在定时时次前半小时内发生的,可不发重要天气报,并入长 Z 文件中

C. 20:01—07:30 之间,如能确定霾、沙尘、沙尘暴、雾达到发报标准,且在 10 分钟内能够

编发，则白天无需再编发以上四类天气现象的重要天气报

D. 视区内出现龙卷，就必须在 10 分钟内编发一份重要报

答案：D。《地面气象观测业务技术规定实用手册》第 33—35 页，A 项：在 20 时 01 分—07 时 30 分；B 项：仅 08 时、14 时、20 时可并入长 Z 文件，不包括 11 时和 17 时；C 项：沙尘暴、雾达到更强级别可能会续发。

83. 下列关于地面气象要素数据文件（Z 文件）各段数据组说明错误的是（　　）。

A. 第 1 段第 4 组：经度，按度分记录

B. 第 3 段第 7 组：过去 24 小时最高气温，扩大 10 倍记录

C. 第 5 段第 11 组：极大风速，扩大 10 倍记录

D. 第 9 段第 10 组：最大冰雹直径，以 mm 整数记录

答案：A。《地面气象观测业务技术规定实用手册》第 41—44 页，考察对 Z 文件格式及各数据段的了解。A：按度分秒记录，秒固定记录为“00”。

84. 新建、扩建、改建建设工程避免危害气象探测环境行政许可申请，受理机构应当自受理之日起（　　）个工作日内将全部申请材料和初审意见报省、自治区、直辖市气象主管机构审批。

A. 二十　　B. 四十　　C. 五十　　D. 六十

答案：A。《新建扩建改建建设工程避免危害气象探测环境行政许可管理办法》第七条。

85. 根据《地面气象观测资料质量控制》（QX/T118—2010）进行数据质量控制时，某数据订正后，其质量控制码为（　　）。

A. 3　　B. 4　　C. 5　　D. 6

答案：A。《地面气象观测资料质量控制》（QX/T118—2010）表 1。

86. 针对高空站观测数据质量审核时，以下说法最准确的是（　　）。

A. 最大风层风速应大于 17 m/s　　B. 最大风层风速应大于 30 m/s

C. 最大风层风速应大于 35 m/s　　D. 最大风层风速应大于 40 m/s

答案：B。《无线电探空资料质量控制》（QX/T 123—2011）4.6.2.6。

87. 按照《气象资料分类与编码》（QX/T 102—2009），气象资料采用（　　）分类法进行分类。

A. 点　　B. 线　　C. 面　　D. 混合

答案：D。《气象资料分类与编码》（QX/T 102—2009）4.1。

88. 表格为某站某年 1 月 1 日至 6 日观测的逐小时总辐射曝辐量记录（“///”表示缺测），6 日日出时间为地平时 08:42。曝辐量单位：0.01 MJ/m^2。则 1 月第 1 候总辐射曝辐量统计结果为（　　）。

时间 / 日期	08—09	09—10	10—11	11—12	12—13	13—14	14—15	15—16	日曝辐量
1	000	028	053	174	184	173	153	015	0780
2	000	000	086	100	///	///	200	014	
3	010	023	056	200	215	222	162	012	0900
4	000	000	010	000	000	000	010	000	0020
5	020	000	000	080	100	060	030	010	0300
6	240	300	///	280	310	360	200	010	

A. 2000　　B. 2400　　C. 2500　　D. ////(缺测)

答案:C。《气象辐射资料实时统计处理业务规定》(气预函〔2016〕37号文)5.1。

89. 表格为某站某年1月1日至6日观测的逐小时总辐射曝辐量记录(“///”表示缺测),6日日出时间为地平时08:42。曝辐量单位:0.01 MJ/m^2。则表中6日观测数据明确为错误的为(　　)。

日期＼时间	08—09	09—10	10—11	11—12	12—13	13—14	14—15	15—16	日曝辐量
1	000	028	053	174	184	173	153	015	0780
2	000	000	086	100	///	///	200	014	
3	010	023	056	200	215	222	162	012	0900
4	000	000	010	000	000	000	010	000	0020
5	020	000	000	080	100	060	030	010	0300
6	240	300	///	280	310	360	200	010	

A. 240　　B. 280　　C. 300　　D. 360

答案:A。《地面气象辐射观测资料质量控制》(QX/T117—2010)4.2.3.2.d。

90. 表格为某站某年1月1日至6日观测的逐小时总辐射曝辐量记录(“///”表示缺测),6日日出时间为地平时08:42。曝辐量单位:0.01 MJ/m^2。按照《气象辐射资料实时统计处理业务规定》,6日总辐射曝辐量统计结果为(　　)。

日期＼时间	08—09	09—10	10—11	11—12	12—13	13—14	14—15	15—16	日曝辐量
1	000	028	053	174	184	173	153	015	0780
2	000	000	086	100	///	///	200	014	
3	010	023	056	200	215	222	162	012	0900
4	000	000	010	000	000	000	010	000	0020
5	020	000	000	080	100	060	030	010	0300
6	240	300	///	280	310	360	200	010	

A. ////(缺测)　　B. 1750　　C. 1795　　D. 1990

答案:C。《气象辐射资料实时统计处理业务规定》(气预函〔2016〕37号文)5.1。

91. 表格为某站某年7月1日至5日北京时02:00,08:00,14:00,20:00观测并实时上传的正点气温数据及部分统计数据(单位:0.1 ℃),“///”表示缺测。则7月2日平均气温为(　　)。

日期	02:00	08:00	14:00	20:00	日平均气温
1	244	291	356	305	299
2	250	///	356	312	
3	249	292	356	300	299
4	250	292	350	300	298
5	251	293	///	///	
候平均值	249				

A. ////(缺测)　　B. 305　　C. 306　　D. 299

答案:A。《地面气象资料实时统计处理业务规定》(气预函〔2015〕58号)5.1.1。

92. 表格为某站某年7月1日至5日北京时02:00,08:00,14:00,20:00观测并实时上传的正点气温数据及部分统计数据(单位:0.1 ℃)。“///”表示缺测。则7月第1候14:00平均气温为(　　)。

日期	02:00	08:00	14:00	20:00	日平均气温
1	244	291	356	305	299
2	250	///	356	312	
3	249	292	356	300	299
4	250	292	350	300	298
5	251	293	///	///	
候平均值	249				

A. ////(缺测)　　B. 354　　C. 355　　D. 356

答案:C。《地面气象资料实时统计处理业务规定》(气预函〔2015〕58 号) 5.1.2。

93. 表格为某站某年 7 月 1 日至 5 日北京时 02:00、08:00、14:00、20:00 观测并实时上传的正点气温数据及部分统计数据(单位:0.1 ℃)。"///"表示缺测。则 7 月第 1 候平均气温为(　　)。

日期	02:00	08:00	14:00	20:00	日平均气温
1	244	291	356	305	299
2	250	///	356	312	
3	249	292	356	300	299
4	250	292	350	300	298
5	251	293	///	///	
候平均值	249				

A. ////(缺测)　　B. 300　　C. 299　　D. 301

答案:B。《地面气象资料实时统计处理业务规定》(气预函〔2015〕58 号) 5.1.2。

94. 在对某观测场进行障碍物测量时,一栋住宅楼(障碍物)与观测场之间被遮挡,无法直接测得观测场围栏与住宅楼之间的水平距离,观测员将全站仪架设在距离障碍物最近的围栏位置、距离地面 1.5 m 高度处,测得障碍物斜距(障碍物顶端与全站仪物镜中心点的直线距离)为 100 m,仰角为 8°,则住宅楼与观测场的高度距离比约为(　　)。

A. 7.1/1　　B. 1/7.1　　C. 6.4/1　　D. 1/6.4

答案:D。$h=1.5$,$L=100$,$\sin 8=0.14$,$\cos 8=0.99$,$H/D=(L\times\sin 8+h)/L\times\cos 8(100\times 0.14+1.5)/100\times 0.99=15.5/99=1/6.4$。见《气象探测环境保护规范地面气象观测站》(GB 31221—2014)。

95. 根据《中华人民共和国气象法》对气象灾害的定义,下列选项错误的是(　　)。

A. 台风、大风(沙尘暴)　　B. 低温、高温

C. 冰雹、霜冻和大雾　　D. 干旱、寒潮、泥石流

答案:D。《中华人民共和国气象法》,第四十一条。D 项中泥石流不属于气象灾害,是地质灾害。

96. 中国气象局第 28 号令《气象专用技术装备使用许可管理办法》对中国气象局第 14 号令中的气象专用技术装备定义进行了修订,修订后的气象专用技术装备不包括以下哪一项。(　　)

A. 专门用于空间天气设备的相应软件系统

B. 专门用于人工影响天气的消耗器材

C. 专门用于气象探测的气象仪表

D. 专门用于通信传输的气象设备

答案:D。中国气象局第28号令:本办法所称气象专用技术装备,是指专门用于气象探测、预报、服务以及人工影响天气、空间天气等气象业务的气象设备、仪器、仪表、消耗器材及相应软件系统。14号令:是指专门用于气象探测、预报、服务以及通信传输、人工影响天气、空间天气等多轨道气象业务的气象设备、仪器、仪表及消耗器材。

97. 根据中国气象局第30号令《气象台站迁建行政许可管理办法》要求,某气象台站在取得了气象台站迁建的行政许可后,必须在(　　)内按照基本建设程序和要求,完成气象台站建设工作,达到业务运行标准。

A. 五年　　B. 四年　　C. 三年　　D. 两年

答案:C。三年。中国气象局第30号令第十三条,行政许可的有效期为三年。

98. 按照《2015年地面气象观测场值班室规范化建设整改要求》要求各省按照有关规定统一制作标识标牌。按照要求,以下(　　)可以取消不用设置。

A. 地面气象观测环境评估公示牌　　B. 大门竖标牌和横标牌

C. 测站标牌　　D. 气象探测环境保护警示牌

答案:A。见气测函〔2015〕126号文附件2。

99.《观测司关于加强地面气象观测标准化工作的通知》(气测函〔2015〕126号)关于观测场地面标准化整改要求,有关仪器布局的说法不正确的是(　　)。

A. 按照《地面气象观测场规范化建设图册(修订)》第一部分"仪器布置规划总平面布局"要求布局

B. 拆除观测场内闲置的百叶箱、小型蒸发、虹吸雨量计等设备

C. 有电线积冰的台站将电线积冰架移到观测场外下垫面符合要求的位置

D. 温湿度传感器安装在百叶箱内固定的支架上,传感器直立,感应头部向下,传感器中部距地面1.50 m

答案:D。见《观测司关于加强地面气象观测标准化工作的通知》。

100.《全国气象发展"十三五"规划》中,我国"十三五"时期气象发展主要指标见表格,有关描述不正确的是(　　)。

序号	指标		现状值	目标值
1	全国公众气象服务满意度(分)		87.3	>86
2	气象预警信息公众覆盖率(%)		83.4	>90
3	人工增雨(雪)作业年增加降水量(亿 m^3)		502	>600
4	人工防雹保护面积(万 km^2)		47	54
5	全球气候变化监测水平(%)		46.9	80
6	24小时气象要素预报精细度	空间分辨率(km)	5	1
		时间分辨率(h)	3	1

续表

序号	指标		现状值	目标值
7	24 小时气象预报准确率	晴雨(%)	81	88
		气温(%)	72	84
8	24 小时台风路径预报误差(km)		75.3**	<65
9	24 小时暴雨预报准确率(%)		56	65
10	强对流天气预警提前量(min)		15-30	>30
11	气候预测准确率	汛期降水(分)	69.4***	80
		月降水(分)	67.5***	72
		月气温(分)	77.5***	80
12	全球数值天气预报水平	可用预报时效(d)	7.3	8.5
		水平分辨率(km)	25	10
		气象卫星资料同化量占比率(%)	70	80
13	国家人才工程人选(人次)		26	35

注:**为近三年平均值,***为近五年平均值。

A. 2015 年全国公众气象服务满意度为 87.3 分;到 2020 年,全国公众气象服务满意度将大于 86 分

B. 到 2020 年,气象预警信息公众覆盖率将大于 88%

C. 到 2020 年,24 小时气象要素预报空间分辨率 1 km,时间分辨率 1 h

D. 到 2020 年,24 小时气象晴雨预报准确率 88%,气温预报准确率 84%

答案:B。依据《全国气象发展“十三五”规划》中“十三五”时期气象发展主要指标。

多选题

1.《国家气象灾害应急预案》中规定,气象灾害预警信息发布遵循(　　)原则。

A. 归口管理　　B. 统一发布　　C. 快速传播

D. 及时准确　　E. 协同共享

答案:ABC。《国家气象灾害应急预案》第三部分“监测预警”中 3.2.1“发布制度”,气象灾害预警信息发布遵循“归口管理、统一发布、快速传播”原则。

2.《气象灾害防御条例》中气象灾害应急预案应当包括(　　)、应急处置措施和保障措施等内容。

A. 应急组织指挥体系与职责　　B. 灾情上报和决策服务机制

C. 应急预案启动标准　　D. 预防与预警机制

E. 灾害等级评估和防御体系

答案:ACD。《气象灾害防御条例》第二章第十六条。

3.《气象灾害防御条例》中规定,气象灾害防御规划应当包括气象灾害发生发展规律和现状、(　　)等内容。

A. 防御原则和目标　　B. 易发区和易发时段

C. 防御设施建设和管理　　D. 防御措施

E. 气象灾害防御科普建设

答案：ABCD。《气象灾害防御条例》第12条：气象灾害防御规划应当包括气象灾害发生发展规律和现状、防御原则和目标、易发区和易发时段、防御设施建设和管理以及防御措施等内容。

4.《全国气象灾情收集上报技术规范》中规定，“受灾人口”指灾害过程中遭受影响的总人口情况，包括因灾(　　)人口和因灾使生产、生活受到破坏以及家庭财产受到损害的人口。

A. 致死　　B. 致伤　　C. 紧急安置

D. 致病　　E. 失联

答案：ABD。《全国气象灾情收集上报技术规范》第四部分“灾情填报规范”第二点第二小点，“受灾人口”指灾害过程中遭受影响的总人口情况，包括因灾致死、致伤、致病人口和因灾使生产、生活受到破坏以及家庭财产受到损害的人口。

5. 2016年9月30日云南某地上报如表所示的灾情信息，按照《气象灾情收集上报调查和评估规定》中规定，所报信息涉及了气象灾害的(　　)等方面的影响。

灾种	省份	灾情		
		时间	受灾区域	主要指标
洪涝	云南	9月30日以来	普洱、楚雄、西双版纳等4市(自治州)10个县(市)	12.1万人受灾，5人死亡，7300余人紧急转移安置；2200余间房屋倒塌，1.5万间不同程度损坏；农作物受灾面积4500 hm^2，其中绝收1600 hm^2，死亡羊只185只，骆驼33峰；排水沟冲毁1000 m，道路冲毁300 m；直接经济损失8.2亿元。

A. 社会影响　　B. 农业影响　　C. 畜牧业影响

D. 水利影响　　E. 交通影响

答案：ABCDE。《气象灾情收集上报调查和评估规定》第二章第三条第二、三、四、五、九小点。气象灾害的社会影响有受灾人口、死亡人口、转移安置人口、倒塌房屋、损坏房屋、直接经济损失等，农业影响有农作物受灾面积、农作物绝收面积等，畜牧业影响有死亡大牲畜、死亡家禽等，水利影响有水毁沟渠长度等，交通影响有公路损坏长度等。

6.《国家气象灾害应急预案》中指出，气象灾害预警信息内容包括气象灾害的(　　)、应采取的措施和发布机关等。

A. 类别　　B. 预警级别　　C. 起始时间

D. 可能影响范围　　E. 警示事项

答案：ABCDE。见《国家气象灾害应急预案》第三部分“监测预警”中3.2.2发布内容。

7.《气象灾情收集上报调查和评估规定》中指出，下面哪些内容作为气象灾害对农业的影响部分需要收集上报。

A. 农作物倒伏面积　　B. 农作物成灾面积

C. 农作物受灾面积　　D. 损坏大棚

E. 损失粮食

答案：BCDE。见《气象灾情收集上报调查和评估规定》第二章第三条第三小点。

8.《气象灾害防御条例》中指出，县级以上地方人民政府应当组织气象等有关部门对本行政区域内发生的气象灾害的种类、次数、强度和造成的损失等情况开展(　　)等工作。

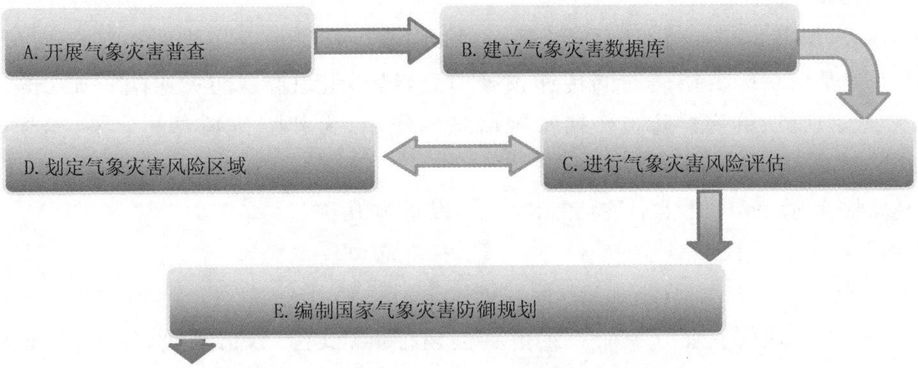

答案：ABCD。见《气象灾害防御条例》第二章第十条和第十一条。

9.《国家气象灾害应急预案》中指出，按气象灾害程度和范围，及其引发的次生、衍生灾害类别，有关部门按照其职责和预案启动响应。当气象灾害引发城市洪涝时，(　　)等部门启动相关应急预案。

A. 水利部　　B. 住房城乡建设部门

C. 农业部　　D. 国土资源部

E. 民政部

答案：AB。《国家气象灾害应急预案》第四部分“应急处置”4.3 分部门响应，当气象灾害引发城市洪涝时，水利、住房城乡建设部门启动相关应急预案。

10.《国务院办公厅关于加强气象灾害监测预警及信息发布工作的意见》中指出，为了提高监测预报能力，要强化(　　)旱情监测，加密布设土壤水分、墒情和地下水监测设施。加强移动应急观测系统、应急通信保障系统建设，提升预报预警和信息发布支撑能力。

A. 水资源开发利用和保护重点区　　B. 中东部人口密集区

C. 粮食主产区　　D. 重点林区

E. 生态保护重点区

答案：ACDE。见国办 33 号文的第二部分(三)。

11.《国务院办公厅关于加强气象灾害监测预警及信息发布工作的意见》提出的总体要求是，进一步完善气象灾害监测预报网络，加快推进信息发布系统建设，积极拓宽预警信息传播渠道，着力健全预警联动工作机制，努力做到(　　)，最大程度减轻灾害损失，为经济社会发展创造良好条件。

A. 监测到位　　B. 预报准确　　C. 预警及时

D. 应对高效　　E. 覆盖城乡和沿海

答案：ABCD。见国办 33 号文“总体要求”。努力做到监测到位、预报准确、预警及时、应对高效。

12.《国务院办公厅关于加强气象灾害监测预警及信息发布工作的意见》强调，要强化气象灾害预警信息的传播，充分发挥(　　)传播预警信息的作用，为其配备必要的装备，给予必要经费补助，以加强基层预警信息接收传递。

A. 气象信息员　　B. 灾害信息员

C. 群测群防员　　D. 中小学辅导员

E. 青年志愿者

答案:ABC。国办33号文第四部分(十一)"加强基层预警信息接收传递"。居民委员会、村民委员会等基层组织要第一时间传递预警信息,迅速组织群众防灾避险。充分发挥气象信息员、灾害信息员、群测群防员传播预警信息的作用,为其配备必要的装备,给予必要经费补助。

13. 农业气象服务示范县的"十有"标准中,包括以下哪几项。

A. 有专业人员　B. 有业务平台　C. 有示范田块

D. 有观测站网　E. 有直通服务

答案:ABCE。《现代农业气象服务示范县创建标准(试行)》,第1页,知识点:现代农业气象服务示范县创建基本标准。原文为"中国气象局将依托中央财政'三农'服务专项按照'有专业人员、有服务方案、有指标体系、有业务平台、有适用技术、有示范田块、有合作机制、有直通服务、有信息反馈、有效益评估'的'十有'标准开展现代农业气象服务示范县创建"。

14.《现代农业气象服务示范县创建标准(试行)》中要求,示范县应具有完善的农业气象服务指标体系。农业气象服务指标库应包括的内容有(　　)。

A. 农业气象适宜性指标　　B. 农业气象灾害指标

C. 农业气候区划指标　　D. 农用天气预报指标

E. 气象灾害预警指标

答案:ABCD。《现代农业气象服务示范县创建标准(试行)》,第2页,知识点:具有农业气象指标体系。原文为"建立包括农业气象适宜性、农业气象灾害、农用天气预报、农业气候区划和灾害风险区划等农业气象指标库"。

15.《现代农业气象服务示范县创建标准(试行)》中要求,示范县应具有至少一块农业气象服务示范田块。有关示范田块的要求中,下列哪几个是正确的。

A. 示范田块要求种植(养殖)种类稳定

B. 示范田块要求紧密结合当年当地最新特色种植(养殖)种类及时改变种养殖类型

C. 示范田块要建立以自动观测为主、人工观测为辅的农业气象实时监测系统

D. 为保证示范田块观测的连续性和准确性,观测系统应以传统人工观测为主,自动观测为辅

E. 示范田要求土地面积在100亩*以上

答案:AC。《现代农业气象服务示范县创建标准(试行)》,第3页,知识点:具有农业气象服务示范田块。原文为"示范田块要求种植(养殖)种类稳定,能满足农田小气候、农业气象实景等观测,能满足农业气象适用技术示范和气象科技成果转化试验等要求。示范田块中应根据服务的需要建立以自动观测为主、人工观测为辅的农业气象实时监测系统,可进行农田小气候、作物生长发育等观测"。

16. 大田作物防治病虫害或喷施肥料的主要时段内,根据(　　)等气象条件为用户提供是否

---

* 1亩≈666.7m^2,下同

适宜施肥的气象等级预报服务。

A. 降水　　B. 气温　　C. 地温

D. 光照　　E. 风速

答案:ABE。《现代农业气象服务示范县创建标准(试行)》,第 21 页,知识点:大田作物农用天气预报方法。原文为"在冬小麦、夏玉米追施肥料的主要生育时期内,根据降水、温度、风速等气象条件为用户提供是否适宜施肥的气象等级预报服务"。

17.《现代农业气象服务示范县创建标准(试行)》中要求,有关小麦、水稻、玉米、棉花等示范田建设后的服务内容中,主要有(　　)。

A. 农用天气预报　　B. 主要农业气象灾害监测预警

C. 种植气候区划　　D. 农业气象灾害区划

E. 农业气象适用技术推广

答案:ABCDE。《现代农业气象服务示范县创建标准(试行)》,第 7—30 页,知识点:示范县服务内容。

18.《气象灾害防御示范乡(镇)创建标准(试行)》中要求,乡镇气象灾害防御领导小组负责的任务主要有(　　)等。

A. 所辖区域日常气象灾害防御工作的安排部署

B. 应急预案的修编演练

C. 应急预案启动后的指挥协调与组织实施

D. 气象灾害防御基础设施建设的规划编制与实施

E. 气象灾害防御工作的监督评估

答案:ABCDE。《气象灾害防御示范乡(镇)创建标准(试行)》,第 1 页,知识点:具有防灾减灾领导机构。原文为"乡镇气象灾害防御领导小组负责所辖区域日常气象灾害防御工作的安排部署、应急预案的修编演练、应急预案启动后的指挥协调与组织实施、气象灾害防御基础设施建设的规划编制与实施、气象灾害防御工作的监督评估,……"。

19.《气象灾害防御示范乡(镇)创建标准(试行)》中要求,气象信息员要承担(　　)等工作。

A. 农业气象服务信息传播　　B. 农业栽培技术指导

C. 农村防雷宣传与调查　　D. 农村气象预报

E. 气象灾情收集和气象服务需求反馈

答案:ACE。《气象灾害防御示范乡(镇)创建标准(试行)》,第 2 页,知识点:具有气象信息员队伍。原文为"2. 气象信息员要承担主动接收和主动分发气象灾害预警信息工作.……3. 气象信息员要承担农业气象服务信息传播工作。……4. 气象信息员要承担气象灾情收集和气象服务需求反馈工作。……5. 气象信息员要开展农村防雷工作。……"。

20.《气象灾害防御示范乡(镇)创建标准(试行)》中要求,建立乡镇气象信息服务站的基本条件主要有(　　)。

A. 固定场所　　B. 设备　　C. 气象服务收益

D. 长效机制　　E. 人员

答案:ABD。《气象灾害防御示范乡(镇)创建标准(试行)》,第 1 页,知识点:具有乡镇气象信息服务站。原文为"按照'有固定场所、有设备、有人员、有管理制度、有长效机制'的基本条件,在乡镇建设气象信息服务站、在村或农业‘园区’建设气象信息服务点”。

21. 下面哪几项是农村气象灾害防御中分发气象灾害预警信息的播发设施。

A. 大喇叭　　B. 显示屏　　C. 手机短信

D. 电话　　E. 对讲机

答案:ABCDE。《气象灾害防御示范乡(镇)创建标准(试行)》,第 2 页,知识点:具有气象信息员队伍。原文为“充分利用已有的防灾减灾设施如电脑网络、农村广播、大喇叭、电子显示屏、农民信箱、手机短信等,及时接收和分发气象灾害预警信息。必要时通过电话、对讲机、锣鼓等方式通知到重点区域、人群”。

22. 县级气象风险预警服务业务的主要任务有,包括开展本辖区中小河流洪水和山洪地质灾害的(　　)等工作。

A. 应急抢险现场气象服务　　B. 灾害风险普查

C. 灾情调查　　D. 风险预警业务检验

E. 水利设施保养维护

答案:ABCD。《暴雨诱发中小河流洪水和山洪地质灾害气象风险预警服务业务规范》第三章第十六条(三)。

23. 县级气象部门在开展中小河流洪水和山洪地质灾害气象风险预警服务业务时,需要跟踪监视多种观测资料,滚动分析雨情实况,订正制作本辖区山洪地质灾害气象风险预警产品,产品以(　　)为主。

A. 实况监测　　B. 短时预警　　C. 一小时预报

D. 三小时预报　　E. 六小时预报

答案:ACDE。《暴雨诱发中小河流洪水和山洪地质灾害气象风险预警服务业务规范》第四章第二十二条(一)。

24. 气象风险预警服务业务产品格式包括数据产品、图形产品、文字产品,其中文字产品应包括(　　)等。

A. 预计中小河流洪水可能出现站点或山洪地质灾害可能出现地点

B. 气象风险等级

C. 防御建议

D. 发布时间

E. 发布单位

答案:ABCDE。《暴雨诱发中小河流洪水和山洪地质灾害气象风险预警服务业务规范》第五章第二十四条(二)。

25.《暴雨洪涝灾害致灾临界(面)雨量技术指南》中指出降雨是造成中小河流洪水的直接因素和主要激发条件。致灾临界(面)雨量是洪涝灾害气象预警发布及采取相应预防措施的关键指标,它的大小与(　　)等情况有关。

A. 地质、地貌特征　　B. 土壤、植被

C. 人类活动　　D. 地壳运动

E. 水利工程建设

答案:ABC。《暴雨洪涝灾害致灾临界(面)雨量技术指南》1.1.3。

26. 人工影响天气常用的增雨防雹火箭作业系统由(　　)组成。

A. 增雨防雹火箭弹　　B. 发射架

C. 发生器主体　　D. 发射控制器

E. 自动控制箱

答案:ABD。说明:《增雨防雹火箭作业系统安全操作规范》,第1页"3. 术语和定义",知识点:3.1 火箭作业系统由增雨防雹火箭弹、发射架及发射控制器组成的增雨防雹作业系统。选项中C项"发生器主体"和E项"自动控制箱"是机载碘化银催化系统的组成部分(知识点:第三章基本装备条件§3.3 催化装备§3.3.1 机载碘化银(AgI)发生器)。

27. 根据《增雨防雹火箭作业系统安全操作规范》,利用增雨防雹火箭作业系统实施作业时操作步骤一般包括(　　)。

A. 准备作业　　B. 发射控制系统检测

C. 火箭弹上架　　D. 带弹检测及发射火箭

E. 作业结束,关闭电源开关

答案:ABCDE。说明:《增雨防雹火箭作业系统安全操作规范》,第4页"10. 操作步骤",知识点:10.1 一般要求主要包括:10.1.1 准备作业;10.1.2 发射控制系统检测;10.1.3 火箭弹上架;10.1.4 带弹检测及发射火箭;10.1.5 继续作业,可重复10.1.2～10.1.4;10.1.6 作业结束后,关闭电源开关;10.1.7 擦拭火箭发射架,罩上架衣。

28. 人工增雨的主要目的是通过提高云的降雨效率,增加降水量。《高炮人工防雹增雨作业业务规范(试行)》指出,高炮增雨作业的物理依据是(　　)。

A. 静力催化　　B. 动力催化　　C. 冷云催化

D. 暖云催化　　E. 贝吉隆过程

答案:AB。说明:《高炮人工防雹增雨作业业务规范(试行)》,第一章总则§1.1 高炮防雹增雨作业科学依据,知识点:§1.1.2 增雨作业的物理依据人工增雨的主要目的是通过提高云的降雨效率,增加降水量。其物理依据是:静力催化和动力催化。选项中C项和D项属于对不同作业对象采用不同类型催化剂开展催化作业的方式。而E项"贝吉隆过程"是层状云人工增雨新概念模型("九五"国家科技攻关新成果)中指出催化引入的人工冰晶可以通过该过程使过冷云水转化为降水(雨、雪)。知识点:《飞机人工增雨(雪)作业业务规范(试行)》第五章作业天气选择§5.2.1 催化原理。

29. 人工防雹作业的重要经验是(　　)。

A. 早期识别　　B. 过量催化　　C. 早期开炮

D. 爆炸影响　　E. 联网作业

答案:ACE。说明:《高炮人工防雹增雨作业业务规范(试行)》,第五章作业设计与实施,知识点:§5.1 防雹作业方案设计防雹重要经验是:早期识别、早期开炮、联网作业。选项中B项和D项是防雹作业的物理依据。知识点:《高炮人工防雹增雨作业业务规范(试行)》第一章总则§1.1 高炮防雹增雨作业科学依据。

30. 根据《高炮人工防雹增雨作业业务规范(试行)》,对于防雹作业而言,下列哪些可以作为正效果依据。

A. 作业后雷达回波强度减弱10 dBz以上

B. 作业后回波顶高降低 1 km 以上

C. 作业后雨滴谱变宽

D. 作业后测雹板雹谱变窄

E. 作业后雹粒子变小(没有测雹板,可用人工实测落地雹粒)

答案:ABDE。说明:《高炮人工防雹增雨作业业务规范(试行)》,第六章效果评估§6.2 物理依据,知识点:§6.2.1 防雹效果评估的依据对于防雹作业而言,作业后雷达回波强度减弱 10 dBz 以上,回波顶高降低 1 公里以上,测雹板雹谱变窄,雹粒子变小(没有测雹板,可用人工实测落地雹粒),且对照其他四种依据一致;应视为正效果,反之则为负效果。选项中 C 项属于增雨效果的评估依据。知识点:《高炮人工防雹增雨作业业务规范(试行)》,第六章效果评估§6.2 物理依据§6.2.2 增雨效果的评估依据。

31. 通常,关于大气中的对流,以下表述正确的有(　　)。

A. 对流是大气在水平方向上的运动

B. 对流可以产生大气低层与高层之间动量的交换

C. 对流是指大气在垂直方向上的运动

D. 对流不产生与浮力有关的垂直方向上的热量传输

E. 对流不产生大气低层与高层之间质量的交换

答案:BC。见《天气学原理和方法》(第四版)第 7 章。

32. 某地点的温度变化由(　　)决定。

A. 温度平流　　B. 垂直速度引起的变化

C. 温度的个别变化(加热或冷却)　　D. 正涡度平流

E. 负涡度平流

答案:ABC。见《天气学原理和方法》(第四版)§1.3,§5.1,§5.2。

33. 关于锋的相关表述,正确的有(　　)。

A. 温度不同的两个气团之间的过渡带

B. 锋就是锋区的简称

C. 天气图上,锋区为温度水平梯度大的区域

D. 锋面可视为物质面

E. 天气图上,锋区位于风速最小的区域

答案:ACD。见《天气学原理和方法》(第四版)§2.2。

34. 在我国,产生大范围持续性降水的两种典型天气形势为(　　)。

A. 稳定的经向型　　B. 东北冷涡型

C. 稳定的纬向型　　D. 台风与台风倒槽

E. 低空急流型

答案:AC。见《天气学原理和方法》(第四版)§7.2。

35. 关于连续性方程,以下表述正确的有(　　)。

A. 大尺度零级近似连续性方程为:$\frac{\partial u}{\partial x}+\frac{\partial v}{\partial y}=0$

B. 可以应用大尺度连续方程来推断垂直运动

C. 连续性方程与速度散度无关

D. 连续性方程与垂直速度无关

E. 连续性方程是天气学中常用的最基本的方程之一

答案:ABE。见《天气学原理和方法》(第四版)§1.3。

36. 台风生成的必要条件为(　　)。

A. 南北纬5°内　　B. 海表温度达26 ℃

C. 初始扰动　　D. 弱冷空气南下至南北纬5°内

E. 弱垂直风切变

答案: BCE。见《天气学原理与方法》§9.8。

37. 在台风结构特征中,体现了明显的动力和热力特征,包括(　　)。

A. 台风眼　　B. 暖心　　C. 云雨区

D. 强垂直风切变　　E. 螺旋云带

答案:ABE。见《天气学原理和方法》(第四版)§2.2。

38. 产生江淮梅雨暴雨的主要天气尺度和次天气尺度系统有(　　)。

A. 江淮切变线　　B. 南亚高压　　C. 低涡

D. 冷空气　　E. 低空急流

答案:ACE。见《天气学原理和方法》(第四版)第17章。

39. 在暴雨形成过程中,垂直上升运动的作用体现在(　　)。

A. 输送水汽　　B. 促进空气达到饱和

C. 不确定　　D. 有利于雨滴增大

E. 有利于中层大气降温

答案:ABD。见《天气学原理和方法》(第四版)§7.1,§7.2。

40. 地面天气图的分析项目主要包括(　　)。

A. 海平面气压场　　B. 三小时变压场

C. 天气现象　　D. 锋　　E. 温度

答案:ABCD。见《天气学分析》(第二版)第5页,知识点:地面天气图分析。

41. 下列关于海平面气压场等压线的说法正确的是(　　)。

A. 等压线用黑色铅笔绘制

B. 根据梯度风原则,在低压区,等压线可分析的稀疏点;在高压区,等压线可分析的密集点

C. 两条数值相等的等压线,要尽量避免互相平行并相距很近

D. 绘制等压线时,应尽可能地参考风的记录

E. 等压线总是光滑没有折角的

答案:ACD。见《天气学分析》(第二版)第7页,知识点:等压线的分析原则。

42. 新一代多普勒天气雷达数据采集子系统采集到的数字化基数据包括(　　)。

A. 反射率因子　　B. 平均径向速度

C. 中气旋　　D. 速度谱宽

E. 回波顶高

答案:ABD。参考《多普勒天气雷达原理与业务应用》第5页图1.3,第1页第一段。

43. 由1.5°仰角的径向速度图中可看出(　　)。

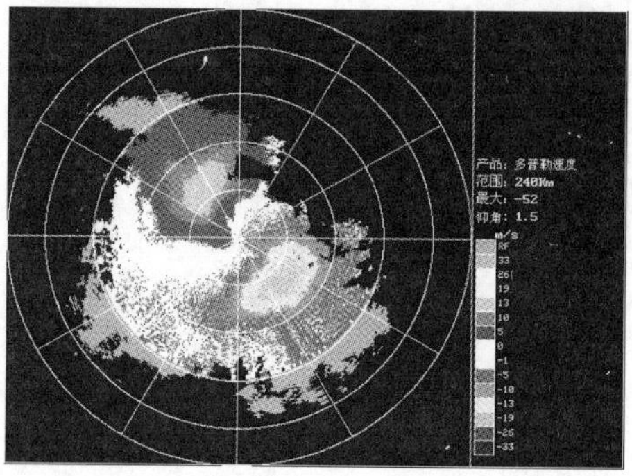

A. 雷达上空存在径向辐合的速度对

B. 雷达上空存在径向辐散的速度对

C. 雷达上空存在低空急流

D. 雷达上主要为西南风

E. 雷达上主要为东南风

答案:CE。参考《多普勒天气雷达原理与业务应用》第二章。

44. 以下为多普勒天气雷达探测的局限的是(　　)。

A. 波束中心的高度随离开雷达的距离的增加而增加

B. 不能探测径向速度

C. 静锥区的存在使得雷达对于非常近的目标物的探测能力受限

D. 波束宽度随距离的增加而展宽

E. 超折射

答案:ACDE 。参考《多普勒天气雷达原理与业务应用》第一章最后一段和第三章反射率因子图像识别。

45. 图中方框所示的风暴有可能产生下列哪种天气(　　)。

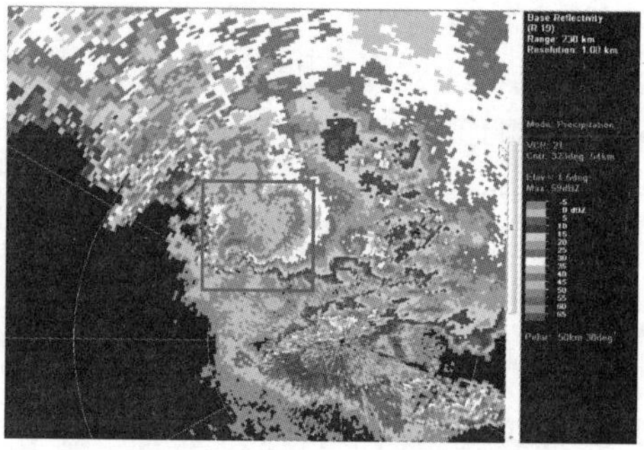

A. 冰雹

B. 龙卷

C. 雷暴大风

D. 短时强降水

E. 雷电

答案:ABCDE 。参考《多普勒天气雷达原理与业务应用》第五章第50—51页。

46."零度层亮带"常出现在下列哪种降水回波系统中(　　)。

A. 相对孤立的浓积云中　　B. 飑线对流云中

C. 大范围雨层云降水回波中　　D. 大片积云-层状层混合云降水回波中

E. 超级单体中

答案:CD。参考《多普勒天气雷达原理与业务应用》第三章第49页,第61页。

47. 下列因素中哪些有利于短时强降水的产生(　　)。

A. 低层反射率因子强度较强　　B. 暖云层比较厚

C. 雷达回波在某处停滞不动　　D. 风暴附近存在高湿区

E. 环境风垂直切变较小

答案:ABCDE。参考《多普勒天气雷达原理与业务应用》第六章。

48. 下列因素中哪些是一般单体雷暴形成的必要条件。(　　)

A. 对流抑制为零　　B. 低层水汽绝对含量较高

C. 环境大气层结不稳定　　D. 强风垂直切变

E. 抬升条件

答案:BCE。参考《多普勒天气雷达原理与业务应用》第五章。

49. 大气层结不稳定的条件下,需要一定的抬升条件对流才能发生。可能触发对流的抬升条件包括(　　)。

A. 中尺度锋面　　B. 边界层辐合线

C. 风速辐合　　D. 山谷风

E. 阵风锋

答案:ABCDE。

50. 中等到强风垂直切变下,哪些类型的对流风暴常产生地面直线型风害(　　)。

A. 超级单体　　B. 一般单体风暴

C. 弓形回波　　D. 脉冲风暴

E. 多单体风暴

答案:ACE。参考《多普勒天气雷达原理与业务应用》第六章雷暴大风部分。

51. 卫星气象中,关于暖输送带,如下说法正确的是(　　)。

A. 一条相对暖而湿的气流

B. 来源于热带环绕副热带高压西侧向北进入中纬度天气系统

C. 高空槽前伴随负涡度平流的暖平流

D. 如果暖输送带内的气流是对流不稳定的,则抬升使气流的稳定度减小,导致对流云和降水的产生

E. 暖输送带内的空气抬升后最后到达对流层上部,并气旋式转向东北

答案:ABD。见《卫星气象学》(第二版)第 264 页,知识点:卫星云图分析高空天气系统、输送带。

52. 温带气旋云系通常由(　　)组成。

A. 细胞状　　B. 斜压叶状　　C. 涡度逗点状

D. 变形场云系　　E. 团状

答案:BCD。见《卫星气象学》(第二版)第 285 页,知识点:温带气旋云系特征。

53. 根据《气象灾害预警信号发布业务规定》,同时出现或者预报可能出现多种气象灾害时,可以(　　)。

A. 按照相对应的标准同时发布多种预警信号

B. 根据服务效果,以其中一种或几种预警信号为主发布

C. 在发布内容中明确其他灾种的相关预警信息

D. 只能发一种灾害的预警信号

E. 当受冷空气影响,同时达到寒潮、大风、暴雪、沙尘暴、霜冻、道路结冰等预警信号发布标准时,根据服务效果,应将全部预警信号同时发布

答案:ABC。见《气象灾害预警信号发布业务规定》(气发〔2008〕476 号)第 1 页,知识点:第五条。

54. 根据《热带气旋等级》(GB/T 19201—2006),热带气旋分为(　　)、热带风暴、(　　)、台风、强台风和超强台风六个等级。

A. 低压　　B. 热带低压　　C. 气旋
D. 强热带风暴　　E. 超强热带风暴

答案:BD。见《热带气旋等级》(GB/T 19201—2006)第1页,知识点:热带气旋等级的划分。

55. 强沙尘暴等级的划分依据是(　　)。
A. 大风将地面尘沙吹起　　B. 使空气非常混浊
C. 水平能见度小于500 m　　D. 有黑风暴产生
E. 风速达到8级以上

答案:ABC。见《沙尘暴天气等级》(GB/G20480—2006)第5页,知识点:沙尘暴天气五个等级的划分。

56. 根据《冷空气等级》(GB/T20484—2006)的规定,寒潮的定义为(　　)。
A. 使某地的日最低气温24小时内降温幅度大于或等于8 ℃
B. 使某地的日最低气温48小时内降温幅度大于或等于8 ℃
C. 而且使该地最低气温下降到4 ℃或者以下的冷空气
D. 而且使该地最低气温下降到0 ℃或者以下的冷空气
E. 4小时或者48小时内的日最低气温可以是不连续下降的

答案:BC。见《冷空气等级》(GB/T20484—2006)第2页,知识点:寒潮定义。

57. 预警信号的发布用语应当(　　)。
A. 准确描述实况和发展趋势、影响范围、防御指南等
B. 遵循"重点突出、简明扼要、通俗易懂"原则
C. 准确描述灾害种类、预警信号等级
D. 影响区域应当尽可能明确具体、表述清楚
E. 准确描述发布台站、发布时间

答案:ABCDE。见《气象灾害预警信号发布业务规定》(气发〔2008〕476号)第1页第六条。

58. 改革开放以来,我国公共气象服务、气象预报预测和综合气象观测业务得到长足发展,取得了一定的成果。但是,也存在着一些问题和挑战,主要表现在(　　)。
A. 气象服务能力建设滞后
B. 气象预报预测准确率整体上存在差距
C. 农业气象情报与预报业务没有发展
D. 气象综合观测的发展不够协调
E. 气候监测能力不足

答案:ABD。见《中国气象局关于发展现代气象业务的意见》(气发〔2007〕477号)第2—3页,知识点:发展现代气象业务的现状和需求分析"存在问题部分"。

59. 在《现代气象预报业务发展规划(2016—2020)》(气发〔2016〕1号)中提出:建立众智发展的业务生态,基于众创平台,实现(　　)系统的开源开放和云化部署。通过众智创新发展,逐步实现它们的智能化、可视化和集约化发展。
A. CMME　　B. CIMISS　　C. CIPAS　　D. MICAPS　　E. SWAP

答案:CD。见《现代气象预报业务发展规划(2016—2020)》(气发〔2016〕1号)第23页,知

识点：打造智能化众创型业务发展平台—建立众智发展的业务生态。

60.《中国气象局关于发展现代气象业务的意见》(气发〔2007〕477 号)在总体结构中指出：综合气象观测和信息业务包括(　　)。

A. 地面观测和地基遥感系统

B. 全球网络观测系统

C. 以低轨和高轨卫星为观测平台的天基遥感系统

D. 以气球和飞机等为观测平台的空基遥感系统

E. 大气环境监测系统

答案：ACD。见《中国气象局关于发展现代气象业务的意见》(气发〔2007〕477 号)第 6 页，知识点：总体结构中对综合气象观测和信息业务的指导意见。

61. 空气温度观测的传感器多采用金属电阻温度计，对于金属电阻温度计金属材料选择主要考虑(　　)。

A. 线性度好　B. 电阻率大　C. 性能稳定　D. 灵敏度高　E. 价格低廉

答案：ABC。见《现代气象观测》(第 2 版)第 11 页。

62. 提高风向标动态跟踪性能(增加阻尼比)的方法有(　　)。

A. 增加风尾板的有效截面积　B. 减小单位面积风尾板质量

C. 缩小风尾板与主轴距离　D. 缩小平衡锤与主轴距离

E. 增加摩擦系数

答案：ABD。见《现代气象观测》(第 2 版)第 73 页。

63. 在风速较大的情况下，雨量筒的绕流作用会使降水采集偏低。解决这个问题的方法有(　　)。

A. 在筒外围加装防风圈　B. 将雨量筒放入防风坑

C. 将雨量筒放到有挡风墙附近　D. 将雨量筒装在围栏旁边

E. 加大雨量承水口的斜角

答案：AB。见《现代气象观测》(第 2 版)第 118 页。

64. 大气是由很多种成分组成，按照平均停留时间可分为(　　)。

A. 基本不变成分　B. 准定常成分　C. 可变成分

D. 短寿命成分　E. 痕量成分

答案：ABCD。见《大气物理学》(第二版)第 7—8 页。

65. 表示臭氧浓度分布的单位主要有(　　)。

A. 数米度　B. 质量分数　C. 体积分数

D. 混合比　E. 臭氧分压

答案：ABCE。见《大气物理学》(第二版)第 12 页。

66. 对流层的主要特点是(　　)。

A. 大气温度随高度降低　B. 大气的垂直混合作用强

C. 气象要素垂直均匀　D. 气象要素垂直不均匀

E. 对流层顶高纬度温度高低纬度温度低

答案：ABD。见《大气物理学》(第二版)第 49 页。

67. 雷雨云的起电机制主要有哪些(　　)。

A. 感应起电机制　B. 温差起电机制　C. 破碎起电机制

D. 融化起电机制　E. 对流起电机制

答案:ABCDE。根据《大气物理学》(第二版)第15章,第395页。

68. 据《地面气象观测规范》(2003版)有关辐射记录的处理规定,下列描述正确的是(　　)。

A. 辐射表灵敏度6.00误输为9.00,正确的辐照度值应缩小2/3。

B. 因降水影响,总辐射和反射辐射的日曝辐量均为0.00时,该日反射比记为"—"。

C. 日出日落时次出现辐射记录缺测,可以按照梯形面积法进行内插记录。

D. 日落后净辐射值为0.12,按规定需缺测处理。

E. 07—09时正点辐照度均正常,08时曝辐量缺测,08时曝辐量内插处理。

答案:BCD。见《地面气象观测规范》(2003版)第80页,第122页和《地面气象观测业务技术规定实用手册》第25页。知识点:考察选手对辐射记录处理的掌握情况。A项,正确的辐照度应该扩大3/2倍。E项,08时曝辐量缺测,07—09时其他辐射量均正常,则08时曝辐量应用辐照度计算得到。

69. 在高空观测业务记录中,规定等压面需要记录规定等压面的时间、海拔高度、温度、湿度、露点温度、温度露点差、风向、风速和空间定位经纬度偏差等数据,以下不属于规定等压面的为(　　)。

A. 1000 hPa　B. 900 hPa　C. 550 hPa

D. 60 hPa　E. 地面层

答案:BCD。见《常规高空气象观测业务规范》第九章观测数据实时处理。考点:高空观测业务规定等压面的定义。

70. 高空观测业务生成的TTAA、TTCC报文编发资料为(　　)资料。

A. 标准等压面层　B. 对流层顶　C. 最大风层

D. 时空订正　E. 量的风层

答案:ABCD。见《常规高空气象观测业务规范》第十章"报告电码编制及传输"。考点:高空业务观测基本探空报文内容。

71. 以下关于高空站施放探空仪海拔高度描述正确的是(　　)。

A. 探空(压、温、湿)海拔高度以测站气压传感器的海拔高度为基准

B. 探空(压、温、湿)海拔高度以测站水银槽面的海拔高度为基准

C. 卫星导航定位测风系统的海拔高度以天线接收信号天线平面的海拔高度为基准

D. 测风海拔高度以定向天线光轴中心的海拔高度为基准

E. 测风海拔高度以经纬仪镜筒的海拔高度为基准

答案:BCDE。见《常规高空气象观测业务规范》第八章"探空仪施放及观测"。考点:高空站对海拔高度的定义。

72. 在台站地面综合观测业务软件(ISOS)中,SMO的"数据归档"功能可以备份下列哪些数据或文件(　　)。

A. .prj文件　B. smo.type文件

C. smo.loc文件　D. 自动站.qc文件

E. 质量控制报警日志文件

答案:ABCD。根据《台站地面综合观测业务软件(ISOS)用户操作手册》第 4.2 节“数据归档”,在归档文件路径下形成“dataset”文件夹和“区站号.prj”文件。

73. 某台站在进行了 ISOS 参数修改之后,发现 SMO 数据采集正常,而 MOI 无法获取所有相应发报时次数据,可能是下列哪项配置出现了问题。(　　)

A. MOI 区站号设置

B. MOI 台站类别设置

C. MOI 台站海拔高度设置

D. MOI 人工定时观测次数设置

E. SMO 数据目录设置

答案:AE。根据《台站地面综合观测业务软件(ISOS)用户操作手册》“MOI 参数设置”章节,除 A、E 选项之外,其余均对数据获取没有影响。

74. 以下哪些情况需要在 ISOS 软件中进行蒸发溢流水位设置。(　　)

A. 初次使用

B. 降水过后

C. 重新启用

D. 每三个月进行设置

E. 结冰之前

答案:ACD。根据《台站地面综合观测业务软件(ISOS)用户操作手册》“观测与编报”章节,用自动观测大型蒸发的台站,初次使用、重新启用或每三个月应设置蒸发溢流水位。

75. 在我国现行地面气象观测业务中,以下关于前向散射能见度仪安装要求正确的有(　　)。

A. 应安装在对周围天气状况最具代表性的地点

B. 远离大型建筑物,远离产生热量及妨碍降雨的设施

C. 安装地点应该不受干扰光学测量的遮挡物和反射表面的影响,避开闪烁光源、树荫、污染源(比如烟、车辆尾气等)

D. 前向散射能见度仪使用立杆安装,采样区中心距地 2.0 m

E. 传感器部分南北安置,接收单元朝南,发射单元朝北,确保太阳光及反射光不会进入发射单元镜头

答案:ABC。见《新型自动气象站实用手册》第 123 页。D 项中采样区中心距地应为 2.8 m。E 项中接收单元朝北,发射单元朝南。

76. 在现行地面气象观测业务中,新型自动站主采集器上直接挂接的传感器有(　　)。

A. 气压传感器

B. 翻斗雨量传感器

C. 直接辐射传感器

D. 蒸发传感器

E. 地温传感器

答案:ABD。见《新型自动气象站实用手册》第 4 页。

77. 以下关于称重降水传感器安装和日常维护正确的有(　　)。

A. 按时检查内筒内液面高度和传感器的供电情况

B. 每日定时进行仪器小清洁,口沿以外的积雪、沙尘等杂物应及时清除

C. 根据各地最低气温的不同,配比添加相应防冻液和防蒸发油

D. 安装防风圈,应注意传感器在防风圈的中央,传感器承水口上边沿比防风圈的高度高

2 cm

E. 在夏季，不需要添加防冻液，但需要保护桶的底部有少量的水

答案：ABCE。见《新型自动气象站实用手册》第 127 页。D 项中应是防风圈的高度比传感器承水口上边沿高 2 cm。

78. 某站按时形成地面气象要素数据上传文件，下列操作不符合地面气象观测业务技术规定的是(　　)。

A. 07:30 接班后，接班员复验日照纸，并对该日日照时数进行了订正，于 08:10 重新更正上传

B. 某日 09:00—16:00 连续出现霾现象，次日 07:30 接班员发现霾日统计错误，于 07:45 分修改 ISOS 软件 09:00—16:00 的正点现象编码，重新统计霾日后上传

C. 分钟数据文件未按时上传，业务人员于次日 08 时前通过业务软件重新上传

D. 业务用机 19:58 死机，20:10 业务软件成功重启后，分钟数据文件自动上传

E. 某站 07 时本站气压需内插值处理，可在 08 时定时观测完成并保存上传后，再对 07 时本站气压内插处理，重新形成上传数据文件

答案：BD。《地面气象观测业务技术规定实用手册》第 3—4 页。A 项与 C 项：10 时前均可。B 项：霾日判定错误，直接在日数据维护中修改，08 时前更正上传。D 项：技术规定中分钟数据文件是 20 时上传，一般情况下是 20:06 在 AWSnet 下形成，这里已经超时，所以需手动发送。

79. 某站 ISOS 软件有关风向风速采集数据(有数据即视为正常)如表格所示，根据异常记录处理相关规定，下列说法正确的是(　　)。

时次	要素	51 分	52 分	53 分	54 分	55 分	56 分	57 分	58 分	59 分	00 分
03—04 时	2 分钟风速	22	33	30	25	28	31	29	27	28	—
	2 分钟风向	88	90	91	87	87	84	86	89	—	—
04—05 时	10 分钟风速	18	17	—	16	17	18	16	17	—	—
	10 分钟风向	90	92	94	92	93	95	98	95	97	—
05—06 时	2 分钟风速	—	—	3	3	3	2	—	—	—	—
	2 分钟风向	57	59	—	—	—	—	59	—	—	—

A. 04 时 2 分钟风速为 27，风向 89

B. 04 时 2 分钟风速为 28，风向 89

C. 05 时 10 分钟风速 17，风向 95

D. 05 时 10 分钟风速 17，风向 97

E. 06 时 10 分钟风速 2，风向记为 C

答案：ACE。《地面气象观测业务技术规定实用手册》第 23 页，原示例。风替代时需风向风速均正常的优先替代。两者有缺测的，选择最近风速值，风向根据风速大小(是否小于 0.3)记静风或缺测。

80. 以下信息需录入 RIIiii-YYYYMM. TXT 文件备注栏的有(　　)。

A. 仪器故障

B. 台站名称、区站号、级别、地址

C. 换用新的业务程序

D. 审核数据后的修改说明

E. 更换记录仪

答案:ACDE。B 为内容变动时再填入备注栏。

81. 某站某日内各时次降水及蒸发量如表格所示,以下说法正确的是(　　)。

时次 要素	21	22	23	00	01	02	03	04	05	06	07	08
降水量												
蒸发量	0.1	0.1	—	0.0	—	0.0	0.0	0.0	0.0	0.0	0.1	0.0
时次 要素	09	10	11	12	13	14	15	16	17	18	19	20
降水量					2.3	21.0	24.3	17.1	14.9	1.3		
蒸发量	0.5	0.1	0	0.2	0.1	0.0	11.2	17.0	55.5	0.0	0.0	0.0
备注	08—09 时清洁大型蒸发器,11 时 08 分—11 时 26 分蒸发传感故障,16 时 15 分进行蒸发器取水。											

A. 08—09 时清洁大型蒸发器,08—09 时蒸发量按 0.0 处理

B. 11—12 时蒸发传感器故障,小时蒸发量按缺测处理

C. 14—15 时、15—16 时蒸发溢流,相关时次蒸发量按 0.0 处理

D. 16—17 时蒸发取水,小时蒸发量按缺测处理

E. 经处理,该日蒸发合计为 0.7 mm

答案:ACE。A 项与 D 项,维护期间,时蒸发量按 0 处理。B 项,传感器故障 1 小时,蒸发量内插处理。C 项,蒸发量≈降雨量,判断为溢流,溢流是按照 0 处理;E 项,缺测一个小时的,内插,缺测两个小时及以上的,按照缺测。

82. 若某小时内能见度分钟数据全部正常,且出现了符合记录最小能见度的视程障碍现象,则下列对应关系正确的有(　　)。

A. 正点 1 分钟能见度一定小于等于正点 10 分钟能见度

B. 小时最小能见度一定小于等于 1 分钟能见度

C. 小时最小能见度一定小于等于 10 分钟能见度

D. 小时最小能见度一定小于等于视程障碍现象最小能见度

E. 小时最小能见度一定大于等于视程障碍现象最小能见度

答案:CD。10 分钟能见度是在 1 分钟能见度值(瞬时值)基础上的 10 分钟滑动平均。正点 1 分钟能见度和正点 10 分钟能见度没有绝对的大小关联。小时最小能见度是小时内 10 分钟平均能见度的最小值。所以,小时最小能见度≤10 分钟能见度,C 项正确。视程障碍最小能见度是把天气现象时段的 10 分钟能见度再进行 10 分钟滑动平均,然后挑取最小值。所以,视程障碍现象最小能见度≥天气现象时段的 10 分钟能见度,结合 C 项分析,D 项也正确。

83. 按照《新建扩建改建建设工程避免危害气象探测环境行政许可管理办法》规定,除了国家基准气候站、国家基本气象站和国家一般气象站外,还有(　　)在气象探测环境保护范围内实施新建、扩建、改建建设工程避免危害气象探测环境的行政许可,适用本办法。

A. 高空气象观测站　　B. 大气本底站
C. 区域气象观测站　　D. 气象卫星地面站
E. 天气雷达站

答案：ABDE。见《新建扩建改建建设工程避免危害气象探测环境行政许可管理办法》第二条。

84. 根据《地面气象观测资料质量控制》(QX/T118—2010)，质量控制码为(　　)的数据被认为可用数据，可提供用户使用。

A. 0　　B. 2　　C. 3
D. 4　　E. 8

答案：ACD。见《地面气象观测资料质量控制》(QX/T 118—2010)、《无线电探空资料质量控制》(QX/T 123—2011)、《地面气象辐射观测资料质量控制》(QX/T 117—2010)中的表1。

85. 下列观测的数据组说法错误的是(　　)。

A. 某土壤冻结层测量记录为上限深度为 10 cm，下限深度为 5 cm
B. 某土壤冻结层测量记录为上限深度为 5 cm，下限深度为 10 cm
C. 一次积冰过程，测得电线积冰直径为 30 mm，厚度为 28 mm
D. 一次积冰过程，测得电线积冰直径为 30 mm，厚度为 30 mm
E. 一次积冰过程，测得电线积冰直径为 28 mm，厚度为 30 mm

答案：AE。见《地面气象观测资料质量控制》(QX/T118—2010)3.2.5 以及《地面气象观测规范》(2003 版)第 91 页。

86. 按照《地面气象观测资料质量控制》(QX/T 118—2010)，某地面自动气象站观测的数据中，下列(　　)肯定有错误数据存在。

A. 气温数据第 1 分钟为 25.1 ℃，第 2 分钟为 29.0 ℃，第 3 分钟为 29.1 ℃
B. 2 小时内观测的最高气温和最低气温均为 20.2 ℃
C. 0 cm 地面温度数据第 1 分钟为 25.1 ℃，第 2 分钟为 29.0 ℃，第 3 分钟为 29.1 ℃
D. 1 小时内观测的每分钟 0 cm 地面温度均为 35.1 ℃
E. 1 小时内观测的最高与最低 0 cm 地面温度之差为 10.0 ℃

答案：ABD。见《地面气象观测资料质量控制》(QX/T 118—2010)附录 B。

87. 针对某站某日地面气象辐射观测数据质量审核时，以下说法正确的是(　　)。

A. 散射辐射日总量≤总辐射日总量
B. 直接辐射日总量≤总辐射日总量
C. 总辐射日最大辐照度≥净全辐射日最大辐照度
D. 总辐射日最大辐照度≥反射辐射日最大辐照度
E. 总辐射日最大辐照度≥直接辐射日最大辐照度

答案：ABD。见《地面气象辐射观测资料质量控制》(QX/T 117—2010)4.1.5。

88. 地面观测到的各辐射项 1 小时曝辐量数据中，肯定错误的数据为(　　)。

A. 直接辐射：3.91 MJ/m^2　　B. 总辐射：7.30 MJ/m^2
C. 散射辐射：2.11 MJ/m^2　　D. 反射辐射：1.50 MJ/m^2

E. 反射辐射：−1.50 MJ/m^2

答案：BE。见《地面气象辐射观测资料质量控制》(QX/T 117—2010)4.2.3.2.d-e。

89. 根据《无线电探空资料质量控制》(QX/T 123—2011)，进行高空站观测数据质量审核时，以下说法正确的是(　　)。

A. 各层温度露点差应不小于 0 ℃

B. 零度层温度露点差应大于 38 ℃

C. 风向缺测，风速也应缺测

D. 风速缺测，风向也应缺测

E. 风向缺测，风速可不缺测

答案：ACD。见《无线电探空资料质量控制》(QX/T 123—2011)4.3.1.2.i、4.6.1.1.d、4.6.1.2。

90. 当某规定等压面某时次月最低温度≤−60 ℃时，则该时次该规定等压面与露点有关的项目(　　)不统计。

A. 月最高值　　B. 候平均　　C. 旬平均

D. 月平均　　E. 月最低值

答案：BCDE。《高空气象资料实时统计处理业务规定》(气预函〔2016〕37 号文)6.(2)。

91. 挑取年最大连续降水量、年最大连续降水日数、年最大连续降水止日时，下列说法正确的为(　　)。

A. 可上跨月、年挑取

B. 可下跨月、年挑取

C. 从该年各连续降水(日降水量≥0.1 mm)过程中，挑取降水总量最大者

D. 最大连续降水量出现 2 次或以上相同时，挑连续日数最长的一次

E. 全年无降水时，降水量记 0，不记连续日数和止日

答案：ACE。见《地面气象资料实时统计处理业务规定》(气预函〔2015〕58 号)4.3.5

92. 进行辐射数据统计时，下列说法正确的为(　　)。

A. 若某候日曝辐量缺测≥2 d，则该候候曝辐量按缺测处理

B. 若某旬日曝辐量缺测≥3 d，则该旬旬曝辐量按缺测处理

C. 若某旬日曝辐量缺测≥4 d，则该旬旬曝辐量按缺测处理

D. 若某月日曝辐量缺测≥7 d，则该月月曝辐量按缺测处理

E. 若某月日曝辐量缺测≥10 d，则该月月曝辐量按缺测处理

答案：ACE。见《气象辐射资料实时统计处理业务规定》(气预函〔2016〕37 号文)5.1。

93. 某站是国家基准气候站，该观测场周边环境开阔、地势平坦，表格为该站观测场四周 500 米范围内铁路、公路、水体及干扰源登记表。根据《气象设施和气象探测环境保护条例》第十三条规定，该站不符合要求的障碍物为以下哪几项。(　　)

序号	名称	类型	到观测场围栏最近直线距离(m)	所在方位(°)	建成(或出现)时间
①	6 层住宅	建筑	52.0	135.0	1992 年 1 月 1 日
②	高铁	铁路	212.0	25.0	2001 年 5 月 1 日

续表

序号	名称	类型	到观测场围栏最近直线距离(m)	所在方位(°)	建成(或出现)时间
③	翠云路	公路	63.0	87.0	2003年1月1日
④	废品站	垃圾场	235.0	272.0	2005年12月1日
⑤	养鱼塘	水体	65.0	185.0	不详

A. ①　B. ②　C. ③　D. ④　E. ⑤

答案：ADE。6层住宅52.0 m，垃圾场235.0 m，水体65.0 m，不符合要求。见《气象设施和气象探测环境保护条例》第十三条。第十三条禁止实施下列危害国家基准气候站、国家基本气象站探测环境的行为：

(一)在国家基准气候站观测场周边2000 m探测环境保护范围内或者国家基本气象站观测场周边1000 m探测环境保护范围内修建高度超过距观测场距离1/10的建筑物、构筑物；

(二)在观测场周边500 m范围内设置垃圾场、排污口等干扰源；

(三)在观测场周边200 m范围内修建铁路；

(四)在观测场周边100 m范围内挖筑水塘等；

(五)在观测场周边50 m范围内修建公路、种植高度超过1 m的树木和作物等。

94.《GB 31221—2014气象探测环境保护规范地面气象观测站》中对于区域气象观测站中规定了哪些气象要素观测的探测环境保护要求。(　　)

A. 气温　B. 气压　C. 风

D. 湿度　E. 降水

答案：ACE。见《GB 31221—2014气象探测环境保护规范地面气象观测站》3.2.2要素观测要求。

95. 中国气象局第28号令《气象专用技术装备使用许可管理办法》是在2006年出台的中国气象局第14号令的基础上进行修订的，关于28号令的内容以下哪几项是正确的。(　　)

A. 气象专用技术装备使用许可应当由使用者提出申请

B. 在气象业务、工程设计建设中，应当使用具备有效许可证的气象专用技术装备

C. 任何组织和个人不得涂改、伪造、倒卖、出租、出借《气象专用技术装备使用许可证》

D. 国务院气象主管机构受理申请后，对申请材料进行审查并根据需要指派两名以上工作人员对申请材料的实质内容进行实地核查

E. 实施气象专用技术装备使用许可，应当遵循公开、公平、公正原则

答案：BCDE。气象专用技术装备使用许可应当由生产者提出申请。

96. 根据中国气象局第30号令《气象台站迁建行政许可管理办法》要求，在申请气象台站迁建时，申请人应向受理机构提供以下哪些材料。(　　)

A. 气象台站迁建申请表

B. 气象台站选址报告书

C. 拟迁新址的土地使用权证

D. 新迁建气象站现址现状图、新址规划图

E. 已批准或正在实施的拟迁新址所在地的城市(镇)总体规划图及其批复文件,或国家重点工程建设项目实施方案及其批复文件

答案:ABCE。按照国务院关于清理规范行政审批中介服务事项的要求,《办法》制定申请材料要求时取消了“新迁建气象站现址现状图、新址规划图”2 项中介服务事项。

97. 根据《全国气象发展“十三五”规划》,到 2020 年,要基本建成适应需求、结构完善、功能先进、保障有力的以智慧气象为重要标志,由(　　)构成的气象现代化。

A. 现代气象监测预报预警体系

B. 现代公共气象服务体系

C. 具备全球监测、全球预报、全球服务的业务体系

D. 气象科技创新和人才体系

E. 现代气象管理体系

答案:ABDE。依据:2016 年 7 月,中国气象局和国家发展改革委联合印发《全国气象发展“十三五”规划》中气象事业发展主要目标。

98.《气象专用技术装备使用许可管理办法》所称气象专用技术装备,是指专门用于气象探测、预报、服务以及(　　)等气象业务的气象设备、仪器、仪表、消耗器材及相应软件系统。

A. 气象科学实验　　B. 人工影响天气

C. 卫星观测　　D. 空间天气

E. 临时观测

答案:BD。依据:《气象专用技术装备使用许可管理办法》对气象专用技术装备的规定。

99. 以下行为可按《中华人民共和国气象法》规定处五万元以下罚款的有(　　)。

A. 某企业安装了不符合使用要求的雷电灾害防护装置

B. 某县广播站,在气象站 0.5 km 处架设中继站

C. 某乡政府未经当地气象部门沟通同意,将布设在政府院内的自动气象站移至楼顶

D. 某环评公司,使用未经气象主管机构审查的气象资料做水文环境评价

E. 某工作人员每天用微博发布其所做公众气象预报

答案:BCE。依据:《气象法》第 35 条(二)、(一),第 38 条(一)。

100.《全国气象发展“十三五”规划》中指出,实施气象信息化战略主要包括(　　)。

A. 实施“互联网+”气象战略

B. 构建“云+网+端”的气象信息化发展战略

C. 互联网气象平台战略

D. 气象领域“大众创业、万众创新”战略

E. 气象大数据战略

答案:ACE。依据:《全国气象发展“十三五”规划》中指出“实施气象信息化三大战略。实施‘互联网+’气象战略,构建‘云+网+端’的气象信息化发展新形态。实施互联网气象平台战略,为气象领域‘大众创业、万众创新’提供支撑,汇聚众智实现创新发展,提升公共气象服务的有效供给能力。实施气象大数据战略,统筹布局全国气象大数据中心”。

判断题

1.《国家气象灾害应急预案》中规定，当同时发生两种以上气象灾害且分别达到不同预警级别时，按照最高预警级别发布预警。（　　）

答案：×。见《国家气象灾害应急预案》第八部分“附则”中 8.1.5“多种灾害预警”，当同时发生两种以上气象灾害且分别达到不同预警级别时，按照各自预警级别分别预警。

2.《国家气象灾害应急预案》中指出，气象部门建立以社区、村镇为基础的气象灾害调查收集网络，组织气象灾害普查、风险评估和风险区划工作，编制气象灾害防御规划。（　　）

答案：√。见《国家气象灾害应急预案》第三部分 3.1.3 灾害普查。

3.《气象灾害防御条例》气象灾害预警信号的种类和级别，由中央气象台规定。（　　）

答案：×。见《气象灾害防御条例》第三章第三十条，气象灾害预警信号的种类和级别，由国务院气象主管机构规定。

4.《气象灾害防御条例》中规定，县级以上地方人民政府、有关部门应当根据灾害性天气警报、气象灾害预警信号和气象灾害应急预案启动标准，及时作出启动相应应急预案的决定，向社会公布，并报告上一级人民政府，不可越级上报。（　　）

答案：×。见《气象灾害防御条例》第四章第三十四条，县级以上地方人民政府、有关部门应当根据灾害性天气警报、气象灾害预警信号和气象灾害应急预案启动标准，及时作出启动相应应急预案的决定，向社会公布，并报告上一级人民政府；必要时，可以越级上报，并向当地驻军和可能受到危害的毗邻地区的人民政府通报。

5.《全国气象灾情收集上报技术规范》适用于各级气象部门的旬、月、年和历史灾情（灾情普查）收集上报。（　　）

答案：×。见《全国气象灾情收集上报技术规范》第一部分。本规范适用于各级气象部门的月、年和历史灾情（灾情普查）收集上报。

6.《国家气象灾害应急预案》中规定，有关部门按职责收集和提供气象灾害发生、发展、损失以及防御等情况，及时向当地人民政府或相应的应急指挥机构报告。各地区、各部门要按照有关规定逐级向上报告，特别重大、重大突发事件信息，要向国务院报告。（　　）

答案：√。见《国家气象灾害应急预案》第四部分 4.1。

7.《国家气象灾害应急预案》中规定，当同时发生两种以上气象灾害且分别发布不同预警级别时，按照最高预警级别灾种启动应急响应。（　　）

答案：√。见《国家气象灾害应急预案》第四部分 4.2。

8. 各级气象主管机构应当建立气象灾情调查评估制度。当发生中型及以上气象灾害后，仅需灾情所在的县级气象主管机构赴现场进行实地调查和评估即可。（　　）

答案：×。见《气象灾情收集上报调查和评估规定》第四章第六条，当发生中型及以上气象灾害后，地市级气象主管机构应当立即赴现场进行实地调查和评估。

9.《国务院办公厅关于加强气象灾害监测预警及信息发布工作的意见》中指出，开展气象灾害影响风险评估时，要建立以县、乡镇为单元的气象灾害调查收集网络。（　　）

答案：×。见《国务院办公厅关于加强气象灾害监测预警及信息发布工作的意见》的第二部分（五）。建立以社区、乡村为单元的气象灾害调查收集网络。

10.《国务院办公厅关于加强气象灾害监测预警及信息发布工作的意见》中指出，积极推进国家突发公共事件预警信息发布系统建设，形成国家、省、地、县四级相互衔接、规范统一的气象灾害预警信息发布体系，实现预警信息的多手段综合发布。（　　）

答案：√。见《国务院办公厅关于加强气象灾害监测预警及信息发布工作的意见》的第三部分（七）。

11.《国务院办公厅关于加强气象灾害监测预警及信息发布工作的意见》中指出，要重点加强农村偏远地区预警信息接收终端建设，因地制宜地利用有线广播、高音喇叭、鸣锣吹哨等多种方式及时将灾害预警信息传递给受影响群众。（　　）

答案：√。见《国务院办公厅关于加强气象灾害监测预警及信息发布工作的意见》的第四部分（十）。

12.《国务院办公厅关于加强气象灾害监测预警及信息发布工作的意见》中指出，要加强内河道、牧区等区域的雷电灾害监测，充分利用卫星遥感等技术和手段，加强森林草原致灾因子监测，及时发布高火险天气预报。（　　）

答案：×。见《国务院办公厅关于加强气象灾害监测预警及信息发布工作的意见》的第二部分（四）加强农村、林区及雷电多发区域的雷电灾害监测。

13. 现代农业气象服务示范县创建标准（试行）中要求，示范县的涉农专家联盟主要负责农业气象服务的技术指导，县政府主管部门负责全县农业气象的决策咨询。（　　）

答案：×。见《现代农业气象服务示范县创建标准（试行）》第 3 页，知识点：具有多部门合作机制。原文为“示范县应组织成立气象、农业、林业、水利等多部门技术专家和农民专家组成的涉农专家联盟（农业气象专家咨询委员会），负责适时开展全县农业气象的决策咨询和农业气象服务的技术指导”。

14. 日光温室或塑料大棚的农用天气预报内容包括通风时间、揭（盖）帘时间、加温补光时间，以及育苗、定植等关键时段的预报。（　　）

答案：√。见《现代农业气象服务示范县创建标准（试行）》第 38 页，知识点：设施农业服务内容。原文为“日光温室或塑料大棚的通风时间、揭（盖）帘时间、加温补光时间，以及育苗、定植等关键时段的农用天气预报”。

15. 晚稻抽穗扬花期，如遇到寒露风天气，则可采用稻田断水和喷施增温剂的方式，提高泥温和叶温。（　　）

答案：×。见《现代农业气象服务示范县创建标准（试行）》第 10 页，知识点：水稻农业气象灾害防御适用技术示范。原文为“在晚稻抽穗扬花期，当预计日平均气温≤22 ℃、持续≥3 d，或日平均气温≤22 ℃、持续 2 d，且其中有一天最低气温≤16 ℃的天气来临前，稻田灌深水（10 cm 左右），减缓泥温下降；或喷施增温剂，提高泥温和叶温”。

16. 设施农业示范县的农业气象适用技术推广应以提高农业气候资源利用、防灾减灾、节水等为目标。（　　）

答案：×。见《现代农业气象服务示范县创建标准（试行）》第 39 页，知识点：设施农业气象适用技术示范推广。原文为“示范县以设施农业安全高效生产为目标，各地至少推广一项农业气象适用技术”。

17. 某县每两年在气象灾害易发季节到来之前开展气象灾害应急演练，符合《气象灾害防御示

范乡(镇)创建标准(试行)》中的要求。(　　)

答案:×。见《气象灾害防御示范乡(镇)创建标准(试行)》第6页,知识点:具有气象防灾减灾应急预案。原文为“每年在气象灾害易发季节到来之前开展气象灾害应急演练,包括组织指挥、灾害预警及信息传递、灾害自救和互救逃生、转移安置、灾情上报等内容。分析总结演练的经验和不足,不断完善气象灾害应急预案”。

18.《气象灾害防御示范乡(镇)创建标准(试行)》中要求,气象信息员要承担主动接收和主动分发气象灾害预警信息工作。(　　)

答案:√。见《气象灾害防御示范乡(镇)创建标准(试行)》第2页,知识点:具有气象信息员队伍。原文为“气象信息员要承担主动接收和主动分发气象灾害预警信息工作”。

19. 气象信息协理员及有关部门根据灾害性天气警报、气象灾害预警信号和气象灾害应急预案启动标准,及时启动应急预案,并采取应急措施。(　　)

答案:×。见《气象灾害防御示范乡(镇)创建标准(试行)》第6页,知识点:具有气象防灾减灾应急预案。原文为“乡镇政府及有关部门根据灾害性天气警报、气象灾害预警信号和气象灾害应急预案启动标准,及时启动应急预案,并采取应急措施”。

20.《气象灾害防御示范乡(镇)创建标准(试行)》中要求,乡镇编制气象灾害应急行动计划,行政村制定气象灾害应急预案,并在县级气象主管部门备案。(　　)

答案:×。见《气象灾害防御示范乡(镇)创建标准(试行)》第6页,知识点:具有气象防灾减灾应急预案。原文为“各行政村和农业园区或农业专业生产企业、学校、医院等重点单位,根据当地气象灾害发生特点,编制气象灾害防御预案或应急行动计划,并在所辖乡镇备案。”

21. 乡镇气象信息服务站的标准是:“有固定场所、有设备、有管理制度、有长效机制、有宣传手段”。(　　)

答案:×。见《气象灾害防御示范乡(镇)创建标准(试行)》第3页,知识点:乡镇气象信息服务站。原文为“按照‘有固定场所、有设备、有人员、有管理制度、有长效机制’的基本条件,在乡镇建设气象信息服务站、在村或农业“园区”建设气象信息服务点。”

22. 全国中小河流洪水灾害风险普查的范围是以行政村为单元,全面普查区域内的中小河流洪水灾害。(　　)

答案:×。见《全国暴雨洪涝气象灾害风险普查技术规范》第二大部分。普查范围:以中小河流域或山洪沟为单元,全面普查区域内的中小河流洪水或山洪等灾害。

23.《暴雨洪涝灾害致灾临界(面)雨量技术指南》的中小河流,是指流域面积大于300 km^2 小于2000 km^2 的河流。(　　)

答案:×。见《暴雨洪涝灾害致灾临界(面)雨量技术指南》1.1.1 中小河流指流域面积大于200 km^2 小于3000 km^2 的河流。

24.《山洪灾害实地调查指南》中指出,开展山洪灾害实地调查时,实地调查的时间最好取雨水相对少的季节,这时河道里的水量相对稳定,水位最低。(　　)

答案:√。见《山洪灾害实地调查指南》第一部分。

25.《暴雨洪涝灾害致灾临界(面)雨量技术指南》中规定,校核洪水位是指遇到大坝校核洪水时,坝前水库达到的最高水位,也称非常洪水位,也是水库特征水位之一。(　　)

答案：√。见《暴雨洪涝灾害致灾临界(面)雨量技术指南》1.1.10 校核洪水位。

26.《增雨防雹火箭作业系统安全操作规范》规定，利用增雨防雹火箭作业系统开展人影作业，当出现哑弹时，关闭电源，待 5 分钟后，才能卸弹；出现留架燃烧时，待 15 分钟后，才能卸弹；出现炸架时，立即关闭电源，停止作业，并报主管部门处理。上述故障应按规定上报。(　　)

答案：×。见《增雨防雹火箭作业系统安全操作规范》第 2 页“4 火箭弹安全”，知识点：4.3 安全要求 4.3.7。正确说法应为“出现哑弹时，关闭电源，待 5 分钟后，才能卸弹；出现留架燃烧时，待焰剂燃烧完 15 分钟后，才能卸弹；出现炸架时，立即关闭电源，停止作业，并报主管部门处理。上述故障应按规定上报”。

27. 增雨防雹火箭作业系统的火箭弹和发射控制器均严禁在强磁场环境中存放，火箭弹要避免静电或射频导致误发火，发射控制器要防止强烈振动和冲击，以免影响其使用性能。(　　)

答案：√。见《增雨防雹火箭作业系统安全操作规范》第 3 页“7 维护保养”，知识点：7.1 火箭弹和 7.3 发射控制器，7.1.2 严禁在强磁场中存放，避免静电或射频导致误发火；7.3.3 严禁在强磁场环境中存放，防止强烈振动和冲击，以免影响发射控制器的使用性能。

28. 按照《高炮人工防雹增雨作业业务规范(试行)》，应根据不同雹云类型进行防雹作业方案设计，对于单体雹云，作业要迅速及时，并监视新生成的单体，提前作业；对于多单体雹云，一般难以防御，如果作业设计严密，提前作业，可能收效；对于强单体雹云，应针对不同形态的出现，提前作业。(　　)

答案：×。见《高炮人工防雹增雨作业业务规范(试行)》第五章作业设计与实施，知识点：§5.1.1 不同雹云类型作业 1.单体雹云受地形和局地气候影响较大，生命史短，往往在半小时内由积云发展成冰雹云，几分钟后冰雹落地。作业要迅速及时，并监视新生成的单体，提前作业。2.多单体雹云锋面切变线或飑线过境时的雹暴。回波带基本分 5 种：单带、双平行带、平行短带、涡旋状回波及并存多单体回波。应针对不同形态的出现，提前作业。3.强单体雹云强冷空气及强风切变背景下的庞大云体，生命史较长。可见弱回波区及周围弱回波穹窿、悬挂回波及强回波梯度区等特征。一般难以防御。如果作业设计严密，提前作业，对 −8～−12 ℃层及其以上 1 km 左右的强回波区开炮并同时对弱回波区，悬挂回波及其下方 −2～−6 ℃层附近区域催化，可能收效。题目将多单体雹云和强单体雹云的作业弄混了。

29. 根据《人工影响天气管理条例》，利用高射炮、火箭发射装置从事人工影响天气作业的人员名单，由所在地的气象主管机构抄送当地公安机关备案。(　　)

答案：√。见《人工影响天气管理条例》，知识点：第十条第二款利用高射炮、火箭发射装置从事人工影响天气作业的人员名单，由所在地的气象主管机构抄送当地公安机关备案。

30. 根据《人工影响天气安全管理规定》，在非作业期间，人雨弹、火箭弹应当由县级以上气象主管机构统一组织清点回收，由军队、当地人民武装部协助存储，也可存放于作业站点。(　　)

答案：×。见《人工影响天气安全管理规定》，知识点：第十一条在非作业期间，人雨弹、火箭弹应当由县级以上气象主管机构统一组织清点回收，由军队、当地人民武装部协助存储,作业站点禁止存放。

31. 锋面附近存在温度、气压、风、变压等气象要素的突变,锋面附近天气变化剧烈,而湿度并没有变化。(　　)

答案:×。见《天气学原理和方法》(第四版)§2.2,§2.3。

32. 在形势预报中,如地面冷空气主体向偏东方向移动,则预示高空形势是较为平直的西风气流。(　　)

答案:√。见《天气学原理和方法》(第四版)§5.1。

33. 副热带高压中湿度场的变化可以用来诊断副热带高压的强度。当湿度很小时,说明副热带高压中有较强的下沉运动,副高将维持或增强。(　　)

答案:√。见《天气学原理和方法》(第四版)§5.1。

34. 在暴雨区中,质量辐合造成的水汽集中比水汽的水平平流贡献大。(　　)

答案:√。见《天气学原理和方法》(第四版)§7.1,§7.2。

35. 地转平衡状态下既无动能的产生,也无动能的消耗,只有在地转平衡被破坏的情况下才有动能的产生或消耗。(　　)

答案:√。见《天气学原理和方法》(第四版)§1.3,§5.1。

36. 大风区经常是在高压中心附近和低压边缘区域。(　　)

答案:×。见《天气学原理和方法》(第四版)§5.2。

37. 台风破坏力最猛烈、最集中的区域是台风旋涡区。不过最大风速的分布在各象限是不对称的,一般在台风前进方向的右前方风力最为强大。(　　)

答案:√。见《天气学原理和方法》(第四版)§9.8。

38. 喇叭口的地形不利于云的生成和降水的发展。(　　)

答案:×。见《天气学原理和方法》(第四版)§7.2。

39. 一般情况下,锋面附近气流是辐合的。(　　)

答案:√。见《天气学原理和方法》(第四版)§2.3。

40. 海平面气压场等压线不可以相交,但是能够在图中分枝。(　　)

答案:×。见《天气学分析》(第二版)第6页,知识点:海平面气压场的分析原则。海平面气压场等压线不可以相交,但是能够在图中分枝。

41. 在700 hPa等压面图上分析等温线时,等温线间隔值为5 ℃。(　　)

答案:×。见《天气学分析》(第二版)第19页,知识点:等压面图上等温线的分析。在700 hPa等压面图上分析等温线时,等温线间隔值为4 ℃。

42. 雷达导出产品是由雷达用户终端子系统(PUP)生成的由数字化的基数据经过使用特定算法而得到。(　　)

答案:×。参考《多普勒天气雷达原理与业务应用》第5页"雷达产品子系统(RPG)"。

43. 多普勒天气雷达能探测到降水系统是因为雷达发射的电磁波遇到降水物质时,降水物质能把接收到的能量向后反射回雷达,被雷达接收和处理。(　　)

答案:×。参考《多普勒天气雷达原理与业务应用》第1页"散射回雷达"。

44. 某多普勒天气雷达探测到雷达站四周的0.5°仰角的回波径向速度均为零,说明这是需要滤除的地物杂波而不是气象目标物的回波。(　　)

答案:√。参考《多普勒天气雷达原理与业务应用》第 7 页。

45. 雷达接收到位于其最大探测距离之外的目标物的较强回波,一般会误认为是位于最大探测距离之内,这被称为距离折叠。( )

答案:√。参考《多普勒天气雷达原理与业务应用》第 7 页。

46. 当我们在主用户处理器 PUP 屏幕上分析一张雷达图时,实际是在圆锥的俯视平面图上分析空间的雷达回波。( )

答案:√。参考《多普勒天气雷达原理与业务应用》第 47 页。

47. 若实测风是南风且风随高度先增加后减小,则在雷达正南方看到的多普勒径向速度为暖色调的速度区,且随着离开雷达的距离增加,径向速度大小先增加,后减小。( )

答案:×。参考《多普勒天气雷达原理与业务应用》第三章扩展题。

48. 35～40 dBz 的积层混合云回波常产生大范围暴雨,也可以产生一小时 20～30 mm 的短时强降水。( )

答案:√。参考《多普勒天气雷达原理与业务应用》第 61 页第三章适度扩展题。

49. 风暴发展所需的水汽大多是由上升气流从大气低层向上输送的,因此风暴的发展要求低层有足够大的相对湿度,如 80%以上。( )

答案:×。参考《多普勒天气雷达原理与业务应用》,绝对湿度较大。

50. 对流风暴中,强烈上升气流是产生大冰雹的必要条件,也是首要条件。( )

答案:√。参考《多普勒天气雷达原理与业务应用》第六章。

51. 极轨卫星又称为近极地太阳同步轨道卫星,其轨道平面与太阳始终保持固定取向,因此极轨卫星可以得到稳定的太阳能。( )

答案:√。见《卫星气象学》(第二版)第 45 页,知识点:气象卫星轨道,近极地太阳同步卫星轨道。

52. 暴雨云团初生时常呈现离散状的小亮点,到成熟时表现为形式多样的云团,顶部有几个方向伸出的卷云羽。( )

答案:√。见《卫星气象学》(第二版)第 371 页,知识点:对流云团特征,暴雨云团的特征。

53. 根据《降水量等级》(GB/T 28592—2012)的规定,中雨的等级为:12 小时降雨量为 5.0～14.9 mm,24 小时时段的降雨量为 10.0～24.9 mm。( )

答案:√。见《降水量等级》(GB/T 28592—2012)第 1 页,知识点:降水量等级的划分。

54. 根据《基层气象台站突发气象灾害临近预警服务业务基本要求》(气预函〔2016〕31 号)中对实时监测的规定,加强雷达、自动站等资料的监测分析,当天气实况达到预警标准时,或受到气象信息员、应急责任人以及社会公众上报的灾情并预计突发气象灾害仍将持续时,值班人员须及时发布预警信息。( )

答案:√。见《基层气象台站突发气象灾害临近预警服务业务基本要求》(气预函〔2016〕31 号),第 1 页,知识点:业务任务、实时监测。

55. 根据《基层气象台站突发气象灾害临近预警服务业务基本要求》(气预函〔2016〕31 号)中对临近预警的规定,在实时监测的基础上,结合中央气象台临近预警指导产品,当预计本辖区突发气象灾害达到预警标准时,及时发布预警信息,并实时跟踪监视天气变化,滚动更新预警信息,直至突发气象灾害结束。( )

答案:×。见《基层气象台站突发气象灾害临近预警服务业务基本要求》(气预函〔2016〕31号)第1页,知识点:临近预警。根据《基层气象台站突发气象灾害临近预警服务业务基本要求》(气预函〔2016〕31号)中对临近预警的规定,在实时监测的基础上,结合中央气象台临近预警指导产品,当预计本辖区突发气象灾害达到预警标准时,及时发布预警信息,并实时跟踪监视天气变化,滚动更新预警信息,直至突发气象灾害结束。

56. 根据《气象灾害预警信号发布与传播办法》,高温橙色预警信号的标准为24小时内最高气温将升至36 ℃。(　　)

答案:×。见《气象灾害预警信号发布业务规定》(气发〔2008〕476号)第10页,知识点:高温预警信号的划分。根据《气象灾害预警信号发布与传播办法》,高温橙色预警信号的标准为24小时内最高气温将升至36 ℃。

57. 根据《气象灾害预警信号发布业务规定》,预警信号的发布(含变更)、解除实行分级签发制。(　　)

答案:√。见《气象灾害预警信号发布业务规定》(气发〔2008〕476号)第1页,知识点:气象灾害预警信号发布业务规定第四条。

58.《现代气象预报业务发展规划(2016—2020)》(气发〔2016〕1号)针对重构集约高效的业务流程指出:市县级强化灾害性天气和气象灾害实时监测和临近预警业务,及时发布气象灾害预警信号。加快建立业务一体化、功能集约化、岗位多责化的综合气象业务,应用上级业务指导产品,加强气象服务。(　　)

答案:√。见《现代气象预报业务发展规划(2016—2020)》(气发〔2016〕1号)第13页,知识点:重构集约高效的业务流程。

59. 根据《中国气象局关于县级综合气象业务改革发展的意见》(气发〔2013〕54号)中对预警预报系统的规定:具有对上级指导产品同步显示、观测资料实时显示和报警、灾害性天气和气象灾害监测预警、强对流天气和突发气象灾害临近预报预警,以及各类预警预报产品的订正制作等功能。(　　)

答案:√。见《中国气象局关于县级综合气象业务改革发展的意见》(气发〔2013〕54号)第5页,知识点:预警预报系统。

60.《现代气象预报业务发展规划(2016—2020)》(气发〔2016〕1号)在保障措施—强化协同发展中指出:建立与观测和信息业务有机互动机制。观测业务加强各类观测数据的标准化建设和质量控制,为预报业务提供标准规范、质量可靠的观测数据。(　　)

答案:√。见《现代气象预报业务发展规划(2016—2020)》(气发〔2016〕1号)第30页,知识点:保障措施—强化协同发展—建立与观测和信息业务有机互动机制。

61. 绝对温度的标定可以通过测量固定容积容器内的氢气或氦气的压力变化。(　　)

答案:(√)。见《现代气象观测》(第2版)第5页。

62. 溶液的沸点和大气压力的关系式很准确的,在高气压测量时,它比空盒气压表的精度要高。(　　)

答案:(×)。见《现代气象观测》(第2版)第65页。

63. 按大气压力结构分,大气可分为均质层和非均质层(　　)。

答案:(×)。见《大气物理学》(第二版)第48页。

64. 平流层温度随高度上升，每 1 km 大约升温 2 ℃，到 50 km 高度附近达到最大值约为 270 K(　　)。

答案：(√)。见《大气物理学》(第二版)第 50 页。

65. 射向物体的辐射能转换为吸收、反射、透射三种方式(　　)。

答案：(√)。见《大气物理学》(第二版)第 66 页。

66. 几微米尘埃颗粒和云滴粒子，他们相对于可见光是米散射(　　)。

答案：(√)。见《大气物理学》(第二版)第 79 页。

67. 观测场一般为 25 m×25 m，因条件限制可取 16 m×20 m，安装辐射仪器的台站，可将观测场南边缘向南扩展 10 m，观测场中心即场地几何中心。(　　)

答案：×。见《地面气象观测规范》(2003 版)第 5 页和《地面气象观测业务技术规定实用手册》第 75 页。知识点：考察选手对观测场中心的正确理解。观测场的中心应该为 25 m×25 m 的观测场的中心。

68. 一个位于深谷中的测风站，由于不能代表测站周围一定范围内的平均状况，这个测站观测到的风向风速对预报贡献较小。(　　)

答案：×。见《气象仪器和观测方法指南》(第六版)第 92 页，深谷的风对预报有贡献。知识点：考察选手结合探测环境要求，对局地风的观测的了解。

69. 高空观测业务软件的距离显示控制画面中“高度”显示的数据是根据探空仪发回的温、压、湿数据计算出来的，“气高”显示的数据是根据雷达仰角、斜距计算而得(加上了地球曲率补偿)。(　　)

答案：×。说反了。见《常规高空气象观测业务手册》第九章观测数据实时处理。考点：高空观测业务软件放球界面。

70. 高空站的水电解制氢设备维护要求每月清洁一次电源整流器，每季度清洗一次制氢主机碱液过滤器，每半年或一年更换压力平衡阀膜片。(　　)

答案：×。(每月清洗一次制氢主机碱液过滤器)。见《高空气象观测站制氢用氢管理办法》(气测函〔2011〕103 号)第 12 页。考点：水电解制氢设备维护要求。

71. ISOS 软件分钟天气现象综合判断数据文件中，“水平能见度”和“相对湿度”分别是指十分钟算数平均能见度和十分钟算数平均相对湿度。(　　)

答案：×。分别指十分钟滑动平均能见度和十分钟滑动平均相对湿度。

72. 由于目前自动气象站不能观测到微量降水，因此在出现微量降水的时次，需要将“正点观测编报”窗口中小时降水量修改为“00”或“0”。(　　)

答案：×。根据《台站地面综合观测业务软件(ISOS)用户操作手册》“观测与编报”章节，由于目前自动气象站不能观测到微量降水，在规定时段的累积降水量从各小时降水量统计时，无法得到微量降水量，此时需在“正点观测编报”窗口中的“6 小时雨量”或“12 小时雨量”栏输入“00”或“0”，小时降水量和分钟降水量无法修改为“00”或“0”。

73. 在 ISOS 软件中，定时降水量的计算无论选择“自动”还是“人工”观测方式，在降水量自动观测期间，正点观测编报中的 6 h 和 12 h 降水量均由自动观测数据计算得到。(　　)

答案：√。根据《台站地面综合观测业务软件(ISOS)用户操作手册》“MOI 参数设置”章节，无论选择“自动”还是“人工”，在降水量自动观测期间，正点观测编报中的 6 小时和 12

小时降水量均由自动观测数据计算得到。

74. 称重式降水传感器在经历较大降水过程后应及时检查盛水桶，防止溢出，并且定期维护盛水桶。(　　)

答案：√。见《新型自动气象站实用手册》第125页。

75. 在现行地面气象观测业务中，蒸发传感器百叶箱安装在蒸发桶北侧，门朝向北，两者中心间距3 m。(　　)

答案：×。见《新型自动气象站实用手册》第120页。应为“蒸发传感器百叶箱安装在蒸发桶北侧，门朝向南”。

76. 在现行地面气象观测业务中，翻斗式雨量传感器定期检查和清除漏斗、翻斗和出水口沉积的泥沙，保证流水畅通，计量准确，可用干净的脱脂毛笔刷洗。(　　)

答案：√。见《新型自动气象站实用手册》第115页。

77. 某台站的自动气象站故障，14时定时观测前数据持续缺测，按照相关规定及时进行了人工补测，并上传了相关数据文件。如正点后10分钟内自动观测数据恢复正常，则该时次定时观测资料需更正上传。(　　)

答案：√。《地面气象观测业务技术规定实用手册》第11—12页。知识点：如定时观测时次正点前数据持续缺测，按相关规定及时进行了人工补测，并上传了相关数据文件。正点后10分钟内，自动观测数据恢复正常，按数据替代原则，正点后10分钟内正常分钟数据优先于人工补测数据，此时需重新处理该时次正点观测资料，更正上传数据文件。

78. 为了解某地区冰雹发生情况，通过重要天气报冰雹发报情况即可得知该地冰雹的发生情况。(　　)

答案：×。大风、冰雹达到发报标准时，08时、14时、20时是合并入长Z文件的。

79. 地面气象观测数据文件(A文件)中质量控制码用三位整数表示，其中百位表示台站级质量控制码。(　　)

答案：√。《地面气象观测业务技术规定实用手册》第90页。

80. 地面气象观测数据文件(A文件)中的障碍物是指观测场以外高于观测场地平面1 m以上的建筑物、构筑物、树木、作物等物体。障碍物名称应录入观测场周围对气象观测记录的代表性、准确性、比较性有直接影响的障碍物，如“建筑物”、“树木”等。(　　)

答案：√。《地面气象观测业务技术规定实用手册》第74—75页。知识点：《地面气象观测业务技术规定实用手册》根据GB 31221—2014对《地面气象观测数据文件和记录簿表格式》中有关障碍物的描述进行了调整。

81.《地面气象观测业务技术规定实用手册》规定，降水停止后仍有降水量的滞后降水，若滞后时间不超过2小时，应将该量累加到降水停止的那分钟和小时时段内。(　　)

答案：×。《地面气象观测业务技术规定实用手册》第21页，知识点，不仅不超过2小时，降水量也应在0.3 mm以内。

82. 蒸发自动观测且正式业务运行的台站不进行人工观测。(　　)

答案：×。《地面气象观测业务技术规定实用手册》第16页。知识点：非结冰期时，才不进行人工观测。

83. 国家基准气候站新建、扩建、改建建设工程避免危害气象探测环境行政许可的实施和管理工作，由省、自治区、直辖市气象主管机构负责。（　　）

答案：√。见《新建扩建改建建设工程避免危害气象探测环境行政许可管理办法》第四条。

84. 某台站位于海平面以上，可观测到 1100 hPa 以上的气压。（　　）

答案：×。见《地面气象观测资料质量控制》(QX/T 118—2010)附录 A。

85. 根据《地面气象观测资料质量控制》(QX/T 118—2010)，当原始观测数据疑误或缺测时，通过一定的统计方法计算或估算，可用以代替原疑误或缺测数据的数据为修改数据，该数据质量控制码为 4。（　　）

答案：×。见《地面气象观测资料质量控制》2.13、表 1。

86. 高空站观测的 0 ℃层温度允许等于高度在该 0 ℃层之下的某规定等压面层温度。（　　）

答案：×。见《无线电探空资料质量控制》(QX/T 123—2011)4.6.2.4.d。

87. 当某特性层气压与对流层顶气压相等时，则该特性层温度与对流层顶温度也相等。（　　）

答案：√。见《无线电探空资料质量控制》(QX/T 123—2011)4.6.2.7.b。

88. 气象资料若干大类中，包括气象灾害资料和气象服务产品。（　　）

答案：√。见《气象资料分类与编码》(QX/T 102—2009)表 1。

89. 按照《高空气象资料实时统计处理业务规定》，当某月某站世界时 00 时观测的 500 hPa 温度缺测≥7 天时，则该月 00 时平均温度按缺测处理。（　　）

答案：×。见《高空气象资料实时统计处理业务规定》(气预函〔2016〕37 号文)4.6.(1)。

90. 进行年平均气温统计时，若某月平均气温缺测，则年平均气温按缺测处理。（　　）

答案：√。见《地面气象资料实时统计处理业务规定》(气预函(2015)58 号)5.1.4。

91. 月极端最高气温从每日最高气温中挑取，若该月日最高气温缺测≥7 天，则该月极端最高气温数据按缺测处理。（　　）

答案：×。见《地面气象观测规范》23.3.3、《地面气象资料实时统计处理业务规定》(气预函〔2015〕58 号)5.3.2。

92. 表格为某拟迁台站自建站以来的观测资料月值缺测情况统计表，根据站址变动分析报告中资料完整性分类标准，该站平均相对湿度资料的完整性属于 3 类。（　　）

要素	缺测率(%)	缺测年月	完整性分类
平均气温	0	无	1
最高气温	0	无	1
最低气温	0	无	1
降水量	0	无	1
平均相对湿度	0.6	1996 年 4—5 月	
平均风速(2 分钟)	0.3	1990 年 12 月	

答案：√。见《站址变动分析报告技术要求(试行稿)》"三、1. 拟迁台站观测资料序列完整性、区域一致性和均一性分析"表 5。

93. 在中华人民共和国内水、领海和中华人民共和国管辖的其他海域的海上钻井平台和具有中华人民共和国国籍的在国际航线上飞行的航空器、远洋航行的船舶，应当按照国家有关规定进行气象探测并报告气象探测信息。（　　）

答案：√。见《气象法》第十七条。

94. 气象设施和气象探测环境保护实行统筹保护、统一管理的原则。（　　）

答案：×。见《气象设施和气象探测环境保护条例》第三条。气象设施和气象探测环境保护实行分类保护、分级管理的原则。

95. 中国气象局第30号令《气象台站迁建行政许可管理办法》中对于气象台站的范围包括大气本底站、国家基准气候站、国家基本气象站、国家一般气象站、高空气象观测站、天气雷达站、气象卫星地面站、区域气象观测站。（　　）

答案：×。由于区域站建设数量众多，分布范围很广，很多区域站只是租用或借用政府部门以及企、事业单位和农民用地（房），因此该许可办法针对区域站不具有可操作性，故未将区域站纳入迁建行政许可范畴。

96. 某气象台站由于遭受山洪泥石流灾害，观测场周边探测环境遭到严重破坏，应当及时按照中国气象局第30号令《气象台站迁建行政许可管理办法》的规定，提出台站迁建申请，以保证业务尽快恢复。（　　）

答案：×。因气象探测环境遭到破坏、自然灾害导致气象台站无法正常开展工作、气象事业发展需要等原因需要迁移气象台站的，不适用本办法。

97. 在气象台站醒目位置安装或悬挂气象探测环境保护警示牌，警示牌内容、规格尺寸、色调及用材可由各省（区、市）自定。（　　）

答案：×。《观测司关于加强地面气象观标准化工作的通知》（气测函〔2015〕126号）中规定，“在气象台站醒目位置安装或悬挂气象探测环境保护警示牌。气象探测环境警示牌内容由各省（区、市）自定。规格尺寸、色调及用材按照《地面气象观测场规范化建设图册（修订）》要求。”

98. 因地理位置限制观测场大小不符合要求时，总辐射、直接辐射、散射辐射、反射辐射和净全辐射观测仪器均可安装在屋顶平台。（　　）

答案：×。因地理位置限制观测场大小不符合要求或安装在其他地方时，场地需符合要求，总辐射、直接辐射、散射辐射观测仪器可安装在屋顶平台，反射辐射和净全辐射观测仪器安装在符合条件的有代表性下垫面的地方。

99.《全国气象发展“十三五”规划》中指出，要统筹推进各级气象事业协调发展，不同层级的气象现代化要有不同的内涵和重点，对县级来说，要夯实基层发展基础，注重地方气象特色，重点推进基层综合气象业务，强化实时监测和临近预警能力建设，优化基层气象机构设置和业务布局。（　　）

答案：√。《全国气象发展“十三五”规划》中“第四章统筹协调促进气象可持续发展”中指出要“统筹推进国家、省、地（市）、县四级气象事业协调发展。国家级气象机构围绕气象核心技术突破提升气象业务综合实力，地方气象机构注重加强地区特色的气象服务保障能力建设。夯实基层发展基础，重点推进基层综合气象业务并强化实时监测和临近预警能力建设，优化基层气象机构设置和业务布局。”

100.《中国气象局关于贯彻落实国务院〈深化标准化工作改革方案〉的实施意见》中指出，中国气象局支持气象相关社会组织制定满足气象行业自律和市场需求的团体标准，鼓励省(区、市)气象局制定具有地域气候特点、气象专业特色或更严格、更细化的地方标准。(　　)

答案：√。见《中国气象局关于贯彻落实国务院〈深化标准化工作改革方案〉的实施意见》。

1.2 强对流天气监测预警与服务

竞赛工种：县级综合气象业务

竞赛时间 60 分钟，总分 60 分

1.2.1 强对流天气监测预警历史个例考试说明

1. 临近预报历史个例考试由两部分组成，第一部分为监测预警，第二部分为公共服务决策材料撰写。提供电子版和纸质版试卷各一份，考生最终提交电子文档。

2. 两部分共计 50 分，其中监测预警 36 分，公共服务决策材料撰写 14 分。监测预警部分又分为监测分析(20 分)和预警信号文字撰写(16 分)两部分。

3. 监测分析部分为判断题。根据提供的观测资料判断是否会出现表格中列出的灾害性强对流天气，答案填写在相应的表格中，无需填写分析判断理由。监测分析部分共两个站点。每个站点 10 分：每个站点 5 个空，每个空答对得 2 分，答错则不得分。

4. 预警信号文字撰写部分的考核重点是：预警发布(变更)时间、预警信号种类和等级等。考试中，我们提供预警信号发布用语模板。

5. 预警信号发布的文件依据主要有《气象灾害预警信号发布与传播办法》(中国气象局 16 号令)和《气象灾害预警信号发布业务规定》(气发〔2008〕476 号)。为简化预警信号发布竞赛考试，此次模拟预警信号发布在上述文件的基础上做了一些调整，请特别注意。不同之处为：(1)预警发布未来 2 小时内的天气，如果预计两小时内灾害性强对流天气不影响本区，不发布预警信号；(2)预警信号发布 2 小时后自动撤销，2 小时后预警维持或升级，需再次发布；(3)发布雷暴大风、冰雹、短时强降水预警信号，不发布雷电预警信号；(4)预警信号等级均只设两档，蓝色和红色，根据表 1 和表 2 标准发布；(5)当不同种类的灾害性天气同时出现时，选最可能致灾的天气发布，其他灾害性天气也必须在预警文字中提及，当雷暴大风和短时强降水均可能致灾时，可以发布雷雨大风预警。

表 1　冰雹雷暴大风预警等级标准

	蓝色	红色
冰雹	2 小时内有直径 2 cm 以上冰雹	1 小时内有直径 2 cm 以上的冰雹
雷暴大风	2 小时内阵风可达 8 级	2 小时内阵风可达 10 级

表 2　华北东北短时强降水分区域预警等级标准

	蓝色	红色
短时强降水	2 小时内将出现 1 小时 20 mm 以上降水	2 小时内将出现 1 小时 30 mm 以上降水，或强降水进行中，预计 3 小时累计降水量可达 40 mm

表 3 华中华南短时强降水分区域预警等级标准

	蓝色	红色
短时强降水	2 小时内将出现 1 小时 30 mm 的降水	2 小时内将出现 1 小时 50 mm 以上降水，或强降水进行中，预计 3 小时累计降水量可达 80 mm

6. 预警发布用语模板

广东省阳江市今日(28 日)14 时 30 分发布雷暴大风蓝色预警信号；预计未来 2 小时内阳江市有雷阵雨天气，将伴有 8 级以上阵风，且短时雨强较大。请有关单位和人员作好防范准备。

7. 天气背景资料包括 250 hPa、500 hPa、700 hPa、850 hPa、925 hPa 和地面图，经过订正的 T-LnP 图，红外云图。上述资料以图片文件形式提供给，具体图片内容可以从图片文件名判断；雷达产品数据以 *.zip 压缩包形式提供，需要使用 PUP 软件调用。请提前熟悉 PUP 软件操作，包括产品资料路径设置及地图文件设置。

8. 实况的确定

(1)雷暴大风：根据站点记录实况和多普勒径向速度综合进行评定，如果站点出现或根据多普勒径向速度估计可能出现相应等级的大风(17～25 m/s，25 m/s 以上或以上大风)，则可得相应分值，否则不得分；(2)短时强降水或规定时段强降水：根据站点记录实况进行评定，如果站点 1 小时内出现 20 mm 或以上降水(或者根据题目内规定的具体时段的超过一定阈值的强降水)，则可得相应分值，否则不得分；(3)冰雹：若以站点为中心的 15 km 为半径圆形区域内出现了直径 20 mm 或以上冰雹，则可得相应分值，否则不得分。

9. 总共有两套题，第二套题涉及北京、天津、河北，除北京、天津、河北 3 个省或直辖市代表队外，其他代表队都采用第二套考题；而第二套考题涉及的上述 3 个代表队使用第一套考题。

10. 第二套题涉及北京 SA 雷达，其站点标号为 10；第一套题涉及广州 SA 雷达，其站点标号为 200。

11. 如果以前所发通知中有与以上说明不一致的地方，以上说明为准。

1.2.2 强对流天气监测预警与服务试题

第一题

(1)预警监测时段：2016 年 7 月 27 日北京时 14—20 时

预警监测地点：下图中方框所示河北怀来县、北京市海淀区。

预警监测内容：预报时段内是否会出现以下三种强对流天气：强冰雹、雷暴大风和短时强降水(相关阈值见下表)认为会出现请打钩(√)，认为不会出现请打叉(×)。

评判标准：短时强降水以站点观测为准；距离站点 15 km 以内的强冰雹事件都被认为是站点上发生的强冰雹事件；雷暴大风以测站记录为主，综合考虑雷达探测。

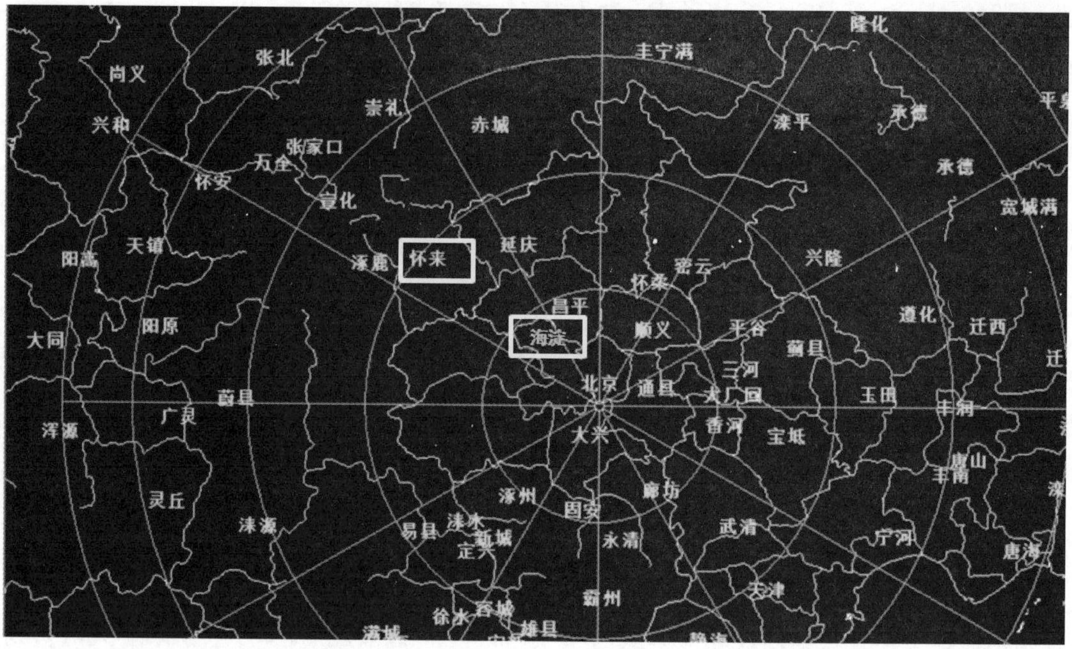

注:用 PUP 软件调取的雷达底图海淀未标注。

(2)预报结果(每空 2 分,共 20 分)

地点	>20 mm/1 h 强降水	>40 mm/3 h 强降水	>17 m/s 阵风	>25 m/s 阵风	>20 mm 直径冰雹
怀来					
海淀					

(3)如果需要发布气象灾害预警信号,请根据预警发布相关规定给出上述两地 14—20 时需要发布的预警(预警发布标准及预警信号发布用语模板见《强对流天气临近预报历史个例考试说明》,请注意预警信号的升级、变更)(共 16 分)。

1.3 技术保障

竞赛工种:县级综合气象业务

竞赛时间 30 分钟,总分 100 分

1.3.1 试题说明

1. 提供的设备及工具

设备名称	配置(DZZ4 型)	配置(DZZ5 型)
竞赛系统设备		
综合集成硬件控制器	DPZ1	
自动站机箱	DZZ4	DZZ5
电源箱	DZZ4-PD1	DY05
主采集器	WUSH-BH	HY3000
温湿度分采	WUSH-BTH	HY1101
温度传感器	WUSH-TW100	HYA-T
湿度传感器	DHC2	HYHMP155A
气压传感器	DYC1	HYPTB210
风向传感器	ZQZ-TF	EL15-2C
风速传感器	ZQZ-TF	EL15-1C
雨量传感器	SL3-1	SL3-1
前向散射能见度仪	DNQ1	
附件:光纤通信盒、风横臂、温湿度支架、风横臂支架、电池、线扣、电缆若干、光纤尾纤		
工具箱:万用表(优利德 UT39C)、指南针、水平尺;扳手、一字螺丝刀、十字螺丝刀、内六角扳手		

2. 注意事项

当裁判长宣布竞赛开始时,选手方可开始操作,同时各组裁判开始计时,选手应注意操作过程的规范化,裁判根据选手的操作步骤、操作过程和操作结果进行评分。

当裁判长宣布整场竞赛时间到(或选手宣布完成考试),裁判计时结束,选手应立即停止操作,裁判将不再计分,选手需协助裁判将设备拆卸,恢复成初始状态,并在裁判的监督下退场。

竞赛中不包含对市电操作,竞赛开始时设备处于带电状态,防雷板与采集器已预先连接,选手不必拆卸。

1.3.2 试题内容

一、自动气象站设备安装检查(5 分)

操作台上气温传感器和湿度传感器有几处安装不规范,请按照安装规范进行调整。

二、风向、风速传感器的安装与连接(13分)

安装风横臂(固定在桌面上的支架上)和风速、风向传感器,并将风传感器连接线接入自动气象站机箱底板的正确位置。

注:DZZ5型自动气象站不需要检查接线盒。

三、前向散射能见度仪的安装与连接(10分)

安装前向散射能见度仪,并将能见度传感器接入能见度采集器。

四、综合集成硬件控制器的安装与连接(10分)

1.将综合集成硬件控制器与计算机连接。

2.综合硬件集成控制器的驱动软件已完成安装,请通过配置软件完成以下操作:

(1)打开SMOPORT配置软件,连接设备;

(2)设置当前设备IP地址:192.168.1.3;

(3)设置设备的串口信息,使com11接入自动气象站,com12接入前向散射式能见度仪。

五、供电单元测量(10分)

请使用万用表完成以下供电单元测量。测量的结果填入下表。

供电单元	数值(v)(保留1位小数)
蓄电池供电电压	
主采集器供电电压	
能见度采集器供电电压	
综合集成硬件控制器输入电压	

六、自动气象站采集系统参数设置(14分)

通过串口测试软件或台站地面综合观测业务软件(ISOS)完成自动站采集系统参数设置:

1.设置通讯参数:波特率:9600,校验位:无,数据位:8,停止位:1。

2.将主采集器时间设置为2016年11月28日10时55分00秒。

3.设置观测场海拔高度:541.7 m。

4.写出读取主采集器工作状态命令:____________________,并实际操作。

主采集器主板温度:____________________________;

主采集器运行状态:_________________________(文字描述)。

5.设置气温传感器质量控制参数如下:

项目	修正值(℃)
上限	60
下限	−80
最小应该变化速率	0.1
存疑的变化速率	3
错误的变化速率	5

写出终端操作命令____________________________,并实际操作。

七、观测设备故障检测与维护(26分)

1.通过串口测试软件或台站地面综合观测业务软件(ISOS)读取实时观测数据,填写下表。

注：若由于设备故障原因而无法得到观测数据的，可在后续设备维护正常后填写。

要素	数值
气温(℃)	
相对湿度(%)	
气压(hPa)	
风向(°)	
分钟能见度(m)	
小时最小能见度(m)	

2. 根据上表的分钟观测数据，检测并维护竞赛设备，完成故障维护单（没有检测过程就填写表单的不得分）。

描述故障现象一	
确定故障位置	
分析故障原因	
维修操作	

对翻斗雨量传感器进行测试，发现故障，请检测并维护竞赛设备，完成故障维护单。

描述故障现象二	提示：翻斗雨量传感器缺测（如需要工具和配件，可以向裁判索取）。
确定故障位置	
分析故障原因	
维修操作	

八、前向散射式能见度仪现场校准(12 分)

1. 通过台站地面综合观测业务软件(ISOS)完成设备标定：

开始时间：当前计算机时间

结束时间：当前计算机时间 10 分钟后

操作人：张三

操作内容：对前向散射式能见度仪进行现场标定

2. 前向散射能见度仪的校准步骤如下，请选定正确的选项，并按校准步骤排序（试卷答题，不需要操作）。

A. 能见度采集器与综合硬件集成控制器连接，设置波特率：9600，校验位：无，数据位：8，停止位：1；

B. 将不透明玻璃固定到镜头护罩上，注意玻璃板上的信号值，发送 CHEC 命令；

C. 发送 DWON 命令。DNQ1 应做出如下响应：OK；

D. 移动挡板，将校准仪板装到镜头保护罩中；

E. 阻止光路，将挡板放在接收器保护罩中，等待 30 秒；

F. 发送 ZERO 命令。DNQ1 应做出如下响应：ZERO SIGNAL：OK；

G. 能见度传感器与计算机连接，设置波特率：9600，校验位：奇，数据位：7，停止位：1；

H. 阻止光路，将挡板放在发射器保护罩中，等待 30 秒。

校准顺序如下：________________

3. 若前向散射能见度仪的校准结果如下，校准仪板上的数值为 480（试卷答题，不需要操作）。

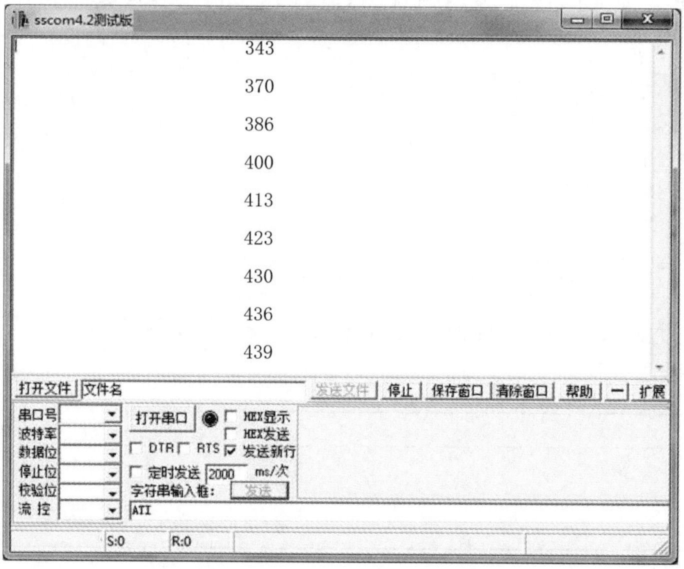

请根据以上结果，判断该传感器是否需要校准，如果不需要，请说明原因：________________________；如果需要，则发出命令：________________________。

1.3.3 技术保障裁判手册

说明：

1. 提供的设备及工具

设备名称	配置(DZZ4 型)	配置(DZZ5 型)
	竞赛系统设备	
综合集成硬件控制器	DPZ1	
自动站机箱	DZZ4	DZZ5
电源箱	DZZ4-PD1	DY05
主采集器	WUSH-BH	HY3000
温湿度分采	WUSH-BTH	HY1101
温度传感器	WUSH-TW100	HYA-T
湿度传感器	DHC2	HYHMP155A
气压传感器	DYC1	HYPTB210
风向传感器	ZQZ-TF	EL15-2C
风速传感器	ZQZ-TF	EL15-1C
雨量传感器	SL3-1	SL3-1
前向散射能见度仪	DNQ1	
附件：光纤通信盒、风横臂、温湿度支架、风横臂支架、电池、线扣、电缆若干、光纤尾纤		
工具箱：万用表(优利德 UT39C)、指南针、水平尺；扳手、一字螺丝刀、十字螺丝刀、内六角扳手		

2. 前期准备-初始状态

(1)气温和湿度传感器：

a)气温传感器感应部分藏于温湿度支架的套管内；

b)湿度传感器佩戴保护帽。

(2)风速、风向传感器拆卸成各零部件供选手安装，包括：风速传感器、风向传感器、风杆、风横臂；DZZ5 型风横臂的接线盒不需要操作。

(3)前向散射式能见度仪拆卸成各零部件供选手安装，包括：传感器、立杆、连接线、支架、安装座。

(4)断开综合集成硬件控制器的连接线，包括：与光纤转换器连接、网线连接、与计算机连接。

(5)在综合集成硬件控制器的配置软件里重置初始状态；之后进入配置软件修改 COM11 和 COM12 的信息为波特率：4800，数据位：7，奇偶校验位：E，停止位：2，其余不变；注意检查设置结果；如果选手忘记此步骤后，完成其他试题过程中无法读取数据时，可以给予提醒，但要扣分。

(6)能见度采集器与综合硬件集成控制器的接线错误/Rx 与 Tx 反接/2 与 3 反接。

(7)取下翻斗雨量传感器的干簧管，通过串口测试软件关闭雨量通道 SENST ␣ RAW ␣ 0↙，现场裁判将干簧管收好，随身携带，如有损坏，及时通知竞赛裁判组。

(8)检查选手是否在计分表上填写操作台号及考号。

(9)清空串口测试软件留存信息。

(10)计算机 IP：192.168.1.2。

(11)串口设置对应 PORT1-8 对应 COM11-18。

(12)检查设备和工具，按顺序标号位置摆放。

(13)将万用表的表笔拆卸下来，与万用表放置在一起。

(14)防雷板、主采集器、分采集器、电源系统、通信设备连接线正常。

3.竞赛计时、计分

当裁判长宣布竞赛开始时，选手方可开始操作，同时各组裁判开始计时，选手根据题目要求完成相关设备的安装、连接与测试，选手应注意操作过程的规范化，裁判根据选手的操作步骤、操作过程和操作结果进行评分。

当裁判长宣布整场竞赛时间到(或选手宣布完成考试)，裁判计时结束，选手应立即停止操作，裁判将不再计分，选手需协助裁判将设备拆卸，恢复成初始状态，并在裁判的监督下退场。

裁判负责纪录选手的计时结果和操作过程的扣分情况或得分情况，裁判在一组考试结束后，在计分表上签名并用订书器将试卷和评分表按顺序装订(试卷在上，计分表在下)，交至监考人员处。

监考人员负责收发试卷、裁判手册和评分表，在一组考试结束后，从裁判处收集试卷并整理，发现没有漏填、误填竞赛信息等问题时，将试卷交至复核人员处。

复核人员负责在计分表上统计和核对并签名，填写完整后将所有试卷和计分表交至裁判长处。

4.竞赛中不包含对市电操作，竞赛开始时设备处于带电状态，防雷板与采集器已预先连接，选手不必拆卸。当选手在操作过程中欲进行可能危及自身安全或仪器设备安全的操作时，裁判可现场制止并酌情扣分。

5. 考场恢复

选手在结束考试时，需协助裁判将设备拆卸，恢复成初始状态（见 2. 前期准备），并在裁判的监督下退场，准备下一位选手考试。

一、自动气象站设备安装检查(5 分)

1. 将气温传感器感应部分从温湿度支架的套管内取出，3.0 分；

2. 将湿度传感器保护帽取下，2.0 分；

以上操作顺序可颠倒，但每步操作以过程为准。

二、风向、风速传感器的安装与连接(13 分)

操作评分过程：

1. 利用指南针确认南北方向（1.0 分），将风横臂置于支架上，南北向放置（1.0 分），共 2.0 分。

注：DZZ5 型自动站不需要检查接线盒。

2. 将风向传感器上的风向标与传感器上的标记线指向一致（1.0 分），使风向标指向北方（1.0 分），共 2.0 分。

3. 将风向传感器置于风横臂的北端（1.0 分），风速传感器置于风横臂的南端（1.0 分），并将风向、风速传感器与风横臂相连（2.0 分），共 4.0 分。

4. 调节风横臂水平放置（1.0 分），并固定风横臂（1.0 分）、风向传感器（1.0 分）和风速传感器（1.0 分），共 4.0 分。

5. 将风传感器的接线接入自动站主机箱底板正确的位置，1.0 分。

以上操作顺序可颠倒，但每步操作以过程为准。

三、前向散射能见度仪的安装与连接(10 分)

操作评分过程：

1. 安装能见度仪横臂，横臂方向朝西（2.0 分），调节横臂水平（1.0 分），共 3.0 分。

说明：不使用穿线孔，扣 1.0 分，横臂两个方向的水平都要调整。

2. 安装能见度传感器，接收器在南（3.0 分），发射器在北（1.0 分），共 4.0 分。

3. 将能见度传感器的接线接入能见度采集器，共 3.0 分。

四、综合集成硬件控制器的安装与连接(10 分)

操作评分过程：

1. 将综合集成硬件控制器与计算机连接，共 3.0 分。

说明：综合集成硬件控制器与光纤转换器连接，1.0 分；

综合集成硬件控制器网线互连，1.0 分；

光纤转换器的网口与计算机连接，1.0 分。

2. 打开 SMOPORT 配置软件，连接设备，1.0 分。

3. 设置当前设备 IP 地址：192.168.1.3，2.0 分。

4. 设置设备的串口信息，使 COM11 接入自动气象站（2.0 分），COM12 接入前向散射式能见度仪（2.0 分），共 4.0 分；注意参数设置为 9600，8，N，1。

五、供电单元测量(10 分)

操作评分过程：

1.将万用表的挡位选择开关拨入直流电压挡"V —",2.0分。

说明:挡位选错就开始测量的,扣2.0分,如果在测量前发现挡位选错,并及时更换挡位的,不扣分。

2.测量蓄电池供电电压,2.0分。

3.测量主采集器供电电压,2.0分。

4.测量能见度采集器供电电压,2.0分。

5.测量综合集成硬件控制器输入电压,2.0分。

说明:a)填写数值时,未正确保留小数,扣0.5分。

b)如不实际测量就填写数值,不得分。

c)测量位置不唯一,只要位置选取正确即可给分。

六、自动气象站采集系统参数设置(14分)

操作评分过程:

1.设置通讯参数,波特率:9600,校验位:无,数据位:8,停止位:1,共2.0分。

2.通过串口命令设置采集器日期时间,2.0分。

说明:日期设置,1.0分,时间设置,1.0分。

DATE␣2016-11-28↙;TIME␣10:55:00↙;命令可以忽略大小写,但参数要求大小写(以下同)。

3.设置观测场海拔高度,2.0分。

说明:ALT␣541.7↙。

4.写出读取主采集器工作状态命令,共6.0分,其中:

STATMAIN,2.0分。

主采集器主板温度,2.0分。

主采集器运行状态:正常(文字描述),2.0分。

5.设置气温传感器质量控制参数,2.0分。

说明:QCPM␣T0␣-80.0␣60.0␣3.0␣5.0␣0.1↙,注意参数设置顺序。

七、观测设备故障检测与维护(26分)

1.通过终端命令读取实时观测数据,每空1.0分,共6.0分。

说明:未正确保留小数,扣0.5分,DMGD/SAMPLE+参数/READDATA。

其中,READDATA,分钟能见度:AMA,小时最小能见度:AMAEN。

2.完成故障维护单,共20.0分。

(1)能见度数据异常,共8.0分。

描述故障现象	能见度数据异常,1.0分
确定故障位置	能见度采集器与综合硬件集成控制器的接线,2.0分
分析故障原因	能见度采集器与综合硬件集成控制器的接线错误Rx与Tx反接或信号线2与3反接,2.0分
维修过程	更换接线顺序,3.0分

(2)翻斗雨量传感器长时间缺测,共12.0分。

描述故障现象	提示：翻斗雨量传感器缺测
确定故障位置	翻斗雨量传感器缺少干簧管和传感器未开通，共 4.0 分。包括以下检查： a)翻斗雨量传感器缺少干簧管，2.0 分 b)翻斗雨量传感器通信接口，2.0 分
分析故障原因	a)翻斗雨量传感器缺少干簧管，干簧管因磁化而瞬间闭合一次，对开关信号计数，1.0 分 b)检查翻斗雨量传感器通信接口未开通，导致数据无法传输，1.0 分
维修过程	a)安装翻斗雨量传感器干簧管，3.0 分 b)开通翻斗雨量传感器，SENST _ RAW _ 1↙，3.0 分

八、前向散射式能见度仪现场校准(12 分)

1. 前向散射式能见度仪设备标定，按照步骤完成操作，共 4.0 分

点击“设备管理→设备标定”进入“设备标定”界面，选择待标定传感器后，正确填写标定开始时间(系统默认当前计算机时间)(1.0 分)、结束时间(1.0 分)、操作人(1.0 分)，初步填写操作内容(1.0 分)，然后点击“标定”按钮。

2. 前向散射能见度仪的校准步骤如下，请按要求正确排序。(5.0 分)

校准顺序如下：G E F D B。

说明：每个位置步骤 1.0 分，多选一个扣一分、漏选不得分。

3. 需要校准(3.0 分)

发出命令：CAL␣480。

1.4 观测数据综合处理试题(文字部分)

竞赛工种:县级综合气象业务

竞赛时间 90 分钟,总分 100 分

说明:

1. 本试卷涉及的软件及数据存放在"D:\观测数据综合处理试题. rar"中,选手须在考场统一安排的计算机上完成此软件安装,并完成相关考试内容,形成相关数据文件。

2. 软件统一安装目录 D:\ISOS,并将 MOI 软件升级到 3.0.0.2。

3. 本次观测数据综合处理试题异常记录的处理均按最新业务规定执行,温度、相对湿度数据异常时,水汽压、露点温度进行反查处理。

4. 选手答题结束前,必须按照试卷要求将答题结果拷贝到"E:\"路径下(不需要建立文件夹,只需将答案文件拷贝到根目录下)。将软件安装文件夹下的如下内容(连同文件夹、参数文件和数据文件):dataset、metadata、AwsDataBase、AwsNet、ReportFiles、SYNOP、Configure、Moiftp,以及试题中要求拷贝的文件,提交到上述目录,考试结束时由系统自动收集答案。选手在答题时注意预留足够时间完成答案提交,在考试时间结束前将答案拷贝到指定路径。上述参数库文件和数据文件为答案的一部分,与电子答卷一并进行评分。

试题中涉及到的省名、站名、区站号、人名均为出题所用,如有相同,纯属巧合。

该试卷的 PDF 文档在下发的观测数据综合处理试题压缩包内。

一、软件安装、参数设置(15 分,评卷以数据文件为准)

按下列给定资料完成参数设置,没有给出的内容均以下发软件参数库中的内容和软件运行时自动形成的缺省值为准。(每错、漏 1 项扣 0.1~0.3 分,扣完为止)

1. 基本参数设置

利用 SMO 软件的区站参数导入、历史极值导入和观测项目挂接参数导入功能,导入给定的 SMO 相关参数,并拷贝给定的 MOI 参数文件(StationPara. xml)后按下列资料修改参数设置,保证系统正常运行。表中未涉及参数,按导入参数为准。

省名	四川省
区站号	52016
区站名	竞赛专用国家基本气象站
地址	成都市西南航空港经济开发区学府路一段 24 号
地理环境	郊区、公园
省编档案号	12016
区站字母代码	GBXY
自动站类别标识	基本站
辐射站级别	无
建站日期	1949 年 10 月 1 日
历年平均本站气压	1007.6 hPa

续表

经纬度	103°59′2″E,30°23′1″N
观测场海拔高度	8.5 m
气压传感器海拔高度	9.7 m
气压表海拔高度	9.7 m
风速感应器距地高度	10.5 m
风向感应器距地高度	10.5 m
平台距地高度	0.0 m
历年平均气温	13.9 ℃
自动观测项目	本站气压、海平面气压、气温、相对湿度、风向、风速、降水量(0.1 mm)、称重式降水(正常接入)、大型蒸发、草温、0～320 cm 地温、能见度(独立挂接)、视程障碍类天气现象
人工观测项目	云量、云高、降水类现象、定时降水量、其他天气现象、雪深、雪压、冻土、电线积冰、日照、地面状态:无
首页控件显示要素数据表为	常规要素每日逐分钟质控数据表
设备状态报警设置	增加能见度镜头污染报警设置,当能见度镜头出现污染时 SMO 声音报警,报警声音文件为 JTWR. WAV;
环境报警设置	启用声音报警,报警声音文件为 baojing. WAV
通讯串口设置	新型自动站:COM5　能见度:COM7
读取自动观测数据重试间隔	12 秒
重要天气报	大风、雷暴、龙卷、冰雹、视程障碍、无省定补充段; 区域代码 40,文件名按固定时间形成,扩展名按照台站字母代码设定,无自动编发。 大风报警参数≥17,24

2. MOIFTP 参数

扩展名:选取,整点 Z 文件发送时间:3 分 10 秒,软件监控:不启用。

文件类型	IP 地址	远程目录	用户名	密码
重要天气报	172.103.8.116	/SYNOP/	JS2016	Cbjs16
Z 文件	172.215.8.188	/AWSSurfData/	JS2016	Cbjs16

二、自动观测系统实时模拟运行(25 分,评卷以数据文件为准)

1. 调整计算机时间至 2016 年 8 月 15 日 13 时 50 分 30 秒,启动 SMO 和 MOI,开启 SMO 的模拟数据功能,完成 13 时 51 分—14 时 10 分的数据采集(4 分)。

2. 模拟期间降冰雹,值班员李白对“翻斗式雨量传感器”加盖(开始和结束时间与降雹时间同步,秒数为“00”),操作内容“翻斗式雨量传感器加盖。”,请将维护记录导出为“设备加盖.csv”存入答案存放路径(3 分)。

3. 查看 2016 年 8 月 15 日 13 时 52 分后分钟数据质量控制报警信息,根据质控报警信息分析 2016 年 8 月的逐分钟质控数据,做出相应的台站历史气候极值修改,数据分析过程中的文件不必提交(3 分)。

4. 值班员李白根据设备状态报警信息,在 13 时 51 分 00 秒至 14 时 05 分 00 秒,对出现故障的设备进行了维护,操作内容为“设备状态异常,进行维护。”,请将维护记录导出为“设备维护.csv”,存入答案存放路径(3 分)。

5. 导出 52016 站 2016 年 5 月 9 日至 10 日全天(按气象日界)的 10 min 滑动平均相对湿

度、10 min 滑动平均能见度逐分钟数据，保存为“数据导出.csv”文件，存入答案存放路径，并进行如下数据分析：

根据对比观测，该站 2016 年 5 月 10 日 0 时 06 分—10 时 20 分未出现霾，请根据“数据导出.csv”文件，分析该过程中的滑动湿度轻雾判别阈值（取最小值），并根据分析结果修改 smo 相应参数（3 分）。

6. 根据模拟数据采集情况，按照现行业务规定，形成 2016 年 8 月 15 日 14 时正点长 Z 文件并编发期间出现的重要天气报（9 分）。

14 时备份站自动观测记录和人工观测记录如下：

要　素	记　录
总/低云量	10/10
云高(m)	600
能见度(100 m)	35
备份站气温(℃)	26.6
备份站相对湿度	78
水汽压	27.1
露点温度	22.4
天气现象	▽13^{51}—14^{10} △13^{54}—14^{05} 直径为 5 mm
备注	前 12 小时气温 26.5 ℃

三、数据维护处理和编制重要天气报(50 分，评卷以数据文件为准)

1. 整点资料维护和重要天气报（若有自动气象站数据缺测或异常，或降水滞后，需按规定进行处理）。(40 分，数据文件中每错、漏 1 个要素扣 0.2～0.5 分，扣完为止)。

(1)完成 52016 站 2016 年 2 月 8 日 08、11、14、17、20 时的正点观测编报。异常数据需按现行业务规定进行处理，天气现象需截取录入至编发正点，当日受不正常记录影响的 5 个定时之外的异常记录需一并处理并编发上传文件数据文件（Z 文件）。

(2)8 日由于降水较大，日照计进水导致日照纸无法使用，请处理该日的日照数据并形成日照上传数据文件。

(3)根据下表天气现象和值班日记记录，完成该站当日全天重要天气报编发任务。

8 日部分人工观测记录和备份自动站资料如下（两站气压传感器海拔高度相同）：

项目	08 时	11 时	14 时	17 时	20 时
能见度(km)	5.0	5.5	6.5	12.0	13.5
总/低云量	10/10	10/10	10/0	10/0	10/0
云高	800	900	2600	3000	10000
2 分钟风	50/2.5	77/4.5	91/3.6	65/2.6	70/1.9
10 分钟风	77/2.5	73/3.9	80/4.2	68/2.8	75/2.9
气温	5.3	5.3	4.0	4.9	4.2
相对湿度	92	94	85	81	73
水汽压	8.2	8.4	6.9	7.0	6.0
露点温度	4.1	4.4	1.7	1.9	−0.1
气压	1018.8	1020.5	1019.9	1019.9	1022.4

续表

<table>
<tr><td>项目</td><td>08 时</td><td>11 时</td><td>14 时</td><td>17 时</td><td>20 时</td></tr>
<tr><td>0 cm 地温</td><td>5.7</td><td>7.1</td><td>6.7</td><td>6.3</td><td>3.5</td></tr>
<tr><td>5 cm 地温</td><td>6.9</td><td>6.8</td><td>7.9</td><td>6.9</td><td>5.6</td></tr>
<tr><td>10 cm 地温</td><td>8.4</td><td>8.3</td><td>8.1</td><td>8.2</td><td>7.9</td></tr>
<tr><td>15 cm 地温</td><td>9.6</td><td>9.5</td><td>9.3</td><td>9.2</td><td>8.8</td></tr>
<tr><td>20 cm 地温</td><td>10.4</td><td>10.3</td><td>10.2</td><td>10.0</td><td>9.9</td></tr>
<tr><td rowspan="2">天气现象实况
（观测时均为间歇性降水）</td><td colspan="2">夜间</td><td colspan="3">白天</td></tr>
<tr><td colspan="2">•
$\dot{\triangledown}$
=</td><td colspan="3">• 8—14^{09}
$\dot{\triangledown}$14^{09}—16^{16}
△13^{46}—14^{07}（初始直径 4 mm，13^{56} 增大为 13 mm，14^{05} 增大为 15 mm）
=</td></tr>
<tr><td>异常情况说明</td><td colspan="5">1. 07:36-08:15 能见度设备故障，期间能见度持续为 65535 m。
2. 10:48-11:06 更换湿度传感器，受影响的湿度记录已通过 smo 维护功能屏蔽。
3. 13:08-13:42 校准称重降水传感器。
4. 更换地温分采集器，受影响的草温和各层地温 16:42-17:15 记录已通过 SMO 停用功能屏蔽。
5. 风速传感器 19:36 至 9 日 20:06 损坏更换。</td></tr>
<tr><td>值班日记本班工作情况</td><td colspan="5">凌晨 05—06 时初次闻雷，早上 7^{02}、7^{11}、7^{28}、7^{36}、7^{49} 闻雷。</td></tr>
</table>

2. 日数据维护（10 分）

根据上表和下面给出的数据，修改维护 52016 站 2016 年 2 月 5 日和 18 日相关数据，形成上述日期的日数据文件和日照数据文件。（评分以上传数据文件为准。每错、漏一个数据扣 0.2 分，每份上传数据文件最多扣 1.0 分，上传数据文件每多或少一个均扣 1.0 分，扣完为止）。

<table>
<tr><td rowspan="2">时间
项目</td><td colspan="6">5 日</td><td colspan="6">18 日</td></tr>
<tr><td colspan="2">08 时</td><td colspan="2">14 时</td><td colspan="2">20 时</td><td colspan="2">08 时</td><td colspan="2">14 时</td><td colspan="2">20 时</td></tr>
<tr><td>总/低云量</td><td colspan="2">10/10</td><td colspan="2">10/10</td><td colspan="2">5/5</td><td colspan="2">10/10</td><td colspan="2">10-/0</td><td colspan="2">10-/10-</td></tr>
<tr><td rowspan="2">天气现象</td><td colspan="2">夜间</td><td colspan="4">白天</td><td colspan="2">夜间</td><td colspan="4">白天</td></tr>
<tr><td colspan="2">⊔⚹⊠
= ≡[690]</td><td colspan="4">=⊠⚹ 8—16^{39}⊔</td><td colspan="2">=⚹⊠⊔</td><td colspan="4">⚹ 8—9^{23} 10^{02}—10^{54}
⊠⊔=</td></tr>
<tr><td>小型蒸发</td><td colspan="6">0.4</td><td colspan="6">0.9</td></tr>
<tr><td>日照时数</td><td>6—7</td><td>7—8</td><td>8—9</td><td>9—10</td><td>10—11</td><td>11—12</td><td>12—13</td><td>13—14</td><td>14—15</td><td>15—16</td><td>16—17</td><td>17—18</td></tr>
<tr><td>5 日</td><td>0.0</td><td>0.0</td><td>0.0</td><td>—</td><td>—</td><td>0.0</td><td>0.0</td><td>0.0</td><td>0.0</td><td>0.0</td><td>0.0</td><td>0.6</td></tr>
<tr><td>18 日</td><td>0.0</td><td>0.0</td><td>0.0</td><td>0.0</td><td>0.5</td><td>1.0</td><td>1.0</td><td>0.0</td><td>0.9</td><td>0.5</td><td>0.0</td><td>0.0</td></tr>
</table>

四、MDOS 平台反馈信息查询处理（10 分，评卷以电子答题卡为准）

某国家级地面站海拔高度 500 米，备份自动站 2015 年 1 月 1 日全天观测数据完整无误。2015 年 1 月 1 日 8:00 之前，该站所属地无异常天气系统过境。图 1 为该站 2015 年 1 月 1 日 05:00 小时气压数据的疑误信息，该信息当日 06:00 之前来自省级查询。图 2 为该站 2015 年 1 月 1 日 08:00 之前本站气压、最高气压、最低气压时间变化曲线。图 1 和图 2 均来自 MDOS1.2.1 系统的界面截图。

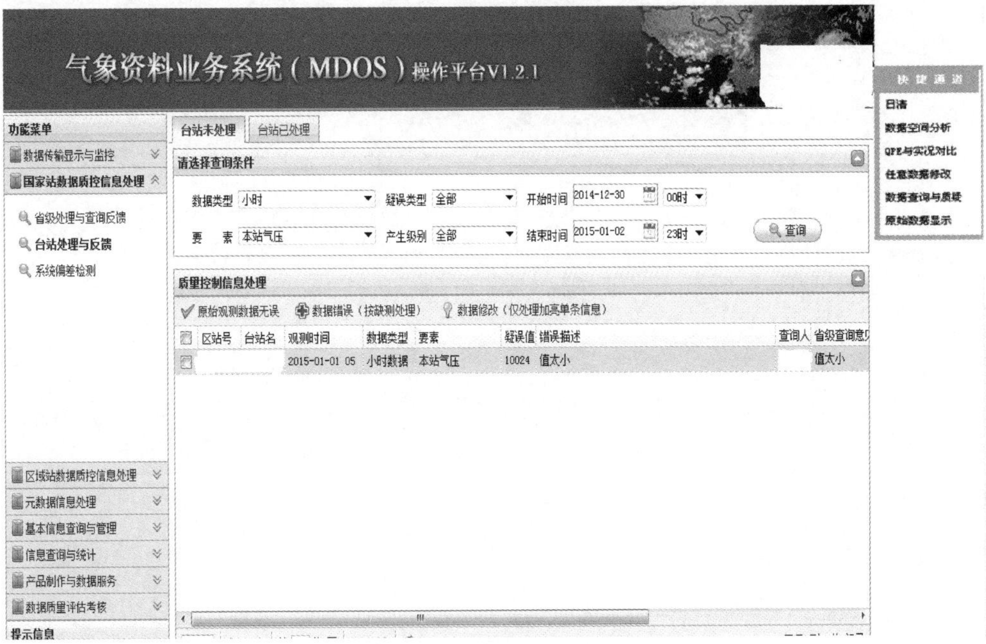

图 1　台站级用户数据处理界面

问题 1：作为台站级人员，接收到如图 1 所示的省级疑误查询后，通过 MDOS 系统如何进行数据处理与反馈？（注：若数据错误，回答时应包括修正数据的选取规则、数据修改、信息提交等；修正数据允许借助 ISOS 系统获取，但不允许发更正报。）

问题 2：按照《地面气象观测业务技术规定（2016 版）》，应在何时之前完成数据反馈？

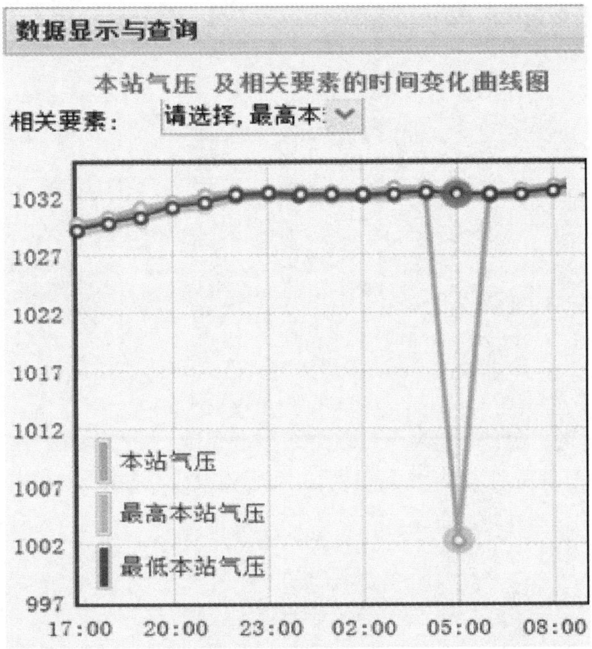

图 2　2015 年 1 月 1 日 08:00 之前观测的本站气压、最高气压、最低气压的变化曲线

2

2016年省级气象行业职业技能竞赛综合气象业务基础理论试题选编

2.1 河北省综合气象业务基础理论试题

单选题

（共 100 题，满分 40 分，每小题 0.4 分）

1.《气象灾害防御条例》规定：大风（沙尘暴）、（ D ）多发区域的地方各级人民政府、有关部门应当加强防护林和紧急避难场所等建设，并定期组织开展建（构）筑物防风避险的监督检查。

A. 台风　B. 暴雨　C. 寒潮　D. 龙卷风

2.《气象灾害防御条例》规定：气象灾害防御工作涉及两个以上行政区域的，（ A ）、有关部门应当建立联防制度，加强信息沟通和监督检查。

A. 有关地方人民政府　B. 有关气象主管机构

C. 气象灾害防御指挥部　D. 当地应急管理机构

3. 按照《国家气象灾害应急预案》规定：气象部门建立以（ B ）为基础的气象灾害调查收集网络，组织气象灾害普查、风险评估和风险区划工作，编制气象灾害防御规划。

A. 街道、村镇　B. 社区、村镇　C. 办事处、乡镇

4. 按照《国家气象灾害应急预案》规定：当同时发生两种以上气象灾害且分别发布不同预警级别时，按照（ C ）预警级别灾种启动应急响应。

A. 最低　B. 最轻　C. 最高　D. 最重

5.《国家气象灾害应急预案》规定暴雨灾害Ⅱ级预警标准为：过去 48 小时 2 个及以上省（区、市）大部地区出现大暴雨天气，预计未来 24 小时上述地区仍将出现暴雨天气；或者预计未来（ D ）小时 2 个及以上省（区、市）大部地区将出现特大暴雨天气。

A. 3　B. 6　C. 12　D. 24

6. 按照《全国气象灾情收集上报调查和评估规定》，气象灾害包括台风、暴雨洪涝、干旱、大风等共（ B ）类。

A. 20　B. 21　C. 22　D. 23

7. 按照《全国气象灾情收集上报技术规范》要求，月、年和历史灾情（灾情普查）的基本信息是以（ C ）为时间单元、以县为地域单元上报的。

A. 24 小时　B. 48 小时　C. 灾害性天气过程

8. 各级气象部门应当在灾害发生的（ A ）小时内及时进行灾情数据收集和初报，在灾情发生（ A ）小时内，通过灾情直报系统上报重要灾情，对于需要更新或者修订的数据应在（ A ）小时内及时更正并经过确认审核后上报。

A. 2，6，12～24　B. 1，6，12～24　C. 2，6，24～28　D. 1，6，24～28

9.《国务院办公厅关于加强气象灾害监测预警及信息发布工作的意见》（国办发〔2011〕33 号）提出：到 2015 年，灾害性天气预警信息提前（ D ）分钟以上发出，气象灾害预警信息公众覆盖率达至少到 90%以上。

A. 10～20　B. 10～25　C. 15～25　D. 15～30

10.《国务院办公厅关于加强气象灾害监测预警及信息发布工作的意见》(国办发〔2011〕33号)要求：对于台风、暴雨、暴雪等(D)气象灾害预警和局地暴雨、雷雨大风等突发性气象灾害预警，要减少审批环节，建立快速发布的“绿色通道”。

A. 全部　　B. 黄色以上　　C. 橙色以上　　D. 红色

11.《国务院办公厅关于加强气象灾害监测预警及信息发布工作的意见》(国办发〔2011〕33号)要求：要认真落实气象灾害防范应对法律法规和应急预案，定期组织开展预警信息发布及各相关部门应急联动情况专项检查，做好预警信息发布、传播、(C)的评估工作。

A. 接收　　B. 效果　　C. 应用效果　　D. 应用

12.《国务院办公厅关于加强气象灾害监测预警及信息发布工作的意见》(国办发〔2011〕33号)中对加快预警信息发布系统建设方面，提出要积极推进(B)建设，形成国家、省、地、县四级相互衔接、规范统一的气象灾害预警信息发布体系，实现预警信息的多手段综合发布。

A. 全国突发公共事件预警信息发布系统　　B. 国家突发公共事件预警信息发布系统

C. 全国应急广播体系　　D. 国家应急广播体系

13. 以下不是现代农业气象服务示范县创建标准的是(D)。

A. 具有农业气象专业人员　　B. 具有多部门合作机制

C. 具有农业气象适用技术　　D. 具有服务信息发布平台

14.《现代农业气象服务示范县创建标准(试行)》中关于农业气象服务示范田块主要用途，以下说法不正确的是(B)。

A. 开展农田小气候、农业气象实景等观测

B. 预警信息发布时效性检验

C. 气象科技成果转化试验

D. 农业气象适用技术示范

15. 三农是指(B)。

A. 农业服务体系、农村灾害防御体系、农业观测网体系

B. 农村、农业、农民

C. 农业服务体系、农业指标体系、农业灾害预警体系

D. 农气、农业、农改

16. 乡镇气象信息服务站日常管理一般由(D)负责。

A. 应急联系人　　B. 气象联络员　　C. 气象信息员　　D. 气象协理

17.《气象灾害防御示范乡(镇)创建标准(试行)》中明确指出，建立完善气象灾害预警信息发布与传播机制，应推进气象灾害预警信息与(A)的有效衔接。

A. 农村有线广播电视体系　　B. 突发预警信息发布系统

C. 终端接收播发系统　　D. 气象灾害自动化监测系统

18. 气象信息员队伍建设，要遵循(B)的原则选择。

A. 专职人员　　B. 多员合一、一员多用

C. 精挑细选、具备气象知识　　D. 选村干部、不选村民

19.《农村气象信息服务站建设规范》提出：按照(B)的基本条件，在每个乡(镇)建设农村气象信息服务站。

A. 有固定场所、有农业气象监测设备、有信息员、有农业气象服务、有管理制度、有长效机制
B. 有固定场所、有信息设备、有信息员、有定期活动、有管理制度、有长效机制
C. 有领导机构、有信息员、农业气象专业人员、有监测预警网络、有应急预案、有科普计划
D. 有固定场所、有领导机构、农业气象专业人员、有监测预警网络、有应急预案、有科普计划

20. 乡镇气象灾害应急预案和气象灾害分灾种应急预案的制定、修订、完善工作的责任主体是（ A ）。

A. 乡镇政府　B. 气象部门　C. 气象灾害防御指挥部　D. 民政部门

21.《气象灾害防御示范乡(镇)创建标准(试行)》提出：向公众发放气象防灾减灾明白卡，家庭覆盖率达到（ C ）以上。

A. 80%　B. 85%　C. 90%　D. 95%

22.《暴雨诱发中小河流洪水和山洪地质灾害气象风险预警服务业务规范》规定：气象风险预警服务是在、、基础上，根据降水实时监测、预报，确定暴雨诱发中小河流洪水和山洪地质灾害气象风险等级。以下内容不能填写到空白处的是（ D ）。

A. 暴雨洪涝灾害风险普查　B. 确定致灾临界雨量
C. 风险等级指标　D. 气象风险预警估报告

23. 按照《暴雨洪涝灾害致灾临界(面)雨量技术指南》规定：中小河流指流域面积大于（ B ）km^2 小于（ B ）km^2 的河流。

A. 200,2000　B. 200,3000　C. 100,2000　D. 100,3000

24.《山洪灾害实地调查指南》适用于山洪沟，特别是缺少（ C ）资料的山洪沟的山洪灾害实地调查。

A. 气象　B. 灾情　C. 水文　D. 地理

25.《全国暴雨洪涝气象灾害风险普查技术规范》要求：以（ A ）为单元，开展中小河流洪水、山洪灾害风险普查。

A. 中小河流域或山洪沟　B. 县级行政单位
C. 乡镇行政单位　D. 村级行政单位

26.《人工影响天气安全管理规定》规定：作业人员的培训内容应包括（ D ）。

A. 有关法律、法规
B. 有关法律、法规和规定；作业业务规范；作业装备；仪器操作技能和安全注意事项
C. 有关法律、法规和规定；作业装备；仪器操作技能和安全注意事项；基本气象知识
D. 有关法律、法规和规定；作业业务规范；作业装备；仪器操作技能和安全注意事项；基本气象知识

27.《人工影响天气管理条例》规定：实施人工影响天气作业，必须在（ A ）批准的空域和作业时限内，严格按照气象主管机构规定的作业规范和操作规程进行，并接受县级以上地方气象主管机构的指挥、管理和监督，确保作业安全。

A. 国务院　B. 省、自治区、直辖市　C. 地、市　D. 县

28.《国务院办公厅关于进一步加强人工影响天气工作的意见》规定的发展目标，到 2020 年，建立较为完善的人工影响天气（ D ），基础研究和应用技术研发取得重要成果，基础保障能力显著提升，协调指挥和安全监管水平得到增强。

A. 业务体系　　B. 业务技术体系　　C. 技术保障体系　　D. 工作体系

29.《高炮人工防雹增雨业务规范》中：人工增雨的主要目的是通过提高云的降雨效率，增加降水量。其物理依据是（ C ）。

A. 静力催化　　B. 动力催化　　C. 静力催化和动力催化　　D. 过量催化

30.《高炮人工防雹增雨业务规范》中：多物理参量评估方法，为了深入开展冰雹形成机制和效果检验研究，选用与雹云或降雹密切相关的（ A ）作为效果检验的统计量。

A. 物理量　　B. 雷达回波参量　　C. 雷达回波形态　　D. 冰雹动能

31. 据1970-1973年的统计，在北太平洋西部和南海，有85%的台风发生在（ A ）中。

A. 赤道辐合带扰动　　B. 东风波扰动

C. 中纬度冷涡　　D. 热带高空冷涡

32. 预报西太平洋台风的移动路径，主要着眼于（ B ）和西风带槽脊的位置及其强度变化。

A. 低空急流　　B. 太平洋副热带高压

C. 热带辐合带　　D. 南亚高压

33. 稳定大气中，冷锋上山是（ B ）。

A. 锋生　　B. 锋消　　C. 加强

34. 当700 hPa的高空槽线落在地面冷锋锋线的后面时，坏天气出现在（ D ），（ D ）过后天气转为晴或高云天气。

A. 锋前，700 hPa槽　　B. 锋前，500 hPa槽

C. 锋后，700 hPa槽　　D. 锋后，500 hPa槽

35. 夏半年，在我国长城以北和西北地区（ C ）活动频繁，它与南方热带海洋气团交绥，是构成我国盛夏南北方区域性降水的主要原因。

A. 季风气团　　B. 热带大陆气团

C. 西伯利亚气团　　D. 北极气团

36. 判断以下准静止锋附近风压场，正确的图是（ A ）。

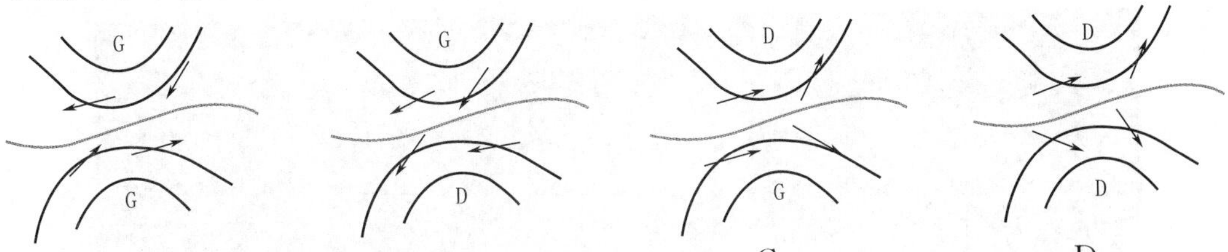

A.　　B.　　C.　　D.

37. 在暖锋前有暖平流，故有（ B ）变压，在暖锋后的暖区中，平流很弱，故变压很（ C ）。

A. 负，大　　B. 正，小　　C. 负，小　　D. 正，大

38. 当气旋中心或槽上出现负变压时，气旋或槽将（ A ）。

A. 加深　　B. 填塞　　C. 不变

39. 按预报经验考虑周围系统的影响，下列哪些情况是（ B ）错误的。

A. 当长波槽脊移动很慢时，这时若上游系统开始明显移动，下游系统也将移动；或者当东亚大槽移动停滞时，它西面的槽脊也将减速。

B. 两个台风相隔较近时，有绕着二者中心的连线中心作顺时针旋转的运动趋向；

C. 两个气旋互相接近时，通常是一个加强，一个减弱，或者二者合并加强；

D. 不同纬度的西风气流中的系统，因移速不同，当同位相叠加时，槽脊发展。

40. 通常华北降水最集中的时段是（ C ）。

A. 6 月下半月和 7 月上半月　　B. 整个 7 月

C. 7 月下半月和 8 月上半月　　D. 整个 8 月

41. 冷锋后偏北大风，出现在冷锋后高压前沿气压梯度最大的地方。这种大风，（ A ）最多。

A. 春季　　B. 夏季　　C. 秋季　　D. 冬季

42. 我国《新一代天气雷达系统功能规格需求书》要求：对大范围降水天气的监测距离应不小于（ D ）。

A. 100 km　　B. 200 km　　C. 300 km　　D. 400 km

43. 积状云降水通常具有比较密实的结构，其强度中心的反射率因子通常在（ C ）以上。

A. 15 dBz　　B. 20 dBz　　C. 35 dBz　　D. 30 dBz

44. 多普勒天气雷达的径向速度场，零速度线呈反“S”形，表示实际风随高度（ B ），表示在雷达有效探测范围内有（ A ）。

A. 逆时针旋转，冷平流　　B. 逆时针旋转，暖平流

C. 顺时针旋转，暖平流　　D. 不旋转，无平流

45. 多普勒天气雷达的径向速度场，径向速度的大小和正负是通过颜色变化表示的，作为一种约定俗成，一般暖色表示（ B ），冷色表示（ B ）。

A. 朝向雷达的速度，远离雷达的速度　　B. 远离雷达的速度，朝向雷达的速度

C. 速度大，速度小　　D. 速度小，速度大

46. 雷暴初始阶段，回波强度最强一般在云体的（ B ）。

A. 上部　　B. 中上部　　C. 中下部　　D. 下部

47. 下图为某站雷达 0.5°仰角径向速度图，图中显示零速度等值线为“S”形。雷达站周围低层为东南风，则高层为（ D ）。

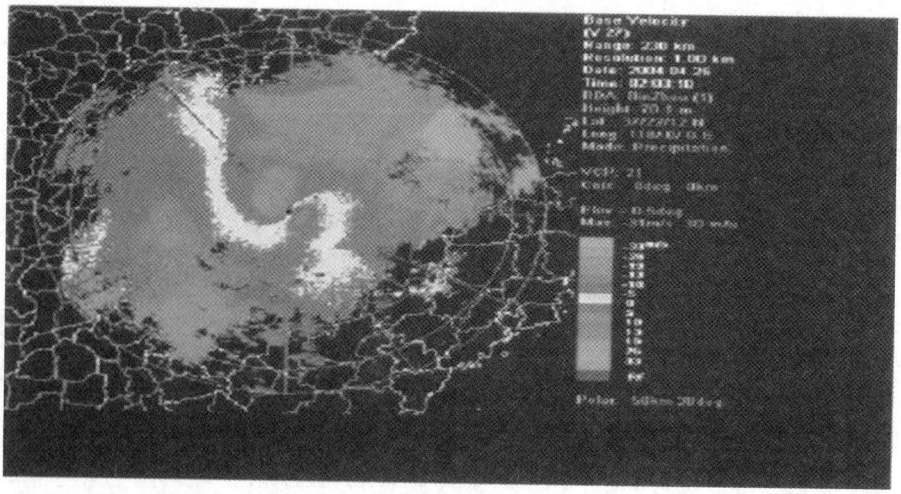

A. 东北风　　B. 西北风　　C. 东南风　　D. 西南风

48. 下列哪项不是多普勒天气雷达的主要应用领域（ A ）。

A. 沙尘暴的探测和预警　　B. 强对流的探测和预警

C. 降水估计　　D. 改进数值预报模式的初值场

49. 对强降水超级单体风暴而言，宽广的钩状、逗点状和螺旋状的回波表明强降水包裹着（ B ）。

A. 强的辐合区　　B. 中气旋　　C. 水平涡度增强区　　D. 相对入流区

50. 强降水超级单体风暴，入流区大多位于它的（ A ）。

A. 前侧　　B. 后侧　　C. 右前侧　　D. 右后侧

51. 在一片混合云团中，有一块云在可见光云图和红外云图上都较为白亮，那么这块云最有可能是（ A ）。

A. 积雨云　　B. 层积云　　C. 高积云

52. 暗影只能出现在（ C ）上，它反映云的垂直分布状况。

A. 水汽图　　B. 红外云图　　C. 可见光云图

53. 热带气旋底层中心附近最大风力达到（ D ）为台风。

A. 16级　　B. 14～15级　　C. 10～11级　　D. 12～13级

54. 暴雨橙色预警信号是指：（ A ）降水量将达50 mm以上，或已达50 mm以上降雨可能持续。

A. 3 h　　B. 6 h　　C. 12 h　　D. 24 h

55. 短历时强降水定义为一小时降水量大于等于（ C ）的降水。

A. 30 mm　　B. 25 mm　　C. 20 mm　　D. 15 mm

56. “六小时内平均风力可达10级以上”这段文字是对大风（ C ）预警信号的描述。

A. 蓝色　　B. 黄色　　C. 橙色　　D. 红色

57. 根据《全国短时临近预报业务规定》，当发现次责任区出现强度（ C ）dBz以上的单体回波，并可能影响下游地区时，即可向相关气象台（站）发联防要求。

A. 30　　B. 35　　C. 40　　D. 45

58. 《现代气象预报业务发展规划（2016—2020年）》中指出：（ D ）是气象现代化的核心任务。

A. 气象观测业务现代化　　B. 数值模式水平现代化

C. 公共气象服务水平现代化　　D. 气象预报业务现代化

59. 《现代气象预报业务发展规划（2016—2020年）》中要求，发展现代气象预报业务，应始终围绕提高预报预测准确率和精细化水平的核心目标，坚持需求牵引、强化创新驱动，加快推进气象预报业务向（ D ）方向发展。

A. 信息化、精准化、标准化　　B. 信息化、集约化、标准化

C. 无缝隙、集约化、智慧型　　D. 无缝隙、精准化、智慧型

60. 《现代气象预报业务发展规划（2016—2020年）》中要求到2020年，强对流预警时间提前量超过（ A ）。

A. 30分钟　　B. 20分钟　　C. 1小时　　D. 15分钟

61. 高空气象观测获取的可用数据已达（ D ）hPa，但时间不足（ D ）分钟，应在规定时间内重放球。

A. 600，5　　B. 600，10　　C. 500，5　　D. 500，10

62. L波段（1型）高空气象观测系统值班操作规程中，要求电池浸泡约（ C ）分钟。

A. 1～3　　B. 2～4　　C. 3～5　　D. 4～6

63. 在暗光视觉中，最大感光效率与波长(C)相对应。

A. 505 nm　　B. 506 nm　　C. 507 nm　　D. 508 nm

64. 用一般雨量器测出的降水量可能比实际到达地面的降水量要少(D)甚至更多。

A. 5%　　B. 10%　　C. 20%　　D. 30%

65. 蒸发站应位于相对平坦的地方，并避开树、建筑物、灌木或仪器百叶箱等障碍物，这些障碍物距蒸发器的距离，应大于它们高出蒸发器高度的(D)。

A. 2 倍　　B. 2.5 倍　　C. 2.5～5 倍　　D. 5 倍

66. 用于安放蒸发传感器的百叶箱箱门应朝向(C)。

A. 东　　B. 西　　C. 南　　D. 北

67. 国家一般气象站英文为(B)。

A. National Climatological Observatory

B. National Ordinary Meteorological Observing Station

C. National Reference Climatological Station

D. National Basic Meteorological Observing Station

68. 陆上地物征象：能吹起地面灰尘和纸张，树枝动摇。高的草，呈波浪起伏，代表的风力名称为(B)。

A. 微风　　B. 和风　　C. 轻风　　D. 清劲风

69. 在《地面气象观测规范》中，对于观测仪器安装要求，“高度以便于操作为准”的仪器共有(A)种。

A. 5　　B. 6　　C. 7　　D. 8

70. 水银的凝固点是(B)℃，沸点是(B)℃。

A. −38.862、78.5　　B. −38.862、356.9

C. −177.5、78.5　　D. −177.5、356.9

71. 霓与虹同圆心，颜色排列为内红外紫，其角半径为(A)。

A. 52°　　B. 45°　　C. 45°　　D. 42°

72. 臭氧主要分布在 10～50 km 高度的平流层大气中，它的极大值出现在(B)。

A. 10～20 km　　B. 20～30 km　　C. 30～40 km　　D. 40～50 km

73. SMO 安装目录 D:\SMO\bin\dataset 所指的是(C)目录。

A. 操作日志文件目录　　B. 缓存目录

C. 数据文件目录　　D. 台站参数目录

74. MOI 现用仪器中最多支持输入(B)条记录。

A. 21　　B. 22　　C. 23　　D. 24

75. 新型自动气象站主采集器存储器数据文件中常规气象要素分钟数据文件名为(A)。

A. GGYYMMDD. DAT　　B. SSYYMMDD. DAT

C. GGMMYYDD. DAT　　D. STYYMMDD. DAT

76. 现有新型自动气象站采集数据外存储器(卡)至少能够存储(A)数据，全部数据以(A)方式存入，微机通过通用读卡器可方便读取。

A. 6 个月全要素分钟，FAT 文件　　B. 6 个月全要素正点，DAT 文件

C. 1 个月全要素正点，FAT 文件　　D. 1 个月全要素分钟，DAT 文件

77. 某自动气象站的温度传感器输出模拟信号，他采用 14 位的 A/D 转换器，则该自动站的温度分辨率为（ D ）。

A. 0.1 ℃　　B. 0.01 ℃　　C. 0.025 ℃　　D. 0.006 ℃

78. 风向传感器多使用 6 位或 7 位格雷码盘，某型号风向传感器输出为 7 位格雷码信号，则该传感器风向观测的分辨力是（ C ）。

A. 5.8°　　B. 2.5°　　C. 2.8°　　D. 5.6°

79. ISOS 软件中，视程障碍现象中霾和浓雾的重要天气报自动编发标准分别为（ B ）。

A. 3.75 km，0.38 km　　B. 3.75 km，0.5 km

C. 5.0 km，0.5 km　　D. 5.0 km，0.38 km

80. 新型自动气象站监控操作命令的数据采集器自检不包括以下（ C ）项。

A. 各分采集器挂接状态　　B. 通讯端口的通讯参数

C. 台站基本信息　　D. 电源电压

81. 降水量(称重式)传感器标识符为（ C ）。

A. RAT　　B. RAT1　　C. RAW　　D. RRW

82. 能见度自动观测时，MOI 中判定天气现象中最小能见度用到的数据为（ A ）。

A. 10 分钟滑动　　B. 1 分钟平均　　C. 10 分钟平均　　D. 10 分钟最小

83. 本站气压的气候学界限值范围为（ B ）。

A. 870～1100 hPa　　B. 300～1100 hPa

C. 870～1000 hPa　　D. 300～1000 hPa

84. 站址迁移分析报告中，应以观测站已知可能引起序列非均一的时间点为假设的断点，应用 t 检验方法进行该时间点前后时段的显著性检验，其显著性水平为（ D ）。

A. 0.01　　B. 0.02　　C. 0.04　　D. 0.05

85. 气象观测系统仪器装备运行状况通报中关于气溶胶质量浓度观测仪器的通报从起（ C ）正式开始。

A. 2015 年 8 月 1 日　　B. 2015 年 9 月 1 日

C. 2015 年 10 月 1 日　　D. 2015 年 11 月 1 日

86. 自动土壤水分观测站和区域气象观测站业务可用性目标值分别为（ C ）。

A. 90.0%，92.0%　　B. 90.0%，86.0%

C. 90.0%，96.0%　　D. 98.5%，96.0%

87. 省级 CIMISS 气象数据考核内容及入库时效，针对大气成分观测数据的时效要求和达到时效要求的入库数据比率要求分别为（ A ）。

A. ≤AT+5，≥80%　　B. ≤AT+5，≥90%

C. ≤AT+5，≥85%　　D. ≤AT+3，≥80%

88. 省际共享气象数据考核时段为（ B ）。

A. 1 月 1 日—12 月 31 日　　B. 6 月 1 日—9 月 30 日

C. 5 月 1 日—12 月 31 日　　D. 6 月 1 日—12 月 31 日

89. 雷达基数据上行气象数据传输时效为(D)。

A. ≤HH+10 分钟　　B. ≤HH+15 分钟

C. ≤HH+30 分钟　　D. ≤HH+11 分钟

90. 气象资料分类与编码中,气象资料分为(B)大类。

A. 16　　B. 14　　C. 13　　D. 9

91. 气象资料分类与编码中,地面气象资料标识符是(B)。

A. SBRF　　B. SURF　　C. SBCF　　D. SUCF

92. 气象资料分类与编码中,区域属性分类和代码:区域名称“河北省”的标识符是:(B)。

A. HB　　B. HE　　C. HEB　　D. HBI

93.《气象专用技术装备使用许可管理办法》自(A)起施行。

A. 2016 年 6 月 1 日　　B. 2016 年 9 月 1 日

C. 2016 年 6 月 10 日　　D. 2016 年 9 月 10 日

94.《气象专用技术装备使用许可管理办法》所称气象专用技术装备,是指专门用于气象探测、预报、服务以及人工影响天气、(D)等气象业务的气象设备、仪器、仪表、消耗器材及相应软件系统。

A. 气象科学实验　　B. 临时观测　　C. 卫星观测　　D. 空间天气

95.《气象台站迁建行政许可管理办法》规定:省、自治区、直辖市气象主管机构作出准予其他气象台站迁建的行政许可决定,应当自作出决定之日起(B)工作日内将行政许可审批材料报国务院气象主管机构备案。

A. 二十个　　B. 十五个　　C. 十个　　D. 五个

96.《地面气象观测业务技术规定(2016 版)》规定每日观测任务中:日落后换日照纸,20 时至 23 时 45 分上传日照数据文件,复验日照需更正的,在次日(C)前更正上传。

A. 20 时　　B. 14 时　　C. 10 时　　D. 09 时

97.《综合气象观测系统发展规划(2014—2020 年)》中,为适应国家气候区划和气候变化业务需求,结合国家基准气候站探测环境变化情况,重点补充建设和遴选符合条件的无人自动气候站,适时调整个别站点,站间距约(A)km。

A. 200～250　　B. 200～300　　C. 150～200　　D. 150～250

98. 中共中国气象局党组关于全面推进气象法治建设的意见(中气党发〔2015〕1 号)中,提出了包括:气象法治是建设中国特色社会主义法治体系和建设社会主义法治国家的重要内容、推进气象立法进程、强化标准化管理、建设高素质的气象法治队伍等具体意见,共(D)条。

A. 20　　B. 19　　C. 18　　D. 17

99. 中国气象局办公室关于印发综合观测标准化工作方案(2015—2017 年)的函中总体目标:到 2017 年,综合观测全流程标准化率达到(B)%以上。

A. 95　　B. 90　　C. 85　　D. 80

100. 中国气象局办公室关于印发综合观测标准化工作方案(2015—2017 年)的函中,计划(B)年完成《气象观测上岗培训标准规范》的制定。

A. 2015　　B. 2016　　C. 2017　　D. 2018

多选题

（共100题，满分100分，每小题1分，少选多选均不得分）

1. 按照《气象灾害防御条例》规定：以下（ ACDE ）属于气象灾害防御规划应当包含的内容。
   A. 气象灾害发生发展规律和现状　B. 气象灾害调查评估办法
   C. 易发区和易发时段　D. 防御设施建设和管理
   E. 防御原则和目标

2.《气象灾害防御条例》规定：各级气象主管机构应当根据气象灾害防御的需要组织开展跨地区、跨部门的气象灾害联合监测，并将（ ABCDE ）作为气象灾害监测的重点区域。
   A. 人口密集区　B. 农业主产区　C. 地质灾害易发区域
   D. 重要江河流域　E. 森林、草原、渔场

3. 以下行为，（ BCD ）违反了《气象灾害防御条例》。
   A. 按照规定编制气象灾害防御规划或者气象灾害应急预案
   B. 未按照规定采取气象灾害预防措施
   C. 隐瞒、谎报或者由于玩忽职守导致重大漏报、错报灾害性天气警报、气象灾害预警信号
   D. 未及时采取气象灾害应急措施

4.《国家气象灾害应急预案》规定：气象灾害预警信息发布应当遵循（ BCD ）原则。
   A. 及时制作　B. 归口管理　C. 统一发布　D. 快速传播

5. 按照《国家气象灾害应急预案》规定：以下属于气象灾害预警信息内容的是（ ABDEF ）。
   A. 气象灾害的类别　B. 预警级别
   C. 发布时间　D. 可能影响范围
   E. 警示事项　F. 应采取的措施

6.《全国气象灾情收集上报调查和评估规定》提出：气象灾害评估分级处置标准，按照人员伤亡、经济损失的大小，等级分为（ BCDE ）。
   A. 微型　B. 小型　C. 中型　D. 大型　E. 特大型

7. 根据《全国气象灾情收集上报调查和评估规定》，以下属于调查评估内容的是（ ABCDE ）。
   A. 灾情及其等级　B. 气象灾害情况及其强度
   C. 出现灾害的原因　D. 预报服务的效益和存在的问题
   E. 灾后恢复生产的气象建议

8. 在《全国气象灾情收集上报技术规范》中，以下常见问题处理正确的是（ ABD ）。
   A. 灾害类别字段填写灾害性天气过程的灾害名称，如同时伴随其他类别灾害，则该字段填写最主要的致灾灾种名称
   B. 伴随灾害只填写灾害过程中除主灾之外的、但又没有具体灾情数据或文字信息的伴随灾害名称
   C. “农作物受灾面积”包含“农作物绝收面积”，“农作物绝收面积”包含“农作物成灾面积”
   D. 凡“灾情不祥”、“灾情无法统计”、“不计其数”等无法确定具体数值的描述，可在相应栏目中以文字说明填报

9.《国务院办公厅关于加强气象灾害监测预警及信息发布工作的意见》（国办发〔2011〕33号）

指出：经过多年不懈努力，我国气象灾害监测预警及信息发布能力大幅提升，但（ ABD ）等问题在一些地方仍然比较突出。

A. 局地性和突发性气象灾害监测预警能力不够强

B. 信息快速发布传播机制不完善

C. 决策服务不及时不到位

D. 预警信息覆盖存在“盲区”

10.《国务院办公厅关于加强气象灾害监测预警及信息发布工作的意见》（国办发〔2011〕33 号）明确提出了工作目标：加快构建气象灾害（ ABC ）无缝衔接，预警信息发布、传播、接收快捷高效的监测预警体系。

A. 实时监测　　B. 短临预警　　C. 中短期预报　　D. 风险预估

11.《国务院办公厅关于加强气象灾害监测预警及信息发布工作的意见》（国办发〔2011〕33 号）中，对加强监测网络建设，下列描述正确的有（ ABCDE ）。

A. 要建成气象灾害立体观测网

B. 构建多部门联合的监测预警信息共享平台

C. 实现灾害易发区乡村两级气象灾害监测设施全覆盖

D. 加密布设土壤水分、墒情和地下水监测设施

E. 加强移动应急观测系统、应急通信保障系统建设

12.《国务院办公厅关于加强气象灾害监测预警及信息发布工作的意见》（国办发〔2011〕33 号）规定：在（ ABD ）前，要严格按规定开展气候可行性论证，充分考虑气候变化因素，避免、减轻气象灾害的影响。

A. 区域性经济开发项目建设　　B. 重大工程项目建设

C. 重大城市建设项目　　D. 城乡规划编制关

13. 气象为农服务“两个体系”建设是指（ AC ）。

A. 农业气象服务体系建设　　B. 现代农业气象服务示范县创建

C. 农村气象灾害防御体系建设　　D. 气象灾害防御示范乡（镇）创建

14. 现代农业气象服务示范县创建工作，主要在全国（ BCD ）遴选出 100 个左右的现代农业气象服务示范县开展。

A. 气象灾害易发区　　B. 设施农业重点区

C. 特色农业重点区　　D. 粮食主产区

15. 关于“百县千乡”气象为农服务示范区创建原则，下列描述正确的有：（ ABCDE ）。

A. 需求牵引　　B. 政府主导　　C. 因地制宜

D. 动态管理　　E. 多区合一

16. 现代农业气象服务示范县应具有翔实的农业气象服务方案，方案应主要包括（ ABCDE ）等。

A. 农业产业结构分布图　　B. 各时间段生育期　　C. 关键农事季节

D. 主要农事活动　　E. 主要农业气象灾害

17. 乡镇气象灾害防御领导小组，组长由乡镇气象灾害防御工作分管领导担任，各村委主任和乡镇气象协理员为领导小组成员。领导小组主要职责有：（ ABCDE ）。

A. 日常气象灾害防御工作的安排部署

B. 应急预案的修编演练及预案启动后的指挥协调与组织实施

C. 气象灾害防御基础设施建设的规划编制与实施

D. 气象灾害防御工作的监督评估

E. 气象协理员和气象信息员的任用、培训和队伍建设

18. 制作乡镇气象防灾减灾风险地图包含以下哪些工作（ ABD ）。

A. 调查乡镇辖区内自然环境，特别是特殊地理环境及危险区域

B. 乡镇辖区内主要气象灾害的隐患调查

C. 制作气象灾害防御宣传手册

D. 调查乡镇辖区人口密集区重要设施分布情况

19. 以下应属于气象灾害应急预案包含的内容有（ ABCD ）。

A. 应急预案启动标准

B. 应急组织指挥体系与职责

C. 预防与预警机制

D. 应急处置措施和保障措施

20. 现代农业气象服务示范县应开展"直通式"农业气象服务，重点服务对象主要有（ ACD ）。

A. 农民合作社　　B. 专家联盟成员　　C. 涉农企业　　D. 专业大户

21. 现代农业气象服务示范县应具有完善的农业气象服务指标体系。以下属于农业气象指标库内容的有（ ABCD ）。

A. 农业气象适宜性　　B. 农业气象灾害

C. 农用天气预报　　D. 农业气候区划和灾害风险区划

22.《暴雨诱发中小河流洪水和山洪地质灾害气象风险预警服务业务规范》提出：气象风险等级划分为（ BCDE ）。

A. 没有风险　　B. 有一定风险　　C. 风险较高

D. 风险高　　E. 风险很高

23.《暴雨洪涝灾害致灾临界（面）雨量技术指南》规定：基础资料的收集整理主要依托于暴雨洪涝灾害风险普查工作，用于分析致灾临界雨量的资料可分为（ ABCD ）等类别的数据及文字资料。

A. 气象　　B. 水文　　C. 地理　　D. 隐患点　　E. 雨情

24. 按照《山洪灾害实地调查指南》要求，需要调查的山洪沟主要为的（ AD ）山洪沟。

A. 对居民点有影响　　B. 对农田有影响

C. 对河流有影响　　D. 对道路有影响

25. 按照《全国暴雨洪涝气象灾害风险普查技术规范》要求，以下属于暴雨诱发的泥石流、滑坡灾害风险普查内容的是（ ABCDE ）。

A. 泥石流沟、滑坡点基本情况

B. 泥石流、滑坡相关主要参数、地质、地貌等特征及信息

C. 土地利用植被覆盖情况

D. 降水量统计资料

E. 收集和实地调查灾情损失及对社会经济相关行业的影响

26.《高炮人工防雹增雨业务规范》强调:效果检验和评估是人工防雹、增雨重要技术工作之一。目前我国运用(ABD)方法进行效果检验和评估。

A. 统计检验　　B. 物理检验　　C. 显著性检验　　D. 数值模拟

27.《高炮人工防雹增雨业务规范》中:人工增雨防雹弹引信,用于按高度和距离控制最佳起爆位置而选择作用时间,它们分别是(ABD)。

A. 7～10 s　　B. 9～12 s　　C. 10～14 s　　D. 13～17 s

28.《增雨防雹火箭作业系统安全作业规范规定》中火箭弹上架操作:关闭发射控制器电源,操作人员必须进行如下操作(ABCD)。

A. 除去身上静电　　B. 打开火箭弹包装箱

C. 拆除火箭弹短路线　　D. 登记火箭弹编号

29.《高炮人工防雹增雨业务规范》中:以下所述的雷达观测冰雹云回波特征,正确的是(ACD)。

A. 在 PPI 上,涡旋状回波根部或 V 形缺口回波顶端易发生冰雹

B. 在 PPI 上,回波呈"离散状"分布易发生冰雹

C. 在 PPI 上,指状回波的指尖与主体的连接处易发生冰雹

D. 在 RHI 上,人字形带状回波,在人字两带交接处发生冰雹

30.《人工影响天气管理条例》规定禁止的行为有以下哪几条(ABC)。

A. 将人工影响天气作业设备转让给非人工影响天气作业单位或者个人

B. 将人工影响天气作业设备用于与人工影响天气无关的活动

C. 使用年检不合格、超过有效期或者报废的人工影响天气作业设备

D. 人工影响天气作业单位之间互相转让人工影响天气作业设备

31. 描述大气运动的基本方程有(ABCD)。

A. 运动方程　　B. 连续方程　　C. 热力学能量方程　　D. 状态方程

32. 关于等值线的描述,以下正确的是(ABC)。

A. 同一条等值线上要素值处处相等

B. 等值线一侧的数值必须高于另一侧的数值

C. 等值线不能相交,不能分枝,不能在图中中断

D. 相邻两条等值线的数值只差一个间隔,不能相等

33. 从机制分析,某一地区降水的形成,大致有(ABC)。

A. 水汽条件　　B. 云滴增长条件　　C. 垂直运动条件　　D. 热力条件

34. 关于锋面的移动,下列说法正确的是(ACDE)。

A. 在引导气流不变的情况下,引导气流与地面锋面的交角越大,锋面移动速度越快

B. 在引导气流不变的情况下,引导气流与地面锋面的交角越小,锋面移动速度越快

C. 在交角不变的情况下,引导气流速度越大,锋面移动越快

D. 对于南北向的锋面,当高空槽加深时,锋面的移速往往减慢

E. 对于东西向的锋面,当高空槽加深,并转为南北向时,锋面的移速往往加快

35. 锋面的坡度与(ACD)等因素有关。

A. 纬度　　B. 经度　　C. 锋面两侧的温度差　　D. 锋面两侧的风速差

36. 根据锋在移动过程中冷暖气团所占主次地位可将锋分为(ABCD)。

A. 冷锋 B. 暖锋 C. 准静止锋 D. 锢囚锋

37. 大范围暴雨的形成条件有(ACD)。

A. 充分的水汽供应 B. 较强的高空冷平流

C. 较长的持续时间 D. 强烈的上升运动

38. 在我国经常出现大风的低压系统有(ABC)。

A. 东北低压 B. 江淮气旋 C. 东海气旋

39. 经验预报法包括(ABCDEF)。

A. 相似形势法 B. 天气学模式法 C. 统计资料法 D. 预报指标法

E. 周围系统的影响 F. 24 h 变压、变高和变温的应用

40. 在一定条件下,地形对降水的作用有(ABC)。

A. 强迫抬升 B. 地形辐合 C. 云物理作用

41. 影响我国降水的行星尺度系统有(ABCD)。

A. 西风带长波槽 B. 阻塞高压

C. 副热带高压 D. 热带环流

42. 以下属于降水反射率因子回波类型的是(ABD)。

A. 积云降水回波 B. 层状云降水回波

C. 卷云降水回波 D. 积云层状云混合降水回波

43. 超级单体风暴是对流风暴中最强烈的一种形式,可伴随(ABCD)。

A. 强烈龙卷 B. 大冰雹

C. 灾害性地面大风 D. 暴洪

44. 观测和研究表明,飑线的结构越均匀,则沿着飑线越不容易产生灾害性天气。飑线的断裂处往往是强天气容易发生的地方之一。而飑线非断裂处容易形成灾害性天气的地方可以通过低层强的(ABC)来识别。

A. 反射率因子梯度 B. 中层的悬垂回波

C. 回波顶位置从风暴核心上方移到飑线前沿上方 D. 回波顶高度

45. 风暴动力结构及风暴潜在的影响力很大程度上取决于以下哪些因子(ABC)。

A. 环境的热力不稳定(浮力) B. 风的垂直切变

C. 水汽的垂直分布 D. 风的水平切变

46. 大冰雹形成并降落在中气旋周围的(BC)的强回波区中。

A. 上升气流区附近 B. 钩状回波附近

C. 弱回波区附近 D. 下沉气流区附近

47. 对流风暴可以分为(ABCD)。

A. 普通单体风暴 B. 多单体风暴

C. 线风暴(飑线) D. 超级单体风暴

48. 下列因子中哪个是有利于强冰雹产生的环境因素(ACD)。

A. CAPE 值较大 B. 对流层中低层环境温度直减率较大

C. 0 ℃层高度不太高 D. 环境垂直风切变较大

49. 以下属于超级单体强风暴反射率因子特征的有（ ABC ）。

A. 低层钩状回波　　B. 中层有界弱回波区

C. 中高层悬垂回波结构　　D. 中气旋

50. 暴洪发生的前提条件是短时间内(48 小时内)降暴雨。天气雷达在暴洪预报中能够提供的线索有（ ABCD ）。

A. 低空急流及其随时间的变化

B. 降水率的大小

C. 产生降水的对流系统主轴的取向与系统移动方向的关系

D. 每一个次流域面积上雨量的定量估计

51. 以下在可见光云图上关于区分海冰和云的说法正确的有（ ABC ）。

A. 冰的明亮程度一般比云更为均匀，有时透过薄的云层也可以见到冰间水道和裂缝，并用于辨认冰

B. 云的边界大多是逐渐过渡的，而浮冰的边界是与背景截然分明的

C. 冰的结构形式是呈块状的，而云就不一定

52. 以下关于冷锋云系的移动和强度变化，正确的是（ ABC ）。

A. 冷锋移向低纬度地区，冷锋加强

B. 冷锋云系移向盾状急流云区，由于急流的左侧是下沉运动区，冷锋云系将减弱

C. 冷锋云带的气旋性弯曲越来越明显，则冷锋加速移动

D. 冷锋前方的晴空区越来越清楚，则冷锋加速

53. 短时临近预报业务的工作重点是监测预警（ ABCDE ）等强对流天气。

A. 短历时强降水　　B. 冰雹　　C. 雷雨大风　　D. 龙卷　　E. 雷电

54. 以下属于气象灾害预警信号组成部分的是（ ABCD ）。

A. 防御指南　　B. 名称　　C. 图标　　D. 标准

55. 从预警信号发布后直至解除，以下说法正确的是（ ABCD ）。

A. 预警信号发布后，若灾害状况维持同一预警标准并且长时间持续，每天只需确认一次预警信号，不需连续多次发布预警信号

B. 预警信号发布后，应当及时向当地党委、政府及有关部门通报，并通过多种方式及时向社会公众公告

C. 同时出现或者预报可能出现多种气象灾害时，可以按照相对应的标准同时发布多种预警信号。也可以根据服务效果，以其中一种或几种预警信号为主发布，同时在发布内容中明确其他灾种的相关预警信息

D. 预警信号发布后直至解除，中间没有变更和确认，计为发布 1 次

56. 根据《全国短时临近预报业务规定》，市级及以下气象台(站)应将监测到的强对流天气信息及时记录并通报上一级气象台。以下属于强对流天气相关信息的是（ ABCD ）。

A. 强度　　B. 范围　　C. 移动　　D. 相应的雷达回波强度

57. 根据《全国短时临近预报业务规定》，当出现符合下列（ ABCD ）条件之一的情况时，相关气象台(站)应立即开展联防工作。

A. 本责任区内已经出现强对流天气，并可能影响下游地区

B. 发现水平尺度大于100 km，回波强度大于40 dBz的带状回波，并可能影响下游地区

C. 本站周围出现强降水，已影响天气雷达探测能力

D. 本站天气雷达故障，并且预计可能出现较复杂的天气

58.《中国气象局关于发展现代气象业务的意见》中指出：现代气象业务体系主要由（ BDE ）构成，各业务间相互衔接、相互支撑。

A. 现代探测设备　　B. 公共气象服务业务

C. 数值模式业务　　D. 气象预报预测业务

E. 综合气象观测业务

59.《中国气象局关于发展现代气象业务的意见》中要求，发展现代气象业务要坚持（ ABCDE ）。

A. 效益性原则　B. 效率性原则　C. 优势性原则

D. 协调性原则　E. 开放性原则

60.《中国气象局关于县级综合气象业务改革发展的意见》中指出：推进县级综合气象业务改革发展是提高县级的（ AC ）核心任务，是全面推进县级气象机构综合改革的重要环节，是实现基层气象现代化的基础工作。

A. 公共气象服务水平　　B. 气象预报准确率

C. 气象社会管理能力　　D. 气象防灾减灾能力

61. 规定高度、规定等压面或对流层顶的风遇有失测（或记录终止）时，风的代替范围是（ BCD ）。

A. 规定高度：≤600 m（距地），代替范围：±50 m

B. 规定高度：≤900 m（距地），代替范围：±100 m

C. 规定高度：>900 m（距地）且≤6000 m（海拔），代替范围：±200 m

D. 规定高度：>6000 m（海拔），代替范围：±500 m

62. L波段（1型）高空气象观测系统软件的设计思想是（ ABCDE ）。

A. 设计一种通用的高空气象观测系统软件，使其不仅适用于L波段（1型）高空气象观测系统，经过接口修改也能适用于其他型号的高空气象观测系统

B. 采用面向对象编程技术，致力于提高软件的可靠性、稳定性、兼容性、容错能力

C. 严格遵守中国气象局《常规高空气象观测规范》

D. 用户界面力求完美，直观

E. 操作简便、直观、人性化

63. 直接辐射测量法测量日照时数，直接辐射表典型的误差包括（ ABCE ）。

A. 倾斜效应　　B. 对温度的依赖性

C. 非线性和零点漂移　　D. 非对称性影响

E. 直接辐射表的等级

64. 湿度传感器的每月维护情况应在（ ABCD ）中记录。

A. 气簿-1　　B. 备注栏

C. MDOS元数据　　D. ASOM月维护

65.《地面气象观测场规范化图册（修订）》中对观测场中心地理标志要求包括（ ABD ）。

A. 推荐尺寸为300 mm×300 mm或424 mm（圆形直径），浅色大理石材质，雕刻工艺

B. 中心文职标识处南北、东西向的十字线，方位标注 N、E

C. 十字线下方标注经、纬度（精确到分，格式为度分）和海拔高度（精确到 0.1 m）

D. 安装在观测场几何中心位置，与地面齐平或不高出 3 cm

66. 数据质量信息包括（ AB ）。

A. 质量控制码信息　　B. 数据更正信息

C. 质量控制反馈信息　　D. 数据疑误信息

67. 大气探测主要包括（ AC ）。

A. 直接探测　　B. 高空探测

C. 遥感探测　　D. 地面探测

68. 仪器坚固性是一个不太明确的概念，它大致包括下述这几方面的内容：（ ABCD ）。

A. 仪器无故障平均运行时间

B. 仪器运行对环境温度、湿度等要素变化范围的数值要求

C. 电源电压波动允许的范围

D. 仪器外装饰（例如涂层）出现明显锈蚀的时间长短

69. 通常气温测量中，防止辐射误差的途径有以下几种（ ACD ）。

A. 屏蔽，使太阳辐射和地面反射辐射不能直接照射到测温元件上

B. 减少元件的反射率

C. 人工通风，促使元件散热

D. 采用极细的金属丝元件，细丝具有较大的散热系数

70. 能见度无论是透射仪还是散射仪，其测量准确度会受到多种因素的影响，以下影响能见度仪准确度的因子有（ ADF ）。

A. 校准误差　　B. 散射系数　　C. 空气质量

D. 来源于日出或日落的干扰和初始定向不良

E. 大气透明度　　F. 局地大气状况（阵雨、强风、雪等）

71. 气压的年变化特点与地理纬度、海陆性质、海拔高度等自然地理条件有关，下述正确的有（ ABCD ）。

A. 赤道地区年变化不大，高纬地区年变化较大

B. 大陆上全年气压的最高值一般出现在冬季

C. 海洋上全年气压的最高值一般出现在夏季

D. 海洋上气压年振幅比陆地上的小

72. 更换业务计算机，至少应将现用业务计算机下 MOI 中（ ABD ）的目录拷贝到新业务用计算机对应目录中。

A. AwsDataBase　　B. MOIRecord　　C. backup　　D. Configure

73. 气象资料业务系统（MDOS）“快捷通道”包括（ ABC ）。

A. 数据空间分析　　B. QFE 与实况对比

C. 数据查询与质疑　　D. 元数据信息处理

74. 气象资料业务系统（MDOS）业务分工和布局中，属于台站级的工作任务包括（ ABCD ）。

A. 原始观测资料采集和上传　　B. 台站元数据采集和汇交

C. 省级疑误数据报警信息处理　　D. 疑误数据信息确认和反馈

75. 气象资料业务系统(MDOS)处理的地面数据包括(BCD)。

A. 正点观测数据　　B. 人工观测数据

C. 元数据　　D. 统计数据

76. 以下关于气象资料业务系统(MDOS)质量控制说法正确的是(ABC)。

A. MDOS 质量控制使用方法包含了气候学界限值检查,没有通过该检查的一般为显性错误

B. MDOS 质量控制使用方法包含气候极值、内部一致性、时间和空间一致性等、没有通过检查的数据一般为可疑数据

C. MDOS 中文件级快速质量控制在通信系统中完成

D. MDOS 中数据库级的滚动质量控制包含了 QC1,QC2 和 QC3,其中 QC1 和 QC2 时间相隔为 24 小时。

77. ASOM2.0 系统中关于新一代天气雷达、国家级台站自动气象站、探空系统、风廓线雷达故障时,填写故障单时间要求是(ADF)。

A. 本省(区、市)气象部门启动重大气象灾害应急响应或重大气象服务保障时 1 小时内

B. 本省(区、市)气象部门启动重大气象灾害应急响应或重大气象服务保障时 2 小时内

C. 汛期期间 1 小时内

D. 汛期期间 2 小时内

E. 非汛期期间 2 小时内

F. 非汛期期间 3 小时内

78. ASOM 系统中对台站站网信息管理要求包括:(ACD)。

A. 台站人员信息发生变化时,应在 7 日内完成相关信息的更新

B. 台站探测环境发生明显变化后(如新建建筑对观测场视角造成影响),应在 10 日内完成相关信息的更新(含图像资料)

C. 台站基本信息发生变化时,应在 2 日内完成相关信息的更新

D. 台站设备信息发生变化时,应在 2 日内完成相关信息的更新

79. 综合集成硬件控制器是实现(ABCFG)等观测设备硬件集成的通信设备。

A. 自动气象站　　B. 云高　　C. 云量　　D. 能见度

E. 日照　　F. 天气现象　　G. 辐射　　H. 雪深

80. 新型自动气象站采用“主采集器+外部总线+分采集器+传感器+外围设备”的结构设计,按照气象要素性质的不同,分采集器划分不同种类型,下列属于分采集器的是(ABCDE)。

A. 基本观测气象要素采集器(各传感器直接挂接在主采集器)

B. 气候观测分采集器　　C. 辐射观测分采集器

D. 地温观测分采集器　　E. 温湿度智能传感器

F. 串口服务器

81. 业务软件是安装在自动气象站微机中的应用软件,根据《新型自动气象(气候)站功能需求书》的要求,其主要功能有(ABCDEFG)。

A. 实现对主采集器参数设置、数据采集、各种报警和自动气象站运行监控

B. 实现自动气象站数据的实时上传

C. 从采集器或外存储器读取数据或数据文件形成规定的采集数据文件

D. 实现对采集数据文件内容的查询、检索

E. 实现数据质量控制

F. 生成基本分析加工产品

G. 完成地面气象观测业务

82. 内部一致性检查时，要素观测资料应通过如下检查（ ABDG ）。

A. 日最低气温≤定时气温≤日最高气温

B. 日最小相对湿度≤定时相对湿度

C. 干球温度≥湿球温度

D. 露点温度≤气温

E. 2 min 平均风速≤最大风速

F. 能见度≤1.0 km 时，应有雾或沙尘暴、雪暴、吹雪、浮尘、烟幕、霾、降水天气现象

G. 积雪深度≥0 cm 时，应有积雪天气现象

83.《观测司 预报司关于印发地面气象观测质量考核办法（试行）的函》（气测函〔2013〕312 号）中，数据可用率统计对象为自动站实时观测资料中正点观测数据质量，参加质量考核的正点要素数据包括（ ABCD ）。

A. 气温：正点气温、小时最高气温、小时最低气温

B. 气压：正点本站气压、小时最高本站气压、小时最低本站气压

C. 湿度：正点相对湿度、小时最小相对湿度

D. 风向风速：正点 2 分钟/10 分钟平均风向风速、小时极大风向风速、小时最大风向风速

E. 降水：分钟降水量、小时累计降水量

84. 站址迁移过程中，对拟迁观测站观测资料序列的完整性、区域一致性和均一性进行分析，主要针对以下（ ACFG ）要素的月值和年值。

A. 气温（平均、最高、最低）　　B. 平均风向（2 分钟）

C. 平均相对湿度　　D. 地温（平均、最高、最低）

E. 最小相对湿度　　F. 降水量

G. 平均风速（2 分钟）

85.《全国地面自动站实时观测资料质量评估办法》中针对观测资料的定期质量的评估，应包括（ ABCD ）。

A. 正点观测数据文件传输质量　　B. 日观测数据文件传输质量

C. 正点观测的全部要素数据质量　　D. 日观测数据质量

86. 目前全国综合气象观测系统业务运行情况通报的装备包括（ ABCDFGH ）。

A. 新一代天气雷达　　B. 国家级台站自动气象站

C. 高空气象观测系统　　D. 雷电监测站

E. 辐射观测站　　F. 区域气象观测站

G. 自动土壤水分观测仪　　H. 气溶胶质量浓度观测仪器

87. 2016 年全国气象数据传输时效考核内容包括（ ABD ）。

A. 上行气象数据传输时效　B. 省际共享气象数据传输时效

C. 省级观测数据环境入库时效　D. 省级 CIMISS 气象数据入库时效

88. 风廓线雷达上行气象数据传输考核内容包括(ACDE)。

A. 原始数据　B. 正点产品数据

C. 半小时平均产品数据　D. 一小时平均产品数据

E. 状态数据

89. 根据《QXT 118—2010 地面气象观测资料质量控制》规定,(BCDE)未通过检查的,被检站相应观测数据为可疑资料。

A. 界限值检查　B. 主要变化范围检查

C. 内部一致性检查　D. 时间一致性检查

E. 空间一致性检查

90. 关于《地面气象资料实时统计处理业务规定(试行)》,下列描述正确的是(ABCD)。

A. 为适应近年来地面气象自动化观测的快速发展,满足日益增长的地面基础数据产品服务需求,特制订本规定

B. 本规定制定了地面气象资料日、候、旬、月、年值统计项目和统计算法

C. 适用于国家级地面气象站相关基础数据服务产品的实时统计生成

D. 适用于区域自动气象站相关基础数据服务产品的实时统计生成

E. 适用于其他部门设立的气象站相关基础数据服务产品的实时统计生成

91.《地面气象资料实时统计处理业务规定(试行)》中统计值的相关要求,只要求统计日平均、日最高及出现时间、日最低及出现时间的要素是(ADF)。

A. 气温　B. 气压　C. 空气湿度　D. 地面温度

E. 浅层/深层地温　F. 草面(雪面)温度

92.《地面气象资料实时统计处理业务规定(试行)》中:能见度观测项目年值统计要求,以下正确的是(BCD)。

A. 能见度≥10 km 出现频率　B. 能见度<10 km 出现频率

C. 能见度<5 km 出现频率　D. 能见度<1 km 出现频率

E. 能见度≤1 km 出现频率

93.《新建扩建改建建设工程避免危害气象探测环境行政许可管理办法》规定申请人提交以下(ABCDE)书面材料,并对申请材料的真实性负责。

A. 新建、扩建、改建建设工程避免危害气象探测环境行政许可申请表

B. 事业单位法人证书,企业法人营业执照的正、副本或申请人身份证明

C. 新建、扩建、改建建设工程与气象探测设施或观测场的相对位置示意图

D. 委托代理的,应出具委托协议

E. 申请人为法人或其他组织的,还应当提交新建、扩建、改建建设工程概况和规划总平面图

F. 当地人民政府编制的气象探测环境保护专项规划并纳入城市(镇)控制性详细规划的相关文件或承诺

94.《高空气象观测业务质量考核办法》规定的探空平均高度达标标准为(AB)。

A. GCOS 台站:探空平均高度≥30000 m

B. 非 GCOS 台站:探空平均高度≥26000 m

C. GCOS 台站:探空平均高度≥35000 m

D. 非 GCOS 台站:探空平均高度≥25000 m

95.《气象探测环境保护规范 地面气象观测站》标准中,以下说法正确的是(AD)。

A. 国家基本气象站是根据全国气候分析和天气预报的需要所设置的地面气象观测站

B. 国家一般气象站是按行政区划所设置的地面气象观测站

C. 障碍物是指:观测场以外高于观测场地平面 1 米以上的建筑物、树木、作物等物体

D. 地面气象观测场四周障碍物控制区范围:国家基本气象站是 1000 m

E. 影响源与地面气象观测场围栏之间的最小距离:公路路基与国家基本气象站地面气象观测场围栏之间的最小距离应≥50 m

96.《地面气象观测业务技术规定(2016 版)》明确了天气现象记录规定,以下正确的是(ABC)。

A. 夜间降水类天气现象应与降水量保持一致,避免出现有降水量但无降水现象的记录

B. 由于降水现象影响,人工观测能见度小于 10.0 km,不必加记视程障碍现象

C. 由于降水现象影响,自动观测能见度小于 7.5 km,对误判的视程障碍现象,应在定时观测时次进行删除

D. 已实现自动观测且正式业务运行的观测项目,其相关记录也应记入气簿-1

97. 中国气象局关于县级综合气象业务改革发展的意见(气发〔2013〕54 号)文件中,气象观测业务要求:根据站类和布局,国家地面气象观测站应编发(AC)重要天气报。

A. 冰雹　　B. 暴雨　　C. 视程障碍　　D. 霜冻

98.《综合气象观测系统发展规划(2014—2020 年)》中完善观测站网布局:国家级气象观测站网规划的主要内容是(ABC)。

A. 完善国家基准气候站布局　　B. 优化国家基本气象站布局

C. 调整国家一般气象站布局　　D. 遴选国家级区域气象站布局

99. 中国气象局关于贯彻落实国务院《深化标准化工作改革方案》的实施意见中对强化标准意识的描述是(ABCD)。

A. 标准是国家基础性制度建设的重要内容

B. 标准化在推进国家治理体系和治理能力现代化中起着基础性、战略性作用

C. 气象标准化工作是气象事业提质增效升级、创新驱动发展的重要支撑

D. 气象标准化工作是全面推进气象现代化的重要基础,是气象信息化的重要环节

E. 气象标准化工作是气象业务现代化、服务社会化和工作法治化的重要基础和必然需求

100. 观测司关于加强地面气象观测标准化工作的通知(气测函〔2015〕126 号)中:观测场地标准化整改有关仪器布局部分,下面正确的说法是(ABC)。

A. 按照《地面气象观测场规范化建设图册(修订)》第一部分“仪器布置规划总平面布局”要求布局

B. 拆除观测场内闲置的百叶箱、小型蒸发、虹吸雨量计等设备

C. 有电线积冰的台站将电线积冰架移到观测场外下垫面符合要求的位置

D. 温湿度传感器安装在百叶箱内固定的支架上，传感器直立，感应头部向下，传感器中部距地面 1.50 m

判断题

（共 100 题，满分 30 分，每小题 0.3 分，正确请打“√”，错误请打“×”）

1. 气象灾害预警信号的种类和范围，由国务院气象主管机构规定。（ × ）
2. 对当地人民政府、有关部门采取的气象灾害应急处置措施，任何单位和个人应当配合实施，不得妨碍气象灾害救助活动。（ √ ）
3. 擅自向社会发布灾害性天气警报、气象灾害预警信号的，可由县级以上气象主管机构责令改正，给予警告，并可处 10 万元以下的罚款。（ × ）
4. 气象灾害得到有效处置后，经评估，短期内灾害影响不再扩大或已减轻，气象部门则发布灾害预警降低或解除信息，并降低应急响应级别或终止响应。（ × ）
5. 当同时发生两种以上气象灾害且分别达到不同预警级别时，按照各自预警级别分别预警。（ √ ）
6. 按照《全国气象灾情收集上报技术规范》要求，当灾害在全县 2/3 以上地区发生时，灾害发生地名称可填写‘全县范围’或‘所有乡镇’。（ √ ）
7. 按照《全国气象灾情收集上报技术规范》要求，当灾情数据为多种灾害类型共同造成，且灾情数据无法细分至各灾种时，可将灾情数据填报至造成损失最大的灾害类别中。（ √ ）
8. 对于跨月发生的灾害性天气过程，上报上月灾情月报时只填写当月的灾情，灾害的结束日期以实际结束日期为准。（ × ）
9. 《国务院办公厅关于加强气象灾害监测预警及信息发布工作的意见》（国办发〔2011〕33 号）提出：力争到 2020 年，建成功能齐全、科学高效、覆盖城乡和沿海的气象灾害监测预警及信息发布系统，气象灾害监测预报预警能力进一步提升，预警信息发布时效性进一步提高，全面消除预警信息发布“盲区”。（ × ）
10. 各级气象部门要组织做好气象灾害普查、风险评估和隐患排查工作，全面查清本区域内发生的气象灾害种类、次数、强度和造成的损失等情况。（ × ）
11. 气象灾害预警信息及因气象因素引发的次生、衍生灾害预警信息由各级气象部门负责制作，根据政府授权按预警级别分级发布，其他组织和个人不得自行向社会发布。（ × ）
12. 广播、电视、报纸、互联网等社会媒体要切实承担社会责任，及时、准确、无偿播发或刊载气象灾害预警信息。（ √ ）
13. “百县千乡”气象为农服务示范区创建和申报工作应以当地政府为主体，当地气象部门为创建和申报工作提供技术支撑。（ √ ）
14. 在中央财政“三农”服务专项实施县开展的“百县千乡”气象为农服务示范区创建工作，要遵循统一的认定标准。（ × ）
15. 农业气象服务示范田块土地面积 30 亩以上，保证交通便利、通信稳定正常，并应配备一台电子显示屏及时显示气象服务信息。（ √ ）
16. 可与当地政府或涉灾、涉农部门合作，共建共享气象信息服务站，与自建气象信息服务站工作职责分工有所不同。（ × ）

17. 气象信息员队伍建设，乡镇村覆盖率应该达到100%。(√)
18. 气象灾害应急准备认证是由县级政府领导、气象部门和应急管理部门共同组织的。(√)
19. 涉农专家联盟负责适时开展全县农业气象服务的决策咨询及服务产品的制作。(×)
20. 现代农业气象服务示范县应每年至少组织一次农业气象服务需求调研活动，两次农业气象服务效益评估，并提交调研报告和评估报告。(×)
21. 现代农业气象服务示范县应设置农业气象服务岗位，至少有两名专职人员开展农业气象服务，负责为本地农业生产及时提供气象专项服务和技术支持。(√)
22. 开展中小河流洪水和山洪地质灾害气象风险预警服务业务的主要时段为5—9月，各级气象局部门要定期制作发布气象风险预警服务产品。(×)
23. 按照《暴雨洪涝灾害致灾临界(面)雨量技术指南》规定，气象、水文资料应是相应机构整编的资料，一般不少于30年(建站少于30年的应从建站起收集整理)。(√)
24. 按照《全国暴雨洪涝气象灾害风险普查技术规范》要求，需开展所有中小河流洪水风险普查。(√)
25. 按照《全国暴雨洪涝气象灾害风险普查技术规范》要求，在进行基本资料收集整理前，应以1∶10000或更高分辨率的地形图为底图，统计和标明本地区符合普查技术方案定义的中小河流和山洪沟，列出编码清单。(×)
26. 人工影响天气安全管理规定：在非作业期间，作业站点可以存放少量人雨弹、火箭弹。(×)
27. 人工影响天气安全管理规定：各级气象主管机构必须经常组织安全检查工作，规范检查内容，制定检查提纲。对检查中发现的问题，应以书面形式责令限期整改。(√)
28. 人工影响天气安全管理规定：各省、自治区、直辖市气象主管机构应当制定人工影响天气作业装备报废的审批程序和处理规定。禁止各级气象主管机构和作业单位转让已报废的作业装备。(√)
29. 人工影响天气管理条例要求：实施人工影响天气作业使用的高射炮、火箭发射装置，由市气象主管机构组织年检；年检不合格的，应当立即进行检修，经检修仍达不到规定的技术标准和要求的，予以报废。(×)
30.《国务院办公厅关于进一步加强人工影响天气工作的意见》要求：完善安全监管体系。加快建立责任明确、操作规范、制度严格、措施到位的安全生产监督管理体系。加强空域申请、弹药储运、转场交通、作业人员安全等重点环节的管理与监督检查，杜绝发生责任事故。(√)
31. 700 hPa等压面图，其位势高度通常为3000 gpm左右；500 hPa等压面图，其位势高度通常为5000 gpm左右。(×)
32. 在分析等压线时，必须遵循地转风关系，即等压线和风向平行。在北半球，观测者“背风而立，低压在右，高压在左”。(×)
33. 根据运动学方法，按照加速度原理，加深的槽(加强的脊)移动是减速的，填塞的槽(减弱的脊)移动是加速的。(√)
34. 锋面位于气旋性曲率最大的地方，所以有气旋性切变处一定有锋。(×)
35. 北半球台风集中发生在7—10月，尤以7—8月最多。(×)

36. 锋区在空间上是向冷空气一侧倾斜，所以高空图上锋区的位置是偏在地面锋线的冷空气一侧；等压面高度越高，向冷空气一侧偏移越多。（ √ ）
37. 一般情况下，锋面附近气流是辐散的。（ × ）
38. 冬季，高压入海常加强，低压入海常减弱。（ × ）
39. 槽线沿变压梯度方向移动，脊线沿变压升度方向移动。（ √ ）
40. 华北暴雨主要出现在山脉背风区和山区。（ × ）
41. 典型的江淮梅雨一般出现在6月中旬到7月上旬。（ √ ）
42. 我国新一代天气雷达业务组网的建设目标是：在我国东部和中部地区，装备先进的新一代S频段(10 cm)和C频段(5 cm)多普勒天气雷达系统。（ √ ）
43. 传统的天气雷达可以测量回波的强度、径向速度和速度谱宽。（ × ）
44. 大片的层状云或层状云-积状云混合降水大都会出现明显的“零度层”亮带。（ √ ）
45. 弓形回波是地面大风的一个很好指示。（ √ ）
46. 雷达波束与实际风向的夹角越小，则径向速度值越小；实际风速越小，径向速度也越小。（ × ）
47. 超级单体龙卷发生的频率远远超过非超级单体龙卷的发生频率。（ × ）
48. 地面灾害性大风是对流风暴最常产生的强对流天气。直线型的地面风害主要是由对流风暴内的下沉气流导致的。（ √ ）
49. 判断大冰雹最有效的方法是检查较高的反射率因子能否扩展到0 ℃，特别是−20 ℃等温线高度以上。（ √ ）
50. S波段雷达出现三体散射将表明风暴中存在大冰雹。（ √ ）
51. 可见光云图上物像的色调与其本身的反照率和太阳高度角有关。反照率越小，则色调越白。（ × ）
52. 在热带大西洋上，东风波经常表现为倒“V”状云型。（ √ ）
53. 《雾的预报等级》中规定，浓雾的能见度为200 m$\leqslant V<$500 m。（ √ ）
54. 按照《全国短时、临近预报业务规定》，天气雷达站所在地气象台的责任区一般为天气雷达扫描半径150～200 km范围内地形遮挡角较小的区域，或在雷达3 km等高度射束图的有效探测区域；次责任区为天气雷达可探测范围内责任区以外的区域。（ √ ）
55. 短时预报是指0～12小时天气预报，其中0～3小时预报为临近预报。（ × ）
56. 降水量等级标准中降水量等级划分原则：降水量按24 h，12 h两个时间段进行划分。（ √ ）
57. 预警信号的发布(含变更)、解除实行分级签发制，蓝色、黄色、橙色预警信号由气象台台长或者其授权人员签发，红色预警信号由分管局领导或者其授权人员签发。（ × ）
58. 《中国气象局关于县级综合气象业务改革发展的意见》中指出：推进县级综合气象业务改革发展，要坚持公共气象发展方向。（ √ ）
59. 《现代气象预报业务发展规划(2016—2020年)》要求到2020年，24小时气象要素预报水平分辨率达3 km，时间分辨率达3 h。（ × ）
60. 《现代气象预报业务发展规划(2016—2020年)》中要求，建立从分钟到年的无缝隙精细化气象预报业务，以“强化两端，提高中间”为重点，强化短时临近预警和延伸期(11～30 d)到月、季气候预测，提升灾害性天气中短期预报能力。（ √ ）

61. 定时常规高空气象观测应在正点进行，不得提前施放。如在正点后 65 分钟内无法放球，该时次观测停止进行。（ × ）
62. 常规定时高空气象观测应在正点进行，但遇有恶劣天气或其他原因，不能正点施放时，可延时放球。（ √ ）
63. 湿球纱布套上端延伸至温度表球部上端表身至少 3 cm。（ × ）
64. 对于大多数风杯传感器和螺旋桨传感器，加速时的响应比减速时的响应快。（ √ ）
65. 深层地温应自西向东一字排开分别为 40 cm、80 cm、160 cm、320 cm，每只地温表（或传感器）之间间隔 50 cm。（ × ）
66. 观测场测站标牌按照规定的标准和要求制作，安装在观测场入口处，安装后整体高度不超过 1.2 米。（ √ ）
67. 当冻结层的下限深度超出最大刻度范围时，应记录最大刻度数字，并在数字前加记“＞”符号。（ √ ）
68. 惯性指仪器的响应速率，它与电子仪器常用的时间常数的意义是不同的。（ × ）
69. 大气透明度是影响能见度的主要因子。纯大气分子影响时，最大能见度可达 227 km，而在雾和沙尘暴天气中的能见度可低达几十米，甚至只有几米。（ √ ）
70. 大气探测中，被动遥感是直接测量来自大气的声、光、电磁波信号，例如水汽在 1.35 cm 波长处有强辐射信号，接收其微波辐射强度可反演出大气中水汽的含量。（ √ ）
71. 蒸发皿的口径越小，皿壁对测量值的附加增大越为明显。为此必须对实测值乘以一个大于 1 的折算系数。（ × ）
72. 电学湿度表元件用溶胀性较好的高分子聚合物，其吸湿后膨胀，使悬浮于其中的碳粒子接触概率减小，元件的电阻减小；反之，当湿度降低时，聚合物脱水收缩，使碳粒子相互的接触概率增加，元件的电阻值增大。通过测量元件的电阻值可以确定空气的相对湿度。（ × ）
73. 地面观测业务软件（ISOS），在“正点观测编报”中输入“500＋最大刻度值”，在常规维护中自动将其转为“＞最大刻度值”的格式显示。（ × ）
74. ASOM2.0 系统实行国家、省（区、市）两级布局。（ √ ）
75. 因网络故障等原因无法在 ASOM2.0 系统中及时填报故障时，应规定时限内通过电话等方式报省级运行监控部门，待网络恢复后 6 小时内在 ASOM 系统中补填。（ × ）
76. ASOM2.0 系统中要求故障维修结束后 3 小时内关闭故障单。（ √ ）
77. 观测业务气象网络授时系统服务器，河北省 IP 地址（广域网安全区）为 10.48.2.24。（ × ）
78. 综合集成硬件控制器的数据存储所用的 SD 卡选用 1G 容量存储卡，可以备份至少 1 个月的观测数据，观测数据以文件形式存储，存储模式为“先入后出”。（ × ）
79. 自动观测视程障碍现象的最小能见度为天气现象时段内“过去 10 分钟平均值”的最小“10 分钟滑动平均值”，以 m 为单位，取整数。（ √ ）
80. 安装新型自动气象站且同时配备翻斗式雨量传感器和称重式雨量传感器的台站，可根据不同季节挂接一种雨量传感器即可。（ × ）
81. 雪深观测记录，以厘米（cm）为单位，四舍五入取整数，原值录入。（ × ）
82. 能见度自动记录缺测时不做内插处理，可取正点前后 10 分钟内接近正点的数据代替。

(×)

83. 地面气象观测资料质量控制码为3,其含义为错误。(×)

84.《观测司 预报司关于印发地面气象观测质量考核办法(试行)的函》(气测函〔2013〕312号),适用于地面气象观测站地面气象观测业务。(×)

85. 地面气象观测质量考核办法中要求新型仪器设备试用期(投入使用第一年)一般只评估,不考核。(√)

86.《全国地面自动站实时观测资料质量评估办法》适用于所有国家级自动站实施观测资料的质量评估。(×)

87. 当正点观测数据文件提前于正点20秒以上到达的视为无效(×)

88. 单站业务可用性统计中,数据错误时次指的是国家级台站自动气象站/区域气象观测站在当前时次内观测要素出现数据错误>1种,则该时次计"数据错误时次"1次。(×)

89. 上行气象数据传输考核内容及时效要求中,针对区域自动气象站数据时效要求为≤HH+10分钟。(×)

90.《气象资料分类与编码》(QX/T 102—2009)是我国关于气象资料分类与编码的国家标准。(×)

91.《地面气象资料实时统计处理业务规定(试行)》中要求:在进行统计时,质量控制后仍为错误的数据按缺测对待。(√)

92.《地面气象资料实时统计处理业务规定(试行)》中要求:积雪深度、雪压的日值统计方法为:从00时、06时和12时(世界时)三个时次中挑取最大者。(√)

93.《气象法》规定:在中华人民共和国领域从事气象探测、预报、服务和气象灾害防御、气候资源利用、气象科学技术研究等活动,应当遵守本法。(×)

94.《气象法》规定:气象专用技术装备应当符合国务院气象主管机构规定的技术要求,并经国务院气象主管机构审查合格;未经审查或者审查不合格的,不得在气象业务中使用。(√)

95.《气象设施和气象探测环境保护条例》于2012年12月2日国务院第214次常务会议通过,自2013年1月1日起施行。(×)

96. 值班室要配置布局合理的工作平台,各类业务系统或终端平台的铭牌须严格按照《地面气象观测值班室规范化建设图册(修订)》设计制作、摆放。(×)

97. 观测值班室内线缆走暗线,不得暴露,插座、电源开关等安装必须符合供电部门的规范设计要求,布局合理,有利于用电操作。(√)

98. 承担酸雨观测任务的台站必须建立专用酸雨观测工作室,有关建设内容符合《气象台站酸雨观测业务规范》的要求。(×)

99. 中国气象局观测司关于加强地面气象观测标准化工作的通知(气测函〔2015〕126号)要求:在气象台站醒目位置安装或悬挂气象探测环境保护警示牌。气象探测环境警示牌内容由各省(区、市)自定。(√)

100. 由国务院气象主管机构指定台站观测的项目:云、浅层和深层地温、蒸发、冻土、电线积冰、辐射、地面状态。(√)

2.2 安徽省综合气象业务基础理论试题

单选题

(共 100 题,每小题 0.4 分,共 40 分。答案只能填字母)

1. 国务院气象主管机构应当在收到全部申请材料之日起(B)工作日内,按照《中华人民共和国行政许可法》和《气象专用技术装备使用许可管理办法》规定的条件作出受理或者不予受理的书面决定,并出具书面凭证。对不予受理的,应当书面说明理由。

A. 3　　B. 5　　C. 10　　D. 15

参见《气象专用技术装备使用许可管理办法》。

2. 违反《气象设施和气象探测环境保护条例》规定,危害气象探测环境的,由气象主管机构责令停止违法行为,限期拆除或者恢复原状,情节严重的,对违法单位处(A)罚款,对违法个人处 200 元以上 5000 元以下罚款。

A. 2 万元以上 5 万元以下　　B. 5 万元以上

C. 1 万元以上 5 万元以下　　D. 2 万元以下

参见《气象设施和气象探测环境保护条例》。

3.《中华人民共和国气象法》规定,在中华人民共和国内水、领海和中华人民共和国管辖的其他海域的海上钻井平台和具有中华人民共和国国籍的在国际航线上飞行的航空器、远洋航行的船舶,应当按照国家有关规定进行气象探测并报告(A)。

A. 气象探测信息　　B. 观测数据

C. 基本气象探测信息　　D. 基本观测数据

参见《中华人民共和国气象法》规定 17。

4.《中国气象局关于县级综合气象业务改革发展的意见》在建设观测系统业务平台中提出,集约优化地面观测场自动观测任务和设施,具备(B)和远程监控功能。

A. 通信传输　　B. 自动运行　　C. 质量控制　　D. 实景监控

参见《中国气象局关于县级综合气象业务改革发展的意见》。

5.《综合气象观测系统发展规划(2014—2020 年)》指出,加强不同需求、不同手段、不同渠道的观测系统统筹规划和设计,合理布局观测站网,加强(A)系统综合集成和软硬件配套衔接。

A. 天基、空基、地基观测　　B. 国家级自动气象观测

C. 区域自动气象观测　　D. 专业气象观测

6.《综合气象观测系统发展规划(2014—2020 年)》中提出,要完善天气雷达布局,增补少量新一代天气雷达站点,平均站间距达到 200 km 左右,重点区加密到 100～150 km,实现全国组网布局的新一代天气雷达观测覆盖率达到(B)以上。

A. 50%　　B. 60%　　C. 70%　　D. 80%

7. 酸雨台站缓冲溶液,应无浑浊、沉淀出现,使用时间不应超过(B)个月,否则应重新配制缓

冲溶液并进行备注。

A. 1　　B. 3　　C. 6　　D. 12

参见《关于加强地面气象观测标准化工作的通知》。

8. 如果在操作中，人工不慎修改了不需要修改的探空曲线点子，则可使用高空观测系统软件（ D ）功能进行恢复。

A. 人工修改探空曲线　　B. 删除、恢复探空数据点

C. 放球时间订正　　D. 恢复探空曲线点

参见《常规高空气象观测业务手册》9.20。

9. 在常规高空气象观测业务中，选取最大风层时，以下说法错误的是（ B ）。

A. 最大风层在高空风探测记录中已有的量得风层中选取

B. 同一“大风区”中，同一风速最大的层次有两层或两层以上时，选取高度最高一层为最大风层

C. 当大风区跨越500 hPa时，该大风区内无论风速最大的层次出现在500 hPa以上或以下（包括500 hPa），作为特殊情况，该风速最大的层次也选为最大风层

D. 遇有记录缺测时，按实有记录选取

参见《常规高空气象观测业务规范》9.7.7。

10. 按照《地面气象观测业务技术规定(2016)版》规定，由国务院气象主管机构指定台站观测的项目共有（ D ）种（浅层与深层地温计算为1种）。

A. 4　　B. 5　　C. 6　　D. 7

参见《地面气象观测业务技术规定实用手册》第1页。

11. 为了保持观测方法和观测手段的延续性，全国共有张北、长春、寿县、电白、贵阳、格尔木、银川和阿勒泰等8个基准站长期保留人工器测观测任务，在（ B ）时开展原有人工观测任务（含自己仪器记录整理、云状观测）。

A. 02、08、14、20　　B. 08、14、20　　C. 14、20　　D. 以上都不对

参见《地面气象观测业务技术规定实用手册》第3页。

12.《地面气象观测业务技术规定实用手册》中指出，台站每日需复验日照纸，检查日数据文件（重点是霾的记录），当发现异常时，日数据文件在（ B ）时前更正上传，日照数据文件在（ B ）前更正上传。

A. 8，14　　B. 8，10　　C. 9，14　　D. 9，20

参见《地面气象观测业务技术规定实用手册》第6页。

13. MDOS平台中“一般备注事件”的事件类型共（ C ）项。

A. 12　　B. 8　　C. 16　　D. 14

参见《地面气象观测业务技术规定实用手册》第7页。

14. 下表为某站10时45分至11时14分的能见度数据，请据此回答14—16各题。

时间(分)	45	46	47	48	49	50	51	52	53	54
1分钟能见度值(m)	1500	1050	1000	1000	800	800	700	700	500	500
10分钟能见度值(m)	1500	1455	1405	1355	1285	1215	1135	1055	955	855
10分钟滑动平均值(m)	1500	1478	1453	1429	1400	1369	1336	1301	1262	1222

续表

时间(分)	55	56	57	58	59	60	1	2	3	4
1 分钟能见度值(m)	400	400	400	400	450	500	600	800	900	1000
10 分钟能见度值(m)	745	680	620	560	525	495	485	495	535	585
10 分钟滑动平均值(m)	1146	1069	990	911	835	763	698	642	600	573
时间(分)	5	6	7	8	9	10	11	12	13	14
1 分钟能见度值(m)	1200	1400	1500	1800	1800	2000	2000	2600	2600	2500
10 分钟能见度值(m)	665	765	875	1015	1150	1300	1440	1620	1790	1940
10 分钟滑动平均值(m)	565	573	599	644	707	787	883	995	1121	1256

若 10 时 45 分之前的逐分钟能见度值均在 1500 m 以上,则 11 时长 Z 文件中的 CW 段中的能见度值为(B)。

A. 400　　B. 495　　C. 500　　D. 763

参见《地面气象观测业务技术规定实用手册》第 10—11 页。

15. 若该日 10 时 45 分之前的逐分钟能见度值均在 1500 米以上且有轻雾(无其他天气现象),给定时段内相对湿度均在 90%以上且无降水现象,则该日截止至当前的天气现象为(D)。

A. (10,)10,42 1051-1101[400]　　B. (10,)10,42 1049-1103[400]

C. (10,)10,42 1055-1105[485]　　D. (10,)10,42 1101-1109[565]

参见《地面气象观测业务技术规定实用手册》第 10—11 页。

16. 有关该时段重要天气报拍发,说法正确的是(C)。

A. 53 分拍发第一份雾重要天气报,要素值编码为 95096,95742

B. 00 分时续发一份雾重要天气报,要素值编码为 95050,95740

C. 01 分拍发一份雾重要天气报,要素值编码为 95069,95740

D. 该时段内需拍发两份重要天气报

参见《地面气象观测业务技术规定实用手册》第 10—11 页。

17. 定时观测时次记录异常时,进行记录处理时,按照以下(A)顺序代替。

A. 正点前 10 分钟内接近正点的正常记录→正点后 10 分钟内接近正点的正常记录→备份站记录→内插记录→人工观测

B. 正点前 10 分钟内接近正点的正常记录→备份站记录→正点后 10 分钟内接近正点的正常记录→内插记录→人工观测

C. 正点前 10 分钟内接近正点的正常记录→正点后 10 分钟内接近正点的正常记录→人工观测→备份站记录→内插记录

D. 正点前 10 分钟内接近正点的正常记录→正点后 10 分钟内接近正点的正常记录→备份站记录→人工观测→内插记录

参见《地面气象观测业务技术规定实用手册》第 19 页。

18. 某定时观测时次观测到能见度 800 m(自动观测),07 时 46 分开始出现毛毛雨,49 分出现雪,则该时现在天气电码 WW 编报(C)。

A. 59　　B. 68　　C. 69　　D. 70

参见《地面气象观测业务技术规定实用手册》第 31 页。

19. 天空云量不可辨明时,地面观测业务软件(ISOS)中云高输入"(B)",气簿-1 中统一记为"(B)"。

A. ×,-　　B. -,×　　C. -,-　　D. ×,×

参见《地面气象观测业务技术规定实用手册》第10页。

20. 新型自动气象站的采集数据文件(AWS_M_Z_＊.＊)第1条记录后的每条记录,存(B)要素的分钟值。

A. 45　　B. 48　　C. 52　　D. 54

21. 以下新型站终端操作命令中用于读取数据采集器基本信息的命令是(B)。

A. SETCOM　　B. BASEINFO　　C. AUTOCHECK　　D. SENST

参见《新型自动气象站实用技术手册》第三章第55页。

22. 若需对称重雨量传感器维护30 min,则需键入命令(A)。

A. DEVMODE　RAW　2　30↙　　B. DEVMODE　RAW　30↙

C. DEVMODE　RAT　2　30↙　　D. DEVMODE　RAT　30↙

参见《新型自动气象站实用技术手册》第三章第61页。

23.《地面气象资料实时统计处理业务规定(试行)》中关于时段说明正确的是(D)。

A. 日照用真太阳时,以20时为日界　　B. 气温用世界时,以20时为日界

C. 蒸发用北京时,以00时为日界　　D. 降水用世界时,以12时为日界

日照用真太阳时,以00时为日界;其他项目用世界时,以12时为日界。

24. 按照《地面气象资料实时统计处理业务规定(试行)》,以下有关日总量统计说法错误的是(B)。

A. 20—08时降水量,人工观测直接采用日数据文件中的20—08时雨量筒观测降水量

B. 20—08时降水量,自动观测采用前一日21时至当日08时,12个整点1小时降水量求和

C. 日日照时数,直接采用日照数据文件中的日累计日照时数

D. 日小型蒸发量,直接采用日数据文件中的日蒸发量

B项应该为世界时,即13时到当日00时累计量。

25. 依据《气象辐射资料实时统计处理业务规定》某站06:30日出,06:30—07:00小时曝辐量缺测,07:00—08:00小时曝辐量为60,08:00—09:00小时曝辐量缺测,09:00—10:00小时曝辐量为200,则08:00—09:00小时曝辐量(D)。

A. 实时数据统计依据规定应该予以缺测处理

B. 利用20、60和200这3个数内插处理,结果为120

C. 06:30—07:00为半小时,先将20订正为40,利用40,60和200三个数内插,结果应该为100

D. 利用60和200两个数据内插,结果为130

只要相邻正点均有实测值(时曝辐量),均可用两相邻实测值算数平均法内插出该时的小时曝辐量。

26. 依据《QX/T 102—2009 气象资料分类与编码》,"1998年淮河流域能量与水分循环试验"中利用地面站、探空站观测资料以及融合资料依次分别属于那类(D)

A. SURF、UPAR、OTHER　　B. SURF、UPAR、SCEX

C. OTEHR、OTEHR、NAFP　　D. SCEX、SCEX、SCEX

均属于科学考察。

27. 以下关于 MDOS 质量控制说法错误的是(D)。

A. MDOS 质量控制使用方法包含了气候学界限值检查,没有通过该检查的一般为显性错误

B. MDOS 中质量控制使用方法包含气候极值、内部一致性、时间和空间一致性等、没有通过检查的数据一般为可疑数据

C. MDOS 中文件级快速质量控制在通信系统中完成

D. MDOS 中数据库级的滚动质量控制包含了 QC1,QC2 和 QC3,其中 QC1 和 QC2 时间相隔为 24 小时

相隔 3.5 小时。

28. 不适用于《新建扩建改建建设工程避免危害气象探测环境行政许可管理办法》站类为(B)。

A. 开展地面观测的高山气象站　　B. 开展降水观测的区域自动气象站

C. 多普勒天气雷达气象站　　D. 地面气象卫星站

29. 依据《国家级地面气象观测站迁建撤暂行规定》,新建国家级地面气象观测站点包括(A)等阶段。

A. 提出申请、选址申报、审查批复、建设落实和验收启用五个阶段

B. 提出申请、论证申报、审查批复、启用四个阶段

C. 初选、遴选、评估、确定四个阶段

D. 提出申请、选址申报、评估、审查批复、建设落实和验收启用六个阶段

30. 某站区站号为 IIiii,2012 年 1 月 1 日开展新旧址对比观测,2013 年 1 月 1 日搬迁至新址,依据《关于做好站址变动对比观测资料分析工作的通知》关于对比资料的文件命名说法正确的是(C)。

A. 2012 年 1 月的旧址文件名为 AIIiii-201201-9. TXT

B. 2013 年 1 月的旧址文件名为 AIIiii-201301. TXT

C. 2012 年 12 月的新址文件名为 AIIiii-201212-9. TXT

D. 2013 年 12 月的新址文件名为 AIIiii-201212-0. TXT

31.《站址变动分析报告》要求提供拟迁台站现址周边站网分布情况,即一定范围内的国家基准气候站、基本气象站和一般气象站的分布图其中基准气候站、基本气象站、一般气象站对应的半径范围分别为(C)。

A. 300 km,200 km,100 km　　B. 200 km,200 km,200 km

C. 200 km,200 km,100 km　　D. 300 km,200 km,200 km

32. 利用一元线性方程对某站 1961—2013 年年平均风速(m/s)进行拟合,获得方程,$y=-0.0167x+2.71$,$R^2=0.416$,自由度为50 时,相关系数大于 0.275 则通过信度 0.05 的检验,则下列说法错误的是(D)。

A. −0.0167 是方程的回归系数,表明其变化趋势。

B. 该站年平均风速存显著的下降趋势,每 10 年下降约 0.17 m/s

C. 利用该方程可以预测该站 2014 年年平均风速约为 1.8 m/s

D. $R^2=0.416$ 表明了风速和年份之间有明显的正相关

33. 根据《地面气象观测资料质量控制》(QX/T 118—2010)下列关于时间一致性判断中,以下

说法正确的是（ D ）。

A. 地面气温 60 min 以上变化不超过 0.2 ℃为可疑

B. 相对湿度 60 min 以上变化不超过 2%为可疑

C. 风向 60 min 以上变化不超过 10°为可疑

D. 本站气压 60 min 以上变化不超过 0.1 hPa 为可疑

地温 0.1，湿度 1%，风向无要求。

34.《气象仪器和观测方法指南(第 6 版)》指出，人的头发是最广泛地用作测湿传感器的材料。合成纤维可以代替人发。但是，由于合成纤维的滞后性太大，因此它在低于（ A ）℃时就不能用。

A. 10　　B. 0　　C. −10　　D. 5

参见《气象仪器和观测方法指南(第 6 版)》4.1.4.7

35. 正常视力的观测者，在天空并不十分黑暗时恰好可见灯泡的发光强度为 1 cd(坎德拉)，此时 MOR 值为（ C ）m。

A. 100　　B. 200　　C. 500　　D. 1000

参见《气象仪器和观测方法指南(第 6 版)》9.2.3

36. 下图为热电偶实际测量线路，图中测量仪表、环路开关等部件必须保持温度均一，避免附加的热电动势减小由此引起的（ C ）。

A. 随机误差　　B. 基点漂移

C. 测量误差　　D. 电路损耗

参见《现代气象观测》2.2.2。

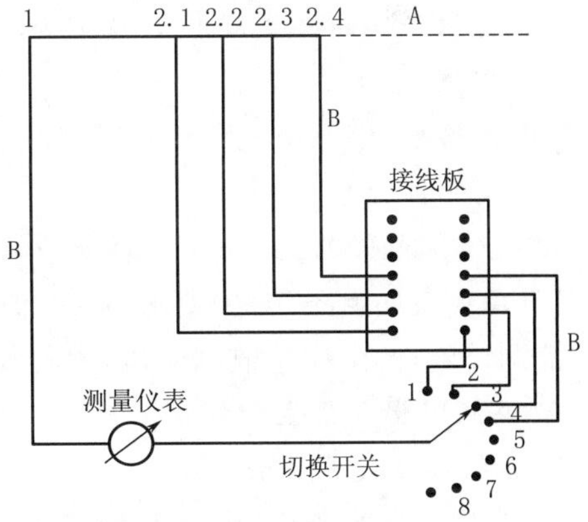

37. 目前世界上最通用的全波段辐射表是聚乙烯防风膜式，聚乙烯防风膜具有较高的通过率，由下图可知在天气窗（ C ）μm 的长波辐射带，具有很好的透过率。

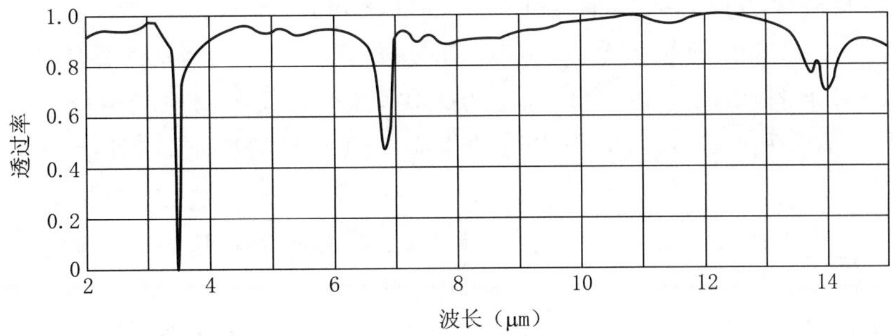

A. 2～3　　B. 4～6　　C. 8～12　　D. 12～15

参见《现代气象观测》6.5。

38. 下图为闪电定位的三种方法，其中（ B ）属于时间达到法进行定位。

A. 图 A　　B. 图 B　　C. 图 C　　D. 以上都不是

参见《现代气象观测》7.4。

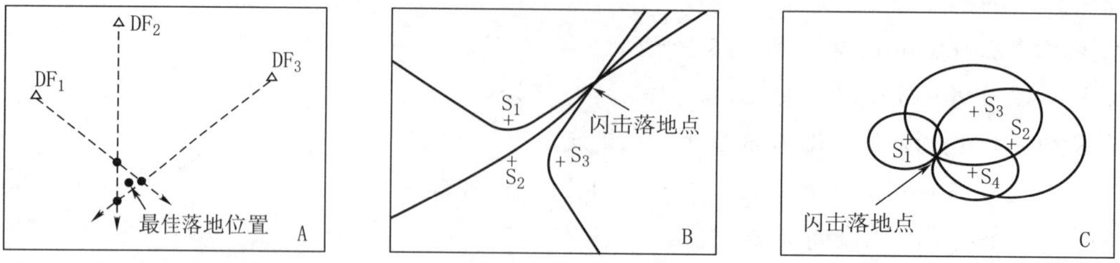

39. 按照《2015 年地面气象观测场值班室规范化建设整改要求》要求各省按照有关要求统一制作标识标牌。按照要求，以下（ A ）可以取消不用设置。

A. 地面气象观测环境评估公示牌　　B. 大门竖标牌和横标牌

C. 测站标牌　　D. 气象探测环境保护警示牌

参见气测函〔2015〕126 号文附件 2。

40. 按照《2015 年地面气象观测场值班室规范化建设整改要求》，以下说法不正确的是（ B ）。

A. 值班室墙面上必须悬挂能见度目标物分布图

B. 值班室墙面上可根据需要悬挂台站常规历年气候资料图表及交接班制度、场地仪器设备维护制度等规章制度

C. 标识标牌的样式和设计需按照《地面气象观测场规范化建设图册(修订)》要求设计制作

D. 严格按照《地面气象观测场规范化建设图册(修订)》要求设置观测场中心地理标志和南北桩标志

参见气测函〔2015〕126 号文附件 2。

41.《气象灾害防御条例》中要求，（ B ）应当根据气象灾害防御的需要，建设应急移动气象灾害监测设施，健全应急监测队伍，完善气象灾害监测体系。

A. 县级以上气象主管机构　　B. 县级以上地方人民政府

C. 市级以上气象主管机构　　D. 市级以上地方人民政府

42.《气象灾害防御条例》中要求，各级气象主管机构及其所属的气象台站应当完善灾害性天气的预报系统，提高灾害性天气预报、（ C ）的准确率和时效性。

A. 预警　　B. 预警信号　　C. 警报　　D. 预警信息

43.《气象灾害防御条例》中要求，县级以上地方人民政府、有关部门应当根据灾害性天气警报、气象灾害预警信号和（ C ），及时作出启动相应应急预案的决定，向社会公布，并报告上一级人民政府。

A. 上级部门启动的预案　　B. 地方政府启动的预案

C. 气象灾害应急预案启动标准　　D. 灾情

44.《国家气象灾害应急预案》中规定，气象部门建立以社区、村镇为基础的气象灾害调查收集网络，组织气象灾害普查、风险评估和风险区划工作，编制（ A ）。

A. 气象灾害防御规划　　B. 气象灾害应急预案

C. 气象灾害应急计划　　D. 气象灾害风险规划

45.《国家气象灾害应急预案》中规定，气象灾害的信息公布内容主要包括（ A ），因灾伤亡人员、经济损失、救援情况等。

A. 气象灾害种类及其次生、衍生灾害的监测和预警

B. 气象灾害种类、强度

C. 气象灾害种类及气象服务情况

D. 气象灾害监测、预报、预警和服务

46.《气象灾情收集上报调查和评估规定》要求，当发生本规定第二条所涉及的气象灾害时，各级气象部门应当在灾害发生的（ A ）小时内及时进行灾情数据收集和初报。

A. 2　　B. 3　　C. 6　　D. 12

47.《全国气象灾情收集上报技术规范》中规定，“被困人口”指受灾人口中被围困（ C ）小时以上、生产和生活受到严重影响的人口数。

A. 24　　B. 36　　C. 48　　D. 72

48.《气象灾害防御条例》中规定，县级以上人民政府应当整合完善气象灾害（ B ），实现信息资源共享。

A. 预报预警系统　　B. 监测信息网络　　C. 防御资源　　D. 信息平台

49.《国务院办公厅关于加强气象灾害监测预警及信息发布工作的意见》中提出，到（ B ）年，建成功能齐全、科学高效、覆盖城乡和沿海的气象灾害监测预警及信息发布系统，气象灾害监测预报预警能力进一步提升，预警信息发布时效性进一步提高，基本消除预警信息发布“盲区”。

A. 2017　　B. 2020　　C. 2025　　D. 2030

参见《国务院办公厅关于加强气象灾害监测预警及信息发布工作的意见》文件工作目标。

50.《国务院办公厅关于加强气象灾害监测预警及信息发布工作的意见》指出，在城乡规划编制和重大工程项目、区域性经济开发项目建设前，要严格按规定开展（ A ），充分考虑气候变化因素，避免、减轻气象灾害的影响。

A. 气候可行性论证　　B. 雷电灾害风险评估

C. 防雷工程设计　　D. 气象灾害论证

参见《国务院办公厅关于加强气象灾害监测预警及信息发布工作的意见》文件第三部分，(五)开展气象灾害影响风险评估。

51.《国务院办公厅关于加强气象灾害监测预警及信息发布工作的意见》要求，县、乡级人民政府有关部门，学校、医院、社区、工矿企业、建筑工地等要指定专人负责气象灾害预警信息接收传递工作，重点健全向基层社区传递机制，形成（ C ）直通的气象灾害预警信息传播渠道。

A. 乡—村　　B. 乡—村—户　　C. 县—乡—村—户　　D. 县—乡—村

参见《国务院办公厅关于加强气象灾害监测预警及信息发布工作的意见》文件第四部分，(十一)加强基层预警信息接收传递。

52.《国务院办公厅关于加强气象灾害监测预警及信息发布工作的意见》要求，加快构建气象灾害实时监测、短临预警和中短期预报无缝衔接，预警信息发布、传播、接收快捷高效的（ B ）体系。

A. 监测预报　　B. 监测预警　　C. 预警预报服务　　D. 气象服务

参见《国务院办公厅关于加强气象灾害监测预警及信息发布工作的意见》文件(二)工作

目标。

53.《现代农业气象服务示范县创建标准(试行)》中规定,示范县应设置农业气象服务岗位,有(B)以上相对固定的专职农业气象服务人员,其中至少1人为农业气象专业专科以上学历或经过省级及以上气象部门组织的农业气象专业培训并获合格证书。

A. 1　　B. 2　　C. 3　　D. 不限定人数

参见《示范县创建标准》中,一、具有农业气象专业人员。

54.《现代农业气象服务示范县创建标准(试行)》中规定,针对主要服务农作物在示范田内至少开展(A)种农业气候资源利用、农业气象灾害防御、节水、增产等农业气象适用技术示范。

A. 1　　B. 2　　C. 3　　D. 不限数量

参见《示范县创建标准》五、具有农业气象适用技术。

55.《现代农业气象服务示范县创建标准(试行)》中规定,示范田块所在地交通便利,通讯正常、稳定。土地面积(C)亩以上。

A. 10　　B. 20　　C. 30　　D. 50

参见《现代农业气象服务示范县创建标准(试行)》六、具有农业气象服务示范田块。

56.《现代农业气象服务示范县创建标准(试行)》标准要求,具有多部门合作机制,示范县气象局要与(D)建立良好的合作机制。

A. 当地政府　　B. 种养殖大户　　C. 各县直单位　　D. 涉农部门

参见《示范县创建标准》七、具有多部门合作机制。

57.《现代农业气象服务示范县创建标准(试行)》要求,示范县应组织成立气象、农业、林业、水利等多部门技术专家和(C)组成的涉农专家联盟。

A. 气象业务人员　　B. 农业气象专家　　C. 农民专家　　D. 农村经纪人

参见《示范县创建标准》七、具有多部门合作机制。

58. 现代农业气象服务示范县应开展"直通式"农业气象服务,通过不断完善县级气象信息发布系统、建立重点服务对象(联系卡)制度、不定期走访、深入田间地头指导等方式,与(D)以上重点服务对象建立"直通式"联系。

A. 80%　　B. 85%　　C. 90%　　D. 95%

参见《示范县创建标准》八、具有"直通式"农业气象服务。

59.《气象灾害防御示范乡(镇)创建标准(试行)》要求,气象灾害防御示范乡(镇)所在县政府具有相应防灾减灾领导机构,气象防灾减灾工作纳入(A)。

A. 经济社会发展规划　　B. 年度工作计划

C. 政府工作报告　　D. 政府绩效考核

参见《示范乡(镇)创建标准》一、具有气象防灾减灾领导机构。

60.《气象灾害防御示范乡(镇)创建标准(试行)》要求,气象灾害防御示范乡(镇)所在县政府应匹配建设资金,所需维持经费(A)。

A. 纳入财政预算　　B. 一次性投入

C. 专项资金支持　　D. 争取上级项目支持

参见《示范乡(镇)创建标准》一、具有气象防灾减灾领导机构。

61.《气象灾害防御示范乡(镇)创建标准(试行)》要求,示范乡镇具有气象防灾减灾领导机构,建立(A)和检查制度。

A. 气象防灾减灾管理办法　　B. 气象灾害防御管理所

C. 信息员管理办法　　D. 气象灾害防御流程

参见《示范乡(镇)创建标准》一、具有气象防灾减灾领导机构。

62. 河段水面沿河流方向的高程差与相应的河流长度相比,称之为水面的(D)。

A. 比降　　B. 坡降　　C. 坡度　　D. 纵比降

63. 暴雨洪涝灾害风险普查范围是以(A)行政单位为单元,全面普查县域村级暴雨诱发的泥石流、滑坡灾害。

A. 县级　　B. 地市级　　C. 省级　　D. 全国

64. 考虑到洪水上涨到一定程度,防洪工程出现危险造成灾害的风险大,将中小河流洪水水位分为三个等级,以下等级描述正确的是(A)。

A. 保证水位(二级)　　B. 警戒水位(一级)

C. 漫坝水位(三级)　　D. 堤坝高度(二级)

65. 县级气象部门原则上不制作(A)预警服务产品。有服务需求时,可利用地市级提供的产品开展服务。

A. 中小河流洪水　　B. 山洪　　C. 滑坡　　D. 泥石流

66. 增雨作业的物理依据有(C)。

A. 过量催化和爆炸影响　　B. 改变云物理过程

C. 静力催化和动力催化　　D. 增加凝结核

67. 防雹试验作业中,一般考虑催化使雹增长区(回波强度>30 dBz 的负温区)的活化冰核数浓度达(B)。

A. 103～104/m^3　　B. 104～105/m^3

C. 105～106/m^3　　D. 102～103/m^3

68. 移动式作业系统发射爆炸室火箭弹时操作人员和控制器应在(C)米外的安全区。

A. 10　　B. 20　　C. 30　　D. 40

69.《人工影响天气管理条例》规定,实施人工影响天气作业使用的火箭发射装置、炮弹、火箭弹,由国务院气象主管机构和有关部门共同指定的企业按照国家有关(D)标准和要求组织生产。

A. 应用性技术　　B. 实用性技术　　C. 安全性技术　　D. 强制性技术

70. 直接播散在云中,可造成局部深度降温,使过冷云中产生大量冰晶的催化物质称为(B)。

A. 播云催化剂　　B. 致冷催化剂　　C. 吸湿催化剂　　D. 冷云催化剂

71. 中纬度地区天气图常用的地图投影方式为(A)。

A. 兰勃脱投影　　B. 极射赤面投影　　C. 墨卡托投影　　D. 等面积投影

参见《天气学分析》(第二版)第 2 页。

72. 北半球,由于地形摩擦作用,地面上风从高压一侧吹向低压一侧,低压一侧将导致(B)。

A. 辐散　　B. 辐合　　C. 正温度平流　　D. 正湿度平流

参见《天气学分析》(第二版)第 7 页,图 1.11 延伸。

73. 我国境内出现的气团多为(C)。

A. 冷气团　　B. 暖气团　　C. 变性气团　　D. 热带大陆气团

参见《天气学原理和方法》(第四版)第 62 页。

74. 梅雨锋属于(C)。

A. 冷锋　　B. 暖锋　　C. 准静止锋　　D. 锢囚锋

参见《天气学原理和方法》(第四版)第 68 页。

75. 关于槽脊的移动,下面哪些说法不正确(D)

A. 当槽前变压小于槽后变压,则槽前进

B. 槽线的移动速度与变压梯度成正比,与槽的强度成反比

C. 对称性的槽没发展,疏散槽是加强的,汇合槽是减弱的

D. 槽前疏散,槽后汇合,则槽移动缓慢;槽前汇合,槽后疏散,则槽移动迅速

参见《天气学原理和方法》(第四版)第 5 章第 1 节。

76. 发展加深的低压系统有时容易导致大风天气,我国低压大风(A)发生频次比较多。

A. 春季　　B. 春末夏初　　C. 夏季　　D. 秋季

参见《天气学原理和方法》(第四版)第 251 页。

77. 单位时间降落到地面单位面积上的总降水称为(B)

A. 降水量　　B. 降水率　　C. 大气可降水量

参见《天气学原理和方法》(第四版)第 226 页。

78. 江淮梅雨一般出现时间(C)

A. 5 月下旬至 6 月中旬　　B. 6 月上旬至 7 月上旬

C. 6 月中旬至 7 月上旬　　D. 6 月下旬至 7 月中旬

参见《天气学原理和方法》(第四版)第 351 页。

79. (C)是最直接地控制和影响台风活动的最主要的大型天气系统。

A. 西风槽　　B. 南亚高压　　C. 副热带高压　　D. 西南季风

参见《天气学原理和方法》(第四版)第 531 页。

80. 我国夏季台风多为(C)路径。

A. 西移路径　　B. 西北路径　　C. 转向路径　　D. 北移路径

参见《天气学原理和方法》(第四版)第 522 页。

81. 中尺度天气系统水平尺度量级为(C)。

A. 104 km　　B. 103 km　　C. 102 km　　D. 101 km

参见《天气学原理和方法》(第四版)第 25 页。

82. 在我省的雷达站点中,马鞍山属于(C)波段雷达,阜阳属于(C)波段雷达。

A. S,S　　B. S,C　　C. C,S　　D. C,C

参见《多普勒天气雷达原理与业务应用》第 2 页。

83. 雷达波在传播过程中主要受到降水的衰减,还会受到大气的(B)作用。

A. 散射　　B. 折射　　C. 反射　　D. 吸收

参见《多普勒天气雷达原理与业务应用》第 45 页。

84. 速度图上等风速线呈反“S”形,表示实际风向随高度(C)旋转,在雷达有效探测范围内为

（ C ）存在。

A. 顺时针，冷平流　　B. 顺时针，暖平流

C. 逆时针，冷平流　　D. 逆时针，暖平流

85. 根据下图判断锋面与雷达站的位置：（ A ）。

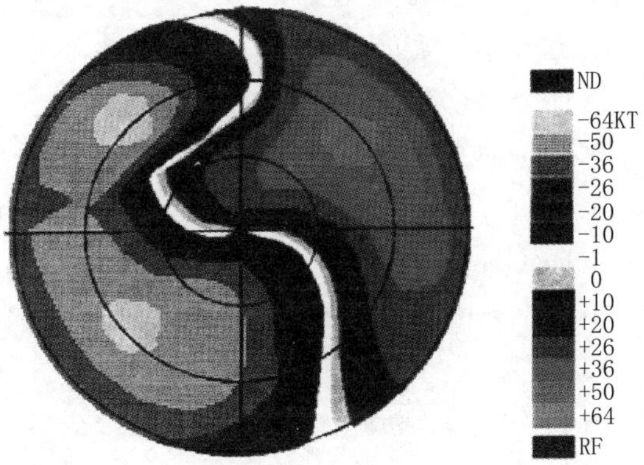

A. 锋面从西北方向移向雷达

B. 锋面从西南方向移向雷达

C. 锋面正在移过雷达

D. 锋面已经移过雷达

86.（ B ）是地面大风的一个很好的指示。

A. 零度层亮带　　B. 弓形回波

C. 三体散射　　D. 超折射回波

87. 局地热力不稳定的形成，可以由局地下垫面的加热和（ B ）的运动所建立。

A. 行星尺度　　B. 天气尺度　　C. 中尺度　　D. 小尺度

88. 下列判断是否为中气旋的判据中错误的是（ D ）。

A. 核区直径小于等于 10 km

B. 转动速度超过相应的数值

C. 垂直延伸厚度大于等于风暴垂直尺度的三分之一

D. 至少有一个体扫的同时满足上述指标

89. Fujita 将龙卷强度划分的等级为（ C ）。

A. F0～F4　　B. F1～F4　　C. F0～F5　　D. F1～F5

参见《多普勒天气雷达原理与业务应用》第 130 页。

90. 在单位立方米的降水区中降水粒子有大中小三类，其中小粒子占 90%、中粒子占 8%、大粒子占 2%，它们对反射率因子的贡献是（ B ）。

A. 小粒子＞中粒子＞大粒子　　B. 小粒子＜中粒子＜大粒子

C. 中粒子＞其他二者　　D. 三种粒子贡献一样

参见《多普勒天气雷达原理与业务应用》第 18 页。

91. 风云 2 号卫星为（ B ）卫星，3 号为（ B ）卫星。

A. 静止，静止　　B. 静止，极轨　　C. 极轨，静止　　D. 极轨，极轨

参见《卫星气象学》(第二版)第 47 页。

92. 水汽云图的波长区间为（ A ）。

A. 5.7～7.3 μm　　B. 10.3～11.3 μm

C. 0.4～1.1 μm　　D. 11.5～12.5 μm

参见《卫星气象学》(第二版)第 216 页。

93. 根据《全国短时、临近预报业务规定》，发现责任区内出现强度（ D ）dBz 以上的单体回波，具有明显的强对流天气回波特征，即可向相关雷达站发联防要求。

A. 30　　B. 35　　C. 40　　D. 45

参见《全国短时、临近预报业务规定》。

94. 气象灾害预警信号发布后，若灾害状况维持同一预警标准并且长时间持续，(D)预警信号，不需连续多次发布预警信号。

A. 每 3 小时确认一次　　B. 每 6 小时确认一次

C. 每 3 小时或 6 小时确认一次　　D. 每天确认一次

出自《气象灾害预警信号发布业务规定》。

95. 热带气旋等级划分中，台风的底层中心附近最大平均风速达到风力(D)级为热带风暴。

A. 8～9　　B. 9～10　　C. 10～11　　D. 12～13

出自《GB/T 19201—2006 热带气旋等级》。

96. 预报业务中规定：12 小时降水量达(C)以上为暴雨。

A. 20 毫米　　B. 25 毫米　　C. 30 毫米　　D. 50 毫米

出自《GB/T 28592—2012 降水量等级》。

97. 发布(含变更)和解除预警信号后，应在(B)内通过灾情直报系统上传中国气象局，供全国共享。

A. 10 分钟　　B. 15 分钟　　C. 20 分钟　　D. 30 分钟

出自《气象灾害预警信号发布业务规定》。

98. 公共气象服务系统的统一框架由(C)建立。

A. 中国气象局　　B. 省气象局　　C. 市气象局　　D. 县气象局

出自《关于县级综合气象业务改革发展的意见》。

99. 气象预报水平是检验气象现代化水平的(C)。

A. 关键标志　　B. 主要标准　　C. 重要标志　　D. 重要标准

出自《现代气象预报业务发展规划》。

100.《中国气象局关于发展现代气象业务的意见》中关于现代气象业务总体布局中没有提到的是(D)。

A. 公共气象服务业务　　B. 气象预报预测业务

C. 综合气象观测业务　　D. 综合气象保障业务

出自《中国气象局关于发展现代气象业务的意见》。

多选题

(共 100 题，每小题 0.8 分，共 80 分。若有顺序要求时，顺序错也不得分。答案只能填字母)

1.《地面气象观测业务技术规定(2016)》规定，当蒸发观测数据异常时正确的处理是(BCD)。

A. 因降水(蒸发桶溢流等)或维护导致小时蒸发量异常，则按缺测处理

B. 设备故障短期无法修复时，应及时恢复人工观测，蒸发降水量用自动(人工)降水记录代替

C. 自动蒸发日合计缺测用人工观测的日蒸发量代替时，把日蒸发量记录在 19—20 时

D. 设备故障时，若备份自动站记录正常，小时蒸发量用备份自动站记录代替。无备份自动站时，若只缺测 1 小时，该时次内插处理；若连续缺测 2 小时及以上，相应时次作缺测处理

参见《地面气象观测业务技术规定(2016)》2.11 节。

2. 下表为某测站 10 时 41—60 分的 10 分钟风向风速数据，该站 10 时 10 分钟风向风速为

(AC),09—10时最大风速为(AC)。

09—10时	分钟	41	42	43	44	45	46	47	48	49	50
	10分钟风速	1.3	1.5	1.4	1.6	1.7	1.5	1.3	1.2	1.1	1.7
	10分钟风向	113	114	115	112	113	110	99	98	105	104
	分钟	51	52	53	54	55	56	57	58	59	00
	10分钟风速	1.8	1.6	—	1.7	1.5	2.3	2.0	2.1	—	?
	10分钟风向	111	112	113	114	115	112	115	99	97	?

A. 风向99°,风速2.1 m/s　　B. 风向97°,风速“—”

C. 风向112°,风速2.3 m/s　　D. 风向“—”,风速“—”

参见《地面气象观测业务技术规定(2016)》。

3. 霾现象自动观测的台站,日数据文件中霾的记录说法正确的有(ABCD)。

A. 日内正点时次的现在天气现象(wwW1W2中的ww)为霾且持续6个(含)以上时次,则当日日数据文件连续天气现象段记霾

B. 日内正点时次的现在天气现象(wwW1W2中的ww)为霾且持续记录不足6个时次,但20时日界前后达6个(含)以上时次,若日界前或日界后持续霾现象记录达4个(含)以上时,则在相应日记霾;若日界前和日界后持续霾记录均为3个时次,只在日界前记霾

C. 08时白天与夜间时段霾的记录原则,参照20时跨日界情况处理

D. 若某时次现在天气现象缺测,则该时次按无霾现象记录处理

参见《地面气象观测业务技术规定(2016)》2.3节。

4.《中共中国气象局党组关于全面推进气象法治建设的意见》指出,转变行政管理职能,加强对气象防灾减灾、(BCD)、雷电灾害防御、人工影响天气、涉外气象活动的管理,及时制止和查处违反气象法律法规的行为,依法规范全社会的气象活动。

A. 气象灾害防御　　B. 气候资源开发利用

C. 气象信息发布与传播　　D. 气象设施和探测环境保护

推进气象法制建设意见

5.《综合观测标准化工作方案(2015—2017年)》指出,到2016年年底要完成以下(BC)观测装备标准的制定。

A. 海洋气象浮标　B. 激光云高仪　C. 便携式自动气象站　D. 自动探空系统

参见《综合观测标准化工作方案》。

6. 中国气象局关于贯彻落实国务院《深化标准化工作改革方案》的实施意见指出,完善标准体系,加快推进气象信息化、(A)、(D)、综合气象观测等基础业务领域标准体系建设。

A. 公共气象服务　B. 公众气象服务　C. 气象防灾减灾　D. 气象预报预测

参见中国气象局关于贯彻落实国务院《深化标准化工作改革方案》的实施意见

7. 以下关于施放探空仪海拔高度描述正确的是(BCD)。

A. 探空(压、温、湿)海拔高度以测站气压传感器的海拔高度为基准

B. 卫星导航定位测风系统的海拔高度以天线接收信号天线平面的海拔高度为基准

C. 测风海拔高度以定向天线光轴中心的海拔高度为基准

D. 测风海拔高度以经纬仪镜筒的海拔高度为基准

参见《常规高空气象观测业务手册》8.1.3。

8. 探空仪热敏电阻的温度元件存在着（ ABD ）误差，对这些误差需要进行修正。

A. 长波辐射误差　B. 太阳辐射误差　C. 时间误差　D. 滞后误差

参见《常规高空气象观测业务手册》6.12。

9. 省级中心站对以下（ ABC ）上传数据文件视为无效文件并删除。

A. 上传时间在应观测时间之前的文件　B. 内容全部为缺测的文件

C. 文件名完全相同的后一份文件　D. 文件名完全相同的前一份文件

参见《地面气象观测业务技术规定实用手册》第 3 页。

10. 按照《地面气象观测业务技术规定(2016 版)》规定，守班期间因硬件故障导致整套自动站无法正常工作，经排查在 1 小时内无法恢复时，及时启用备份自动站或便携自动站。这里的“整套自动站无法正常工作”是指（ AB ）。

A. 采集器故障无法采集数据　B. 通信故障无法实现数据卸载

C. 气压、温度传感器出现故障　D. 地面测报业务软件出现故障无法正常运行

参见《地面气象观测业务技术规定实用手册》第 4 页。

11. 日照计在春秋风这一天的感光迹线不是一条直线，且感光迹线偏南，可能原因有（ CE ）。

A. 仪器安装方位不正确，北段偏西

B. 仪器安装方位不正确，北段偏东

C. 日照计南北方向不水平，仪器底座北高南低

D. 日照计南北方向不水平，仪器底座北低南高

E. 安装纬度大于当地实际纬度

F. 安装纬度小于当地实际纬度

参见《地面气象观测业务技术规定实用手册》第 20 页。

12. 以下（ BCE ）情况出现时，出现时段内的小时和分钟降水记录按缺测处理。

A. 称重式雨量传感器在降水过程中，伴随有沙尘、树叶等杂物时

B. 称重式雨量传感器出现液态降水溢出或固态降水堆至口沿以上

C. 称重式雨量传感器在降水过程中取水

D. 称重式雨量传感器承水口内沿堆有积雪，及时清理到收集容器中

E. 翻斗雨量传感器出现漏斗堵塞，记录的过程雨量明显偏小

参见《地面气象观测业务技术规定实用手册》第 22 页。

13. MOI 软件的“数据文件备份”功能主要是对 MOI 软件安装目录下的（ ABC ）文件夹进行备份。

A. Configure　B. AwsDataBase　C. MOIRecord　D. Zbak

参见《ISOS 用户操作手册》第 160 页。

14. “smo\dataset\省份\区站号\AWS”下存放的数据有（ ABDE ）。

A. 自动化观测数据、设备状态和系统运行的数据格式配置文件

B. 系统流程配置文件

C. 数据流传输日志

D. 保存区站参数以及分钟、小时历史气候极值文件

E. 业务计算机的运行状态文件

参见《ISOS用户操作手册》第9页。

15. 以下是新型自动气象站各传感器性能参数，符合要求的是（ ABE ）。

A. 地面温度传感器的测量范围为−50～80 ℃

B. 草面温度传感器的最大允许误差为±0.3 ℃

C. 湿度传感器的时间常数≤60 s

D. 称重雨量传感器的最大允许误差±0.4 mm

E. 能见度传感器的测量范围10～30000 m

F. 能见度传感器的最大允许误差：±10%(≤1000 m)，±20%(>1000 m)

参见《新型自动气象站实用技术手册》第三章。

16. 新型站的终端操作命令按照命令性质的不同，分为（ ABCD ）。

A. 监控操作命令　　B. 数据质量控制参数操作命令

C. 观测数据操作命令　　D. 报警操作命令

参见《新型自动气象站实用技术手册》第三章第54页。

17.《中国气象局办公室关于印发综合观测标准化工作方案（2015—2017年）的函》中提出，要加强顶层设计，全面梳理地基、空基、天基观测现有业务标准，明确规划设计、业务建设、（ ABCDEF ）等流程的标准、业务规范和规章制度需求，逐步建立健全覆盖综合观测全流程的标准化体系。

A. 装备列装　　B. 业务运行　　C. 产品加工　　D. 质量控制

E. 装备保障　　F. 和业务管理

18.《中国气象局办公室关于印发综合观测标准化工作方案（2015—2017年）的函》中对综合观测标准化方面的需求进行了全面梳理，以下（ ADE ）属于综合观测业务建设标准范畴。

A. 观测站选址　　B. 观测规范　　C. 质量考核　　D. 设备安装

E. 业务平台建设　　F. 质量控制

19.《综合气象观测系统发展规划（2014—2020年）》中指出，按照综合气象观测系统理念和发展方向，改革调整现有的观测业务流程，建立从原始观测信息获取到观测数据产品加工制作的全程观测业务，实现观测手段向综合集成转变，实现观测业务从以原始观测信息获取为主向（ BCD ）转变。

A. 天气监测预警　　B. 观测系统运行保障

C. 观测产品加工制作　　D. 观测数据质量把关

20. 以下（ ABCF ）等内容是《综合气象观测系统发展规划（2014—2020年）》中提出的地面观测需重点发展的新技术新方法。

A. 利用先进的材料技术、工艺技术和信息技术，推进实现气压、相对湿度和辐射等业务用传感器国产化

B. 引入红外技术和超声技术，解决地表温度、强风和结冰环境下风观测问题

C. 发展智能观测成套技术，建立智能自动气象站观测方法，实现设备状态自检自校、传感器性能检测和远程运行监控

D. 规范各类地面观测数据标准、通信协议和应用接口

E. 发展地物杂波和晴空杂波消除技术，减少杂波对降水测量的影响

F. 发展三维闪电定位观测技术和观测方法

21. 在 MDOS 中，系统对某台站日数据降水量和天气现象数据提出疑误信息，其疑误信息为“某定时时段有降水量无降水天气现象”，台站数据处理人员对该疑误信息进行处理反馈时说法正确的是：(ABD)

A. 经判断，将降水量数据缺测，并备注仪器故障，天气现象反馈正确

B. 经判断，修改降水量数据，并备注数据修改原因，天气现象反馈正确

C. 经判断将天气现象中降水天气现象删除，并备注删除原因，降水量反馈为微量

D. 经判断，将天气现象中降水天气现象删除，并备注删除原因，降水量反馈为正确

E. 以上说法均正确。

22. 在 MDOS 中，疑误信息提示为“人工干预日蒸发量与利用小时数据统计所得日蒸发量 23 不相等”，以下理解或处理正确的是(ABCD)。

A. 该疑误信息可以理解为：台站晚上 20 时上传的日数据文件中的蒸发量，与利用对应时间段内逐小时数据文件(即长 Z 文件)中的小时蒸发量合计值不符

B. 台站数据处理人员反馈：“经查证，日蒸发量数据无误，人工干预处理”

C. 台站数据处理人员反馈：“经查证，因蒸发传感器故障，日蒸发量人工观测替代 0”

D. 对日蒸发量或小时蒸发量数据有修改的，均需填报相关元数据信息

23. 某台站 1966 年 10 月 1 日建站并开始观测，截止到 2015 年 12 月，其中 1986 年 1 月，2 月和 1999 年 3 月月平均气温数据缺测。在《站址变动分析报告》中分析数据缺测率的公式为：

$$缺测率=\frac{缺测数据量}{应有数据量}\times 100\%$$，则以下说法正确为(ACD)。

A. 该站应有数据量应该为 735 个，缺测率为 0.41%

B. 该站应有数据量应该为 732 个，缺测率为 0.41%

C. 该站月平均气温序列缺测率低于 0.5%，属于完整较好

D. 该站气温序列属于 2 类

24. 在《站址变动分析报告》规定在计算风向相符率时要求只有观测风速大于 0.2 m/s 时，才统计风向相符率。且拟迁新址与现址风向角度差小于 22.5°，即认为两者相符。具体公式为：$相符率=\frac{相符次数}{对比总次数}\times 100\%$，若某站 14—18 时风向风速观测资料为下表，则如下说法正确的是(BC)。

	新址		现址	
时次	风向(°)	风速(m/s)	风向(°)	风速(m/s)
14 时	15	0.5	37	0.7
15 时	10	0.2	30	0.3
16 时	355	0.5	15	0.6
17 时	345	0.3	359	0.4
18 时	335	0.5	345	0.1

A. 上述 5 个时次若计算相符率，其对比总次数为 4 次

B. 上述 5 个时次若计算相符率，相符次数为 3 次

C. 上述 5 个时次若计算相符率，相符率 100%

D. 上述 5 个时次若计算相符率，相符率 33.3%

25. 依据《国家级地面气象观测站迁建撤暂行规定》编制的《站址变动分析报告》应该从(ABCD)等角度进行分析。

A. 历史站址变动情况

B. 台站周边站网布局情况

C. 台站新旧址气象探测环境情况

D. 观测资料影响情况

26. 某站 2014 年 6 月 1 日 00 时的新长 Z 文件中：

TH 0793 0793 0000 0796 2301 1055 0659 0795 0805 093 092 2356 227

RE 0001 00022 00104 00202 00293 01 00000 ////

其 QC1 前 4 段分别为：

Q120000000 1000011000000 10000003 0000000000000000

则如下说法正确的是(BCD)。

A. 从质控码上看第一个 0793 数据为错误

B. 从质控码上看小时降水量数据可疑

C. 从质控码上看小时蒸发量缺测

D. 从质控码上看最高温出现时间数据时正确的

27. 依据《国家级地面气象观测站迁建撤暂行规定》迁移国家级地面气象观测站，必须符合下列条件之一(ABC)。

A. 台站受到无线电频率干扰等，严重影响正常业务开展，且无法治理和恢复

B. 台站所在地区城市总体规划变化，确实无法避免影响气象探测环境，且无法采取补救措施

C. 台站因自然灾害等因素，现址已不具备设站条件，无法正常开展业务工作

D. 台站离市区较远，人员交通不便

28. 下表为某测站 2016 年 7 月逐小时气温、最高气温和最低气温数据，请根据我国业务规定以及《地面气象观测资料质量控制》(QX/T 118—2010)和《地面气象资料实时统计处理业务规定(试行)》，回答第 28—30 题。

世界时	13	14	15	16	17	18	19	20	21	22	23	00
气温	31.3	30.9	30.5	29.8	29.4	29.3	29.1	28.6	27.8	27.9	28.6	29.4
最高气温	31.9	31.3	30.9	30.2	29.5	29.3	29.2	29.1	28.6	27.9	28.6	29.6
最低气温	31.3	30.9	30.4	29.6	29.4	29.3	29	28.6	27.8	27.7	27.9	28.6
世界时	01	02	03	04	05	06	07	08	09	10	11	12
气温	30.8	32.2	33.2	35	35.4	−20.3	34.2	33.5	33.3	33.5	61.9	30.8
最高气温	30.8	32.3	33.4	35.1	35.6	34.5	34.4	34.4	33.5	33.3	62.1	31.9
最低气温	29.3	30.9	32.3	32.8	34.9	34	34	33.5	32.7	31.9	61.9	30.8

仅用通过给定时间(60 min)变化幅度最小值的来判定，以下时次气温可以判定为正确的是(ACD)。

A. 17 时　　B. 18 时　　C. 19 时　　D. 22 时

气温给定时间(60 min)变化幅度最小值为 0.1,B 项最高最低气温差值为 0,表明变化幅度小于 0.1,数据可疑。

29. 该段时间内数据存在的疑误信息,下列说法正确的是(ACD)。

A. 存在不符合时间一致性检查的数据

B. 若该站建站-2015 年近 60 年日最高气温为 35 ℃,则 04 时、05 时、11 时最高气温均错误

C. 存在不符合气候界限值检查的错误数据

D. 存在不符合内部一致性要求数据

06 时跳变不符合时间一致性,10 时数据不符合内部一致性,11 时不符合气候界限值,04,05 时超过历史极值不一定错误。

30. 利用该时段数据开展实时数据统计,下面说法错误的是(ABC)。

A. 日平均气温的统计基于上述 24 个数据,但错误的时次数据应该按照缺测处理

B. 日平均气温基于 4 个定时值统计,若其中一个定时数据错误,则使用剩余 3 个定时值统计

C. 日最高气温从上述 24 个数据中挑取,若其中有错误数据,则日最高气温缺测

D. 日最低气温从上述 24 个数据中挑取,若其中有错误数据,则从剩余数据中挑取

日平均气温基于 4 次定时计算,有一个定时缺测则日平均气温缺测,最高最低正确数据中挑取。

31.《气象仪器和观测方法指南(第 6 版)》指出,测量结果的复现性是指在不同条件下,对相同的被测量进行测量的结果之间相一致的程度。以下属于复现性“变化的条件”包括(ABC)。

A. 测量原理　　B. 测量方法　　C. 参考标准　　D. 测量误差

参见《气象仪器和观测方法指南(第 6 版)》1.6.2。

32. 以格雷码盘作风向传感器,下列正确的说法有(ABCD)。

A. 格雷码每进一位只有其中的一位数发生 0 与 1 之间的变化

B. 二进制码与格雷码之间可以相互转换

C. 格雷码盘从里圈至外圈依次 $2^1,2^2,2^3,\cdots,2^n$ 等分的同心圆

D. 风向为北方时,7 位格雷码编码为“0000000”

参见《新型自动站气象站实用手册》。

33. 以下关于探测仪器性能描述正确的是(ABD)。

A. 仪器的灵敏度至单位待测量的变化引起的指标仪表输出的变化

B. 仪器的精确度是指测量值与实际值(真值)接近的程度

C. 惯性是指仪器的相应速率,它与电子仪器常用时间常数的意义是不同的

D. 系统误差具有一定的规律性,可以予以适当地修正

参见《现代气象观测》1.3。

34. 由于制造条件的技术限制,水银气压表具有一定的误差,其中一部分误差可以通过与标准表的比较,找到仪器在各个刻度上的订正值,还有一部分则包含在读数中无法加以校准的误差,气压表的主要仪器误差有(BCD)。

A. 水银不纯　　B. 仪器的基点和标尺不准确

C. 管顶的真空度不高　　D. 气压表管内的毛细管现象

参见《现代气象观测》4.1.4。

35. 保证能见度仪能够精确测量应注意的技术关键有(BCD)。

A. 波段多选 30～110 nm 之间　　B. 及时清洁镜面

C. 保持光电系统的温度控制　　D. 准确测定出射光的强度

参见《现代气象观测》7.3.2。

36.《中华人民共和国气象法》规定，未经依法批准，任何组织或者个人不得迁移气象台站；确因实施(A)或者(D)，需要迁移国家基准气候站、基本气象站的，应当报经国务院气象主管机构批准。

A. 城市规划　　B. 自然灾害　　C. 环境破坏　　D. 国家重点工程建设

参见《中华人民共和国气象法》第十二条。

37.《气象设施和气象探测环境保护条例》规定，禁止实施下列(BE)危害国家基本气象站探测环境的行为。

A. 在国家基本气象站观测场周边 2000 m 探测环境保护范围内修建高度超过距观测场距离 1/10 的建筑物、构筑物

B. 在观测场周边 500 m 范围内设置垃圾场、排污口等干扰源

C. 在观测场周边 100 m 范围内修建铁路

D. 在观测场周边 50 m 范围内挖筑水塘等

E. 在观测场周边 50 m 范围内修建公路、种植高度超过 1 m 的树木和作物等；

参见《气象设施和气象探测环境保护条例》第十三条。

38.《气象设施和气象探测环境保护条例》规定，地方各级气象主管机构应当将本行政区域内气象探测环境保护要求报告(B)和(C)，并抄送同级发展改革、国土资源、城乡规划、住房建设、无线电管理、环境保护等部门。

A. 上一级人民政府　　B. 本级人民政府

C. 上一级气象主管机构　　D. 本机气象主管机构

参见《气象设施和气象探测环境保护条例》第十六条。

39. 下图是用假绝热过程示意焚风形成原理，在山前山后的同一高度上，气流的温度、湿度都不同，背风面出现(AD)的干热风。

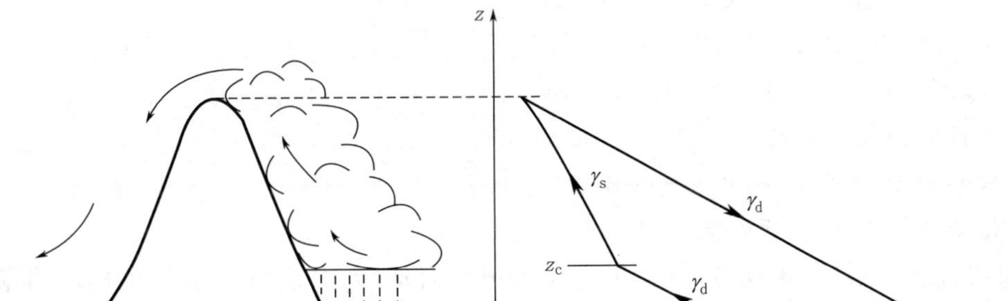

A. 温度高　　B. 温度低　　C. 湿度大　　D. 湿度小

E. 风速大　　　F. 风速小

参见《大气物理学》(第二版)6.3.3。

40. MOI 软件中,以下(ABCD)文件存放在 MOI\AwsDataBase 目录下

A. BIIiii_YYYY. DB　　B. CIIiii_YYYY. DB

C. DIIiii_YYYY. DB　　D. FJ. txt

参见《ISOS 使用手册》第 76 页。

41.《气象灾害防御条例》中规定,气象灾害防御工作实行(ABCE)的原则。

A. 以人为本　B. 科学防御　C. 部门联动　D. 政府主导　E. 社会参与

42.《气象灾害防御条例》中要求,县级以上地方人民政府应当组织气象等有关部门对本行政区域内发生的气象灾害的(ABCD)等情况开展气象灾害普查。

A. 种类　B. 次数　C. 强度　D. 造成的损失　E. 成因

43.《气象灾害防御条例》中规定,气象灾害防御规划应当包括气象灾害(ABCDE)等内容。

A. 发生发展规律和现状　　B. 防御原则和目标

C. 易发区和易发时段　　D. 防御设施建设和管理

E. 防御措施

44.《气象灾害防御条例》要求,各级气象主管机构应当根据气象灾害防御的需要组织开展跨地区、跨部门的气象灾害联合监测,并将(ABCDE)作为气象灾害监测的重点区域。

A. 人口密集区　B. 农业主产区　C. 地质灾害易发区域

D. 重要江河流域　E. 森林、草原

45.《国家气象灾害应急预案》中规定,气象灾害预警信息发布遵循“(ABC)”原则。气象灾害预警信息由气象部门负责制作并按预警级别分级发布,其他任何组织、个人不得制作和向社会发布气象灾害预警信息。

A. 归口管理　B. 统一发布　C. 快速传播　D. 优质高效　E. 及时准确

46.《国家气象灾害应急预案》中规定,气象灾害的信息公布形式主要包括(ABCDE)等。

A. 权威发布　B. 提供新闻稿　C. 组织报道

D. 接受记者采访　　E. 举行新闻发布会

47.《气象灾情收集调查与评估规定》中,气象灾害评估分级处置标准,按照人员伤亡、经济损失的大小,分为 4 个等级。其中大型标准为:(ABC)

A. 因灾死亡 30 人(含)以上 100 人以下

B. 伤亡总数 100 人(含)以上 300 人以下

C. 直接经济损失 1 亿元(含)以上 10 亿元以下

D. 伤亡总数 30 人(含)以上 100 人以下

E. 直接经济损失 10 亿元(含)以上

48.《气象灾害防御条例》中规定,气象灾害应急预案启动后,各级气象主管机构应当组织所属的气象台站(ABC),及时向本级人民政府、有关部门报告灾害性天气实况、变化趋势和评估结果,为本级人民政府组织防御气象灾害提供决策依据。

A. 加强对气象灾害的监测和评估　　B. 启用应急移动气象灾害监测设施

C. 开展现场气象服务　　D. 及时发布预警

E. 加强科普宣传

49.《国务院办公厅关于加强气象灾害监测预警及信息发布工作的意见》要求，坚持（ ABCDE ）、分级负责，以保障人民生命财产安全为根本，以提高预警信息发布时效性和覆盖面为重点，加快推进信息发布系统建设，努力做到监测到位、预报准确、预警及时、应对高效，最大程度减轻灾害损失，为经济社会发展创造良好条件。

A. 以人为本　　B. 预防为主　　C. 政府主导

D. 部门联动　　E. 统一发布

参见《国务院办公厅关于加强气象灾害监测预警及信息发布工作的意见》，总体要求。

50.《国务院办公厅关于加强气象灾害监测预警及信息发布工作的意见》要求，进一步加强（ ABCE ）等重点区域气象灾害监测预报，着力提高对中小尺度灾害性天气的预报精度。

A. 城市　　B. 乡村　　C. 江河流域

D. 山区　　E. 水库库区

参见《国务院办公厅关于加强气象灾害监测预警及信息发布工作的意见》第二部分，（四）强化监测预报。

51.《国务院办公厅关于加强气象灾害监测预警及信息发布工作的意见》指出，在强化监测预报工作中，在台风、强降雨、暴雪、冰冻、沙尘暴等灾害性天气来临前，要（ ABC ）。

A. 加密观测　　B. 滚动会商　　C. 准确预报

D. 及时服务　　E. 适时启动应急响应

参见《国务院办公厅关于加强气象灾害监测预警及信息发布工作的意见》第二部分，（四）强化监测预报工作。

52.《国务院办公厅关于加强气象灾害监测预警及信息发布工作的意见》指出，各地区要抓紧制定突发事件预警信息发布管理办法，明确气象灾害预警信息（ ABCD ）等。

A. 发布权限　　B. 流程　　C. 渠道　　D. 工作机制　　E. 适用范围

参见《国务院办公厅关于加强气象灾害监测预警及信息发布工作的意见》第三部分，（六）完善预警信息发布制度。

53. 现代农业气象服务示范县的农业气象业务服务平台应具备（ ABCD ）等功能。

A. 资料收集　　B. 指导产品本地化　　C. 产品分发　　D. 展示

参见《现代农业气象服务示范县创建标准（试行）》四、具有农业气象服务平台。

54.《现代农业气象服务示范县创建标准（试行）》中，编制农业气象适用技术推广手册，内容主要包括（ ABCDE ）等。

A. 技术方法要点　　B. 农业气象原理　　C. 服务与推广方法

D. 推广效益　　E. 适宜推广范围

参见《现代农业气象服务示范县创建标准（试行）》五、具有农业气象适用技术。

55.《现代农业气象服务示范县创建标准（试行）》规定示范田块应处于（ BCDE ）的范围内。

A. 距离当地气象局不超过5 km

B. 国家、省、市（地）级现代农业示范区

C. 农业部优势农产品区域布局规划

D. 新一轮“菜篮子”工程规划

E. 特色农产品区域布局规划确定实施

参见《现代农业气象服务示范县创建标准(试行)》六、具有农业气象服务示范田块。

56.《现代农业气象服务示范县创建标准(试行)》要求具有多部门合作机制,建立良好的合作机制,在(ABCDE)等方面实现共建共享共用,并根据需求适时召开联席会议。

A. 人才队伍　　B. 基础设施　　C. 调查

D. 会商　　E. 产品制作和发布

参见《现代农业气象服务示范县创建标准(试行)》七、具有多部门合作机制。

57. 现代农业气象服务示范县应每年组织开展一次农业气象服务效益评估,从农业气象(ABCD)等方面综合分析评估服务效益,提交评估报告。

A. 服务效果　　B. 典型服务事例　　C. 外界评价

D. 示范推广情况　　E. 农业气象灾害

参见《现代农业气象服务示范县创建标准(试行)》十、具有服务效益评估机制

58.《气象灾害防御示范乡(镇)创建标准(试行)》中指的"八有"建设标准,包括下列哪些内容:(BCDE)。

A. 有专职人员　　B. 有领导机构　　C. 有监测预警网络

D. 有风险地图　　E. 有科普计划

参见《气象灾害防御示范乡(镇)创建标准(试行)》第一段。

59. 下列哪些是《气象灾害防御示范乡(镇)创建标准(试行)》中要求的乡镇气象灾害防御领导小组所应承担的职责。(ABCDE)

A. 应急预案的修编演练

B. 气象灾害防御基础设施建设的规划编制与实施

C. 负责气象协理员和气象信息员的任用、培训和队伍建设和管理

D. 负责将气象工作纳入乡镇对行政村工作目标考核

E. 应急预案启动后的指挥协调与组织实施

参见《示范乡(镇)创建标准》一、具有气象防灾减灾领导机构,第 3 点。

60.《气象灾害防御示范乡(镇)创建标准(试行)》中规定,按照(ABCDE)的基本条件,在乡镇建设气象信息服务站的气象服务站。

A. 有固定场所　　B. 有设备　　C. 有人员

D. 有管理制度　　E. 有长效机制

参见《示范乡(镇)创建标准》三、具有乡镇气象信息服务站

61. 编制乡镇气象灾害风险地图时,图中应标明(ABCDE)等信息。

A. 可能发生灾害的地点　　B. 灾害影响的范围

C. 可能被影响的重要设施与建筑物　　D. 相对较安全的区域

E. 紧急转移路线

参见《示范乡(镇)创建标准》五、具有乡镇气象防灾减灾风险地图。

62. 气象风险预警服务的主要对象包括(ABC)。

A. 各级党委政府及水利、国土等部门　　B. 基层应急责任人、气象信息员

C. 社会公众　　D. 电视广播媒体

63. 根据辖区内中小河流洪水和山洪地质灾害影响程度，以及辖区内气象风险预警等级标准，可确定辖区内气象风险预警等级指标体系。气象风险等级按四级划分，包括（ ABCD ）。

A. Ⅳ级（有一定风险） B. Ⅲ级（风险较高）

C. Ⅱ级（风险高） D. Ⅰ级（风险很高）

64. 在气象风险预警服务业务体系中，县级气象部门的主要任务包括（ ABD ）。

A. 在省、地市级业务指导下，订正制作发布并向上一级气象部门反馈本辖区山洪地质灾害气象风险预警服务产品

B. 视情况申请或参加省级、地市级气象部门组织的会商

C. 负责收集辖区内（含地市、县）中小河流洪水和山洪地质灾害气象风险预警服务产品，按要求上传至全国公共气象服务产品库

D. 开展本辖区中小河流洪水和山洪地质灾害应急抢险现场气象服务、灾害风险普查、灾情调查、风险预警业务检验

65. 中小河流洪水临界（面）雨量确定方法流程包括（ ABCDE ）。

A. 收集基础资料 B. 前期数据处理准备

C. 选择分析方法 D. 确定降雨量与水位关系

E. 确定临界雨量

66. 目前，用于人工影响天气作业效果评估的主要有（ BCD ）等检验方法。

A. 随机化检验 B. 统计检验 C. 物理检验 D. 数值模拟检验

67. 从事人工影响天气作业的单位必须具备以下哪些条件（ ABDE ）

A. 炮库、弹药库等基础设施符合有关安全管理规定

B. 作业高射炮、火箭发射装置符合国家有关强制性技术标准和要求

C. 有完善的作业空域申报制度和作业设备的维护、运输、储存、保管等制度

D. 作业指挥人员和作业人员经省气象主管机构培训考核合格，并达到省气象主管机构规定的人数

E. 具有法人资格

68. 以下说法正确的是（ ABD ）。

A. 作业用高炮必须由省级气象主管机构按照有关程序统一组织向军队购买，并按有关技术标准进行验收

B. 人雨弹、火箭弹（发射架）等作业装备必须由省级气象主管机构统一组织购买

C. 人雨弹、火箭弹（发射架）等作业装备由省级气象主管机构定点的生产企业并经国务院气象主管机构鉴定

D. 购买合同副本应交国务院气象主管机构验收单位

69. 人影作业结束后，应（ ABCD ）并存放于库房中。

A. 及时清点、回收弹壳 B. 统计故障弹

C. 上报作业情况 D. 对作业装备进行维护保养

70. 我国积极运用现代科技手段，开展人工增雨（雪）、防雹、消雾、消云减雨、防霜等作业，取得了明显成效，在（ ABCD ）等方面发挥了重要作用。

A. 服务农业生产 B. 缓解水资源紧缺 C. 防灾减灾 D. 保护生态

71. 地面天气图需要分析的气象要素场包括(BC)。

A. 本地气压场　B. 三小时变压场　C. 天气现象　D. 槽线

参见《天气学分析》(第二版)第5页。

72. 温度平流强弱和以下哪些要素相关(ABD)。

A. 风速的大小　B. 风向　C. 温度的高低　D. 温度梯度

参见《天气学分析》(第二版)第19页。

73. 气团按照地理分类,可以分为:(ABC)。

A. 极地气团　B. 温带气团　C. 热带气团　D. 赤道气团

参见《天气学原理和方法》(第四版)第62页。

74. 可以根据以下方面来判断锋区的存在。(ABCDE)

A. 天气现象　B. 温度变化　C. 风场　D. 气压变化　E. 湿度

参见《天气学原理和方法》(第四版)第70—79页。

75. 梅雨锋两侧(BCD)差异比较大。

A. 温度　B. 湿度　C. 假相当位温　D. 风向

参见《天气学原理和方法》(第四版)第二章延伸。

76. 我国的锋生地区主要集中在(AC)。

A. 华南到长江流域　B. 华北地区

C. 河西走廊至东北地区　D. 蒙古国中部至我国河套地区

参见《天气学原理和方法》(第四版)第103页。

77. 非绝热增温或冷却包括(ABD)等热力交换过程。

A. 辐射　B. 蒸发凝结

C. 上升或下沉运动引起的增温　D. 乱流

参见《天气学原理和方法》(第四版)第223页。

78. 根据天气分析预报实践的总结,我国常见的大风有(ABCDE)。

A. 雷雨冰雹大风　B. 台风大风　C. 低压大风

D. 冷锋后偏北大风　E. 高压后部偏南大风

参见《天气学原理和方法》(第四版)第250页。

79. 地形对降水的动力作用包括:(AC)。

A. 强迫抬升　B. 摩擦作用　C. 地形辐合　D. 云物理作用

参见《天气学原理和方法》(第四版)第338页。

80. 暴雨形成的条件包括:(ABD)

A. 充沛的水汽　B. 强烈的上升运动

C. 强的大气层结不稳定　D. 较长的持续时间

参见《天气学原理和方法》(第四版)第323页。

81. 中国的暴雨主要由(ACD)引起的。

A. 台风　B. 西北太平洋副热带高压

C. 锋面　D. 从青藏高原东移的气旋性涡旋

参见《天气学原理和方法》(第四版)第344页。

82. 新一代天气雷达由若干子系统构成，它们是（ ABD ）。
A. 雷达数据采集子系统(RDA)　　B. 雷达产品生产子系统(RPG)
C. 雷达控制台(UCP)　　D. 主用户终端子系统(PUP)
参见《多普勒天气雷达原理与业务应用》第4页。
83. 从雷达回波中提取的反映降水系统状态的基本量包括（ BCD ）。
A. 回波定高　　B. 反射率因子
C. 平均径向速度　　D. 径向速度谱宽
84. 超折射形成的气象条件包括：（ AD ）。
A. 气温向上递增　　B. 气温向上递减
C. 水汽压向上迅速递增　　D. 水汽压向上迅速递减
85. 降水的反射率因子回波大致可分为：（ ABD ）。
A. 积云降水回波　　B. 层状云降水回波
C. 卷云降水回波　　D. 积云层状云混合降水回波
86. 对流风暴可以分成以下几类：（ ABCD ）。
A. 普通单体风暴　B. 多单体风暴　C. 线风暴　D. 超级单体风暴
87. 强降水超级单体风暴发展和维持的环境包括（ ABC ）。
A. 在低层具有丰富水汽　　B. 较低的自由对流高度
C. 弱的对流前逆温层顶盖　　D. 较强的风切变
88. TVS定义的指标包括（ ACD ）。
A. 切变　B. 尺度大小　C. 垂直方向伸展　D. 持续性
89. 强降水超级单体风暴的雷达回波特征有(ABCD)。
A. 钩状回波　　B. 前侧V型槽口
C. 低层WER或BWER　　D. 后侧V型槽口
90. 在距离多普勒天气雷达一定范围的一个小区域内，通过对该区域内沿径向速度特征的分析，可以确定该区域内的气流（ ACD ）等特征。
A. 辐合　B. 上升下沉　C. 辐散　D. 旋转
参见《多普勒天气雷达原理与业务应用》第61页。
91. 下列关于反照率说法正确的是（ ABCD ）。
A. 水面的反照率最低　　B. 厚的积雨云反照率最大
C. 积雪与云的反照率十分接近　　D. 薄卷云与晴天积云、沙地的反照率很接近
参见《卫星气象学》(第二版)第204页。
92. 梅雨锋云带由好几种云系演变而成，包括（ ABCD ）。
A. 盾状云带东移发展型
B. 逗点云东移发展型
C. 切变性云带替换型
D. 斜压叶状云系演变为逗点状云系后再形成梅雨锋云带
参见《卫星气象学》(第二版)第282页。
93. 短时临近预报业务的工作重点是监测预警包括（ ABCDE ）等强对流天气。

A. 短历时强降水　B. 冰雹　C. 雷雨大风　D. 龙卷　E. 雷电

参见《全国短时、临近预报业务规定》。

94. 下列现象属于寒潮的有（ ABC ）。

A. 24 小时降温幅度大于或等于 8 ℃，且日最低气温下降到 4 ℃或以下

B. 48 小时降温幅度大于或等于 10 ℃，且日最低气温下降到 4 ℃或以下

C. 72 小时降温幅度大于或等于 12 ℃，且日最低气温下降到 4 ℃或以下

D. 96 小时降温幅度大于或等于 14 ℃，且日最低气温下降到 4 ℃或以下

参见《GB/T 20484—2006 冷空气等级》。

95. 只分为橙色、红色两个等级的预警信号有（ ABD ）。

A. 冰雹　B. 干旱　C. 霜冻　D. 霾　E. 道路结冰

《气象灾害预警信号发布与传播办法》。

96. 对外发布的预报预警根据预报时效和强对流天气影响程度分为（ ABCD ）。

A. 预报　B. 警报　C. 预警　D. 预警信号

参见《全国短时、临近预报业务规定》。

97. 在预报业务中，达到下列（ BD ）标准之一即为暴雪。

A. 12 小时降雪量 5.0～9.9 mm　B. 12 小时降雪量 6.0～9.9 mm

C. 24 小时降雪量 10.0～14.9 mm　D. 24 小时降雪量 10.0～19.9 mm

参见《GB/T 28592—2012 降水量等级》。

98.《关于县级综合气象业务改革发展的意见》中指出：发展县级综合气象业务，明确的重点业务有：（ ABCD ）

A. 公共气象服务业务　B. 气象预警预报业务

C. 气象观测业务　D. 综合气象保障业务

参见《关于县级综合气象业务改革发展的意见》。

99.《现代气象预报业务发展规划(2016—2020 年)》中指出市县级预报业务分工为：（ ABCD ）

A. 强化灾害性天气和气象灾害实时监测和临近预警业务

B. 及时发布气象灾害预警信号

C. 加快建立业务一体化、功能集约化、岗位多责化的综合气象业务

D. 应用上级业务指导产品，加强气象服务

参见《现代气象预报业务发展规划》。

100.《中国气象局关于发展现代气象业务的意见》中指出：现代气象业务体系主要由（ ABC ）构成，各业务间相互衔接、相互支撑。

A. 公共气象服务业务　B. 气象预报预测业务

C. 综合气象观测业务　D. 决策气象服务业务

参见《中国气象局关于发展现代气象业务的意见》。

判断题

（共 100 题，每小题 0.3 分，共 30 分）

1. 自动站(或自记)降水量、日照时值有缺测时，或自动站蒸发量、辐射曝辐量时值缺测两小时

及以上时，日总量均按缺测处理。（ × ）

参见《地面气象观测业务技术规定（2016 版）》2.11。

2. 守班期间，因硬件故障导致整套自动站无法正常工作，经排查在 1 小时内无法恢复时，及时启用备份自动站或便携式自动站。无备份自动站或便携式自动站的，应及时进行人工补测。（ × ）

参见《地面气象观测业务技术规定（2016 版）》2.11。

3. 观测业务系统应按照《关于全国气象业务系统统一校时的通知》（气预函〔2012〕97 号）要求，使用气象网络授时系统定期校时。（ √ ）

参见《地面气象观测业务技术规定（2016 版）》1.4。

4.《地面气象要素数据文件》（长 Z 文件）中 VV 段能见度和 CW 段能见度的单位相同。（ × ）

《地面气象观测业务技术规定（2016 版）》2.2。

5.《综合气象观测系统发展规划（2014—2020 年）》指出，完善观测数据标准。采用统一地面、高空和雷达观测数据采集、传输、归档格式，推广应用 WMO BURF 标准，实现观测数据表驱码传输。（ √ ）

参见《综合气象观测系统发展规划（2014—2020 年）》。

6.《中共中国气象局党组关于全面推进气象法治建设的意见》指出，省级气象部门要健全法制机构，市县气象部门要积极落实行政执法人员和经费投入。（ × ）

参见《中共中国气象局党组关于全面推进气象法治建设的意见》。

7.《综合观测标准化工作方案（2015—2017 年）》指出，到 2017 年，建成比较完备的综合观测标准化体系，有效解决标准缺失、质量不高、应用不好的问题，综合观测全流程标准化率达到 90％以上，基本适应气象业务现代化需求。（ √ ）

参见《综合观测标准化工作方案（2015—2017 年）》。

8. 定时常规高空气象观测应在正点进行，不得提前施放。如在正点后 75 min 内无法放球，该时次观测停止进行。（ √ ）

参见《常规高空气象观测业务规范》8.1.1。

9. 按照目前《常规高空气象观测规范》的规定，计算的所有气象参数不连续时，除风向风速以外，均需进行内插处理。（ × ）

参见《常规高空气象观测业务手册》6.5。

10. 当遇气球出现下沉后又上升的记录，可用数据处理软件作下沉记录删除处理，一次观测最多可处理 5 次下沉记录。（ × ）

参见《常规高空气象观测业务手册》10.3.9。

11. 探测环境变化情况监控是台站每日工作任务之一，其主要工作内容包括：值班员需对台站周边环境进行全过程监测，并将监测情况及时进行记录，对在建和改建项目要跟踪监测，必要时邀请规划设计部门实地测控，并将变化情况定期上报。（ √ ）

参见《地面气象观测业务技术规定实用手册》第 4 页。

12. 在进行 MDOS 平台有关元数据填报时，当台站提交的同一时段内的备注或纪要信息，其事件类型不能相同，否则，后者会将前者覆盖。（ √ ）

参见《地面气象观测业务技术规定实用手册》第 7 页。

13. 台站在更换或启用新的业务用计算机时，应取消系统待机和休眠功能，否则影响数据采集。（ √ ）
参见《地面气象观测业务技术规定实用手册》第 9 页。
14. 若某日整点观测时次记录有霾，但日数据执行霾日算法后按无霾处理，则相关时次编发过的长 Z 文件应在次日进行更正上传。（ × ）
参见《地面气象观测业务技术规定实用手册》第 14 页。
15. 安装新型自动气象站且同时配备翻斗雨量传感器和称重式雨量传感器的台站，需同时挂接并实现数据同步采集。（ √ ）
参见《地面气象观测业务技术规定实用手册》第 15 页。
16. ISOS 软件进行参数设置时，“台站参数”的“定时降水量”设置为“自动”时，“整点观测编报”中的 6 小时、12 小时降水量为自动统计得到；若设置为“人工”时，则“整点观测编报”中的 6 小时、12 小时降水量需人工录入。（ × ）
无论设置为自动还是人工，均为自动统计。参见《地面气象观测业务技术规定实用手册》第 16 页。
17.《地面气象观测业务技术规定 2016 版》规定，降雪应急加密观测时，雪深统一以厘米为单位，保留 1 位小数，地面观测业务软件中扩大 10 倍录入。（ × ）
参见取整数观测记录。《地面气象观测业务技术规定实用手册》第 17 页。
18. ISOS 和 OSSMO 业务软件中，“台站参数”中的“人工定时观测次数”的设置方法相同，基准站和基本站的“人工定时观测次数”设置为 5 次，一般站设置为 3 次。（ × ）
参见《地面气象观测业务技术规定实用手册》第 1 页，OSSMO 软件中基准站设置为 5 次，基本站和一般站设置为 3 次。
19. 20 时 01 分至 7 时 30 分之间出现但未编发重要天气报且持续到 7 时 30 分之后的重要天气现象，如达到始发或续发标准，则龙卷、雷暴、视程障碍现象以 7 时 31 分为发报时间编发，龙卷、冰雹现象合并在长 Z 文件中编发。（ × ）
雷暴以之后的闻雷时间为准。参见《地面气象观测业务技术规定实用手册》第 34 页。
20. SMO 下载历史数据时，时间跨度最长为 7 天，“结束时间”不能超过系统当前时间。（ √ ）
21. 目前国内取得装备准入许可的雪深自动观测设备主要有 DSS1 和 DSJ1 型两种，这两种型号传感器均为超声波测距技术。（ × ）
参见 DSJ1 型为激光测距。
22. 新型自动气象站的采集数据文件（AWS_H_Z_＊.＊）的第一条记录的第 11 项-自动站类型标识为 2，表示该站为基本要素站。（ × ）
应为气候观测站，参见《新型自动气象站实用技术手册》第三章第 50 页。
23. 在监控操作命令中，若命令符不附带参数，则为读取数据采集器中相应参数，命令非法时，会返回出错提示信息“BAD COMMAND”。（ × ）
参见《新型自动气象站实用技术手册》第三章第 55 页。
24. STYYMMDD.DAT 文件为自动气象站状态信息文件。（ √ ）
参见《新型自动气象站实用技术手册》第三章第 51 页。
25. 依据《QX/T 102—2009 气象资料分类与编码》地基 GPS 水汽探测资料一般应该属于特种

观测资料(×)。

为高空观测资料。

26.《地面气象资料实时统计处理业务规定(试行)》中年平均气温日较差为年极端最高气温和极端最低气温的差值。(×)

27.MDOS对台站上传的分钟气温、降水等数据进行入库,但不进行质量控制。(×)

28.《站址变动分析报告》中对现址历史的分析主要包括对现址气温、风速、相对湿度、降水量和地温等资料完整性、区域一致性和均一性的分析。(×)

29.新建、扩建、改建建设工程避免危害气象探测环境行政许可的申请由设区的市气象主管机构或省直管县(市)气象主管机构受理。(√)

30.《地面气象观测资料质量控制》(QX/T 118—2010)中界限值检查分为值域和气候学界限值检查,其中总云量、相对湿度和气温等要素均可以做值域检查。(×)

31.因自然灾害等因素,现址已不具备设站条件,且无另选新址重建意义的,可以申请撤销国家级地面气象观测站。(√)

32.时间常数又称滞后系数,它是阶跃变化之后,仪器到达最后稳定读数的 $1/e$ 所需的时间。(√)

参见《气象仪器和观测方法指南》1.6.3。

33.《气象仪器和观测方法指南(第6版)》指出,降水量自动记录比人工观测有更好的时间分辨率,而且也能避免蒸发和沾湿误差。(×)

参见《气象仪器和观测方法指南》6.5。

34.《气象仪器和观测方法指南(第6版)》指出,风杯风速表比螺旋桨风速表测风更为有利,因为螺旋桨风速表实质上没有垂直分量的超速问题。(×)

参见《气象仪器和观测方法指南》5.4。

35.湿度元件的时间常数与水汽流量成反比关系,在低温低湿环境下,反应速度明显降低。(√)

参见《现代气象观测》2.2。

36.从原理上风杯风速计测量的是风速模量,与测量风速矢量的风速计对比,其值明显偏低。(×)

参见《现代气象观测》5.2.2。

37.所有测量可见光、红外波段、紫外波段的辐射仪器都是利用其热辐射原理。(×)

参见《现代气象观测》6.1。

38.在风速较大的情况下,雨量筒的绕流作用将导致筒口上方出现局部的上升气流,使降落速度低于上升气流的雨滴或雪片随风飘去而不落入筒口之内,使降水采集量形成偏低的系统误差。(√)

参见《现代气象观测》7.1。

39.国家级观测站影响源与观测场围栏之间的最小间距在30～500 m范围内。(√)

参见《气象探测环境保护规 地面气象观测站》(GB 31221—2014)。

40.《气象设施和气象探测环境保护条例》规定,因工程建设或者气象探测环境治理需要迁移单独设立的气象探测设施的,应当经上一级气象主管机构同意,并按照国务院气象主管机构

规定的技术要求进行复建。(×)

参见《气象设施和气象探测环境保护条例》第二十一条。

41.《气象灾害防御条例》中要求,县级以上气象主管机构应当建立和完善气象灾害预警信息发布系统,并根据气象灾害防御的需要,在交通枢纽、公共活动场所等人口密集区域和气象灾害易发区域建立灾害性天气警报、气象灾害预警信号接收和播发设施,并保证设施的正常运转。(×)

原因:县级以上地方人民政府应当建立和完善气象灾害预警信息发布系统,并根据气象灾害防御的需要,在交通枢纽、公共活动场所等人口密集区域和气象灾害易发区域建立灾害性天气警报、气象灾害预警信号接收和播发设施,并保证设施的正常运转。

42.《气象灾害防御条例》中规定,各级气象主管机构所属的气象台站应当及时向本级人民政府和有关部门报告灾害性天气预报、警报情况和气象灾害预警信息。(√)

43.《气象灾害防御条例》规定,县级以上地方人民政府应当根据灾害性天气影响范围、强度,将可能造成人员伤亡或者重大财产损失的区域临时确定为气象灾害风险区域,并及时予以公告。(×)

原因:县级以上地方人民政府应当根据灾害性天气影响范围、强度,将可能造成人员伤亡或者重大财产损失的区域临时确定为气象灾害危险区,并及时予以公告。

44.《气象灾害防御条例》中要求,县级以上地方人民政府、有关部门应当根据气象灾害发生情况,依照《中华人民共和国突发事件应对法》的规定及时采取应急处置措施;情况紧急时,及时动员、组织受到灾害威胁的人员转移、疏散,开展自救互救。(√)

45.《气象灾害防御条例》规定,中国人民解放军的气象灾害防御活动,参照本规定执行。(×)

原因:中国人民解放军的气象灾害防御活动,按照中央军事委员会的规定执行。

46.《国家气象灾害应急预案》中规定,气象部门根据对各类气象灾害的发展态势,综合预评估分析确定预警级别。预警级别分为Ⅰ级(特别重大)、Ⅱ级(重大)、Ⅲ级(较大)、Ⅳ级(一般),分别用红、橙、黄、蓝四种颜色标示,Ⅰ级为最高级别。(√)

47.《国家气象灾害应急预案》中规定,气象部门组织实施人工影响天气作业前,要及时通知相关地方和部门,并根据具体情况提前公告。(√)

48.《气象灾情收集调查与评估规定》中明确,各级气象主管机构应当建立气象灾情调查评估制度。当发生小型及以上气象灾害后,市级气象主管机构应当立即赴现场进行实地调查和评估。(×)

应为县级气象主管机构应当立即赴现场进行实地调查和评估。

49.《国务院办公厅关于加强气象灾害监测预警及信息发布工作的意见》要求,地方各级气象部门要组织做好气象灾害普查、风险评估和隐患排查工作,全面查清本区域内发生的气象灾害种类、次数、强度和造成的损失等情况。(×)

应为各级人民政府要组织做好气象灾害普查等工作。

50.《国务院办公厅关于加强气象灾害监测预警及信息发布工作的意见》要求,建立综合临近报警系统,在人口密集区及其上游高山峡谷地带加强气象、水文、地质联合监测,及早发现山洪及滑坡、泥石流等地质灾害险情。(√)

参见国办发〔2011〕33号第二部分，(四)强化监测预报工作。

51. 各地要建立完善重大气象灾害预警信息紧急发布制度，对于台风、暴雨、暴雪等气象灾害红色预警和突发性气象灾害预警，建立快速发布的“绿色通道”，第一时间无偿向社会公众发布，但审批环节不能减少。(×)

参见国办发〔2011〕33号第三部分，(六)完善预警信息发布制度。要减少审批环节，建立快速发布的“绿色通道”。

52.《国务院办公厅关于加强气象灾害监测预警及信息发布工作的意见》要求，气象灾害预警信息以及因气象因素引发的次生、衍生灾害预警信息、由各级气象部门负责制作，根据政府授权按预警级别分级发布，其他组织和个人不得自行向社会发布。(×)

参见国办发〔2011〕33号，(八)加强预警信息发布规范管理。气象灾害预警信息由各级气象部门负责制作，因气象因素引发的次生、衍生灾害预警信息由有关部门和单位制作，根据政府授权按预警级别分级发布。

53.《气象灾害防御示范乡(镇)创建标准(试行)》指出，气象信息员要开展农村防雷工作。宣传农村防雷科普知识，联合当地建设、气象等部门指导农村住宅防雷设施安装，开展雷灾调查。(√)

参见《示范乡(镇)创建标准》二、具有气象信息员队伍。

54.《气象灾害防御示范乡(镇)创建标准(试行)》要求，示范乡镇的气象信息服务站、村级气象信息服务点必须设在当地乡镇政府、街道办事处或村委会办公场所内。(×)

参见《示范乡(镇)创建标准》三、具有乡镇气象信息服务站。乡镇气象信息服务站、村级气象信息服务点可设在当地乡镇政府、街道办事处或村委会办公场所内。也可与同级办事大厅、农村社区综合信息服务站、农业技术推广站等合作共用。

55.《气象灾害防御示范乡(镇)创建标准(试行)》要求，乡镇气象信息服务站要有长效机制。乡镇、村应有保障正常工作的资金投入，人员相对固定，农村气象信息服务站运行稳定。(√)

参见《示范乡(镇)创建标准》三、具有乡镇气象信息服务站，第6点，有长效机制。

56. 在气象灾害隐患点布设气象灾害预警信息发布手段和气象灾害自动化监测设备，可实时监测当地天气状况，能够利用多种渠道向县气象部门进行数据传输，报告灾情。(√)

参见《示范乡(镇)创建标准》四、具有气象灾害监测预警网络。

57.《气象灾害防御示范乡(镇)创建标准(试行)》要求，乡镇制定、修订、完善当地气象灾害应急预案和气象灾害分灾种应急预案，应在县级人民政府备案。(×)

参见《示范乡(镇)创建标准》六、具有气象防灾减灾应急预案。应在县级气象主管部门备案。

58.《气象灾害防御示范乡(镇)创建标准(试行)》要求，示范乡镇要配合本县气象部门进行灾情调查和上报工作，参与编制本地年度气象灾害防御预警服务效益评估报告。(√)

参见《示范乡(镇)创建标准》八、具有气象防灾减灾服务效益评估。

59. 气象灾害防御示范乡镇必须要在每个行政村新建气象信息电子显示屏、预警喇叭等气象灾害预警信息播发设施。(×)

可通过新建或者部门共建共享等方式，在每个行政村建有气象信息电子显示屏、预警喇叭等气象灾害预警信息播发设施。

60.《气象灾害防御示范乡(镇)创建标准(试行)》要求,各乡镇、村收集整理村民电话号码和手机号码,当重大气象灾害发生时,由各行政村主要负责人、气象协理员、气象信息员和气象联络员通过电话、手机由点到面迅速传播预警信息。(√)

参见《示范乡(镇)创建标准》四、具有气象灾害监测预警网络。

61. 气象灾害防御示范乡(镇)创建的目的是为提高基层气象灾害防御能力和公众气象灾害防御意识,有效减轻气象灾害带来的影响,逐步实现政府自发、自上而下的气象防灾减灾与乡镇主导、自下而上的气象防灾减灾相结合。(×)

政府主导,乡镇自发。

62. 中小河流洪水和山洪灾害风险普查范围是以县级行政单位为单元,全面普查区域内的中小河流洪水或山洪等灾害。(×)

正确应为普查范围:以中小河流域或山洪沟为单元。

63. 针对缺少水文资料的山洪沟的山洪灾害实地调查,调查的时间最好取雨水相对多的季节,这时河道里的水量相对稳定,水位最高。(×)

正确应为调查的时间最好取雨水相对少的季节,这时河道里的水量相对稳定,水位最低。

64. 暴雨洪涝灾害风险普查中,暴雨诱发的泥石流、滑坡灾害是指山丘区由于降雨和其他原因引起的泥石流、滑坡灾害。(×)

正确应为暴雨诱发的泥石流、滑坡灾害是指山丘区由于降雨引起的泥石流、滑坡灾害,其他原因引发的泥石流、滑坡灾害不涉及。

65. 在暴雨洪涝灾害风险普查中,各县应在省市级的指导下,开展实地调查及通过信息交换、资料收集等方式获取暴雨引发的中小河流洪水、山洪的信息。(√)

66. 人工增雨(雪)是对具有人工增雨(雪)催化条件的云,采用科学的方法,将适当的催化剂引入云的有效部位,达到人工增加雨(雪)目的的科学技术措施。(×)

67. 实施人工影响天气作业,作业地的政府部门应当根据具体情况提前发布公告,并通知当地公安机关做好安全保卫工作。(×)

68. 实施人工影响天气作业,必须在批准的空域和作业时限内,严格按照国务院气象主管机构规定的作业规范和操作规程进行,并接受县级以上地方气象主管机构的指挥、管理和监督,保作业安全。(√)

69. 对于防雹作业而言,作业后雷达回波强度减弱 10 dBZ 以上,回波顶高降低 1 公里以上,测雹板雹谱变窄,雹粒子变小,且对照其他四种依据一致,应视为正效果,反之则为负效果。(√)

70. 各级气象主管机构在检查中发现未获得国务院气象主管机构许可使用的,以及超过保存期和有破损的人雨弹、火箭弹,应立即封存,由县级以上气象主管机构及时组织回收保管并销毁。(×)

71. 分析地面天气图时,由于锋面的存在,相邻两根等压线数值可以是相等的。(√)

参见《天气学分析》(第二版)第 7 页,图 1.10。

72. 锋区是指不同温度气团的过渡区。(×)

参见《天气学原理和方法》(第四版)第 63 页,是指密度。

73. 当其他条件相同时，锋面两侧平均温度越大时，锋面越陡。（ √ ）
参见《天气学原理和方法》(第四版)第66页。
74. 当高空槽线超前于地面冷锋位置时，常常容易导致剧烈的锋面天气。（ √ ）
参见《天气学原理和方法》(第四版)第80页。
75. 当有冷锋过境时，风向一般随着高度顺转。（ × ）
参见《天气学原理和方法》(第四版)第93页，图2.27。
76. 一般而言，槽比较强则移动速度比较快。（ × ）
参见《天气学原理和方法》(第四版)第210页。
77. 槽前疏散，槽后汇合，则槽移动迅速。（ √ ）
参见《天气学原理和方法》(第四版)第221页。
78. 无论是暖锋还是冷锋，山脉都使得山前锋面天气加剧，山后锋面天气减弱。（ √ ）
参见《天气学原理和方法》(第四版)第238页。
79. 单位面积上空整层大气的液态水和固态水降至地面形成的降水量称为大气可降水量。（ × ）
参见《天气学原理和方法》(第四版)第329页。
80. 我国的大尺度雨带一般出现在副热带高压脊线北侧8～10个纬度。（ √ ）
参见《天气学原理和方法》(第四版)第344页。
81. 平均而言，影响我国的台风主要集中在6—10月，尤其是7—8月最多。（ × ）
参见《天气学原理和方法》(第四版)第10页。
82. 根据雷达回波的特征可以判断降水天气系统降水的强弱和有无产生冰雹、龙卷和地面直线型风害的可能。（ √ ）
参见《多普勒天气雷达原理与业务应用》第15页。
83. 雷达能够探测降水天气系统内部结构的原因在于降水粒子对于雷达发射的电磁波的后向散射。（ √ ）
84. 多普勒天气雷达与常规天气雷达的主要区别在于：前者可以测量目标物沿雷达径向的速度。（ √ ）
85. 积状云降水回波通常具有比较密实的结构，反射率因子空间梯度不大，其强度中心的反射率因子通常在35 dBz以上。（ × ）
参见反射率因子空间梯度较大。
86. 风暴成熟阶段是指风暴内部只存在上升气流，且上升气流强度达到最大的阶段。（ × ）
参见风暴成熟阶段是上升气流和下沉气流共存的阶段。
87. 冷锋越山时，若山后低层为暖空气控制，则由于山后低层暖空气之上有冷平流叠加，使对流不稳定增强，而常在山后形成大片雷暴。（ √ ）
88. 呈线状排列的对流单体族，长宽比大于5∶1，但是其组织松散，每个对流单体有自己独立的环流系统，也可以称为飑线。（ √ ）
89. 对于S波段雷达，出现三体散射现象表明风暴中一定存在大冰雹。（ √ ）
90. 具有宽阔的弱回波区或有界弱回波区，特别是当他们下方存在强反射率因子核的风暴最有利于大冰雹或强降雹的发生。（ × ）

参见《多普勒天气雷达原理与业务应用》第149页。应为上方。

91. 可见光云图上物像的色调仅决定于其反照率,红外云图上物像的色调仅决定于它的温度。(×)

参见《卫星气象学》(第二版)第210页。可见光云图上物像的色调决定于其反照率和太阳高度角。

92. 积云和浓积云的边界不整齐不光滑。(√)

参见《卫星气象学》(第二版)第224页。

93. 各级气象台(站)对相同行政区域内强对流天气的预报等级和强度应协调一致。有意见严重分歧时,市级及以下台(站)应以上级气象台的预报意见为准;国家级与省级进行充分的会商后,以省级预报为主。(√)

参见。出自《全国短时、临近预报业务规定》。

94. 我省业务规定:预警信号由名称、图标、标准和防御指南组成,分为台风、暴雨、暴雪、寒潮、大风、沙尘暴、高温、干旱、雷电、冰雹、霜冻、大雾、霾、道路结冰等。(×)

出自《气象灾害预警信号发布与传播办法》。我省将预警信号类别中沙尘暴去除,增加雷雨大风。

95. 暴雨橙色预警信号的标准是:3小时内降雨量将达100 mm以上,或者已达100 mm以上且降雨可能持续。(×)

出自《气象灾害预警信号发布与传播办法》。3小时内降雨量将达50 mm以上,或者已达50 mm以上且降雨可能持续。

96. 当某区域内同时出现或者预报可能出现多种气象灾害时,可以按照相对应的标准同时发布多种预警信号。(√)

出自《气象灾害预警信号发布业务规定》。

97. 热带气旋分为热带风暴、强热带风暴、台风、强台风和超强台风5个等级。(×)

出自《GB/T 19201—2006 热带气旋等级》。分为热带低压、热带风暴、强热带风暴、台风、强台风和超强台风6个等级。

98. 科技和经费是县级综合气象业务发展的重要支撑和保障,是发展现代气象业务的关键因素。(×)

出自《关于县级综合气象业务改革发展的意见》。科技和人才是县级综合气象业务发展的重要支撑和保障。

99. 到2020年,开展逐日更新、时空分辨率为1 d和10～30 km的全国气温、降水等主要气象要素格点/站点预报业务,建立逐旬更新的精细到镇的重要天气过程预测业务。(×)

出自《现代气象预报业务发展规划》。精细到县。

100. 地县级业务负责本地区观测业务运行和监控、质量管理和气象观测站的观测环境保护。(×)

出自《中国气象局关于发展现代气象业务的意见》。地县级业务负责本地区观测业务运行,监控由省级和国家级业务负责。

2.3 山东省综合气象业务基础理论试题

单选题

(90题,共45分,每小题0.5分。)

1.《气象灾害防御条例》规定,地方各级人民政府应当根据本地气象灾害特点,组织开展气象灾害(B),提高应急救援能力。

A. 应急宣传　　B. 应急演练　　C. 应急救援　　D. 应急响应

2.《气象灾害防御条例》规定,县级以上地方人民政府应当根据灾害性天气影响范围、强度,将可能造成人员伤亡或者重大财产损失的区域临时确定为(C),并及时予公告。

A. 气象灾害易发区　　B. 气象灾害风险区

C. 气象灾害危险区　　D. 气象灾害高危区

3.《气象灾害防御条例》规定,县级以上地方人民政府、有关部门应当根据气象灾害发生情况,依照(C)的规定及时采取应急处置措施;情况紧急时,及时动员、组织受到灾害威胁的人员转移、疏散,开展自救互救。

A. 本地气象灾害应急预案　　B. 本地气象灾害防御规划

C.《中华人民共和国突发事件应对法》　　D.《气象灾害防御条例》

4.《国家气象灾害应急预案》规定,气象灾害预警信息内容包括气象灾害的类别、预警级别、起始时间、可能影响范围、(C)、应采取的措施和发布机关等。

A. 灾害实况　　B. 天气实况　　C. 警示事项　　D. 影响预估

5. 根据目前灾情直报业务规范要求,在灾情发生(D)内,各级气象部门要通过灾情直报系统上报重要灾情;对于需要更新或者修订的数据应在(D)内及时更正并经过确认审核后上报。

A. 6小时,24小时　　B. 3小时,24小时

C. 3小时,12～24小时　　D. 6小时,12～24小时

6.《全国气象灾情收集上报技术规范》规定,"农作物成灾面积"指因灾减产(C)成(含)以上的农作物播种面积。

A. 1　　B. 2　　C. 3　　D. 5

7.《国务院办公厅关于加强气象灾害监测预警及信息发布工作的意见》要求,积极推进(C)建设,形成国家、省、地、县四级相互衔接、规范统一的气象灾害预警信息发布体系,实现预警信息的多手段综合发布。

A. 气象灾害信息发布系统　　B. 气象灾害预警发布平台

C. 国家突发公共事件预警信息发布系统　　D. 气象灾害预警信息"一键式"发布系统

8.《国务院办公厅关于加强气象灾害监测预警及信息发布工作的意见》工作目标要求,加快构建气象灾害实时监测、短临预警和(C)无缝衔接,预警信息发布、传播、接收快捷高效的监测预警体系。

A. 短期预报　　B. 中期预报　　C. 中短期预报　　D. 长期预报

9.《国务院办公厅关于加强气象灾害监测预警及信息发布工作的意见》提出，要重点健全向基层社区传递机制，形成（ C ）直通的气象灾害预警信息传播渠道。

A. 省—市—县—镇　　B. 县—乡—村　　C. 县—乡—村—户　　D. 市—县—乡（镇）—村

10.《国务院办公厅关于加强气象灾害监测预警及信息发布工作的意见》指出，要建立快速发布的“绿色通道”，通过广播、电视、互联网、手机短信等各种手段和渠道（ D ）向社会公众发布。

A. 第一时间　　B. 无偿　　C. 及时　　D. 第一时间无偿

11. 农业气象服务方案应符合当地农业生产实际，以下不属于服务方案包含内容（ C ）。

A. 县域内农业产业结构分布图　　B. 关键农事季节

C. 农业气象指标　　D. 主要农事活动

12. 在关键农时、重要农事季节，根据不同农事活动对气象条件的要求，开展未来天气条件对农事适宜程度的预报称之为（ C ）。

A. 农事天气预报　　B. 农时天气预报　　C. 农用天气预报　　D. 农事活动建议

13. 以下不属于现代农业气象服务示范县创建“十有”标准的是（ D ）。

A. 有示范田块　　B. 有合作机制　　C. 有信息反馈　　D. 有科普计划

14. 以下不属于气象灾害防御示范乡（镇）创建“八有”标准的是（ C ）。

A. 有领导机构　　B. 有监测预警网络　　C. 有直通服务　　D. 有科普计划

15. 农业气象示范田中土壤水分观测按现行业务规范设置层次和深度，一般设置（ D ）层。

A. 3　　B. 5　　C. 6　　D. 8

16. 乡镇制定、修订、完善当地气象灾害应急预案和气象灾害分灾种应急预案，并在（ B ）备案。

A. 县级应急管理办公室　　B. 县级气象主管部门

C. 县级防汛抗旱主管部门　　D. 县级农业主管部门

17. 示范县应开展（ B ）农业气象服务。

A.“快捷式”　　B.“直通式”　　C.“一站式”　　D.“系列化”

18. 在气象灾害隐患点布设气象灾害和气象灾害自动化监测设备，可实时监测当地天气状况，能够利用（ D ）多种渠道向县气象部门进行数据传输，报告灾情。

A. 警报设备　　B. 预警信息显示屏

C. 报警装置　　D. 预警信息发布手段

19. 在暴雨诱发中小河流洪水和山洪地质灾害气象风险预警服务效果的检验与评估工作中，根据检验和评估结果，需对（ B ）进行滚动订正，不断提高气象风险预警服务的科学性和有效性。

A. 致灾雨量值　　B. 致灾临界雨量指标

C. 气象灾害风险等级　　D. 风险预警等级

20. 山洪灾害隐患点选取方法：按照流域水系地图，以乡（镇）所在地为重点，沿主河道选择人口（ A ）且（可能）发生淹没灾害的村（镇）作为隐患点，向上游延伸至最近一个没有可能淹没的村落，向下游延伸至流域边界。

A. 超过50人　B. 50人　C. 100人　D. 超过100人

21.(B)是洪涝灾害气象预警发布及采取相应预防措施的关键指标。

A. 暴雨预报　B. 雷达估测降水

C. 气象预警信号　D. 致灾临界(面)雨量

22.《暴雨洪涝灾害致灾临界(面)雨量确定技术指南》中规定中小河流指流域面积(B)的河流。

A. 大于100 km^2 小于3000 km^2

B. 大于200 km^2 小于5000 km^2

C. 大于300 km^2 小于5000 km^2

D. 大于200 km^2 小于3000 km^2

23. 县级气象风险预警服务业务要求24小时值守,(C)跟踪监视多种观测资料,(C)滚动分析雨情实况,(C)订正制作本辖区山洪地质灾害气象风险预警产品,以实况监测及预报为主。

A. 6 h、12 h、24 h　B. 1 h、3 h、6 h、12 h、24 h

C. 1 h、3 h、6 h　D. 24 h以内逐6 h和24 h、48 h、72 h

24. 在进行山洪灾害实地调查时,下列不属于需要调查的山洪沟基本信息的是(C)。

A. 山洪沟边界　B. 流域面积　C. 社会人口　D. 涉及的行政村

25. 利用高射炮、火箭发射装置从事人工影响天气作业的人员名单,由所在地的气象主管机构抄送(C)备案。

A. 上级气象主管机构　B. 当地气象主管机构

C. 当地公安机关　D. 上级公安机关

26.《国务院办公厅关于进一步加强人工影响天气工作的意见》指出,在生态脆弱区域等重要生态功能区,围绕生态保护与建设需要,开展(B)人工增雨(雪)作业。

A. 智能化　B. 常态化　C. 标准化　D. 现代化

27. 人雨弹、火箭弹(发射架)等作业装备的购置,必须由(C)统一组织向国务院气象主管机构定点的生产企业购买经国务院气象主管机构鉴定,并由其验收单位验收合格的产品。

A. 市级气象主管机构　B. 市级公安机关

C. 省级气象主管机构　D. 国务院气象主管机构

28. 根据《增雨防雹火箭作业系统安全操作规范》,对于火箭弹的安全要求,下列描述错误的是(D)。

A. 操作人员接近火箭弹前应穿防静电服、两手触地除去身上静电

B. 使用时要登记火箭弹编号

C. 对火箭弹切勿自行拆卸、解剖和敲打

D. 火箭弹在装填或卸架时,无需关闭发射控制器电源

29. 下列(B)做法不符合高炮防雹增雨作业程序规定。

A. 增雨作业前,向当地空域管制部门履行申报手续,并登记备案

B. 作业时机较好,高炮操作人员在空域管制部门批准时间结束后最多可延长作业10分钟

C. 作业结束后,对高炮进行维护保养

D. 作业季节结束后，报送工作总结和有关统计报表

30. 增雨防雹火箭连续作业时间不应超过（ C ）；作业结束，必须取出电池，以防电池漏液腐蚀元器件。

A. 30 min　　B. 45 min　　C. 1 h　　D. 2 h

31. 大雾黄色预警信号发布标准是未来 12 小时内出现能见度小于（ B ）的浓雾。

A. 1000 m　　B. 500 m　　C. 200 m　　D. 50 m

32. 冰雹预警（ C ）信号发布标准：6 小时内可能出现冰雹天气，并可能造成雹灾。

A. 蓝色　　B. 黄色　　C. 橙色　　D. 红色

33. 强沙尘暴是指大风将地面尘沙吹起，使空气非常混浊，水平能见度小于（ B ）的天气现象。

A. 50 m　　B. 500 m　　C. 1000 m　　D. 10000 m

34. 在热带气旋中，热带风暴（TS）底层中心附近最大平均风速至少要达到 8 级，即（ D ）m/s。

A. 8.0～10.7　　B. 10.8～13.8　　C. 13.9～17.1　　D. 17.2～20.7

35. 调整集约化预报预测业务布局，按照（ B ）的目标，加快建设市县级综合气象业务。

A. 一级集约、三级布局　　B. 两级集约、三级布局

C. 一级集约、四级布局　　D. 两级集约、四级布局

36. 短历时强降水只发布（ D ）。

A. 短时预报、临近预报　　B. 临近预报、预警（警报）和预警信号

C. 短时预报、预警（警报）和预警信号　　D. 短时预报、临近预报和预警信号

37. 通过（ C ）县级综合气象业务改革，调整省、地（市）、县三级业务分工，完善县级综合气象业务流程，增强对县级综合气象业务的支撑能力，提高县级综合气象业务管理水平。

A. 国家、省两级　　B. 国家、地（市）两级

C. 省、地（市）两级　　D. 国家、省、地（市）三级

38. 根据垂直（ A ）的方向，把大气分成对流层、平流层、中层和热层等四层。

A. 温度梯度　　B. 温度　　C. 气压　　D. 风场

39. 当气旋中心气压随时间降低时，气旋会（ B ）。

A. 减弱或发展　　B. 加深或发展　　C. 减弱或消亡

40. 江淮流域梅雨一般出现在 6 月到 7 月初，此时副热带高压脊线位置在（ B ）。

A. 25°～28°N　　B. 22°～25°N　　C. 20°～22°N　　D. 18°～20°N

41. 7 月上旬随太平洋副热带高压的第二次北跃，偏南气流再次加强向北发展，（ B ）推到西北地区东部、华北和东北。

A. 锋面　　B. 辐合线和雨带　　C. 气旋　　D. 少雨带

42. 在降水预报中，通常要分析（ D ）。

A. 云滴增长条件和垂直运动条件　　B. 云层厚度和水汽条件

C. 水汽条件和云滴增长条件　　D. 水汽条件和垂直运动条件

43. 造成暴雨的直接天气系统是（ B ）。

A. 大尺度天气系统　　B. 中尺度天气系统

C. 小尺度天气系统　　D. 天气尺度天气系统

44. 对垂直运动的诊断分析主要是通过(D)分析来进行。

A. 气压场和温度场　　B. 气压场和湿度场

C. 水平风场和气压场　　D. 水平风场和温度场

45. 热带气旋发生发展的必要条件包括(A)。

A. 热力条件、初始扰动、一定的地转偏向力作用、对流层风速垂直切变小

B. 初始扰动、一定的地转偏向力作用、对流层风速垂直切变小

C. 热力条件、初始扰动、对流层风速垂直切变小

D. 热力条件、初始扰动、一定的地转偏向力作用、对流层风速垂直切变大

46. 影响东亚季风形成的基本因子主要是下垫面附近的热力因子,它们包括(B)。

A. 太阳辐射的纬向差异、海陆热力差异、青藏高原与大气之间的热力差异

B. 太阳辐射的经向差异、海陆热力差异、青藏高原与大气之间的热力差异

C. 太阳辐射的经向差异、青藏高原与大气之间的热力差异

D. 海陆热力差异、青藏高原与大气之间的热力差异

47. 江淮气旋一年四季皆可形成,但以(A)较多。

A. 春季、初夏　　B. 夏季、初秋　　C. 秋季、初冬　　D. 冬季、初春

48. 大气环流的最终能源来自(C)。

A. 下垫面　　B. 水汽相变　　C. 太阳辐射　　D. 感热

49. 右图中代表的大气稳定情况是(C)。

A. 稳定层结　　B. 不稳定层结

C. 潜在不稳定层结　　D. 无法判断

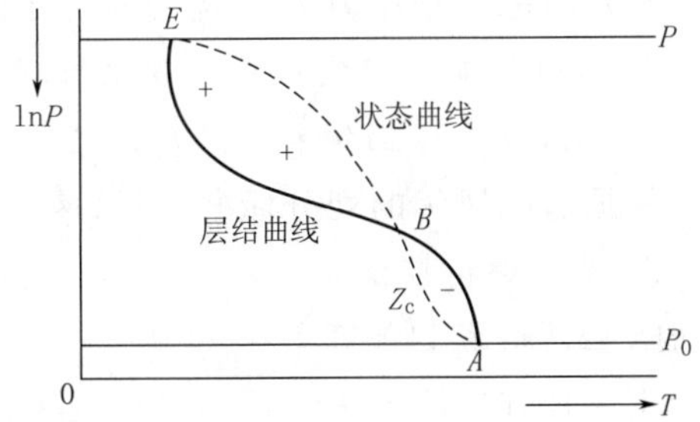

50. 与西南低空急流相伴的强降水区一般位于低空急流的(A),低空切变线的(A)。

A. 左侧、右侧　　B. 左侧、左侧

C. 右侧、左侧　　D. 右侧、右侧

51. 进行西太平洋副热带高压的进退预报时主要分析内容有(C)。

A. 分析垂直运动　　B. 分析气压变化　　C. 分析冷暖平流

52. 中小尺度系统的垂直运动量级一般为(B)。

A. 1～5 m/s　　B. 1～10 m/s　　C. 10～15 m/s

53. 通常,超折射回波的本质是(B)。

A. 降水回波　　B. 地物回波　　C. 鸟的回波　　D. 其他气象回波

54. 强冰雹的产生要求雷暴内具有(B),而雷暴大风的产生通常要求雷暴内具有(B)。

A. 强烈上升气流　强烈上升气流　　B. 强烈上升气流　强烈下沉气流

C. 强烈下沉气流　强烈上升气流　　D. 强烈下沉气流　强烈下沉气流

55. 降水回波的反射率因子一般在(B)以上,层状云降水回波的强度很少超过(B)。

A. 15 dBz,30 dBz　　B. 15 dBz,35 dBz　　C. 20 dBz,30 dBz　　D. 20 dBz,35 dBz

56. 下列陈述中哪个是对的(D)。

A. 中气旋的直径通常超过 20 km　　B. 中气旋通常局限于大气边界层以内

C. 中气旋通常位于中尺度对流辐合体内　　D. 中气旋是雷暴尺度的涡旋

57. 下列因素中,(B)有利于较强龙卷的发生。
A. 大气中下层比较干　B. 低层大气相对湿度较大
C. 垂直风切变较弱　D. 对流抑制较大
58. 用于监测夜间的雾区特别有用的卫星图像是(D)。
A. 红外云图　B. 水汽图　C. 可见光云图　D. 短波红外云图
59. 高空急流云系在卫星图像上表现为(B)。
A. 反气旋性弯曲的带状云型　B. 气旋性弯曲的带状云型
C. 螺旋状云型　D. 盾状云型
60. 积雨云在可见光图像上是(A)色调,在红外云图上是(A)色调。
A. 白,白　B. 白,黑　C. 黑,白　D. 黑,黑
61. 若一空气微团的比湿保持不变,当其气压增大时,露点温度(B)。
A. 不变　B. 升高　C. 降低　D. 不确定
62. 夜间人眼最不易辨认的是(B)信号灯。
A. 红色　B. 黄色　C. 绿色　D. 白色
63. 当测温元件从一个环境迅速转移到另一个温度不同的环境时,温度表的示度不能立即指示新的环境温度,而是逐渐趋于新的环境温度,这种现象称为温度表(C)的现象。
A. 延迟　B. 滞差　C. 热滞　D. 热敏
64. 相对湿度是指压力为 P,温度为 T 的湿空气,其(c)的百分数。
A. 水汽质量和湿空气总质量比值　B. 水汽质量和干空气质量比值
C. 水汽压和水面饱和水汽压比值　D. 水汽压和冰面饱和水汽压比值
65. 根据蒲氏风级的划分标准,当风速为 12～19 km/h 时,地面物特征为(C)。
A. 多叶小树摇摆　B. 能吹起灰尘和碎纸
C. 轻薄的旗帜展开　D. 人面部感觉有风
66. 不论是方位测定法还是时间到达法测定闪电的位置,都需要(C)个以上的测站方能准确定位。
A. 1　B. 2　C. 3　D. 4
67. L 波段(1 型)高空气象观测系统软件中(C)用于数据录取工作的为。
A. 数据处理软件　B. 模拟训练软件　C. 放球软件　D. 文件备份软件
68.《仪器与观测方法指南》规定风要求的准确度为(A)。
A. ±0.5 m/s,≤5 m/s 时;±10%,>5 m/s 时
B. ±0.5 m/s,≤5 m/s 时;±5%,>5 m/s 时
C. ±0.2 m/s,≤5 m/s 时;±5%,>5 m/s 时
D. ±0.5 m/s,≤10 m/s 时;±10%,>10 m/s 时
69. 地面气象要素数据文件中质量控制码“6”代表(D)。
A. 数据可疑,未作过修改　B. 原数据可疑,对数据进行过修改
C. 数据错误,未作过修改　D. 原数据错误,对数据进行过修改
70. 毛毛雨并有雨凇结成,0.5 km≤VV<1 km,ww 编报(D)。
A. 54　B. 55　C. 56　D. 57

71. 湿度传感器保护罩应（ B ）清洁，确保测量准确性。

A. 每周　B. 每月　C. 每天　D. 随时

72. 地温分采集器对接入的传感器按预定的采样频率进行扫描，将获得的采样数据通过（ D ）发送给主采集器。

A. 数字通道　B. 模拟通道　C. RS-232 通道　D. 总线

73. 某时次气压瞬时值为 998.6 hPa，与前一个值的差为 2.5 hPa，则在新型自动气象站中的数据质量控制标识代码值为（ D ）。

A. 9　B. 0　C. 1　D. 2

74. 新型自动气象站终端操作命令中下载小时常规观测数据命令符是（ B ）。

A. DMGD　B. DHGD　C. SAMPLE　D. STAT

75. 业务软件 MOI 读取 SMO 软件提供（ D ）的采集数据。

A. 订正数据　B. 设备数据　C. 原始数据　D. 质控数据

76.《新建扩建改建建设工程避免危害气象探测环境行政许可管理办法》规定，受理机构应当自受理之日起（ F ）内将全部申请材料和初审意见报省、自治区、直辖市气象主管机构审批。

A. 10 日　B. 10 个工作日　C. 15 日　D. 15 个工作日

E. 20 日　F. 20 个工作日

77. 某公司拟在距淄博市沂源国家基本气象站观测场 300 米处建设高度 15 米的厂房，该公司已提出建设工程避免危害气象探测环境行政许可的申请，则该行政许可申请的受理机构是（ C ）。

A. 中国气象局　B. 山东省气象局　C. 淄博市气象局　D. 沂源县气象局

78. 气候学界限值是指从气候学角度上（ D ）的气象要素临界值。

A. 曾经出现　B. 唯一一次出现　C. 出现　D. 不可能出现

79. 气温 1 分钟内允许的最大变化值是（ C ）。

A. 1 ℃　B. 2 ℃　C. 3 ℃

D. 4 ℃　E. 5 ℃

80. 对拟迁台站观测资料序列的完整性、区域一致性和均一性进行分析，主要针对气温（平均、最高、最低）、降水量、平均相对湿度、（ A ）的月值和年值。

A. 2 分钟平均风速　B. 10 分钟平均风速　C. 瞬时风速

81. 拟迁新址与现址观测资料对比评估，其中（ D ）需进行对比期累计相对差值的统计。

A. 平均气温　B. 平均相对湿度　C. 平均风速

D. 2 分钟风向　E. 降水量

82. 拟迁台站现址周边站网分布情况及现址和拟迁新址周边气象探测环境分析评估，对于国家基准气候站或国家基本气象站半径 200 千米范围内国家级气象台站数量少于（ D ）个或国家一般气象站半径 100 千米范围内国家级气象台站数量少于（ D ）个的，要适当考虑区域气象观测站。

A. 50，10　B. 30，10　C. 50，8　D. 30，8

83. 综合观测标准化工作方案之坚持统筹兼顾和集约发展原则，是以提升（ A ）为核心，统筹研究，协同强化各项标准在技术装备、业务运行和管理中的作用，促进标准化体系的协调性和集约化。

A. 综合观测质量管理水平　　B. 综合观测自动化水平

C. 综合观测质量控制能力

84. 基本气象探测资料以外的气象探测资料需要保密的，其密级的确定、变更和解密以及使用，依照（ B ）的规定执行。

A.《中华人民共和国气象法》　　B.《中华人民共和国保守国家秘密法》

C.《涉外气象探测和资料管理办法》

85. 高空气象观测站中的非 GCOS 台站，综合测风平均高度≥（ B ）m 为达标。

A. 18000　　B. 24000　　C. 26000

D. 28000　　E. 30000

86. 山东省滨河国家基本气象站周围障碍物或影响源与地面气象观测场围栏之间的最近距离如下表，则不符合《气象探测环境保护规范 地面气象观测站》（GB 31221—2014）标准的障碍物或影响源序号是（ D ）。

序号	障碍物或影响源名称	障碍物或影响源所在方位	障碍物高度（m）	距观测场围栏最近距离（m）
A	黄河河务局办公楼	23°～40°	15.0	236
B	滨河大道路基	30°～170°		95
C	成排龙爪槐	30°～170°	3.7	90.3
D	电视塔	80.9°～81.2°	110	1150
E	高铁路基	130°～210°		300
F	政府大楼	260°～270°	35	643
G	黄河最高水位线	290°～10°		79.5
H	滨河国家基本气象站业务楼	340°～21°	10.5	114

87. 按照《县级综合气象业务改革发展意见》，人工影响天气、雷电灾害防御工作，由（ A ）级气象部门统一组织。

A. 省或市　　B. 省和市　　C. 市或县　　D. 市和县

E. 省　　F. 市　　G. 县

88. 高空气象观测中，重放球次数≤6 次，每人为重放球 1 次，扣 1 分；每非人为重放球 1 次，扣分（ A ）。

A. 0.0　　B. 0.1　　C. 0.3　　D. 0.5

89. 地面气象资料分类和代码“SURF_WEA_SD_WIN_FTM”表示（ A ）。

A. 地面天气　山东风定时值　　B. 地面气候山东风定时值

C. 地面天气　山东风分钟值　　D. 地面气候山东风分钟值

90. 常在 T-lnP 图上见到，自由对流高度以上的正不稳定能量面积大于其下面的负的不稳定能量面积，这种情况是（ A ）。

A. 真潜不稳定型　　B. 假潜不稳地型

C. 绝对稳定型　　D. 绝对不稳定型

多项选择题

(70 题,共 70 分,每小题 1 分。多选、少选的不得分;若有顺序要求时,顺序错也不得分)

1.《气象灾害防御条例》规定,气象灾害应急预案应当包括(ABCD)等内容。

A. 应急预案启动标准　　B. 应急组织指挥体系与职责

C. 预防与预警机制　　D. 应急处置措施和保障措施

2. 气象灾害应急预案启动后,各级气象主管机构应当组织所属的气象台站加强对气象灾害的(BC),(BC),开展现场气象服务,及时向本级人民政府、有关部门报告灾害性天气实况、变化趋势和评估结果,为本级人民政府组织防御气象灾害提供决策依据。

A. 预报与预警　　B. 监测和评估

C. 启用应急移动气象灾害监测设施　　D. 灾情核查

3.《气象灾害防御条例》第四十三条,违反本条例规定,地方各级人民政府、各级气象主管机构和其他有关部门及其工作人员,有下列行为之一的,由其上级机关或者监察机关责令改正;情节严重的,对直接负责的主管人员和其他直接责任人员依法给予处分;构成犯罪的,依法追究刑事责任。(ABCDF)

A. 未按照规定编制气象灾害防御规划或者气象灾害应急预案的

B. 未按照规定采取气象灾害预防措施的

C. 向不符合条件的单位颁发雷电防护装置设计、施工、检测资质证的

D. 隐瞒、谎报或者由于玩忽职守导致重大漏报、错报灾害性天气警报、气象灾害预警信号的

E. 擅自向社会发布灾害性天气警报、气象灾害预警信号的

F. 未及时采取气象灾害应急措施的

4.《国家气象灾害应急预案》规定,气象部门建立以(BC)为基础的气象灾害调查收集网络,组织气象灾害普查、风险评估和风险区划工作,编制气象灾害防御规划。

A. 村庄　　B. 社区　　C. 村镇　　D. 乡镇

5.《国家气象灾害应急预案》规定,按气象灾害(BC),有关部门按照其职责和预案启动响应。

A. 预报预警　　B. 程度和范围

C. 及其引发的次生、衍生灾害类别　　D. 发生、发展、损失

6. 按照《气象灾情收集上报调查和评估规定》中气象灾害评估分级处置标准,以下属于大型气象灾害的是(BDE)。

A. 因灾死亡 100 人(含)以上

B. 直接经济损失 1 亿元(含)以上 10 亿元以下的

C. 伤亡总数 30 人(含)以上 100 人以下

D. 因灾死亡 30 人(含)以上 100 人以下

E. 伤亡总数 100 人(含)以上 300 人以下

7.《国务院办公厅关于加强气象灾害监测预警及信息发布工作的意见》要求,建立完善重大气象灾害预警信息紧急发布制度,对于(BD),要减少审批环节,建立快速发布的“绿色通道”。

A. 台风、暴雨、暴雪等气象灾害橙色以上预警

B. 台风、暴雨、暴雪等气象灾害红色预警

C. 局地暴雨、雷雨大风、冰雹、龙卷风、沙尘暴等突发性气象灾害红色预警

D. 局地暴雨、雷雨大风、冰雹、龙卷风、沙尘暴等突发性气象灾害预警

E. 各类气象灾害黄色以上预警

8.《国务院办公厅关于加强气象灾害监测预警及信息发布工作的意见》要求，地方各级人民政府要综合运用（ ABCDE ）等手段，大力推进气象灾害监测预警及信息发布工作。

A. 经济　B. 法律　C. 行政

D. 工程　E. 科技

9.《国务院办公厅关于加强气象灾害监测预警及信息发布工作的意见》指出，要强化（ ABCD ）旱情监测，加密布设土壤水分、墒情和地下水监测设施。

A. 粮食主产区　B. 重点林区

C. 生态保护重点区　D. 水资源开发利用和保护重点区

10. 示范县应开展农业气象适用技术示范推广。针对主要服务农作物在示范田内至少开展一种农业气候资源利用、（ ACD ）等农业气象适用技术示范。

A. 农业气象灾害防御　B. 人工增雨、防雹

C. 节水　D. 增产

11.《气象灾害防御示范乡（镇）创建标准（试行）》要求，乡镇政府及有关部门根据（ BCD ），及时启动应急预案，并采取应急措施。

A. 雨情信息　B. 灾害性天气警报

C. 气象灾害预警信号　D. 气象灾害应急预案启动标准

12. 以下属于乡镇气象信息服务站建设基本条件的是（ ABCD ）。

A. 有固定场所　B. 有管理制度　C. 有长效机制　D. 有设备

13. 农业气象指标库通常包括（ ABCD ）。

A. 农业气象适宜性　B. 农用天气预报

C. 农业气候区划　D. 灾害风险区划

14. 监测预警评估服务包括（ ABD ）。

A. 灾前评估　B. 灾中评估　C. 灾时评估　D. 灾后评估

15.《气象灾害防御示范乡（镇）创建标准（试行）》规定，气象信息员要承担（ ABCD ）工作。

A. 主动接收和主动分发气象灾害预警信息　B. 农业气象服务信息传播

C. 气象灾情收集和气象服务需求反馈　D. 开展农村防雷

16. 示范县应具有便捷高效的农业气象业务服务平台。业务服务平台应包括数据管理与查询统计、（ ABD ）等模块，具备资料收集、指导产品本地化、产品分发、展示等功能。

A. 产品制作　B. 信息发布　C. 灾情上报　D. 信息反馈

17.《暴雨诱发中小河流洪水和山洪地质灾害气象风险预警服务业务规范（试行）》规定，县级气象部门主要任务（ ABCDE ）。

A. 在省、地市级业务指导下，订正制作发布并向上一级气象部门反馈本辖区山洪地质灾害气象风险预警服务产品

B. 与县级国土部门联合发布地质灾害气象风险预警服务产品

C. 建立完善本级气象风险预警服务流程和防御联动机制，面向县级决策层面和社会公众提供预警服务

D. 视情况申请或参加省级、地市级气象部门组织的会商

E. 开展本辖区中小河流洪水和山洪地质灾害应急抢险现场气象服务、灾害风险普查、灾情调查、风险预警业务检验

18. 下列信息（ ABCDE ）属于暴雨诱发的泥石流、滑坡灾害风险普查内容。

A. 土地利用植被覆盖情况

B. 收集遥感、影响资料信息

C. 降水量统计资料

D. 收集和实地调查灾情损失及对社会经济相关行业的影响

E. 调查灾害潜在影响的范围、人口及资产价值、重点关注等信息

19.《国务院办公厅关于进一步加强人工影响天气工作的意见》指出，建立健全应对（ BCD ）等事件的应急工作机制，及时启动相应的人工影响天气作业。

A. 大面积干旱　　B. 大范围森林草原火灾火险

C. 异常高温　　D. 严重空气污染

20. 根据《高炮人工防雹增雨作业业务规范》，人工增雨作业的物理依据是（ AC ）。

A. 静力催化　　B. 过量催化　　C. 动力催化　　D. 爆炸影响

21.《国务院办公厅关于进一步加强人工影响天气工作的意见》中指出，把人工影响天气作为（ BCD ）的有力手段、重要举措和有效途径，加快关键技术的科技创新。

A. 促进农村经济　　B. 防灾减灾

C. 农业公共服务体系建设　　D. 水资源安全保障

22. 发展现代气象预报业务，应始终围绕提高预报预测准确率和精细化水平的核心目标，加快推进气象预报业务向（ ACE ）方向发展。

A. 无缝隙　　B. 集约化　　C. 精准化

D. 标准化　　E. 智慧型

23. 短时和临近预报的内容包括短历时强降水、冰雹、雷雨大风、龙卷、雷电等强对流天气的（ ACDE ）等。

A. 强度　　B. 类型　　C. 落区

D. 移动方向　　E. 可能的影响

24.《现代气象预报业务发展规划（2016—2020年）》提出构建无缝隙精细化气象预报业务，其中："中短期预报（0～10天）：建立0～10天气象要素格点/站点一体化预报和灾害性天气落区格点预报业务，24小时预报、24～72小时预报、4～10天预报滚动制作时空分辨率分别达到（ BCD ），并根据天气变化及时更新。"

A. 10分钟和1公里　　B. 1小时和1公里　　C. 3小时和2.5公里　　D. 6小时和5公里

（有顺序）

25. 锋面具有很强的（ ABCD ）。

A. 温度梯度　　B. 绝对涡度　　C. 静力稳定度　　D. 风垂直切变

26. 冷锋后部偏北大风出现在（ AD ）。

A. 冷锋后高压前沿气压梯度最大的地方　　B. 高空冷温度槽区域
C. 高空温度平流零线区域　　D. 高空冷平流最强的区域

27. 台风对副热带高压影响正确的是(ABC)。
A. 台风西进,副高中心西移
B. 台风中心在副高中心西南方向,向西北方向移动时,副高脊线呈东南西北走向
C. 台风在副高西南向东北转向时,副高中心南移、东撤
D. 台风不能穿过副高脊线使其分裂解体

28. 大范围暴雨的形成条件有(BCD)。
A. 较强的高空冷平流　　B. 充分的水汽供应
C. 较长的持续时间　　D. 强烈的上升运动

29. 降水的基本条件包括(ABC)。
A. 水汽条件　　B. 垂直运动条件　　C. 云滴增长条件　　D. 热力条件

30. 低空急流具有以下特征(BD)。
A. 很强的地转性　　B. 明显的日变化
C. 很强的次地转性　　D. 很强的超地转性

31. 在亚洲地区,阻塞高压经常出现在(AD)地区。
A. 乌拉尔山地区　　B. 贝加尔湖地区
C. 新西伯利亚地区　　D. 鄂霍次克海地区

32. 形成对流性天气的基本条件有(ABC)。
A. 水汽条件　　B. 不稳定层结条件　　C. 抬升条件　　D. 地形作用

33. 飑线过境,(AD)。
A. 温度急降　　B. 温度急升　　C. 气压急降　　D. 气压剧增

34. 下列属于中尺度系统的是(ABC)。
A. 中低压　　B. 飑中系统　　C. MCC　　D. 雷暴单体

35. 下列因素中哪些有利于雷暴的产生。(ACD)
A. 较大的对流有效位能 CAPE　　B. 较大的对流抑制 CIN
C. 存在边界层辐合线　　D. 低层水汽很少
E. 存在积云

36. 下列因素中哪些有利于对流性暴雨的产生。(ABDE)
A. 低层反射率因子较大　　B. 雷达回波在某处停滞不动
C. 高空风较强　　D. 列车效应(强回波反复经过同一地点)
E. 低空急流较强

37. 下列特征中,(ABD)是强冰雹的雷达回波特征。
A. 50 dBz 回波扩展到−20℃等温线以上高度　　B. 风暴顶强烈辐散
C. 弓形回波　　D. 存在弱回波区和有界弱回波

38. 下列特征中(ABC)是超级单体风暴的特征。
A. 钩状回波　　B. 有界弱回波区　　C. 中气旋　　D. 中层径向辐合

39. 下列特征中(BCD)是雷暴大风的雷达回波特征。

A. 反射率因子核心不断下降　　B. 中层径向辐合 MARC

C. 有界弱回波区 BWER　　D. 弓形回波

40. 层云和雾区在可见光图像上表现为（ BD ）。

A. 多起伏的纹理　　B. 光滑的纹理

C. 有模糊不清羽状边界　　D. 有清晰的边界

41. 水汽图像上最黑(暗)的色调表示（ ACE ）。

A. 对流层中上层无水汽无云　　B. 整个对流层无云

C. 对流层中上层盛行下沉运动　　D. 沙漠

E. 卫星探测到的辐射能最大

42. 气溶胶粒子在大气物理过程中（ ABDE ）起着重要作用。

A. 云雾降水　　B. 大气辐射　　C. 大气环流

D. 大气光学电学　　E. 大气化学

43. 气压系统具有三维空间结构,下图中属于深厚系统的有（ AB ）。

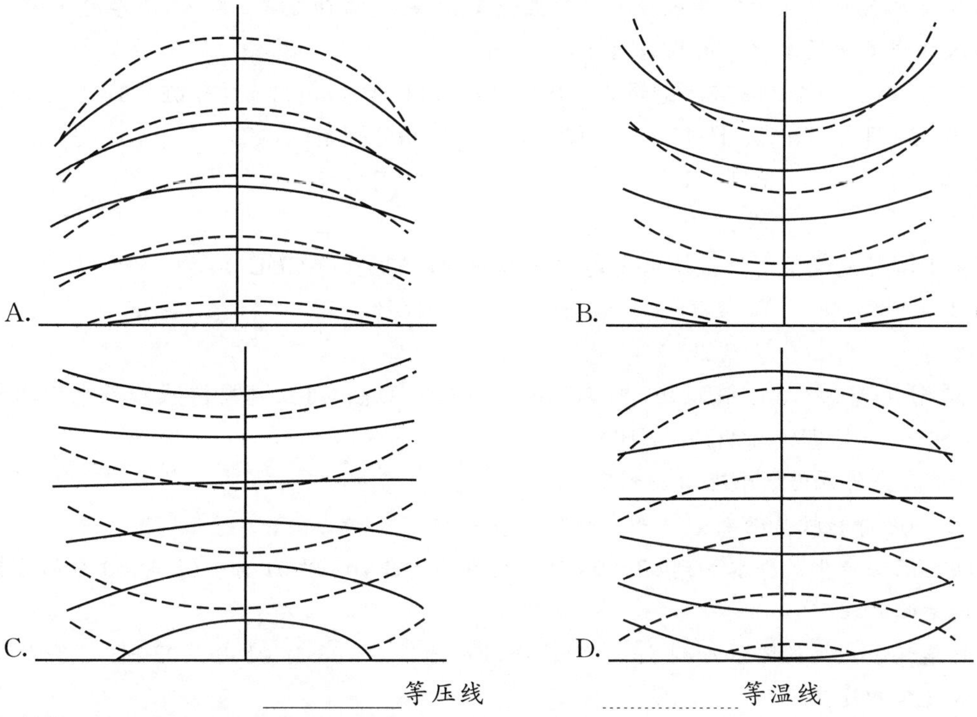

44. 振筒式气压表的频率因素由筒壁的（ ACD ）组成。

A. 拉伸效应　　B. 温度效应　　C. 压力效应　　D. 弯曲效应

45. 保证能见度仪能够精确测量应注意的关键问题有（ ACDE ）。

A. 光源的波段宽度　　B. 准确测量出接收光的光强

C. 光源和接收器前窗在测量波段内较高的稳定透明度

D. 精确测量出射光的光强　　E. 光电系统的温度控制

46. 关闭“放球软件”后,雷达主控箱的关闭顺序为（ CDAB ）。

A. 示波器开关　　B. 总电源开关

C. 发射高压开关　　　　D. 电机驱动箱开关(有顺序)

47. 下列情况中需重放球为(ACD)。

A. 观测获取的可用数据低于 500 hPa 高度

B. 500 hPa 以上温压湿要素连续失测或可信度差时间 $\Delta t>5$

C. 500 hPa 以上温压湿要素连续失测或可信度差时间 $\Delta t>7$

D. 获取可用数据观测持续时间不足 10 min

48. 下列哪种情况,相应量得风层测风数据按缺测处理。(AB)

A. 第 12～15 分钟失测　　　　B. 第 20～21 分钟失测

C. 第 22～23 分钟失测　　　　D. 第 43～44 分钟失测

49. 下面是《气象仪器和观测方法指南》关于雨量筒测得降水量的误差说法,其中正确的有(ABCD)。

A. 风场变形而导致的误差,一般对降雨为 2%～10%,对降雪为 10%～50%

B. 储水器内水分蒸发导致的误差为 0%～4%

C. 沾湿集水器内壁和倒空储水器时的沾湿误差,一般夏季为 2%～15%,冬季为 1%～8%

D. 溅入的或溅出的水导致的误差为 1%～2%

50. 已知 2016 年 2 月各日的雪深记录是:10 日 2 cm,11 日 9 cm(14 时补测),12 日 2 cm,15 日 5 cm,27 日 13 cm,28 日 15 cm。测量雪压的日期分别是(BCD)。

A. 10 日　　B. 11 日　　C. 15 日

D. 27 日　　E. 28 日

51. 下列属于国务院气象主管机构指定台站观测的项目的是(ACDE)。

A. 冻土　　B. 雪深　　C. 辐射　　D. 云

E. 蒸发　　F. 雪压

52. 06 时 30 分出现 0.1 mm 降水,07 时 30 分巡视仪器发现称重式雨量传感器承水口内沿有雨凇结成,下列处理正确的是(ABD)。

A. 07 时 35 分将内沿的雨凇收集到容器内

B. 将 07—08 时和收集雨凇分钟产生的降水量置空

C. 将收集雨凇产生的降水加到 07—08 时小时降水量中,07 时 01 分—08 时 00 分的分钟降水按缺测处理

D. 将收集雨凇产生的降水加到 06—07 时小时降水量中,06 时 01 分—07 时 00 分的分钟降水按缺测处理

53.《新型自动气象站实用手册》所指的地面气象观测自动化系统包括(AC)。

A. 自动化观测系统　　　　B. 软件系统

C. 综合集成硬件控制器　　　　D. 计算机

54. 硅电容式数字气压传感器测量气压时,当气压增大时,单晶硅膜盒的弹性膜片(A)弯曲,电容(C)。(有顺序)

A. 向上　　B. 向下　　C. 增大　　D. 减小

55. DPZ1 型综合集成硬件控制器通信控制模块支持(BCD)接入方式。

A. ST 光纤　　B. RS-232　　C. RS-422

D. RS-485　　E. 总线　　F. RJ45

56. SMO软件中，在设备管理的期间，(ACD)将观测数据置为"—"。

A. 标定　　B. 维修登记　　C. 停用　　D. 维护

57. SMO软件对小时和分钟采集数据文件的质控方法包括(ABCDEF)。

A. 格式检查　　B. 缺测检查　　C. 界限值检查

D. 极值参数检查　　E. 内部一致性检查　　F. 时间一致性检查

58. 新建、扩建、改建建设工程避免危害气象探测环境行政许可的受理机构，应当在收到全部申请材料之日起(A)内，按照(G)第三十二条和(H)第五条的规定作出受理或者不予受理的决定，并出具书面凭证。(有顺序)

A. 5个工作日　　B. 5日

C. 10个工作日　　D. 10日

E.《中华人民共和国气象法》　　F.《气象设施和气象探测环境保护条例》

G.《中华人民共和国行政许可法》

H.《新建扩建改建建设工程避免危害气象探测环境行政许可管理办法》

59. 下列气象要素中，(AFGI)进行质量控制时需做值域检查。

A. 云　　B. 能见度　　C. 天气现象　　D. 气压

E. 气温　　F. 相对湿度　　G. 风向　　H. 风速

I. 日照　　J. 降水　　K. 蒸发

60. 拟迁新址与现址观测资料对比评估，定时观测的2分钟风向进行对比期相符率统计，只有观测风速大于(B)m/s时，才统计风向相符率。拟迁新址与现址风向角度差小于(E)，即认为两者相符。(有顺序)

A. 0.1　　B. 0.2　　C. 0.3　　D. 20.0°

E. 22.5°　　F. 25.0°

61. 图1—3为1965—2014年拟迁站(54888)与参考站相对湿度差值变化图。由图1～3可看出，拟迁站(54888)与参考站的年平均相对湿度差值自1989年以来呈(B)变化趋势，而且差值越来越大；每5年平均相对湿度差值变化和每10年平均相对湿度差值年代际变化也表明，1989年以后差值越来越大。可以认为拟迁站(54888)与参考站的年平均相对湿度随时间变化一致性越来越(D)。

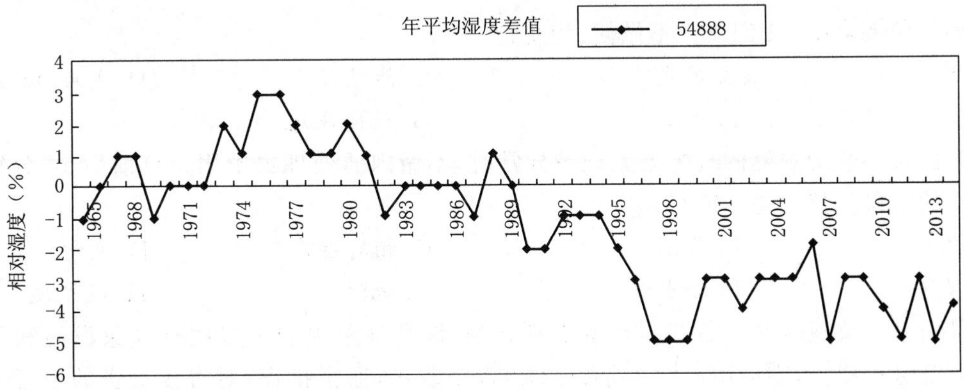

图1　拟迁站(54888)与参考站年平均相对湿度差值变化图

A. 正　　　　B. 负　　　　C. 好　　　　D. 差

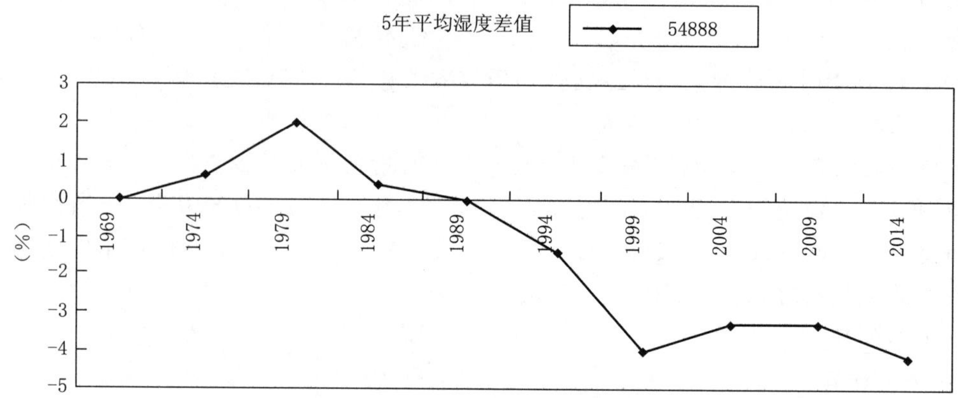

图 2　拟迁站(54888)与参考站年平均相对湿度每 5 年平均差值变化图

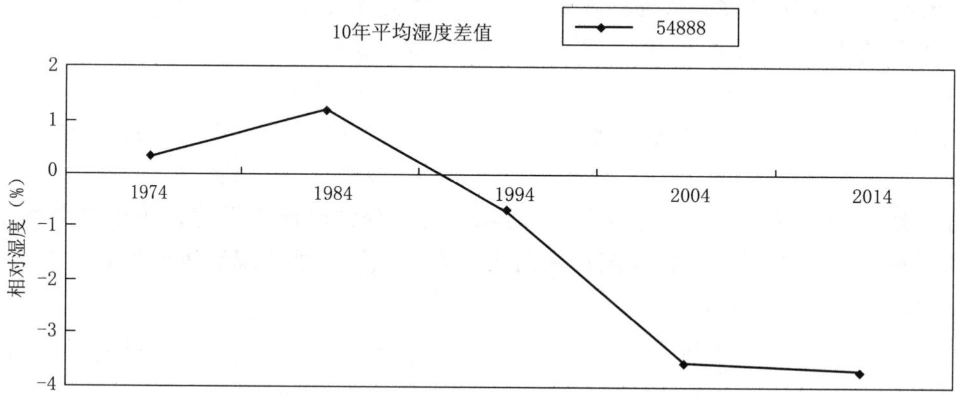

图 3　拟迁站(54888)与参考站年平均相对湿度每 10 年平均差值变化图

62. 用于日、候、旬、月、年值统计的基础数据来源于台站观测并经质量控制后的（ BDEA ）观测数据、部分要素的观测数据，以及日照观测数据和降水量数据。（有顺序）

A. 逐分钟　　B. 逐小时　　C. 逐日

D. 日　　E. 日累计

63. 下列气象要素中（ BCDF ）不做候、旬统计。

A. 降水　　B. 蒸发　　C. 能见度　　D. 浅层/深层地温

E. 日照　　F. 冻土　　G. 风向风速

64. 下列已实现自动观测的气象要素记录异常时，不做内插处理也不用正点前后 10 分钟接近正点的记录代替的是（ FH ）。

A. 气压　　B. 气温　　C. 相对湿度　　D. 风向

E. 风速　　F. 降水量　　G. 地温　　H. 能见度

65. 某县国家气象观测站气象探测环境受到影响，该县气象局职工未履行气象设施和气象探测环境保护职责，则应由（ C ）或者（ D ）责令改正，通报批评；对直接负责的主管人员和其他直接责任人员依法给予处分。

A. 该县人民政府　　B. 该县所属市人民政府

C. 该县所属市气象局　　D. 该县所属省气象局

66. 气象观测专用技术装备建设的同时，应同步建设（ ACE ）配套的设施，并开展相应培训。

A. 运行监控　　B. 质量控制　　C. 计量检定或现场校准

D. 应急储备　　E. 维修测试

67. 某站05—15时日数据文件中霾的记录如表所示，则日数据文件08时夜间与白天时段霾的记录处理正确的序号是（ BDE ）。

时次 序号	霾的记录（√表示记录霾）												
	05	06	07	08	09	10	11	12	13	14	15	夜间	白天
A	√	√	√	√	√	√		√	√	√	√	√	√
B		√	√	√	√	√	√					√	
C				√	√	√	√	√		√	√		√
D			√	√	√	√	√	√	√				√
E	√	√	√	√	√	√	√	√				√	√

68. 按照《综合气象观测系统发展规划（2014—2020年）》，装备保障业务实行（ ABCDH ）布局。

A. 国家　　B. 省　　C. 市　　D. 县

E. 一级　　F. 二级　　G. 三级　　H. 四级

69. 气象（ B ）化工作是气象事业提质增效升级、创新驱动发展的重要支撑，是全面推进气象（ D ）化的重要基础，是气象（ E ）化的重要环节。（有顺序）

A. 法制　　B. 标准　　C. 政府　　D. 现代

E. 信息　　F. 自动　　G. 社会

70. 下图中1—5所示位置分别是（ DBJGI ）的安装位置。（有顺序）

A. 能见度仪　　B. 串口服务器　　C. 配电箱　　D. 天气现象仪

E. 雨量传感器　　F. 小型蒸发　　G. 云观测设备　　H. 人工观测雨量筒

I. 蒸发专用雨量筒　　J. 雪深传感器

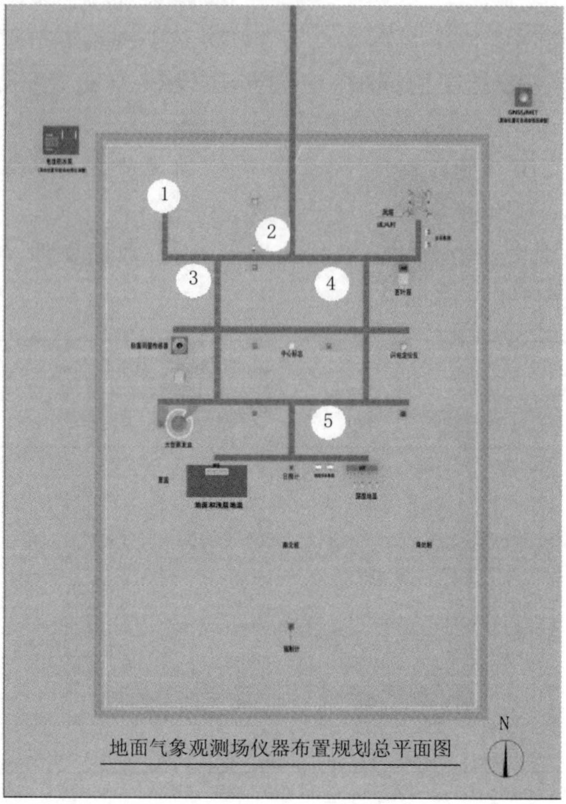

地面气象观测场仪器布置规划总平面图

判断题

(70 题，共 35 分，每小题 0.5 分。正确的打√；不正确或不完全正确的打×)

1.《气象灾害防御条例》规定，气象灾害防御工作涉及两个以上行政区域的，有关地方人民政府、有关部门应当建立联动制度，加强信息沟通和监督检查。(×)

2.《气象灾害防御条例》规定，气象灾害防御规划应当包括气象灾害发生发展规律和现状、防御原则和目标、易发区和易发时段、防御措施等内容。(×)

3. 当同时发生两种以上气象灾害且均没有达到预警标准，但可能或已经造成损失和影响时，根据不同程度的损失和影响在综合评估基础上启动相应级别应急响应。(√)

4. 省级气象部门收集、整理、审核历史气象灾情数据，形成以灾害性天气过程为时间单元、以市为地域单元的规范的气象灾情普查数据库，上报给国家气候中心。(×)

5.《全国气象灾情收集上报技术规范》规定，“失踪人口”指以气象灾害为直接原因导致下落不明、暂时无法确认死亡的人口数量(不含非常住人口)。(×)

6.《全国气象灾情收集上报技术规范》规定，“倒塌房屋”“损坏房屋”统计时不包括独立的厨房、牲畜棚等辅助用房、活动房、工棚、简易房和临时房屋。(√)

7.《国务院办公厅关于加强气象灾害监测预警及信息发布工作的意见》要求，县、乡级人民政府有关部门，学校、医院、社区、工矿企业、建筑工地等要指定专人负责气象灾害预警信息接收传递工作。(√)

8.《国务院办公厅关于加强气象灾害监测预警及信息发布工作的意见》指出，气象灾害预警信息由各级气象部门负责制作，因气象因素引发的次生、衍生灾害预警信息由气象部门与有关部门和单位联合制作，根据政府授权按预警级别分级发布，其他组织和个人不得自行向社会发布。（ × ）
9. 现代农业气象服务示范县应设置农业气象服务岗位。（ √ ）
10. 气象灾害防御示范乡镇至少有1名气象信息员，所辖各村至少有1名气象协理员（ × ）
11. 现代农业气象服务示范县应每年组织至少一次农业气象服务需求调研活动。（ √ ）
12. 各行政村和农业园区或农业专业生产企业、学校、医院等重点单位，根据当地气象灾害发生特点，编制气象灾害防御预案或应急行动计划，并在所辖乡镇备案。（ √ ）
13. 示范田冬小麦、夏玉米气象观测以人工观测为主，自动观测为辅。观测内容包括生长发育实景监测、田间小气候观测、农情与灾情调查。（ × ）
14.《中小河流洪水和山洪灾害风险普查规范》中要求中小河流洪水的普查信息细化到行政村单位，山洪灾害细化到乡镇单位。（ × ）
15. 全国中小河流洪水、山洪灾害风险普查范围是以中小河流域或山洪沟为单元，全面普查区域内的中小河流洪水或山洪等灾害。（ √ ）
16. 各级气象主管机构在检查中发现超过保存期和有破损的人雨弹、火箭弹时，应立即封存，由县级以上气象主管机构及时组织回收保管，并由市级气象主管机构组织销毁。（ × ）
17. 高炮人工防雹增雨作业炮位周围要视野开阔，视角不小于45度，射击点远离居民区500米以上。（ √ ）
18. 人工影响天气工作采用国家、区域、省、市、县五级作业指挥系统。（ √ ）
19. 强冷空气是使某地的日最低气温48 h内降温幅度大于或等于8℃，而且使该地日最低气温下降到4℃或以下的冷空气。（ × ）
20. 某站某日12小时降水总量为60 mm，该站的降水强度等级为大暴雨。（ × ）
21. 延伸期预报业务的预报时效为11～30 d。（ √ ）
22. 预警信号由名称、图标、标准和防御指南组成，分为台风、暴雨、暴雪、寒潮、大风、沙尘暴、高温、干旱、雷电、冰雹、龙卷、霜冻、雾霾、道路结冰等。（ × ）
23. 发布暴雨黄色预警信号的标准是：3 h降雨量将达到50 mm以上，或者已达50 mm以上且降雨可能持续。（ × ）
24. 现代气象业务体系与国家气象科技创新体系、气象人才体系共同构成气象现代化体系，是中国特色气象事业的主要组成部分。（ √ ）
25. 短时预报是指对未来0～12 h天气过程和气象要素变化状态的预报，预报的时间分辨率应小于等于3 h，其中0～2 h预报为临近预报。（ × ）
26. 推进县级综合气象业务改革发展，要坚持公共气象发展方向，形成业务一体化、功能集约化、岗位多责化的县级综合气象业务，全面推进基层气象业务现代化，不断增强县级气象机构综合实力、气象创新活力和气象工作影响力。（ √ ）
27. 水汽通量越大，表示水汽辐合越强。（ × ）
28. 在一定条件下，地形对降水有两个作用，一是动力作用，二是云物理作用。（ √ ）
29. 所谓锋区，是指温度不同的两个气团之间的过渡区。（ × ）

30. 我国的雨带常位于副热带高压的东南侧。(×)
31. 当大气中密度的分布仅仅随气压而变化时,这种状态的大气被称为正压大气。(√)
32. 通常把 850 hPa 或 700 hPa 等压面上,风速≥12 m/s 的西南风极大风速带称为低空急流。(√)
33. 大气层结稳定度主要取决于气压随高度的变化情况。(×)
34. 大气中的凝结和降水过程与上升运动有密切关系。(√)
35. 华北与东北雨季的降水特点:降水强度大,持续时间长。(×)
36. 使用 PPI 上的雷达资料时,不同 R 处回波处于相近的高度上。(×)
37. 在多普勒雷达径向速度图上,零等速度线上的实际风向与雷达波束垂直。(√)
38. 根据卫星云图上云的外形将云分为三个主要类别,即积状云、层状云和卷状云。(√)
39. 北半球洋流基本上顺时针流动,大陆东岸一般是从低纬到中高纬的暖洋流,大陆西岸一般是从中高纬到低纬的冷洋流。(×)
40. 地球、太阳和大气辐射的波长范围基本上在 0.1～120 μm。(√)
41. 雷暴云的荷电结构大多为下部正电荷,所以在地闪中正地闪次数多。(×)
42. 仪器的灵敏度指单位测量的变化所引起的指示仪表输入的变化。(×)
43. 太阳直接辐射的分波段测量可用来确定大气浑浊度和气溶胶的光学强度。(×)
44. 土壤含水量的测定通常是指使用专用的取土钻,土样要在 25 g 以上,在 100 ℃的烘箱中烘烤直到土样重量不再变化。(×)
45. 雷达测风和无线电经纬仪测风需对所测仰角和距离进行大气折射修正。(×)
46. 纯单测风文件的工作方式不能选为“综合观测”方式,测风方式可选为“无斜距测风”方式。(×)
47. 0 ℃层只能选一个。当地面层瞬间温度在 0 ℃及以下时,地面层即为 0 ℃层。(×)
48. 测量结果的复现性是指在同样的测量条件下,对相同的被测量进行测量的结果之间相一致的程度。(×)
49.《仪器与观测方法指南》中定义的白天气象能见度为相对于雾、天空等散射光背景下观测时,一个安置地面附近的适当尺度的黑色目标物能被看到和辨认出的最大距离。(√)
50. 视程障碍现象自动判识的台站,ISOS 软件中视程障碍现象重要天气报按人工能见度编发标准的 0.75 倍设置。(×)
51. 地面气象应急加密观测指令中明确加密观测结束时间的,在最后一次加密观测结束后自动解除加密观测,加密观测指令发布单位无须发布解除加密观测指令。(√)
52. 守班期间,因网络故障导致整套自动站数据无法传输,经排查在 1 小时内无法恢复时,及时启用备份自动站。(×)
53. 综合集成硬件控制器通信控制模块通过串口与观测设备连接,光电转换模块通过网口与业务终端计算机连接。(√)
54. 前向散射能见度传感器安装时南北安置,接收单元在南,发射单元在北。(√)
55. 称重式降水传感器应每日定时进行仪器小清洁,遇有承水口沿被积雪覆盖,应及时将口沿积雪扫入桶内。(√)
56. MOI 软件中“自动观测”框中的各要素均可直接修改。(×)

57. 申请人取得新建、扩建、改建建设工程避免危害气象探测环境行政许可后，如果建设规划或工程设计发生变化，申请人应当重新申请。（ √ ）
58. 新建、扩建、改建建设工程避免危害气象探测环境行政许可申请人为公民的，还应当提交新建、扩建、改建建设工程概况和规划总平面图。（ × ）
59. 超出气候学界限值范围的资料为错误资料。（ √ ）
60. 露点温度的气候学界限值范围是－80～50 ℃。（ × ）
61. 现址与拟迁新址观测数据差异的显著性检验是利用现址20年的观测要素数据月(年)平均值序列，对拟迁新址平行观测期的月(年)平均值进行显著性检验。（ × ）
62. 某国家级气象观测站迁站后进行对比，则新、旧站址A文件的文件名应分别为“AIIiii-YYYYMM-9. TXT”“AIIiii-YYYYMM. TXT”。（ × ）
63. 自动观测视程障碍现象，重要天气报告中的能见度(95VVV编码组中的VVV)以“过去10分钟平均值”的最小“10分钟滑动平均值”为准，以10 m为单位编报，不足10 m时，米数直接舍去，高位不足补“0”。（ × ）
64. 根据地面气象资料实时统计处理业务规定(试行)，一月中各日值缺测7次或以上时，月日数按缺测处理，但需记录实有记录数。（ √ ）
65. 气象设施和气象探测环境保护实行分级保护、分类管理的原则。（ × ）
66. 虽因工作需要，气象观测业务试用过程中也不得使用尚未取得气象专用技术装备许可证的产品。（ × ）
67. 在国家级地面气象观测站观测场四周障碍物控制区外的建设工程无需进行避免危害气象探测环境的行政许可。（ × ）
68. 某站某日08时自动站相对湿度缺，进行人工补测，08时自动站观测的气温为－9.8 ℃，而干球温度是－10.5 ℃，则需用毛发湿度表进行补测，即水汽压、露点温度用干球温度和经过订正后的毛发湿度表读数反查求得。（ × ）
69. 依法规范全社会的气象活动包括加强对气象设施和探测环境保护、涉外气象活动的管理，及时制止和查处违反气象法律法规的行为。（ √ ）
70. 综合观测标准化工作总体目标是：到2017年，建成比较完备的综合观测标准化体系，有效解决标准不足、质量不高、应用不好的问题，综合观测全流程标准化率达到90％以上，基本适应气象业务现代化需求。（ × ）

2.4 湖北省综合气象业务基础理论试题

单项选择题

(共 100 题,每小题 0.4 分,满分 40 分):

1. 下列内容在《气象灾害防御条例》没有规定或要求的是(D)。
   A. 气象灾害防御知识宣传普及　B. 次生灾害监测和应急处置
   C. 罚则　D. 实施灾后重建
2. 在应急处置中,县级以上地方人民政府应当根据灾害性天气影响范围、强度,将可能造成人员伤亡或者重大财产损失的区域临时确定为(B),并及时予以公告。
   A. 气象灾害易发区　B. 气象灾害危险区
   C. 气象灾害风险区　D. 气象灾害高危区
3.《气象灾害防御条例》第三十八条规定:县级以上人民政府有关部门应当按照各自职责,做好相应的应急工作。此处涉及部门共有(C)个。
   A. 9　B. 10　C. 11　D. 12
4.《国家气象灾害应急预案》规定,气象部门及时发布气象灾害监测预报信息,并与公安、民政、环保、国土资源等(C)个相关部门建立相应的气象及气象次生、衍生灾害监测预报预警联动机制,实现相关灾情、险情等信息的实时共享。
   A. 11　B. 12　C. 13　D. 14
5.《国家气象灾害应急预案》规定,气象灾害预警信息发布遵循"归口管理、(C)"原则。
   A. 统一制作、统一发布　B. 统一制作、分级发布
   C. 统一发布、快速传播　D. 分类发布、共同传播
6.《国家气象灾害应急预案》的气象灾害预警标准中,对于没有超出本省(区、市)处置能力,以下不可能启动Ⅰ级预警的气象灾害是(D)。
   A. 暴雨　B. 台风　C. 干旱　D. 寒潮
7.《气象灾情收集上报调查和评估规定》指出,当发生小型及以上气象灾害后,县级气象主管机构应当立即(B)和评估。
   A. 调取历史资料计算重现期　B. 赴现场进行实地调查
   C. 会商讨论成因　D. 按照上级指示开展服务
8.《全国气象灾情收集上报技术规范》的气象灾害所属的"地质灾害"类别包括(A)。
   A. 滑坡、泥石流、崩塌　B. 滑坡、山洪、地面沉降
   C. 大堤决口、泥石流、崩塌　D. 滑坡、山洪、崩塌
9.《国务院办公厅加强气象灾害监测预警及信息发布工作意见》指出:加强气象灾害监测预警及信息发布是防灾减灾工作的(B),是防御和减轻灾害损失的重要基础。
   A. 第一关口　B. 关键环节　C. 主要任务　D. 重大举措
10.《国务院办公厅加强气象灾害监测预警及信息发布工作意见》总体要求指出:监测、预报、预

警和应对应做到（ C ）。

A. 监测准确、预报可靠、预警及时、应对有效

B. 监测准确、预报精准、预警快速、应对有力

C. 监测到位、预报准确、预警及时、应对高效

D. 监测到位、预报可靠、预警准确、应对高效

11. 积极推进国家突发公共事件预警信息发布系统建设，形成国家、省、地、县四级（ A ）的气象灾害预警信息发布体系，实现预警信息的多手段综合发布。

A. 相互衔接、规范统一　　B. 统一规划、统一出口

C. 快速高效、相互衔接　　D. 联动高效、规范统一

12.《国务院办公厅加强气象灾害监测预警及信息发布工作意见》要求，各地区要把气象灾害科普工作纳入当地（ B ），通过气象科普基地、主题公园等，广泛宣传普及气象灾害预警和防范避险知识。

A. 经济社会发展规划　　B. 全民科学素质行动计划纲要

C. 政府绩效考核　　D. 科技发展规划

13. "百县千乡"气象服务示范区应建立有定期考核评估机制，以（ D ）为一个周期进行考核，按照成熟一个，批准一个的原则，对考核不合格的示范区撤销"现代农业气象服务示范县"或"气象灾害防御示范乡(镇)"称号，能进能退。

A. 1年　　B. 2年　　C. 3年　　D. 5年

14. "百县千乡"气象服务示范区的申请认定程序是（ C ）。

A. 县或乡(镇)向地市级气象局申请，地市级气象局向省气象局申请，省气象局向中国气象局申报复审和认定

B. 县或乡(镇)向地市级人民政府申请，地市级人民政府向省气象局申请，省气象局向中国气象局申报复审和认定

C. 县或乡(镇)向省气象局申请，省气象局向中国气象局申报复审和认定

D. 县向省气象局申请，省气象局向中国气象局申报复审和认定

15. 现代农业气象服务示范县应设置农业气象服务岗位，有（ B ）名以上相对固定的专职农业气象服务人员，其中至少1人为农业气象专业专科以上学历或经过省级及以上气象部门组织的农业气象专业培训并获合格证书。

A. 1　　B. 2　　C. 3　　D. 4

16. 现代农业气象服务示范县应具有至少一块农业气象服务示范田块，示范田土地面积在（ B ）以上。

A. 40亩　　B. 30亩　　C. 20亩　　D. 10亩

17. 现代农业气象服务示范县的气象局应与涉农部门建立良好的（ B ）机制。

A. 互动　　B. 合作　　C. 共享　　D. 共建

18. 现代农业气象服务示范县应与（ C ）以上重点服务对象建立"直通式"联系，将农用天气预报、农业气象灾害预警等信息及时传递给重点服务对象。

A. 80%　　B. 90%　　C. 95%　　D. 98%

19. 现代农业气象服务示范县应每年组织开展（ A ）农业气象服务效益评估。

A. 一次　B. 二次　C. 三次　D. 四次

20. 气象灾害防御示范乡(镇)各农业园区或农业专业生产企业、各学校、医院等重点单位至少应有(A)气象联络员。

A. 1 名　B. 2 名　C. 3 名　D. 4 名

21. 气象灾害防御示范乡(镇)(C)要在气象灾害危险区设立警示牌。

A. 每个乡镇　B. 每个灾害点　C. 每个村　D. 每个住宅密集区

22. 气象风险预警服务业务对外的服务产品主要以(A)预警信号提示用语的形式予以发布，在原有预警信号发布用语中增加中小河流洪水、山洪和地质灾害种类、灾害区域、灾害风险等级等文字说明。

A. 暴雨　B. 台风、暴雨

C. 台风、暴雨、雷电　D. 台风、暴雨、雷电、大风

23. 在进行山洪灾害实地调查时，下列不属于需要调查的山洪沟的基本信息的内容是(C)。

A. 山洪沟边界、流域面积　B. 沟口位置、河源位置

C. 社会人口　D. 涉及的行政村

E. 关联的自动气象站

24.《暴雨洪涝灾害致灾临界(面)雨量确定技术指南》中规定，中小河流是指流域面积(D)的河流。

A. 大于 100 km^2 小于 3000 km^2

B. 大于 200 km^2 小于 5000 km^2

C. 大于 300 km^2 小于 5000 km^2

D. 大于 200 km^2 小于 3000 km^2

25. 暴雨诱发的泥石流、滑坡灾害的普查以(B)行政单位为单元。

A. 地市级　B. 县级　C. 乡镇　D. 村级

26. 组织实施人工影响天气作业，应当具备适宜的天气气候条件，充分考虑当地防灾减灾的需要和(C)。

A. 作业范围　B. 社会影响　C. 作业效果　D. 经济效益

27.《国务院办公厅关于进一步加强人工影响天气工作的意见》(国办发〔2012〕44 号)要求加快建立(D)的安全生产监督管理体系。

A. 组织严密、职责明确、操作规范、保障有力

B. 组织严密、职责明确、制度严格、操作规范

C. 责任明确、操作规范、制度严格、保障有力

D. 责任明确、操作规范、制度严格、措施到位

28. 经批准的作业站点，必须调查和掌握高炮、火箭射程范围内的城镇、厂矿企业、村庄等人口稠密区的分布情况，绘制(D)。

A. 人口分布图　B. 作业区域图

C. 安全空域图　D. 安全射界图

29. 在实施火箭弹方式人工影响天气作业时，出现哑弹时，应关闭电源，至少应待(B)后，才能卸弹。

A. 3 min　　B. 5 min　　C. 15 min　　D. 30 min

30. 高炮防雹作业部位为（ D ）自然雹胚形成的位置。

A. 强正电荷区　　B. 强负电荷区

C. 强下沉气流区　　D. 强上升气流区

31. 在进行尺度分析时，下列系统水平方向上气压变化幅度相同时，（ A ）系统的水平气压梯度特征值最小。

A. 副热带高压　　B. 温带气旋　　C. 飑线　　D. 龙卷

32. 关于锋面坡度的描述：随纬度减低、两侧温差愈大、两侧风速差愈大分别对应的坡度是（ C ）。

A. 增大、愈大、愈小　　B. 增大、愈小、愈大

C. 减小、愈小、愈大　　D. 减小、愈大、愈小

33. 下列关于锢囚锋气团的说法正确是（ B ）。

A. 锢囚锋是因一个暖气团、一个冷气团在特殊地形作用下形成的

B. 锢囚锋是一个暖气团和两个冷气团相互作用下形成的

C. 锢囚锋是在一个冷气团和两个暖气团相互作用下形成的

D. 锢囚锋是多个暖气团和多个冷气团相互作用形成的

34. 锋面天气主要是指锋面附近的（ A ）。

A. 云和降水　　B. 温度和湿度

C. 温差和气压差　　D. 风力和降温

35. 冷锋后部偏北大风出现在（ A ）。

A. 冷锋后高压前沿气压梯度最大的地方

B. 高空冷温度槽区域

C. 高空温度平流零线区域

D. 高空冷平流最强的区域

36. 江淮梅雨高层（100 hPa 或 200 hPa）、中层（500 hPa）、低层（850 hPa 或 700 hPa）三层环流形势为（ B ）。

A. 低层为辐散区，中层为辐合上升区，高层为辐散层

B. 低层为辐合上升区，中层为无辐散区，高层为辐散层

C. 低层为辐合上升区，中层为辐散区，高层为无辐散层

D. 低层为无辐散区，中层为辐合上升区，高层为辐散层

37. 下列不属西北太平洋台风源地相对集中区是（ D ）。

A. 菲律宾以东洋面　　B. 关岛附近洋面

C. 南海中部　　D. 台湾以东洋面

38. 台风眼区直径一般为（ B ）。

A. 10～40 km　　B. 10～60 km　　C. 10～80 km　　D. 10～100 km

39. 中纬度地区的天气图一般采用的是（ A ）的天气图底图。

A. 兰勃特正形圆锥投影　　B. 极射赤面投影

C. 墨卡托投影　　D. 上述三种投影均可

40. 关于海平面气压场等压线分析基本原则，下列不正确的是(D)。
A. 同一条等压线上要素值处处相等
B. 等压线一侧的数值必须高于另一侧的数值
C. 等压线不能相交，不能分枝，不能在图中中断
D. 相邻两根等压线的数值必须是连续的，可以相等、或相差一个或以上间隔

41. 下图是 MICAPS 地面天气图中的某一陆地测站，其中能见度、海平面气压和过去 6 小时降水量分别是(D)。

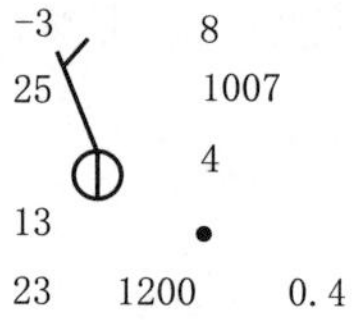

A. 13 km，1007 hPa，4 mm　　B. 13 km，1007 hPa，0.4 mm
C. 2.3 km，1007 hPa，4 mm　　D. 23 km，1007 hPa，0.4 mm

42. 雷达体扫模式 VCP21 定义为(B)。
A. 5 分钟内扫描 14 个具体仰角　　B. 6 分钟内扫描 9 个具体仰角
C. 10 分钟内扫描 5 个具体仰角　　D. 6 分钟内扫描 14 个具体仰角

43. 阵风锋在雷达低仰角反射率因子 PPI 图上表现为(C)。
A. 强带状回波　　B. 强片状回波
C. 弱窄带回波　　D. 弱片状回波

44. 在 0.5°仰角的径向速度图上，从雷达站开始往外，零等速度线先呈"S"形分布，然后呈反"S"形分布，表示雷达探测范围内(B)。
A. 有冷平流　　B. 中低层有暖平流，中高层有冷平流
C. 有暖平流　　D. 中低层有冷平流，中高层有暖平流

45. 在小区域内，一对最大入流/出流速度中心距雷达是等距离的，并且从雷达处沿径向往外看，最大入流速度中心位于左侧，则该区域的流场为(A)。
A. 气旋性旋转　　B. 反气旋性旋转
C. 辐合　　D. 辐散

46. 超级单体风暴区别于其他类型风暴的独特的动力学特性是：它总是伴随着一个持久深厚的(D)。
A. 中层径向辐合　　B. 悬垂回波
C. 弱回波区　　D. 中气旋

47. 超级单体风暴和多单体飑线的风矢量垂直切变的最大差别在于超级单体风暴在(D)有强的风切变。
A. 高层　　B. 中层　　C. 中低层　　D. 低层

48. 中气旋的水平尺度一般不超过(B)。
A. 4 km　　B. 10 km　　C. 20 km　　D. 200 km

49. TVS 的定义有 3 个判据：切变、垂直方向伸展和持续性，切变定义为相邻方位角沿方位方向的最大入流速度和最大出流速度的绝对值之和，在距雷达 60 km 内，这个值大于等于

(C),则认定为 TVS 的切变判据被满足。

A. 35 m/s　　B. 50 m/s　　C. 45 m/s　　D. 40 m/s

50. 在比较大的环境垂直风切变条件下,产生地面直线型大风的系统有多单体风暴、飑线和超级单体风暴,它们的一个共同预警指标是(B)。

A. 中气旋　　B. 中层气流辐合　　C. 弓形回波　　D. 弱回波区

51. 静止气象卫星的高度高,视野广阔,一个静止卫星可以对地球(D)的广大范围进行连续观测。

A. 南北 50°S～50°N,东西 100 个经度

B. 南北 70°S～70°N,东西 100 个经度

C. 南北 50°S～50°N,东西 140 个经度

D. 南北 70°S～70°N,东西 140 个经度

52. 卫星云图上看热带云团,最明显的特点是(A)。

A. 反气旋式辐散　　B. 气旋式辐合

C. 对称性云型　　D. 非对称性云型

53. 当同时出现或者预报可能出现多种气象灾害时,可以按照相对应的标准(A)预警信号。

A. 同时发布多种　　B. 发布最严重

C. 发布两种　　D. 最多只能发布三种

54. 冰雹的预警信号有(D)。

A. 蓝色、黄色、橙色、红色　　B. 黄色、橙色、红色

C. 黄色、橙色　　D. 橙色、红色

55. 短时和临近预报的内容包括短历时强降水、冰雹、雷雨大风、龙卷、雷电等强对流天气的强度、落区、(B)、可能的影响等。

A. 移动速度　　B. 移动方向　　C. 加强或减弱趋势　　D. 防御措施

56. 寒潮是指使某地的日最低气温 24 小时或 48 小时或 72 小时内降温幅度大于或等于一定的值,而且使该地日最低气温下降到某一值或以下的冷空气活动。此时,24 小时、48 小时、72 小时内降温幅度和日最低气温的值分别为(A)。

A. 8 ℃,10 ℃,12 ℃,4 ℃　　B. 8 ℃,10 ℃,12 ℃,5 ℃

C. 10 ℃,12 ℃,15 ℃,5 ℃　　D. 10 ℃,12 ℃,14 ℃,4 ℃

57. 基层气象台站对突发气象灾害预警信息发布要能实现全流程实时监控,包括(C)、产品签发、产品发布、预警信息发布设备运行状况等。

A. 指导产品接收　　B. 预报订正分析　　C. 产品制作　　D. 产品包装

58.《现代气象预报业务发展规划(2016—2020 年)》发展目标指出:到 2020 年,我国 GRAPES 全球数值天气预报可用预报时效达到(D)天。

A. 7　　B. 7.5　　C. 8　　D. 8.5

59.《气象信息服务管理办法》规定:气象信息服务单位应当向其营业执照注册地的(A)备案,并接受其监督管理。

A. 省、自治区、直辖市气象主管机构　　B. 设区的市级气象主管机构

C. 设区的市级以上气象主管机构　　D. 县级以上气象主管机构

60. 下列不属于县级气象预报预警业务内容的是（ D ）。
A. 灾害性天气实时监测预警业务
B. 气象灾害实时监测预警业务
C. 强对流天气和突发气象灾害的临近预报预警业务
D. 乡镇精细化气象要素预报的制作

61.《现代气象观测(第 2 版)》指出，室内大气湿度测量最精确的方法是（ B ）。
A. 吸收法　B. 称量法　C. 露点法　D. 光学法

62. 相对湿度变化 1%，干湿球温度差的变化规律为（ A ）。
A. 低温时比高温时要小得多　B. 高温时比低温时要小得多
C. 随湿度的增大而减小得多　D. 随湿度的增大而增大得多

63. 振筒式压力传感器的激振线圈和拾振线圈（ B ），两组线圈相隔一定距离。
A. 相互平行　B. 相互垂直　C. 成 45°夹角　D. 成 30°夹角

64.（ D ）虽是最主要的温室气体，但大气中其含量基本稳定，不会出现其他温室气体的累积现象，因此讨论温室气体一般不考虑。
A. 二氧化碳　B. 甲烷　C. 氧化亚氮　D. 水汽

65. 若以温度 $T=6000$ K 代表太阳温度，则太阳辐射的极值波长为（ B ）。
A. 0.296 μm　B. 0.483 μm　C. 0.760 μm　D. 0.879 μm

66. 云闪占全部闪电数的（ C ）以上。
A. 1/3　B. 1/2　C. 2/3　D. 4/5

67. 百叶箱应水平地固定在一个特制的支架上。支架应牢固地固定在地面或埋入地下，顶端约高出地面（ C ）cm。
A. 100　B. 115　C. 125　D. 135

68. 现用自动气象站湿度传感器的湿敏电容器上电极是一层多孔金膜，能透过水汽，下电极为一对刀状或梳状电极，引线由下电极引出，基板是（ A ）。
A. 玻璃　B. 陶瓷　C. 硅晶　D. 金属

69. 北京的纬度是北纬 39 度 54 分，北半球夏至日正午时分，假如测得的直接辐射为 960 W/m^2，则该时刻的水平面太阳直接辐射约为（ C ）W/m^2。
A. 616　B. 858　C. 921　D. 960

70.《气象仪器和观测方法指南(第 6 版)》指出，气象站的（ D ）是决定其代表性的关键因素。
A. 位置　B. 级别　C. 分布情况　D. 暴露状况

71. 高空放球时探空仪与瞬间观测的仪器的水平距离不应超过（ B ）。
A. 50 m　B. 100 m　C. 150 m　D. 200 m

72. 高空观测中，当仰角从某分钟开始低于测站“雷达最低工作仰角”，而后又回升到此值以上，测风记录（ A ）。
A. 照常处理　B. 按缺测处理
C. 前后正常值内插处理　D. 按最小二乘法多项式拟合曲线平滑

73. SMO 软件默认每（ C ）自动根据计算机系统时间对自动站采集器校时 1 次。
A. 分钟　B. 半小时　C. 小时　D. 天

74. 分钟资料实时入库程序，可把每分钟采集数据实时调入到（ C ）。

A. A库　　B. B库　　C. C库　　D. D库

75. 综合集成硬件控制器是实现自动气象站、云量、云高、天气现象、辐射等观测设备硬件集成的（ C ）设备。

A. 采集　　B. 处理　　C. 通信　　D. 管理

76. 在自动气象站采样瞬时值的数据质量控制中，若采样瞬时值超出极限范围，此时该值应标识为（ C ）。

A. 正确　　B. 存疑　　C. 错误　　D. 缺失

77. 新型自动气象站气象辐射历史数据下载的终端命令为（ D ）。

A. DMGD　　B. DMCD　　C. DMHD　　D. DOWN

78. 在自动气象站的采集器端测量某温度传感器（Pt100）电阻时，测得1、2端电阻为10 Ω，1、3端电阻为114 Ω，该传感器实际所测温度大约为（ A ）。

A. 10 ℃　　B. 15 ℃　　C. 20 ℃　　D. 25 ℃

79. ZQZ-TFS型风速传感器（霍尔效应电磁式）在风速达到大风（17 m/s）时风杯需要每秒转动（ C ）圈或以上。

A. 8　　B. 9　　C. 10　　D. 11

80. 承担辐射观测任务的台站，辐射表夜间可不加盖，但应在（ A ）前检查直接辐射表跟踪（对光点）、散射辐射表感应面遮蔽和净全辐射表薄膜罩状况。

A. 北京时08时　　B. 地方时08时

C. 日出前　　D. 交接班前

81. A文件中，基本站的云量方式为采用3次定时观测方式，X=（ C ）。

A. 1　　B. 6　　C. 9　　D. A

82. 若极值为经处理过的正点值，且该正点值为正点后10分钟内的代替数据、备份站正点记录、前后时次内插值或人工补测记录值，则极值出现时间记为（ B ）。

A. -　　B. 正点00分　　C. /　　D. ----

83. 新建、扩建、改建建设工程避免危害气象探测环境行政许可在审批过程中需要按照《中华人民共和国行政许可法》第四十五条规定进行技术审查（含现场踏勘）的，技术审查（含现场踏勘）时间一般不超过（ B ）。

A. 20个工作日　　B. 1个月　　C. 2个月　　D. 3个月

84.《地面气象观测资料质量控制（QX/T 118—2010）》规定相对湿度在过去60min内变化幅度的最小值为（ A ）。

A. 1%　　B. 2%　　C. 3%　　D. 4%

85. 根据《站址变动分析报告技术要求及报告样本》（气测函〔2011〕89号）进行拟迁台站观测资料完整性综合分析，某要素总缺测率为2.5%，则该资料完整性为（ C ）。

A. 序列完整　　B. 完整性较好

C. 完整性一般　　D. 完整性较差

86.《无线电探空资料质量控制（QX/T 123—2011）》规定：零度层的温度露点差应小于（ C ）。

A. 20 ℃　　B. 30 ℃　　C. 38 ℃　　D. 58 ℃

87.《地面气象辐射观测资料质量控制(QX/T 117—2010)》规定：总辐射最大辐照度的气候学界限值为(D)。

A. $-5\ W/m^2 \leqslant$ 总辐射最大辐照度 $\leqslant 1374\ W/m^2$

B. $-5\ W/m^2 \leqslant$ 总辐射最大辐照度 $\leqslant 2000\ W/m^2$

C. $0\ W/m^2 \leqslant$ 总辐射最大辐照度 $\leqslant 1374\ W/m^2$

D. $0\ W/m^2 \leqslant$ 总辐射最大辐照度 $\leqslant 2000\ W/m^2$

88.《高空气象资料实时统计处理业务规定》(气预函〔2016〕37 号)规定的算法所指时间(除特殊说明外)均为(B)。

A. 北京时　B. 世界时　C. 地方平均太阳时　D. 真太阳时

89. 某站 06:50 日出，06:40—07:00 小时曝辐量缺测，07:00—08:00 小时曝辐量为 210，则 06:50—07:00 小时曝辐量为(A)。

A. 17.5　B. 52.5　C. 105　D. 210

90. 按照《地面气象资料实时统计处理业务规定(试行)》(气预函〔2015〕58 号)规定，若某一日最高气温为 35.8 ℃，出现时间在 14 时 35 分和 15 时 20 分，则该日最高气温出现时间记录为(C)。

A. 14 时 35 分　B. 15 时 20 分　C. 6 时 35 分　D. 7 时 20 分

E. 14 时 35 分、15 时 20 分任选 1 个　F. 6 时 35 分、7 时 20 分任选 1 个

91. 按照《地面气象资料实时统计处理业务规定(试行)》(气预函〔2015〕58 号)规定，自动观测的日降水量统计规定为(B)。

A. 采用日数据文件中当日 20—08 时、08—20 时雨量筒观测降水量求和

B. 采用前一日 21 时(北京时)至当日 20 时(北京时)，24 个整点 1 小时降水量求和

C. 以 A 文件中的 20—20 时降水量为准

D. 采用 A 与 B 两种方法均可

92.《气象资料分类与编码(QX/T 102—2009)》规定地面天气资料的标识符为(A)。

A. WEA　B. CLI　C. BOU　D. SYP

93.《气象设施和气象探测环境保护条例》要求，禁止在大气本底站周边(C)范围内设置垃圾场、排污口等污染源。

A. 500 米　B. 1000 米　C. 1 万米　D. 3 万米

94.《气象专用技术装备使用许可证》有效期届满需要延期的，被许可人应当在有效期届满(C)日前，向国务院气象主管机构提出延续申请。

A. 三十　B. 四十五　C. 六十　D. 九十

95.《气象探测环境保护规范地面气象观测站(GB 31221—2014)》规定，国家基准气候站的观测场上风方向 5000 m 范围内还不宜规划人口总数超过(B)。

A. 2000 人　B. 5000 人　C. 10000 人　D. 20000 人

96.《综合气象观测系统发展规划(2014—2020 年)》指出，观测信息获取业务实行(B)布局。

A. 台站一级　B. 国家和台站两级

C. 国家、省和台站三级　D. 国家、省、地和台站四级

97.《中共中国气象局党组关于全面推进气象法治建设的意见(中气党发〔2015〕1 号)》指出：全

面推进气象法治建设，必须与全面推进气象现代化和全面深化气象改革统筹兼顾、协调同步、(C)。

A. 相得益彰　　B. 力足先行　　C. 共同推进　　D. 稳步发展

98.《中国气象局办公室关于印发综合观测标准化工作方案(2015—2017年)的函》(气办函〔2015〕175号)指出，到2017年，建成比较完备的综合观测标准化体系，有效解决标准缺失、质量不高、应用不好的问题，综合观测全流程标准化率达到(C)以上，基本适应气象业务现代化需求。

A. 70%　　B. 80%　　C. 90%　　D. 95%

99.《中国气象局关于贯彻落实国务院〈深化标准化工作改革方案〉的实施意见》(气发〔2015〕71号)指出，气象标准化工作是气象事业(D)、创新驱动发展的重要支撑。

A. 信息化水平　　B. 规范化管理

C. 标准化建设　　D. 提质增效升级

100.《观测司关于加强地面气象观测标准化工作的通知》(气测函〔2015〕126号)要求，墙面必须悬挂能见度目标物分布图、观测员职责、值班制度、交接班制度、(A)。

A. 场地仪器设备维护制度　　B. 历年气候资料图表

C. 工作流程　　D. 综合气象员职责

多项选择题

(共100题，每小题0.8分，满分80分)：

1.《气象灾害防御条例》要求，在做好气象灾害预防工作中，县级以上地方人民政府应当组织气象等有关部门需做好的工作包括(ABCD)。

A. 开展气象灾害普查　　B. 建立气象灾害数据库

C. 进行气象灾害风险评估　　D. 划定气象灾害风险区域

2.《气象灾害防御条例》要求，(BCD)等气象灾害性天气多发区域，应加强紧急避难场所建设。

A. 强降水　　B. 大风(沙尘暴)　　C. 龙卷风　　D. 台风

3.《国家气象灾害应急预案》规定，气象灾害应急组织体系由(AB)组成。

A. 国家应急指挥机制　　B. 地方应急指挥机制

C. 部门应急指挥机制　　D. 区域应急指挥机制

4.《国家气象灾害应急预案》规定，气象部门建立以(CD)为基础的气象灾害调查收集网络，组织气象灾害普查、风险评估和风险区划工作，编制气象灾害防御规划。

A. 县　　B. 乡镇　　C. 社区　　D. 村镇

5.《国家气象灾害应急预案》规定，气象部门发布的气象灾害预警信息内容包括气象灾害的类别、预警级别、起止时间、(ABCD)。

A. 可能影响范围　　B. 警示事项

C. 应采取的措施　　D. 发布机关

6. 根据《气象灾情收集上报调查和评估规定》，下列说法正确的是(ABCD)。

A. 各级气象部门应当在灾害发生的2小时内及时进行灾情数据收集和初报

B. 在灾情发生6小时内，通过决策服务平台中的直报系统上报重要灾情

C. 对于需要更新或者修订的数据应在12～24小时内及时更正并经过确认审核后上报

D. 各级气象部门对于收集上报的灾情数据应当同时在本地存储

7. 按照《气象灾情收集上报调查和评估规定》，以下属于大型气象灾害的是(BCD)。

A. 因灾死亡100人(含)以上

B. 直接经济损失1亿元(含)以上10亿元以下

C. 因灾死亡30人(含)以上100人以下

D. 伤亡总数100人(含)以上300人以下

8. 根据《全国气象灾情收集上报技术规范》要求，以下对灾情填报各字段具体要求描述正确的有(AD)。

A. “灾害发生地名称”可以同时填写多个地点，用逗号隔开

B. “灾害开始日期”“灾害结束日期”两个时间不可以相同

C. “农作物受灾面积”填报时，如果同一地块的当季农作物多次受灾，每次受灾面积均需计算在内

D. “转移安置人口”指因受到灾害威胁、袭击，需在24小时内离开其住所转移到其他地方的人口数量

9.《国务院办公厅加强气象灾害监测预警及信息发布工作意见》要求气象预警信息发布，要以提高(CD)为重点。

A. 精细化　　B. 准确性　　C. 时效性　　D. 覆盖面

10.《国务院办公厅加强气象灾害监测预警及信息发布工作意见》要求强化预警信息发布，主要内容包括(ACD)。

A. 完善预警信息发布制度　　B. 健全预警联动机制

C. 加快预警信息发布系统建设　　D. 加强预警信息发布规范管理

11.《国务院办公厅加强气象灾害监测预警及信息发布工作意见》要求强化预警信息传播，主要内容包括(ABC)。

A. 充分发挥新闻媒体和手机短信的作用　　B. 完善预警信息传播手段

C. 加强基层预警信息接收传递　　D. 强化预警信息覆盖面

12.《国务院办公厅加强气象灾害监测预警及信息发布工作意见》要求，地方各级人民政府要综合运用(ABCDE)等手段，大力推进气象灾害监测预警及信息发布工作。

A. 经济　　B. 法律　　C. 行政　　D. 工程　　E. 科技

13. “百县千乡”气象为农服务示范区创建指导思想指出：在我国(AD)创建气象为农服务示范区，充分发挥典型示范和辐射带动作用，促进基层气象服务能力和水平的提高。

A. 粮食等重要农产品供给区　　B. 气象灾害防御薄弱区

C. 设施农业和特色农业重点区　　D. 气象灾害高发重发区

14. “百县千乡”气象为农服务示范区应处于国家、省、市现代农业示范区，或农业部(ABD)确定的范围内。

A. 优势农产品区域布局规划　　B. 新一轮“菜篮子”工程规划

C. 设施农业工程规划　　D. 特色农产品区域布局规划

15. 现代农业气象服务示范县应具有便捷高效的农业气象业务服务平台，实现农业气象服务产品（ ACD ）等自动化、集约化、规范化、标准化。

A. 加工制作 B. 宣传包装 C. 信息管理 D. 产品分发

16. 对于以种植棉花为示范田块的现代农业气象服务示范县，其服务内容主要包括（ ABCD ）。

A. 农用天气预报

B. 主要发育期预报

C. 棉花气象灾害监测、预报预警

D. 精细化棉花农业气候区划与棉花气象灾害风险区划

17. 气象灾害防御示范乡（镇）要收集整理村民电话号码和手机号码，当重大气象灾害发生时，由（ ABCD ）通过电话、手机由点到面迅速传播预警信息。

A. 各行政村主要负责人 B. 气象协理员

C. 气象信息员 D. 气象联络员

18. 气象信息员主要承担的工作包括（ ABCD ）。

A. 主动接收和主动分发气象灾害预警信息工作

B. 农业气象服务信息传播工作

C. 气象灾情收集和气象服务需求反馈工作

D. 开展农村防雷工作

19. 气象灾害防御示范乡（镇）要按照“有固定场所、有设备、（ ACD ）”的基本条件，在乡镇建设气象信息服务站、在村或农业“园区”建设气象信息服务点。

A. 有人员 B. 有专项经费 C. 有管理制度 D. 有长效机制

20. 气象灾害防御示范乡（镇）要调查乡镇辖区内（ BCD ），编制乡镇气象灾害风险地图。

A. 人口构成 B. 自然环境

C. 社会环境 D. 防灾减灾资源

21. 气象灾害防御示范乡（镇）气象灾害防御分管领导应参加气象知识专题学习，（ BCD ）应参加气象防灾减灾业务培训。

A. 各行政村主要负责人 B. 气象协理员

C. 气象信息员 D. 气象联络员

22.《暴雨诱发中小河流洪水和山洪地质灾害气象风险预警服务业务规范（试行）》中规定的灾害风险资料包括（ ABCD ）。

A. 中小河流水利水文资料 B. 山洪沟和地质灾害隐患点信息

C. 地理信息数据 D. 经济社会与灾情资料等信息

23.《山洪灾害实地调查指南》要求的山洪沟参数测量内容主要包括（ ABC ）。

A. 河道宽度 B. 河床相对地面的深度

C. 河床海拔高度 D. 河流水位

24. 水库特征水位主要有（ ADE ）。

A. 防洪高水位 B. 警戒水位

C. 保证水位 D. 设计洪水位

E. 校核洪水位

25. 气象风险预警服务的主要内容是(ABCD)。
A. 暴雨洪涝灾害风险普查
B. 确定致灾临界雨量和风险等级指标
C. 确定暴雨诱发中小河流洪水和山洪地质灾害气象风险等级
D. 面向各级决策部门、社会公众开展的气象预警服务

26. 人工影响天气是指为避免或者减轻气象灾害,合理利用气候资源,在适当条件下通过科技手段对局部大气的物理、化学过程进行人工影响,实现增雨雪、防雹、(ABC)等目的的活动。
A. 消雨　B. 消雾　C. 防霜　D. 消霾

27.《国务院办公厅关于进一步加强人工影响天气工作的意见》(国办发〔2012〕44 号)要求做好重点领域作业服务,其主要内容包括(ABD)。
A. 强化对农业生产的服务　B. 合理开发空中云水资源
C. 积极开展清洁空气服务　D. 全力做好突发事件应对和重大活动保障

28. 采用向空中施放人雨弹、火箭弹、焰弹等方式实施人工影响天气作业的,作业结束后,应完成的工作有(ABCD)。
A. 及时清点、回收弹壳
B. 统计故障弹,上报作业情况
C. 对高炮、火箭发射架进行维护
D. 将高炮、火箭发射架存放于库房中

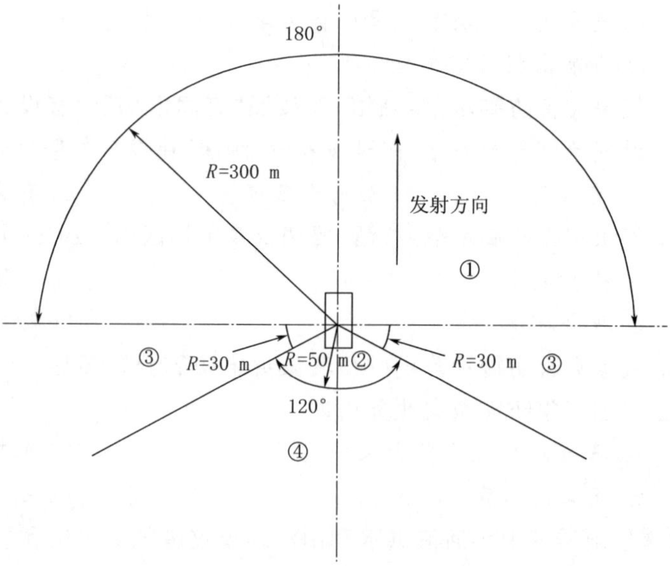

29. 右图是火箭发射场地安全区、禁区范围示意图:
①区为发射架前方 180°内半径 300 m 的扇形区
②区为发射架后方 120°半径 50 m 的扇形区
④区为发射架后方 120°扇形区除去②区的部分
③区为发射架四周①与②剩下半径在 30 m 以外的区域
下列说法正确的是(ABCD)。
A. ①区为禁区　B. ②区为禁区
C. ③区为安全区　D. ④区为安全区

30. 高炮防雹作业的物理依据是(AD)。
A. 过量催化　B. 静力催化
C. 动力催化　D. 爆炸影响

31. 大气运动中,风与气压关系密不可分,下列说法正确的是(BC)。
A. 地转风速与气压梯度力成反比

B. 地转风与等压线平行，在北半球背风而立，高压在右，低压在左

C. 低压中，风呈逆时针旋转。高压中，风呈顺时针旋转

D. 地转风大小与纬度成正比

32. 关于大气的热量来源，下列说法正确的是（ AB ）。

A. 大气热量的最终来源是太阳

B. 大气热量的主要来源是地球表面

C. 大气吸收太阳短波辐射得到的热量较多

D. 大气吸收地球表面长波辐射得到的热量较少

33. 气团是指气象要素主要是指（ BC ）等水平分布比较均匀的大范围空气团。

A. 气压　　B. 温度　　C. 湿度　　D. 风场

34. 根据锋伸展的不同高度，锋可分为（ ABC ）。

A. 对流层锋　　B. 地面锋　　C. 高空锋　　D. 静止锋

35. 下列有关锋生锋消说法正确的有（ BCD ）。

A. 我国南方锋生区是华南地区，北方锋生区是东北地区

B. 春季南方锋生比北方锋生更为频繁

C. 北方锋生由明显的季节变化

D. 地形对锋生有很大作用，南岭北坡是常见的静止锋锋生区

36. 除具备一般降水所必须满足的三个条件外，形成暴雨还必须满足如下（ ACD ）条件。

A. 充分的水汽供应　　B. 强的垂直风切变

C. 强热的上升运动　　D. 较长的持续时间

37. 梅雨是长江中下游夏天典型降水，在500 hPa天气图上，在北纬50°～70°高纬地区往往存在阻塞高压环流形势，下列说法正确的有（ ABC ）。

A. 三阻型：在北纬50°～70°高纬地区，常有3个稳定的阻塞高压或高压脊

B. 双阻型：在北纬50°～70°高纬地区，常有2个稳定的阻塞高压或高压脊

C. 单阻型：在北纬50°～70°高纬亚洲区，有1个在贝加尔湖以北的阻塞高压

D. 多数年份，梅雨期的中期和后期，容易出现第三种类型即单阻型，也称“标准型”

38. 以下关于华北和东北雨季的降水特点描述正确的是（ ACDE ）。

A. 降水强度大，持续时间短　　B. 相对湿度大，日照时间短

C. 降水时段集中　　D. 暴雨与地形关系密切

E. 降水的局地性强，年际变化大

39. 影响我国降水的西风带长波槽有（ ABCD ）。

A. 巴尔喀什湖大槽　　B. 贝加尔湖大槽

C. 太平洋中部大槽　　D. 青藏高原西部低槽

40. 下列有关台风的说法正确有（ ABC ）。

A. 从水平结构分析，台风由三个部分组成：大风区、涡旋区、台风眼

B. 从垂直结构分析，台风有三层：流入层、中层、流出层

C. 台风正涡度区只集中在距中心150～200 km范围内

D. 台风区的低层，温度水平梯度很大

41. 台风暴雨主要类型有(BCD)。
A. 台风大风和暴潮造成暴雨
B. 台风与西风带系统或热带其他系统共同作用造成暴雨
C. 台风环流本身造成暴雨
D. 因地形作用,台风暖湿气流被迫抬升造成暴雨

42. 新一代天气雷达主要由(CDE)子系统构成。
A. 发射机系统和接收机系统
B. 信号处理器系统
C. 雷达数据采集系统
D. 主用户终端系统
E. 雷达产品生成系统

43. 天气雷达是用(ACD)等参量来指示降水粒子空间位置的。
A. 仰角
B. 高度
C. 斜距
D. 方位

44. 在雷达反射率因子 PPI 图上,对流云降水的回波特征有(BCD)。
A. 有零度层亮带
B. 反射率因子空间梯度大
C. 强度中心的反射率因子常在 35 dBz 以上
D. 具有比较密实的结构
E. 回波顶高度高

45. 以下关于超折射回波说法正确的有(ABC)。
A. 超折射回波容易出现在逆温和/或湿度随高度迅速减小的情况下
B. 超折射回波容易出现在子夜、清晨以及大雨刚刚过后
C. 超折射回波主要出现在最低扫描仰角
D. 超折射回波的反射率因子水平梯度一般比较小

46. 根据积云中盛行的垂直速度的大小和方向,普通风暴单体的生命史通常包括(BCD)阶段。
A. 发展阶段
B. 塔状积云阶段
C. 成熟阶段
D. 消亡阶段

47. 超级单体风暴是局地对流风暴发展的最强烈形式,与经典超级单体伴随的灾害性天气有(ABCD)。
A. 冰雹
B. 龙卷
C. 下击暴流
D. 暴洪

48. 对于飑线来说,灾害性天气易发生在(AD)。
A. 飑线的断裂处
B. 飑线连续处
C. 飑线的后侧
D. 飑线和边界的交汇处附近

49. 以下(ABCDE)是常见的大冰雹雷达回波特征。
A. 宽广的弱回波区或有界弱回波区
B. 强烈的风暴顶辐散
C. VIL 季节高值
D. S 波段雷达观测的三体散射
E. 50 dBz 回波扩展到 0℃等温线特别是 −20 ℃以上等温线高度

50. 在弱垂直风切变环境下，湿下击暴流的最重要的两个预警指标是（ BC ）。

A. 最大回波强度大于 60 dBz　　B. 云底以上气流的辐合

C. 反射率因子核心的下降　　D. 钩状回波

51. 下列属于按卫星轨道的倾角来划分的轨道有（ CD ）。

A. 圆形轨道　　B. 椭圆形轨道

C. 赤道轨道　　D. 极地轨道

52. 卫星云图上的云的结构形式有带状、涡旋状、（ ABD ）。

A. 团状　　B. 细胞状　　C. 棉花状　　D. 波状

53. 当受强对流天气影响时，可能同时达到预警信号发布标准的天气有（ ABCE ）。

A. 暴雨　　B. 雷电　　C. 冰雹

D. 龙卷　　E. 大风

54. 下列是涉及《气象灾害预警信号发布与传播办法》（简称办法）、《气象灾害防御条例》（简称条例）和《国家气象灾害应急预案》（简称预案）的说法，其正确的是（ BC ）。

A. 条例和预案中的气象灾害均对应有预警信号发布

B. 条例和预案中的“暴雨（雪）”、“大风（沙尘暴）”，对应预警信号发布时各自折分成两个名称

C. 预警信号的级别和颜色与预案中的预警分级和颜色类似

D. 办法和预案均为中国气象局制定下发，条例为国务院令

55. 下列有关沙尘暴天气等级的说法正确的有（ ACD ）。

A. 沙尘天气的等级分为浮尘、扬沙、沙尘暴、强沙尘暴和特强沙尘暴五个等级

B. 强沙尘暴是大风将地面尘沙吹起，使空气非常混浊，水平能见度小于 50 m 的天气现象

C. 浮尘天气过程是指在一次天气过程中，相邻 5 个或 5 个以上国家基本（准）站在同一观测时间出现了浮尘的沙尘天气

D. 沙尘暴天气过程是指在一次天气过程中，相邻 3 个或 3 个以上国家基本（准）站在同一观测时间出现了沙尘暴或更强的沙尘天气

56. 关于天气雷达站所在地气象台的责任区，下列说法正确的是（ ABC ）。

A. 天气雷达站所在地气象台的责任区一般为天气雷达扫描半径 150～200 km 范围内地形遮挡角较小的区域

B. 天气雷达站所在地气象台的责任区是在雷达 3 km 等高度射束图的有效探测区域。

C. 次责任区为天气雷达可探测范围内责任区以外的区域

D. 责任区可以重复，确保覆盖全省

57. 基层气象台站突发气象灾害临近预警服务业务主要任务包括（ ABCDE ）。

A. 实时监测　　B. 临近预警

C. 预警信息发布　　D. 信息收集反馈

E. 预警服务总结

58. 公共气象服务业务包括（ ABCD ）。

A. 气象灾害防御管理　　B. 决策气象服务

C. 公众气象服务　　D. 专业气象服务

59.《气象信息服务管理办法》所称气象信息服务，是指气象信息服务单位利用（ AC ），开展面向用户需求的信息服务活动。

A. 气象资料　　B. 气象科技成果
C. 气象预报产品　　D. 气象业务设施

60.《现代气象预报业务发展规划(2016—2020 年)》调整后的集约化预报预测业务布局，县市级预报预测主要业务有（ ABC ）。

A. 灾害性天气和气象灾害实时监测和临近预警
B. 发布气象灾害预警信号
C. 应用上级业务指导产品，加强服务
D. 对本地的预报预测产品开展质量检验

61.《现代气象观测(第 2 版)》指出，金属电阻温度表的金属材料选择主要应考虑（ ABCE ）。

A. 温度一次项系数较大
B. 电阻与温度关系的二次项系数远小于一次项系数
C. 电阻率大，易于绕制高阻值的元件
D. 导热性能好，易于达到温度平衡
E. 性能稳定

62. 翻斗式雨量计在（ AC ）情况下，会出现翻斗延迟或提前误翻。

A. 极弱降水　　B. 正常降水　　C. 强降水　　D. 大风

63. 地球大气中吸收长波辐射的主要气体是（ ABE ）。

A. CO_2　　B. 水汽　　C. NO_x
D. CH_4　　E. O_3

64. 按尺度数 α 的大小可将散射分为（ ABD ）。

A. 瑞利散射　　B. 米散射
C. 漫散射　　D. 几何光学散射

65. 根据湍流摩擦力、气压梯度力和科氏力对不同高度层空气运动的贡献，一般可把大气边界层分为（ BCD ）。

A. 下部摩擦层　　B. 黏性副层
C. 近地面层　　D. 上部摩擦层

66.《大气物理学(第 2 版)》指出，对比感阈和下列（ ABCDE ）要素有关。

A. 目标物的视张角　　B. 视野亮度
C. 目标物的持续时间　　D. 目标物在视场中的位置
E. 个人精神上的因子

67. 下列地面观测仪器的安装高度及允许误差范围，错误的有（ BD ）。

A. 温湿度传感器：1.5 m，±5 cm
B. 雨量传感器：70 cm，±3 cm
C. E601B 型蒸发器：30 cm，±1 cm
D. 冻土器：50～350 cm，±5 cm

68. 地面观测簿纪要栏应记录气象站附近的江、河、湖、海的（ ABC ）情况。

A. 泛滥　　B. 封冻　　C. 解冻　　D. 水位

69.《气象仪器和观测方法指南(第6版)》指出,电子气压表的误差来源有(BCDE)。

A. 海拔高度　　B. 标准值漂移

C. 温度　　D. 电干扰

E. 运行方式

70. 高空探测放球后,遇(ABD)等情况时可终止观测。

A. 球炸　　B. 探空仪故障

C. 恶劣天气　　D. 雷达故障

71. 高空气象观测:以下(ABCD)情况需重放球。

A. 观测获取的可用数据未达500 hPa

B. 观测获取的可用数据已达500 hPa,但时间不足10 min

C. 遇有压、温、湿数据连续缺测或可信度差的时间超过规定要求的

D. 遇有近地层高空风失测(海拔高度小于等于5500 m)

72. 以下高空观测零度层选取正确的是(BCD)。

A. 零度层可选取2个或2个以上

B. 当出现几个零度层时,只选高度最低的一个

C. 地面层瞬间温度低于零度时,不选零度层

D. 施放瞬间的温度为零度时,地面层即为零度层

73. 在业务软件ISOS中,下列在文件smo.loc保存的数据有(BCD)。

A. 观测项目挂接情况　　B. 区站参数

C. 分钟历史极值　　D. 小时历史极值

74. 下列业务软件ISOS参数内容由硬件生产厂家在设备出厂时设置,台站不得随意修改的是(ABDE)。

A. 测量修正值　　B. 传感器配置参数

C. 传感器误差范围　　D. 传感器测量范围

E. 传感器质控参数

75.《台站地面综合观测业务软件(ISOS)用户操作手册》中硬件报警建议有(ABCD)。

A. 主程序CPU限额:80%　　B. 内存限额:80%

C. 硬盘:70%~75%　　D. 句柄数:10000(默认)

76. 综合集成硬件控制器具有(AC)功能。

A. 数据透明传输　　B. 数据处理

C. 数据格式转换　　D. 数据存储

77. 在新型自动气象站中,数据采样频率是30次/min的要素是(AB)。

A. 气压　　B. 气温

C. 风速　　D. 降水量

78. 以下关于新型自动气象站终端操作命令格式说法正确的有(ACD)。

A. 终端命令由命令符和相应参数组成

B. 命令符由英文字母和数字组成

C. 参数可以没有

D. 命令符与参数、参数与参数之间用 1 个半角空格分隔

79. 某站霾记录如下表，假设该站 1—5 日均无其他天气现象，选项中给出的该站日数据文件中天气现象记录错误的是（ ABCD ）。

时间	14 时	15 时	16 时	17 时	18 时	19 时	20 时	21 时	22 时	23 时	24 时
1 日	√	√		√	√	√	√		√		
2 日					√	√	√	√	√	√	
3 日						√	√	√	√	√	√
4 日	√	√	√	√	√	√		√	√	√	

A. 1 日：∞,.　　B. 2 日：(∞,)∞,.　　C. 3 日：∞,.　　D. 4 日：∞,.

80. 某站自动观测蒸发量连续数天为 0，以下属于其可能原因的有（ ABD ）。

A. 自动蒸发传感器故障　　B. 溢流水位设置过小

C. 溢流水位设置过大　　D. 蒸发器水面结冰

81. 某站某日小时降水量和自动观测蒸发量见下表：

要素 \ 时次	21	22	23	00	01	02	03	04	05	06	07	08
降水量	1.2	25.2	46.3	25.1	15.2	5.6	2.3	3.5				
蒸发量	0.1	0.0	25.2	25.0	15.3	5.7	2.4	45.1	0	0	0.1	0
要素 \ 时次	**09**	**10**	**11**	**12**	**13**	**14**	**15**	**16**	**17**	**18**	**19**	**20**
降水量												
蒸发量	0	0.1	—	0	0	0	0	0	0	0	0	0
备注	3 时 30 分进行蒸发器取水，10 时 23 分—10 时 46 分蒸发故障											

以下说法正确的是（ BDE ）。

A. 22 时—03 时蒸发器故障，小时蒸发量按缺测处理，日蒸发量缺测

B. 22 时—03 时蒸发器出现溢流，相关时次蒸发量按 0.0 处理

C. 03—04 时蒸发器因取水，小时蒸发作缺测处理

D. 11 时蒸发故障，前后小时数据内插为 0.1

E. 经处理，该日蒸发合计为 0.4

82. 当能见度设备故障或数据异常，定时观测时次进行人工补测，人工观测值存入长 Z 文件的（ AD ）。

A. CW 段能见度　　B. VV 段 1 分钟平均能见度

C. VV 段小时最小能见度　　D. VV 段 10 分钟平均能见度

83.《新建扩建改建建设工程避免危害气象探测环境行政许可管理办法》规定：（ BC ）负责本行政区域内新建、扩建、改建建设工程避免危害气象探测环境行政许可的初审和管理工作。

A. 县级气象主管机构　　B. 设区的市气象主管机构

C. 省直管县(市)气象主管机构　　D. 省、自治区、直辖市气象主管机构

84.《新建扩建改建建设工程避免危害气象探测环境行政许可管理办法》规定：申请人提交的书

面材料包括(ABCD)。

A. 新建、扩建、改建建设工程避免危害气象探测环境行政许可申请表

B. 事业单位法人证书，企业法人营业执照的正、副本或申请人身份证明

C. 新建、扩建、改建建设工程与气象探测设施或观测场的相对位置示意图

D. 委托代理的，应出具委托协议

85. 以下属于相关要素值域范围的有(ABC)。

A. 0≤总云量≤10成　　B. 0≤相对湿度≤100%

C. 0≤每小时日照时数≤1 h　　D. 低云量≤总云量

86. 根据《站址变动分析报告技术要求及报告样本(气测函〔2011〕89号)》，对拟迁台站观测资料序列的完整性、区域一致性和均一性主要针对(ABCE)要素的月值和年值进行分析。

A. 气温(平均、最高、最低)　　B. 降水量

C. 平均相对湿度　　D. 平均水汽压

E. 平均风速(2分钟)

87.《无线电探空资料质量控制(QX/T 123—2011)》指出，进行测站主要要素变化范围检查的有(ABCDE)等项。

A. 地面层气压　　B. 各规定等压面层高度

C. 各层温度　　D. 温度露点差

E. 风速

88. 在高空观测中，对于同一层中风向、风速一致性检查，下列情况判断该风向、风速可疑的有(ABC)。

A. 风向是静稳、风速不为零　　B. 风向不是静稳、风速为零

C. 风向、风速只有一个缺测　　D. 风向是静稳、风速也是静稳但不为零

89. 以下属于内部一致性检查的有(CD)。

A. 0≤直接辐射最大辐照度≤1374 W/m^2

B. 反射比：1%～100%

C. 净全辐射日总量≤总辐射日总量

D. 各辐射要素的日总量应等于该日时总量之和

90.《地面气象资料实时统计处理业务规定(试行)》规定，日最高气温的月日数按(ABD)分级统计。

A. ≥30 ℃　　B. ≥35 ℃　　C. ≥37 ℃　　D. ≥40 ℃

91.《地面气象资料实时统计处理业务规定(试行)》规定，能见度的月统计值项为能见度频率，按(ABC)分级统计。

A. <10 km　　B. <5 km　　C. <1 km　　D. <0.5 km

E. <0.1 km

92.《气象资料分类与编码(QX/T 102—2009)》规定：地面气象资料的内容属性分类包括(BCD)。

A. 地面观测资料　　B. 地面天气资料

C. 地面气候资料　　D. 近地层垂直观测资料

93.《气象台站迁建行政许可管理办法》适用于(AB)的情形。

A. 因国家重点工程建设,确实无法避免影响气象探测环境,且无法采取补救措施

B. 因城市(镇)总体规划变化,确实无法避免影响气象探测环境,且无法采取补救措施

C. 因气象探测环境已严重破坏,且无采取补救措施,地方人民提出治理

D. 企业大型工程建设

94. 地面高空气象观测业务综合质量考核内容包括(ACD)。

A. 观测设备运行保障质量　　B. 观测场地探测环境质量

C. 观测资料传输质量　　D. 观测数据质量

95. 高空气象观测站应按照《高空气象观测站制氢用氢管理办法》要求和当地实际情况制定(ABCD),落实相关责任人,并张贴上墙。

A. 制氢工作制度　　B. 安全管理制度

C. 责任制度　　D. 突发事件处理措施或预案

E. 事故追究制度

96.《综合气象观测系统发展规划(2014—2020 年)》指出,把满足(BCD)的需求,作为综合气象观测系统发展的出发点和落脚点。

A. 提高观测精度和频次　　B. 提高预报预测准确率

C. 增强公共气象服务　　D. 应对气候变化能力

97.《中共中国气象局党组关于全面推进气象法治建设的意见》(中气党发〔2015〕1 号)指出强化标准化管理,其中要求强化的内容包括(BC)。

A. 气象标准体系

B. 标准实施的监督检查和应用反馈

C. 气象数据等相关领域标准的应用实施

D. 制修订涉及气象工作职责和重点业务领域的气象技术、服务和管理标准

98.《中共中国气象局党组关于全面推进气象法治建设的意见》(中气党发〔2015〕1 号)指出,坚持立法先行和立改废释并举,加强建章立制,完善标准体系,强化规划执行,建立保障气象业务现代化、气象服务社会化、气象工作法治化的法律规范体系,促进现代气象业务(BCD)。

A. 精细化　　B. 信息化　　C. 集约化　　D. 标准化

99.《中国气象局办公室关于印发综合观测标准化工作方案(2015-2017 年)的函》(气办函〔2015〕175 号)指出,在健全业务规范,提升综合观测业务信息化水平方面,重点推进(ABCD)等业务亟须标准,提升综合观测业务信息化水平。

A. 二进制通用表格式(BUFR)　　B. 气象观测装备分类与编码

C. 质量控制流程与方法　　D. 观测数据融合方法

100.《中国气象局观测司关于加强地面气象观测标准化工作的通知》(气测函〔2015〕126 号)规定值班室标准化的总体要求为(ABCD)。

A. 总体美观　　B. 布局合理

C. 便于操作维修　　D. 室内整洁、规范

判断题

(共100题,每小题0.3分,满分30分)

1. 气象灾害防御工作实行以人为本、科学防御、政府组织、社会参与的原则。(×)

2.《气象灾害防御条例》规定:各级气象主管机构应当做好太阳风暴、地球空间暴等空间天气灾害的监测、预报和预警工作。(√)

3.《气象灾害防御条例》是《国家气象灾害应急预案》的编制依据之一。(×)

4. 霜冻、冰冻、霾不属于《气象灾害防御条例》所列气象灾害,而属于《国家气象灾害应急预案》所列气象灾害事件。(×)

5. 县级气象灾害应急预案应由县级人民政府、有关部门组织制定,国家气象灾害应急预案由国务院气象主管机构应当会同国务院有关部门编制。(√)

6. 按照《国家气象灾害应急预案》规定,过去24小时2个及以上省(区、市)大部地区出现暴雨天气,预计未来24小时2个及以上省(区、市)大部地区将出现特大暴雨天气,此时应发布Ⅰ级预警信息。(×)

7. 当发生大型及以上气象灾害后,省、市、县三级气象主管机构均应当立即赴现场进行实地调查和评估。(√)

8.《全国气象灾情收集上报技术规范》的气象灾害所属的"大风"类别包括雷雨大风、龙卷、飑线。(√)

9.《国务院办公厅加强气象灾害监测预警及信息发布工作意见》要求力争到2015年,灾害性天气预警信息提前10~15分钟以上发出,气象灾害预警信息公众覆盖率达到85%以上。(×)

10.《国务院办公厅加强气象灾害监测预警及信息发布工作意见》要求加强监测网络建设,其内容包括加强移动应急观测系统、应急通信保障系统建设,提升预报预警和信息发布支撑能力。(√)

11. 气象灾害预警信息由各级气象部门负责制作,因气象因素引发的次生、衍生灾害预警信息由有关部门和单位制作。(√)

12.《国务院办公厅加强气象灾害监测预警及信息发布工作意见》要求加强基层预警信息接收传递,成县—乡—村直通的气象灾害预警信息传播渠道。(×)

13. 气象灾害防御示范乡(镇)应处于台风、暴雨洪涝、雷电以及暴雨诱发的山洪、地质灾害等高发重发区。(√)

14."百县千乡"气象为农服务示范区创建工作要遵循统一的认定标准,也鼓励各地根据当地的实际,丰富创建内容和形式,创造性地开展创建工作。(√)

15."百县千乡"气象为农服务示范区创建工作应以当地政府为主体,不能在其他部门建设的各类现代农业示范区、防灾减灾示范区开展。(×)

16. 现代农业气象服务示范田种植(养殖)种类应根据当地种植(养殖)结构调整而适时调整。(×)

17. 现代农业气象服务示范田应根据服务的需要建立以人工观测为主、自动观测为辅的农业气象实时监测系统。(×)

18. 气象灾害防御示范乡(镇)创建旨在逐步实现政府主导、自上而下的气象防灾减灾与乡镇

自发、自下而上的气象防灾减灾相结合。（ √ ）

19. 气象灾害防御示范乡（镇）所在县政府具有相应防灾减灾领导机构，气象防灾减灾工作纳入当地经济社会发展规划，匹配建设资金，所需维持经费纳入财政预算。（ √ ）

20. 乡镇气象信息服务站和村级气象信息服务点日常管理均由气象协理员负责。（ × ）

21. 气象灾害防御示范乡（镇）各行政村和农业园区等重点单位，要根据当地气象灾害发生特点，编制气象灾害防御预案和应急行动计划，并在所辖乡镇备案。（ × ）

22.《暴雨诱发中小河流洪水和山洪地质灾害气象风险预警服务业务规范（试行）》的规定，气象风险等级按四级划分，从低风险到高风险依次为Ⅰ级、Ⅱ级、Ⅲ级、Ⅳ级。（ × ）

23. 风险预警准确率用命中率和漏报率表示，检验时以县为单位。（ √ ）

24.《中小河流洪水和山洪灾害风险普查技术规范》规定，中小河流洪水的普查信息细化到乡镇单位，山洪灾害细化到行政村单位。（ √ ）

25. 开展山洪灾害实地调查，最好选在雨水相对较多季节，这样便于普查山洪灾情。（ × ）

26. 人工影响天气工作均属于公益性事业，所需经费应列入同级人民政府的财政预算。（ × ）

27.《国务院办公厅关于进一步加强人工影响天气工作的意见》（国办发〔2012〕44 号）要求健全国家、区域、省、市、县五级作业指挥系统。（ √ ）

28. 各级气象主管机构在检查中发现未获得国务院气象主管机构许可使用的，以及超过保存期和有破损的人雨弹、火箭弹，应立即封存，由所属县级气象主管机构及时组织回收保管，并组织销毁。（ × ）

29. 在实施水箭弹方式人工影响天气作业时，发射仰角应为 55～85 度。当发射仰角大于 70 度时，火箭操作手及阵地附近人员应注意安全，防止弹体伤害。（ √ ）

30. 高炮炮站应包括炮库、弹药库、值班室、高炮射击炮台、有线或无线通信电台、简易气象观测场等，在保证炮站安全前提下，可不加设围墙建成独立场院。（ × ）

31. 水平运动方程的零级、一级以至再精确的简化方程就是气象学中的静力方程。（ × ）

32. 在冷、暖气团内部，温度随高度递减，温度的水平分布比较均匀，所以等温线在气团内部呈准水平。（ √ ）

33. 在实际工作中，因观测站密度不够，等温线分析又不那么准确以及其他原因，锢囚锋只能笼统地确定其位置，锢囚锋的类型难以确定。（ √ ）

34. 锋面附近温度差异比露点温度差异更显著。（ × ）

35.“活跃的锋”是指冷空气主动下沉，迫使其前面的暖空气上升，云图上云带较宽。“不活跃的锋”是指暖空气主动沿锋面上升，云图上云带较窄。（ × ）

36. 山脉或高原无论对冷锋或暖锋，都能使其移速减慢，并使山前锋面天气加剧，山后锋面天气减弱。（ √ ）

37. 两个气旋相互接近时，在形势场的作用下，造成两个气旋同时加强。（ × ）

38. 在锋面云带上，如果有一段变宽，并向冷空气一侧凸起，亮度变白，则预示着锋消。（ × ）

39. 典型梅雨，一般出现在 6 月上旬到 7 月上旬。（ × ）

40. 副热带高压呈东西带状时，副热带流型多呈纬向型，造成东—西向的暴雨。副热带高压呈块状时，副热带流型多呈经向型，造成南—北向的暴雨。（ √ ）

41. 台风的生命史，平均一周左右，短的只有 2～3 天，最长的可达半月。（ × ）

42. 多普勒天气雷达可测量反射率因子、径向速度和速度谱宽。(√)
43. 在没有强对流,只有显著降水的情况下业务天气雷达一般使用 VCP11 体扫模式。(×)
44. 0 ℃层亮带是对流性降水反射率因子回波的特征。(×)
45. 弓状回波常常伴随着地面大风,也就是说弓状回波是地面大风的一个很好的指示。(√)
46. 如果降水粒子的运动方向与雷达波束垂直,那么在径向速度图中显示为零。(√)
47. 在径向速度图上,径向速度的大小和正负是通过颜色变化表示的,一般暖色表示离开雷达的正速度,冷色表示朝向雷达的负速度。(√)
48. 对流风暴一般分为:普通单体风暴、多单体风暴、线风暴(飑线)、超级单体风暴。(√)
49. 只要探测到了中等以上强度的中气旋就可以发布龙卷警报。(×)
50. 列车效应是指多个降水云团先后经过同一地点,有列车效应就一定有短时暴雨。(×)
51. 当南支槽发展深厚时,其南北幅度很大,云带的左界光滑整齐,云带北端呈现厚实的积雨云系。(×)
52. 卫星云图上,弧状云线的出现将带来地面强的短时大风天气,产生强风切变,地面降温、气压陡升和强的阵性降水。(√)
53. 临近预报检验内容应包括短时强降水、冰雹、雷雨大风等强对流天气的预报准确率和预警时间提前量。(×)
54. 气象灾害预警信号是根据不同种类气象灾害的特征、预警能力等,确定不同种类气象灾害的预警信号级别的。(√)
55. 中雪等级 12 小时降雪量为 2.5～4.9 mm。(×)
56. 雾的预报等级包括大雾、浓雾、强浓雾、特强浓雾。(×)
57.《基层气象台站突发气象灾害临近预警服务业务基本要求》规定:对于预警级别高、时效性强的重大突发气象灾害预警信息,一般应通过电话叫应地方党政负责人。(×)
58.《现代气象预报业务发展规划(2016—2020 年)》指出在构建无缝隙精细化气象预报业务中,预报时段划分为临近预报(0～2 小时)、短时预报(0～12 小时)、中短期预报(0～10 天)和延伸期预报(11～30 天)。(×)
59.《现代气象预报业务发展规划(2016—2020 年)》指出按照"两级集约、三级布局"的目标,推进精细化气象预报业务发展,构建国家—省—市县三级预报业务布局。(√)
60.《气象预报发布与传播管理办法》规定,气象预报包括公众气象预报、灾害性天气警报和气象灾害预警信号。(√)
61. 与其他的测湿方法对比,露点仪是在高温条件下测湿的唯一有效方法。(×)
62. 在几百千米以上的高空,大气静力学方程和压高公式不再适用。(√)
63. 大气边界层的基本特征表现为气象要素存在明显的年变化。(×)
64. 霓是由经过水滴的二次折射和一次反射的光线构成的。(×)
65.《地面气象观测规范》规定:我国自动气象站技术性能要求:气温测量范围－50～＋50 ℃,分辨力 0.1 ℃,准确度 0.1 ℃。(×)
66. 轻便风向风速表是测量风向和 1 分钟内平均风速的仪器,它用于野外考察或气象站仪器损坏时的备份。(√)
67.《气象仪器和观测方法指南(第 6 版)》建议在风速为 5 m/s 时,温度表的时间常数值应当在

30～60 秒之间。(√)

68. 称重方法可对一个空气样品的水汽含量进行绝对的测量，并以混合比表示此空气样品的湿度。(√)
69. 世界辐射测量基准被接受为全辐照度的物理单位，其不确度不超过测量值的±0.3%(RMS)。(√)
70. 高空放球应在施放前 5 min 内进行施放瞬间压、温、湿、风、云状、能见度和天气现象等天气要素的观测。(×)
71. 量得风层是指两个高度间的平均风层，即两相邻计算分钟间的平均风层。(√)
72. 高空气球在出现下降后又上升的情况时，应保留重叠部分的记录，不得删除。(×)
73. SMO 软件首次运行时，默认挂接压、温、湿、风等基本气象要素。(×)
74. MOI 软件中，小型蒸发和大型蒸发不能设置为同时启用。(√)
75. 综合集成硬件控制器是自动气象站必配单元。(×)
76. 我国新型自动气象站的总线物理接口采用 CAN 总线接口。(√)
77. 配置的综合集成硬件控制器的自动气象站，智能传感器和分采集器可以挂接在综合集成硬件控制器。(√)
78. 若某日正点观测记录有霾，但日数据执行霾日算法后按无霾处理，则相关时次编发过的长 Z 文件需发更正文件。(×)
79. 自动站每小时正点数据与该正点时的分钟数据不一致时，一般维持原记录。如能准确判断，可将错误值代替为正确值。(√)
80. 非结冰期，降水量观测以翻斗雨量传感器记录为准，记录按照备份自动站翻斗雨量传感器、称重式雨量传感器顺序代替。(×)
81. 能见度自动观测的台站，当视程障碍现象自动判识出现明显错误时，仅对定时时次的天气现象记录进行人工订正，能见度记录仍以自动观测为准，允许自动能见度记录与该类天气现象不匹配。(√)
82. 在业务软件 ISOS 中，视程障碍现象重要天气报按人工能见度编发标准设置。(√)
83.《新建扩建改建建设工程避免危害气象探测环境行政许可管理办法》自 2016 年 10 月 1 日起施行。(×)
84.《地面气象观测资料质量控制(QX/T 118—2010)》规定：在指定地域和时域范围内，超出要素主要变化范围的数据为可疑资料，应做进一步检查，以判断资料正确与否。(√)
85. 地面气象站现址与拟迁新址观测数据差异的综合评估，主要根据观测资料差值、差值平均值、差值标准差、降水量累计相对差值、风向相符率及台站现址与拟迁新址观测数据差异的显著程度等进行综合分析。(√)
86. 各省(区、市)气象局要在每年 3 月 31 日前，完成上一年度正式在新址开展工作的国家级地面气象观测站新旧站址对比观测资料的审查和分析，将其补充到申请迁站时的站址变动分析报告中，形成完整的站址变动分析报告。(√)
87.《高空气象资料实时统计处理业务规定》(气预函〔2016〕37 号)规定：当地面气压位于某一规定等压面附近，遇有某一时次的地面气压低于该规定等压面气压(包括只有一次)时，则该规定等压面只挑选高度候(旬、月季)最高值，其余各值均不作统计。(√)

88.《气象辐射资料实时统计处理业务规定》(气预函〔2016〕37号)规定：若某站该年月曝辐量缺测1个月，则该年年曝辐量按实有记录统计。(×)

89.《气象辐射资料实时统计处理业务规定》(气预函〔2016〕37号)规定：当总辐射日曝辐量<0.5 MJ/m^2，且反射辐射日曝辐量≥总辐射日曝辐量时，日反射比按无观测任务处理。(√)

90.《地面气象资料实时统计处理业务规定(试行)》规定：自动观测要素的日平均值均由四次定时值平均求得。(√)

91.《地面气象资料实时统计处理业务规定(试行)》规定：日最大小时降水量从前一日13时至当日12时，24个整点小时降水量中挑取最大者，并记录第一个最大值的出现时间。(√)

92.《地面气象资料实时统计处理业务规定(试行)》规定：在统计最长连续降水日数时，如某日降水量缺测，则视为无降水(中断降水过程)。(√)

93. 气象台站在确保公益性气象无偿服务的前提下，可以依法开展气象有偿服务。(√)

94.《气象探测环境保护规范高空气象观测站(GB 31222—2014)》指出，民用建筑物、构筑物和铁路、道路与制氢室、储(用)氢室的防火间距应不小于20 m。(×)

95. 气象业务的氢氧站从事高压氢气充装作业，必须经市级特种设备安全监督管理部门许可。(×)

96.《综合气象观测系统发展规划(2014—2020年)》指出，观测信息传输业务实行省和台站二级布局。(×)

97.《中共中国气象局党组关于全面推进气象法治建设的意见》(中气党发〔2015〕1号)指出：实行"谁立法谁普法"的普法责任制，推进气象法律知识进机关、进乡村、进社区、进学校、进企业、进单位。(×)

98. 制定《新建扩建改建建设工程避免危害气象探测环境行政许可管理办法》和《气象台站迁建行政许可管理办法》是《综合观测标准化工作方案(2015—2017年)》的主要任务。(√)

99. 标准是国家基础性制度建设的重要内容，标准化在推进国家治理体系和治理能力现代化中起着基础性、战略性作用。(√)

100.《中国气象局关于贯彻落实国务院〈深化标准化工作改革方案〉的实施意见》(气发〔2015〕71号)指出，建立气象标准制修订项目分类管理制度，指南性项目由主管职能部门确定，指令性项目公开竞争立项。(×)

2.5 广西壮族自治区综合气象业务基础理论试题

单项选择题

（每题 0.4 分，共 100 题，总分 40 分）

1. 根据《气象灾害防治条例》，对擅自向社会发布灾害性天气警报、气象灾害预警信号的行为当事人，县级以上气象主管机构有权给予警告、责令其改正，并处以（ A ）罚款。

   A. 5 万元以下　　B. 3 万元以下
   C. 2 万元以下　　D. 5 万元以上 10 万元以下

2. 气象部门根据对各类气象灾害的发展态势，综合预评估分析确定预警级别。预警级别用不同的颜色来标识，其中较大级（Ⅲ级）用（ B ）颜色来标示。

   A. 红色　　B. 黄色　　C. 蓝色　　D. 黑色

3. 过去 48 小时 2 个及以上省（区、市）最高气温达 37 ℃，预计未来 48 小时上述地区仍将出现 37 ℃及以上高温天气时，应发布气象灾害（高温）（ C ）预警。

   A. Ⅰ级预警　　B. Ⅱ级预警　　C. Ⅲ级预警　　D. Ⅳ级预警

4. 根据现代农业气象服务示范县的创建标准，示范县应设置农业气象服务岗位，并有（ B ）人以上的执有农业气象专业技术资格证书的相对固定的专职农业气象服务在岗人员。

   A. ＞1　　B. ≥1　　C. ＞2　　D. ≥ 2

5. 现代农业气象示范县应具有至少一块资源条件和生态条件具有代表性农业气象服务示范田块，土地面积应在（ B ）亩以上。

   A. 20　　B. 30　　C. 50　　D. 100

6. 中小河流是指流域面积小于（ D ）的河流。

   A. 200 km^2　　B. 500 km^2　　C. 1000 km^2　　D. 3000 km^2

7. 人工增雨防雹火箭系统的发射仰角范围为（ D ）。

   A. 40°～80°　　B. 45°～70°　　C. 50°～80°　　D. 55°～85°

8. 高炮防雹增雨作业时炮点距离居民区的距离至少要达到（ B ）以上

   A. 100 m；　　B. 0.5 km；　　C. 0.8 km；　　D. 1 km。

9. 以下人工影响天气作业效果评估依据中，可视为防雹作业明显有效的是（ B ）。

   A. 人影作业后若雷达回波强度在有效时段内比作业前减弱 5 dBz 以上
   B. 人影作业后若雷达回波顶高在有效时段内比作业前降低 1 km 以上
   C. 人影作业后本站降水量在有效时段内比作业前减少 10 mm 以上
   D. 人影作业后本站降水量在有效时段内比作业前增加 10 mm 以上

10. 启动台风应急响应后，（ D ）根据风灾风险评估结果和预报的风力情况，与地方人民政府共同做好危险地带和防风能力不足的危房内居民的转移，安排其到安全避风场所避风。

    A. 民政部门　　B. 住房城乡建设部门　　C. 气象部门　　D. 防汛部门

11. 灾情上报内容包括气象灾害基本情况以及气象灾害的社会经济影响等 16 类共 96 项。其中属于“社会影响”的项目是(A)。

A. 饮水困难人口　B. 损失粮食　C. 停产工厂　D. 滞留旅客数

12. 以下几条指标，不属于“寒潮”判定标准的是(A)。

A. 日最低气温 12 h 降温幅度≥6 ℃且日最低气温≤4 ℃

B. 日最低气温 24 h 降温幅度≥8 ℃且日最低气温≤4 ℃

C. 日最低气温 48 h 降温幅度≥10 ℃且日最低气温≤4 ℃

D. 日最低气温 72 h 降温幅度≥12 ℃且日最低气温≤4 ℃

13. 在《雾的等级预报》标准中，雾的预报等级可分为(C)级

A. 3　B. 4　C. 5　D. 不同区域可以有不同的规定

14. 以下时段降雪量级达到“大暴雪”标准的是(D)。

A. 10.0～14.9 mm　B. 10.0～19.9 mm　C. 20.0～29.9 mm　D. 都不是

15. 以下情况不能发布大风橙色预警信号的是(A)。

A. 12 小时内可能受大风影响，平均风力可达 10 级以上

B. 出现了 11 级以上阵风

C. 已经受大风影响，平均风力为 10～11 级

D. 出现了阵风 11～12 级，并可能持续

16. 不属于《气象灾情收集上报调查和评估规定》中“暴雨洪涝”气象灾害类型的灾害名称是(D)。

A. 强降水　B. 山洪　C. 融雪性洪水　D. 泥石流

17. 综合观测标准化工作方案(2015—2017 年)的总体目标是：到 2017 年，综合观测全流程标准化率达到(C)以上，基本适应气象业务现代化需求。

A. 80%　B. 85%　C. 90%　D. 95%

18. 气象灾害的监测预警包括：监测预报、预警信息发布、预警准备和(A)。

A. 预警知识宣传教育　B. 预警响应　C. 预警标准制定　D. 应急保障工作

19.《现代农业气象业务发展专项规划》指出，到 2015 年我国主要作物粮食总产预报准确率平均达到(D)以上。

A. 80%　B. 85%　C. 90%　D. 95%

20. 进行人工影响天气火箭作业时，如果出现弹体留架燃烧现象，应待焰剂燃烧了不少于(B)时间之后才能尝试拆卸弹体。

A. 10 min　B. 15 min　C. 20 min　D. 30 min

21. 以下几种农业天气组合，能够显著影响我区的早稻、晚稻生产的是(D)。

A. 倒春寒、盛夏高温　B. 南洋风、寒露风

C. 霜冻、寒露风　D. 低温阴雨、倒春寒

22. 在我国农业生产活动中，通常用(C)以上持续日数作为农耕期。

A. 10 ℃　B. 4 ℃　C. 0 ℃　D. 15 ℃

23. 根据我国气象观测业务的总体架构布局方案，实行国家、省、地市、县四级布局的业务是(D)。

A. 信息获取业务　B. 信息传输业务

C. 数据产品加工处理业务　　　　D. 装备保障业务

24.《国家基准气候站网布局优化调整方案》实施完成后，我国国家基准气候站网间距应达到（ D ）。

A. 50～100 km　　B. 100～150 km　　C. 150～200 km　　D. 200～250 km

25. 根据《综合气象观测系统发展规划（2014—2020 年）》，我国风廓线雷达站网建设将以探测高度达到（ B ）的风廓线雷达为主体。

A. 4 km　　B. 8 km　　C. 12 km　　D. 16 km

26. 以下气象预报业务用语及其定义，正确的是（ D ）。

A. 时效在 2 小时以内的天气预报称为“短时临近预报”

B. 时效在 24～72 小时以内的天气预报称为“短期预报”

C. 时效在 96 小时～15 天以内的天气预报称为“中期预报”

D. 时效在 1 旬～1 月以内的天气预报称为“延伸期预报”

27.《现代农业气象业务发展规划》中提到的（ B ）是指对整个农业生产活动和作物生长过程影响较大的天气现象和天气过程

A. 农事天气　　B. 农用天气　　C. 农村天气　　D. 物候天气

28. 不属于现代农业气象服务主要服务对象的是（ B ）。

A. 决策部门　　B. 乡镇企业　　C. 农村、农民　　D. 专业用户

29. 在当地强对流天气易发期及汛期，省和省以下各级气象台站应当在每天（ B ）时（北京时）制作 0～6 小时短时预报。

A. 05、12、20　　　　B. 06、12、18

C. 07、13、19　　　　D. 08、14、20

30. 健全面向基层的预警信息传递机制，就是形成（ C ）直通的气象灾害预警信息传播渠道

A. 省（区）—地（市）—县—乡　　　　B. 地（市）—县（区）—乡（镇）

C. 县（区）—乡（镇）—村（屯）—户　　　　D. 县（区）—社区—乡（镇）—村（屯）

31.《中国气象局关于加强农村气象灾害防御体系建设的指导意见》规定，农村气象信息服务站每周应保证不少于（ B ）的服务时间。

A. 8 小时　　B. 18 小时　　C. 28 小时　　D. 3 天

32. 某地选取泥石流灾害发生前期 1 h 最大雨强和 24 h 最大雨强作为致灾临界指标，作泥石流临界雨量基准值图。当前期 1 h 最大雨强为 100 mm、24 h 最大雨强为 180 mm，是否超过了致灾临界标准？（ B ）

A. 是　　B. 否

C. 无法确定

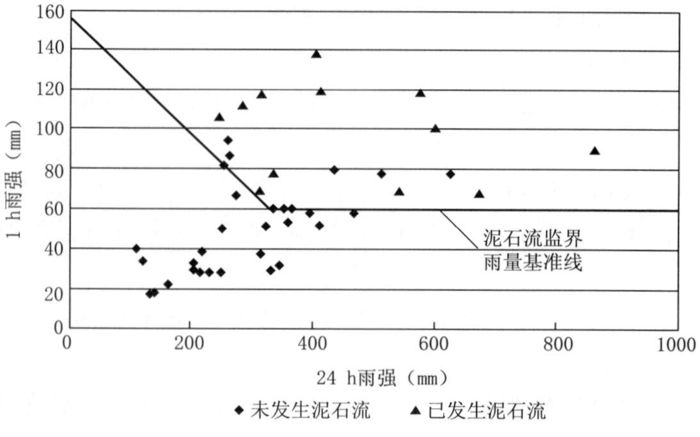

33. 农业气象业务围绕的两大工作目标是（ B ）。

A. 增产、增收

B. 增产、减灾

C. 增收、减灾

D. 增产增收、提高效益

34. 强灾害性冰雹指的是直径至少大于(C)的冰雹。

A. 1 cm　B. 1.5 cm　C. 2 cm　D. 3 cm

35. 兰勃脱正形圆锥投影地图最适用于以下哪个地区(C)。

A. 赤道地区　B. 低纬度地区　C. 中高纬度地区　D. 南、北极地区

36. 对外发布天气预报产品及用语:当预报有雷阵雨,量级为中雨时,预报用语为(C)。

A. 雷阵雨　B. 中雷阵雨

C. 有雷阵雨,雨量中等　D. 阵雨,并伴有雷电

37. 进行灾情收集填报时,一般将因灾减产8成(含)以上的农作物播种面积定义为农作物的(D),并以此来定量反映农作物受灾的严重程度。

A、受灾面积　B. 成灾面积

C. 减产面积　D. 绝收面积

38. 天气雷达站所在地气象台的强对流天气监测主要责任区是(B)。

A. 天气雷达扫描半径150～300 km范围内地形遮挡角较小的区域

B. 天气雷达3公里等高度射束图的有效探测区域

C. 天气雷达可探测范围内的有效探测区域

D. 省级业务主管部门划分的责任区域

39. 强对流单体的典型雷达回波特征是:回波强度达到或超过(B)。

A. 35～40 dBz　B. 40～45 dBz　C. 45～50 dBz　D. 50 dBz以上

40. 下列特征中,不是雷暴大风的雷达回波特征 的是(D)。

A. 反射率因子核心不断下降　B. 中层径向辐合MARC

C. 低层强烈辐散　D. 有界弱回波区BWER的出现

41. 在某一个仰角,雷达天线绕垂直Z轴进行360°扫描,称为(A)方式扫描。

A. PPI　B. RHI　C. UDP　D. PUP

42. 在T-ln$P$图上,CAPE正比于气块上升曲线与环境温度曲线从(D)至平衡高度所围成区域的面积

A. 起始抬升高度　B. 抬升凝结高度

C. 对流凝结高度　D. 自由对流高度

43. 对于黑白可见光卫星云图,色调差别最大的是(A)。

A. 积雨云和水体　B. 积雨云和沙漠

C. 积雨云和绿色植被　D. 积雨云和积雪

44. 纯粹的积状云降水反射率因子回波的特性是(D)。

A. 较均匀　B. 出现明显的"零度层"亮带

C. 强度很少超过35 dBz　D. 结构比较密实,反射率因子梯度较大

45. 与观测业务上以"相对湿度"来表征大气的干湿状况不同,在天气图分析上一般通过"温度露点差(T-T_d)"来判断湿度状况:其中,以(D)的区域作为湿区。

A. $T\text{-}T_d \leqslant 1$ ℃　　B. $T\text{-}T_d \leqslant 2$ ℃

C. $T\text{-}T_d \leqslant 3$ ℃　　D. $T\text{-}T_d \leqslant 4$ ℃

46. 下面箭头指向处的小尺度系统最可能是（ B ）。【提示：请查看电子试卷中的彩色图谱】

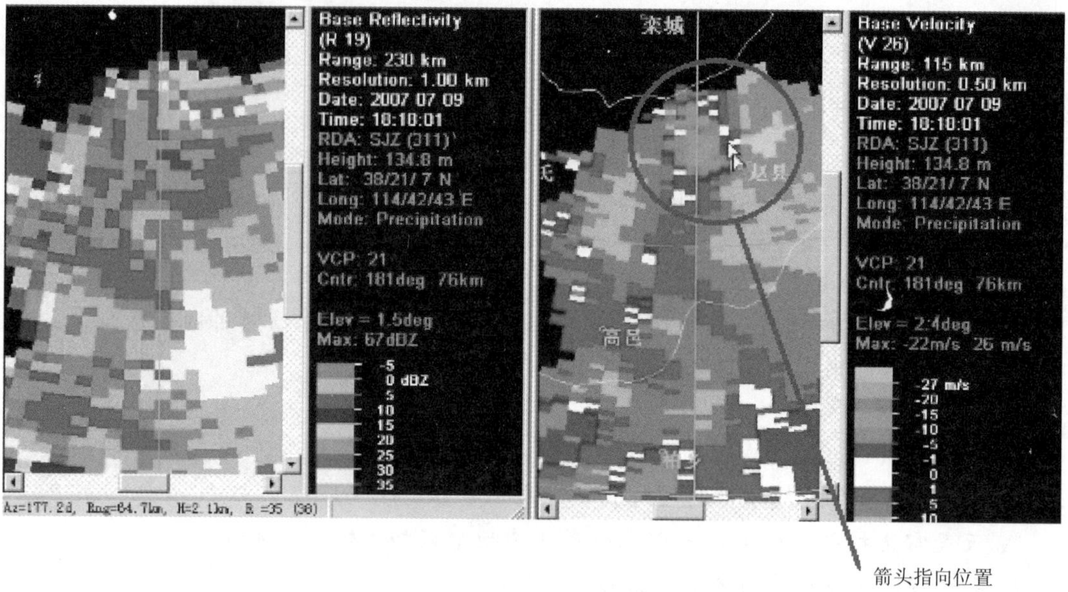

A. 气旋　　B. 反气旋　　C. 雷暴单体　　D. 不明干扰物

47. $T\text{-}\ln P$ 图中的“状态曲线”是指气块上升过程中的温度变化曲线，它是由（ C ）构成的。

A. 饱和点以下为湿绝热线、饱和点以上为环境曲线

B. 饱和点以下为环境曲线、饱和点以上为干绝热线

C. 饱和点以下为干绝热线、饱和点以上为湿绝热线

D. 饱和点以下为湿绝热线、饱和点以上为干绝热线

48. 如右图所示：实线为层结曲线，虚线为状态曲线。此种大气为（ D ）层结。

A. 不稳定

B. 稳定

C. 条件不稳定

D. 潜在不稳定

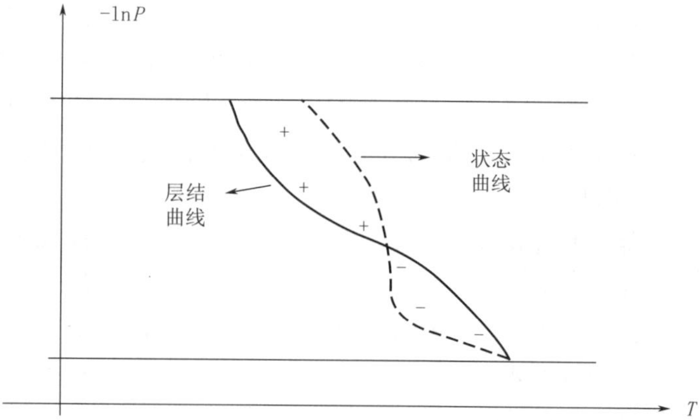

49. 一般来说，冰雹云和普通雷雨云的雷达回波特征是有区别的，其判别依据是：45 dBZ 回波顶高度是否大于（ C ）。

A. 3 km　　B. 5 km　　C. 7 m　　D. 9 km

50. 根据雷达气象产品等级和属性分类规定，未经任何处理的原始数据（雷达信号）为雷达气象 1 级产品（L1），在 1 级产品基础上加工获得的雷达反演产品（包括定量产品和图像产品）为雷达气象资料的是（ B ）。

A. 2 级产品(L2)　　B. 3 级产品(L3)

C. 4 级产品(L4)　　D. 未定义

51. 在边界层中,(D)是造成垂直运动的重要原因。

A. 梯度风　　B. 热成风　　C. 地转风　　D. 偏差风

52. 根据卫星波段的属性分类和代码规定,“VAP”代表(C)。

A. 红外波段　　B. 可见光波段　　C. 水汽波段　　D. 不明通道产品

53. 天气预报上常用的高空天气实况图填有规定时次各高空气象观测站探测到的某一规定等压面上的各种气象要素记录。按照下面的高空实况图的填图格式和顺序,测站的填图要素为(D)。

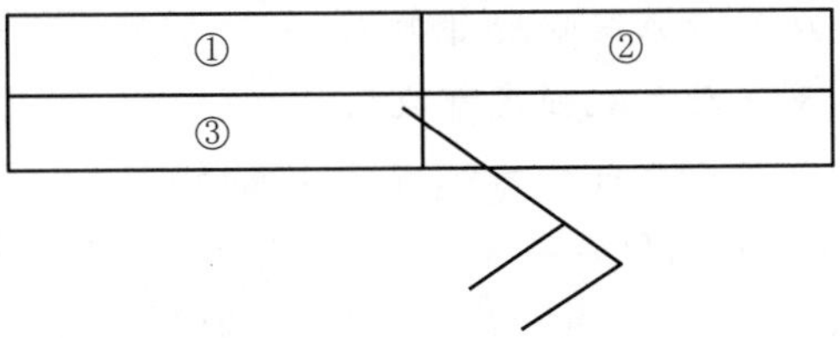

A. 温度、气压、相对湿度、风向风速

B. 温度、气压、露点温度、风向风速

C. 温度、位势高度、露点温度、风向风速

D. 温度、位势高度、温度露点差、风向风速

54. 以下几个名词术语中,跟“零点”(即“零摄氏度、0 ℃”)含义相同的概念是(C)。

A. 水凝固点　　B. 水三相点　　C. 冰点　　D. 273.16 K

55. 按气象现象的水平尺度来对天气系统分类,在西太平洋暖池区生成、发展起来的强台风系统,应该属于(B)系统。

A. 行星尺度　　B. 大尺度(天气尺度)　　C. 中尺度　　D. 对流或小尺度

56. 我们常说的“天气雷达”,与下面哪一种气象雷达具有相同的含义?(B)

A. 测风雷达　　B. 测雨雷达　　C. 测云雷达　　D. 多普勒雷达

57. 如果地转风风速相同,在天气图分析中的低纬度等高线应比高纬度的等高线(B)。

A. 均匀　　B. 稀疏　　C. 密集　　D. 零乱

58. 下面几种有关大气垂直分层的名词术语定义中,层顶高度距离地面最低的是(D)。

A. 低对流层(low troposphere)　　B. 摩擦层(friction layer)

C. 边界层(boundary layer)　　D. 近地面层(surface layer)

59. 下面几种大气温度特征参数,不能近似为常数的是(D)。

A. 干空气做绝热垂直运动的温度递减率

B. 未饱和湿空气做绝热垂直运动的温度递减率

C. 绝热过程中气块露点温度随高度的递减率

D. 对流层内大气温度随高度的递减率

60. 由 FY-2D 和 FY-2E 两颗静止气象卫星配合组成的我国自主卫星观测平台,可以提供时间分辨率为(C)的地球圆面观测资料。

A. 每小时一次　　B. 每 30 分钟一次

C. 每 15 分钟一次　　D. 每分钟一次

61. 中纬度西风带长波在全纬圈大约有(C),振幅一般为(C)。

A. 1～2 个波,10～20 个纬距　　B. 2～4 个波,5～10 个纬距
C. 3～7 个波,10～20 个纬距　　D. 3～7 个波,5～10 个纬距

62. 中纬度气旋发生的基本机制是西风带的斜压不稳定,其内在的能量来源是(B)。

A. 气团间的大尺度干湿度差异　　B. 气团间的大尺度温度差异
C. 气团间的大尺度风向风速差异　　D. 气团间的大尺度气压差异

63. 以下关于摩擦作用的说法中,正确的是(C)。

A. 摩擦使气旋系统强度加强,反气旋系统强度减弱
B. 摩擦使气旋系统和反气旋系统强度都加强
C. 摩擦使气旋系统和反气旋系统强度都减弱
D. 在不同情况下可使气旋或反气旋系统增强或减弱

64. 通常,水汽含量随高度上升而显著减少:一般情况下,在 1.5～2 km 高空的水汽含量只占地面的一半;而在 5 km 高空,水汽含量只有地面的(C)了。

A. 1/3　　B. 1/5　　C. 1/10　　D. 1/20

65. 大气物理学中的长波辐射与短波辐射的分界的是(B)。

A. 1 μm　　B. 4 μm　　C. 10 μm　　D. 0.1 μm

66. 气象仪器的测量性能包括静态测量性能和动态测量性能,可用很多参数予以表述;其中,最主要的是测量范围、分辨率和(D)这三个指标。

A. 测量精度　　B. 响应时间　　C. 均方差　　D. 最大允许误差

67. 按照气象行业标准 QX/T 102—2009 中定义十四大类气象资料,大气成分资料的标识符是(A)。

A. CAWN　　B. RADI　　C. SCEX　　D. HPXY

68. 新型自动气象站系统中的“综合集成硬件控制器”的核心实质上是一种(C)。

A. 通信设备　　B. 控制设备　　C. 观测设备　　D. 供电设备

69. 根据《新型自动气象(气候)站功能需求书(2012 年修订版)》,自动气象站应内建实时时钟,走时误差(D)。

A. ≤0.5 秒/天　　B. ≤1.5 秒/天　　C. ≤5 秒/月　　D. ≤15 秒/月

70. 根据 2016 年版的《地面气象观测业务技术规定》,为保持观测方法和观测手段的延续性,我国仍有(A)个基准站长期保留人工器测观测任务,其中包括长江以南地区的(A)个站。

A. 8,2　　B. 8,3　　C. 10,2　　D. 10,3

71.《气象设施和气象探测环境保护条例》规定,禁止在国家基准气候站观测场周边(B)m 范围内修建铁路、(B)m 范围内修建公路、(B)m 范围内开挖构建水塘。

A. 300,100,50　　B. 200,50,100　　C. 300,50,100　　D. 200,100,50

72. 根据 WMO 的规定和要求,对常规地面、高空、辐射等观测资料需(B)做一次系统的阶段性整理,以便获取器标准气候值(standard normals)。

A. 每 5 年　　B. 每 10 年　　C. 每 20 年　　D. 每 30 年。

73. 中国气象局大气探测中心的英文简称(单位标识符)是(C)。

A. NMC B. NIC C. NOC D. NTC

74. 自动土壤水分观测仪器的业务化检验标准是:人工观测土壤体积含水量与器测土壤体积含水量的绝对值偏差的总体平均值(D)。

A. <3% B. ≤3% C. <5% D. ≤5%

75. 根据地面气象资料要素的属性分类和代码规定,标识符"WBT"代表的地面气象要素是(C)。

A. 天气现象 B. 蒸发量 C. 湿球温度 D. 地温

76. 某观测员用体积量雪器取得三个积雪样本,将其混合后称得重量为 600 g,计算雪压平均值为 2 g/cm^2,观测员将该值计入观测簿-1 平均栏。这种做法(D)。

A. 观测方法错误,记录正确 B. 观测方法正确,记录错误

C. 观测方法和记录值均正确 D. 观测方法和记录值均错误

77. 某观测站的经度为 110°23′E,纬度为 25°09′N;春分时,该站正午时分的太阳高度角约为(C)。

A. 25° B. 41° C. 65° D. 87°

78. 新型自动气象站的各种观测要素中,采用"单位矢量平均法"进行数据整理和计算的是(A)。

A. 3 s 平均风向 B. 3 s 平均风速 C. 相对湿度 D. 能见度

79. 对于 Pt 100 铂电阻温度传感器,当测得铂电阻的阻值 Rt≈108 Ω 时,环境温度 t 约为(C)。

A. 10 ℃ B. 15 ℃ C. 20 ℃ D. 30 ℃

80. 以下几种情况中,湿度测量误差最难克服的情况是(A)。

A. 低温、高湿 B. 高温、低湿 C. 低温、低湿 D. 高温、高湿

81. 根据《地面气象观测资料质量控制 QX/T 118—2010》,可以进行区域一致性判别的要素是(C)。

A. 降水量 B. 风速 C. 温度 D. 湿度

82. 称重降水传感器安装完成后应使用雨量标准器对传感器进行现场测试,正确的方法是(A)。

A. 重复进行 3 次测试,分别进行误差计算

B. 用量杯取 10 mm 水量倒入内筒进行测试

C. 在降水天气过程中与雨量标准器进行对比测试

D. 将称重雨量器的电源线与雨量标准器相接

83. 一般认为,气象要素观测值的统计分布(概率分布)特征表现为(D)。

A. 均匀分布 B. 二项分布 C. 泊松分布 D. 高斯分布

下表是我国某新型自动气象站温度传感器 1 分钟内的采样数据,请根据该表回答第 84—86 题。

序号	1	2	3	4	5	6	7	8	9	10	11	12	13	14	15
采样值(0.1 ℃)	203	202	201	203	178	195	201	172	203	202	224	202	202	179	201
序号	16	17	18	19	20	21	22	23	24	25	26	27	28	29	30
采样值(0.1 ℃)	230	209	202	203	201	223	202	201	203	201	203	191	213	232	224

84. 上表中,可用于计算分钟瞬时值的数据可用率为(A)。

A. 60%　　B. 65%　　C. 70%　　D. 80%

85. 根据上表采样数据计算出的一分钟温度数值为(D)。

A. 20.1　　B. 20.2　　C. 20.3　　D. ///

86. 若上表采样数据的第 16 组采样值为 205,则由此计算出的一分钟温度数值为(D)。

A. 20.1　　B. 20.2　　C. 20.3　　D. ///

87. 以下 Basic 循环语句,循环体实际上被执行了(D)次?

For i = 2 To 11 Step 2　：循环体　：Next　i　；

A. 10　　B. 9　　C. 6　　D. 5

88. 将二进制数 110101.101 分别转换成八进制数、十进制数时,应该是(A)。

A. $(65.5)_8$、$(53.625)_{10}$　　B. $(65.7)_8$、$(53.625)_{10}$

C. $(55.5)_8$、$(53.75)_{10}$　　D. $(55.7)_8$、$(53.65)_{10}$

89. 气球轨迹法测量高空风,必须获取的定位参量是(A)。

A. 仰角、方位角、气球高度　　B. 水平距离、垂直距离、气球高度

C. 仰角、方位角、轴距　　D. 水平投影距离、垂直投影距离、斜距

下表是某测站一次大风过程的 2 分钟平均风观测数据序列,请根据我国地面观测业务规范以及《地面气象观测资料质量控制》行业标准(QX/T 118—2010),回答第 90—93 题。

时间(min)	1101	1102	1103	1104	1105	1106	1107	1108	1109	1110
风速(m/s)	12.4	12.4	11.6	11.7	10.3	9.9	29.7	9.6	17.4	22.3
风向(°)	236	238	249	249	242	247	249	249	248	249
时间(min)	1111	1112	1113	1114	1115	1116	1117	1118	1119	1120
风速(m/s)	25.1	29.9	22.1	77.2	21.3	19.1	17.4	17.6	17.8	17.9
风向(°)	249	249	249	249	249	249	249	249	249	249
时间(min)	1121	1122	1123	1124	1125	1126	1127	1128	1129	1130
风速(m/s)	19.1	18.6	17.1	17.2	17.3	17.1	17.4	17.6	17.8	17.9
风向(°)	249	249	249	249	249	249	249	249	249	249

90. 该时段内,测报软件系统程序判断出的 2 分钟平均风速值可疑的点是(C)。

A. 1105　　B. 1106　　C. 1107　　D. 1108

91. 该时段内,测报软件系统程序判断出的 2 分钟平均风速值错误的点是(B)。

A. 1107　　B. 1108　　C. 1109　　D. 1110

92. 该时段内,最有可能编发大风重要报的时刻是(C)。

A. 1107　　B. 1111　　C. 1112　　D. 1114

93. 系统无法从上述观测数据序列中确定的数据疑误信息是(D)。

A. 风速值最大允许变化值超出可疑界限

B. 风速值最大允许变化值超出错误界限

C. 风向.风速值内部一致性不匹配

D. 风速值超过台站历史气候极值

94. 根据《地面气象观测资料质量控制 QX/T 118—2010》，下列关于时间一致性的判别中，正确的是(B)。

A. 气温 60 分钟以上变化≤0.2 ℃为可疑

B. 本站气压 60 分钟以上变化≤0.1 hPa 为可疑

C. 风向 60 分钟以上变化≤10°为可疑

D. 风向 60 分钟以上变化≤1 m/s 为可疑

95. 一定体积的探空气球，在球皮和附加物重量一定的条件下，其净举力的大小与环境气压和环境温度有关，其中正确的是(A)。

A. 气温越高或气压越低，净举力越小

B. 气温越低或气压越高，净举力越小

C. 气温越低或气压越低，净举力越大

D. 气温越高或气压越高，净举力越大

96. 高空气象探测所获得的垂直高度信息用“位势米”来度量，它实际上是一个(B)。

A. 动量单位　　B. 能量单位

C. 距离(长度)单位　　D. 压强(气压)单位

97. 以下气象观测要素中，不属于基本气候要素的项目是(A)。

A. 云量、云状　　B. 高空温、压、湿及位势高度

C. 地面降水　　D. 土壤水分

98. 某平原站地面温度为 25 ℃，若不考虑成云.降水等因素，则距地 1 万米的气温约为(B)。

A. −20 ℃　　B. −40 ℃　　C. −60 ℃　　D. −75 ℃

99. 正常的高空气象综合探测在放球后(C)左右，气球就开始进入了高浓度臭氧层，这时候探空仪探测到的温度变化曲线是一段明显的升温层(逆温层)。

A. 15 min　　B. 30 min　　C. 50 min　　D. 75 min

100. 比较合理的气象综合观测体系，其观测站网密度(站间距)为：区域自动气象站网密度达到 10～15 km，基本地面天气站网密度达到 50 km，高空气象观测站网密度达到(B)。

A. 100 km　　B. 200 km　　C. 300 km　　D. 400 km

多项选择题

(每题 0.8 分，共 100 题，总分 80 分)

1. 以下气象灾害，属于全国气象灾情收集和上报系统规定填写的灾害类别的是(ABCD)。

A. 飑线　　B. 高温热浪　　C. 酸雨　　D. 作物病虫害

2. 能满足农业气象服务需要的完善的农业气象服务指标体系包括有以下(ABCD)指标(库)。

A. 农业气象灾害和风险区划 B. 农业气候区划
C. 农用天气预报 D. 农业气象适宜性

3. 创建气象灾害防御示范乡(镇),必须满足以下创建标准(ABCD)。
A. 有常设防灾减灾领导机构 B. 有气象信息员队伍
C. 有气象信息服务站 D. 有气象灾害风险地图

4. 目前业务规范要求的地(市)级山洪气象风险预警指导产品的制作(时效)有以下几种(ABC)。
A. 实时(实况)产品 B. 3 h 产品 C. 6 h 产品 D. 12 h 产品

5. 以下几种天气(云)条件中,不利于人工增雨作业的是(AC)。
A. 孤立的积雨云 B. 移速慢的浓积云
C. 干雷暴 D. 大范围系统降水性层状云

6. 以下术语中,属于冷空气等级的术语是(ACD)。
A. 弱冷空气 B. 较弱冷空气 C. 较强冷空气 D. 寒潮

7.《热带气旋等级》国家标准中,对"强热带风暴(STS)"等级的气旋中心最大风速规定,可以是相当于蒲福风力等级中的(BC)。
A. 烈风 B. 狂风 C. 暴风 D. 飓风

8. 以下关于短时临近预报业务的说法,正确的是(ABCD)。
A. 短时预报是指针对未来 0～12 小时天气过程和气象要素变化状态的预报
B. 短时临近预报的时效应小于等于 6 小时
C. 预报时效在 0～2 小时内的预报称为临近预报
D. 短时临近预报业务的工作重点是强对流天气

9. 天气雷达站所在地气象台的强对流天气监测主要责任区是(BD)。
A. 雷达扫描半径 150～300 km 范围内的区域
B. 雷达 3 km 等高度射束图的有效探测区域
C. 天气雷达可探测范围内的有效探测区域
D. 省级业务主管部门划定的责任区域

10. 根据《气象灾害预警信号发布与传播办法》,需要向社会公众发布预警信息的气象灾害有(ABCD)。
A. 暴雪 B. 干旱 C. 雷电 D. 道路结冰

11. 以下地面测报值班室电气设备的标准化建设要求,正确的是(BCD)。
A. 采用三相四线制,值班室内设备的供电不得与其它设备共用同一相电
B. 微机设备、照明、空调供电应分相独立供电
C. 室内线缆须走暗线,不得暴露
D. 插座、电源开关等的安装应符合《建筑电气工程施工质量验收规范》(GB 50303—2002)要求

12. 地面测报值班室内必须悬挂上墙的规章制度和业务图表有(ACD)。
A. 能见度目标物分布图 B. 台站常规历年气候资料图表
C. 观测员职责、值班制度、交接班制度 D. 场地仪器设备维护制度

13. 发展现代气象业务，必须深入分析我国经济社会发展对气象工作的需求，坚持（ AC ）。

A. 公共气象　　B. 生态气象　　C. 资源气象　　D. 平安气象

14. 以下物理量中，能够用来表征空气湿度的变量是（ ABD ）。

A. 露点温度　　B. 混合比　　C. 饱和水汽压　　D. 比湿

15. 以下内容属于现阶段农业气候区划及资源分析评价技术发展目标的是（ ABC ）。

A. 客观化　　B. 定量化　　C. 动态化　　D. 自动化

16. 气象风险预警业务规定县级气象部门的主要任务包括（ BCD ）。

A. 制作本辖区中小河流洪水气象风险预警产品

B. 制作本辖区山洪地质灾害气象风险预警产品

C. 参加省级、地市级气象部门组织的会商

D. 开展中小河流洪水和山洪地质灾害现场气象服务

17.《现代农业气象业务发展专项规划》指出，要着力发展现代农业气象情报业务，包括（ ABC ）。

A. 基础农业气象情报　　B. 作物生长全程性系列化农业气象情报

C. 大农业生产农业气象专题情报　　D. 农林病虫害趋势农业气象情报

18. 地-气系统之间的热量交换主要是通过（ ABD ）方式进行。

A. 传导　　B. 辐射　　C. 湍流、对流和平流　　D. 蒸发和凝结

19. 下面关于气溶胶粒子的描述哪些是正确的。（ ABCD ）

A. 形成云、雾、降水的重要条件

B. 是影响大气能见度、空气质量的重要因子

C. 可吸收和散射太阳、大气、地面辐射，改变地球辐射平衡

D. 有些气溶胶粒子是大气污染物

20. 有关太阳辐射和地-气系统能量平衡的说法，正确的有（ AD ）。

A. 太阳辐射能量主要集中在可见光区和近红外线区辐射

B. 太阳辐射能量约有 80％能够到达地面，其余的部分被大气吸收或反射削弱掉了

C. 加热大气的主要能量来源（热源）是太阳短波辐射

D. 水汽对太阳辐射有比较强烈的吸收削弱作用，是主要的温室气体之一

21. 右图是地面天气图的填图格式，对图中①②③④⑤位置的填写内容说明，描述正确的是（ BD ）。

	C_H	
TT	C_M	②
①	N	$\pm pp_a$
VV	$C_L Nh$	③
⑤	h	④

A. ①是露点温度　　B. ②是海平面气压

C. ③是现在天气现象　　D. ④是过去 6 小时降水量

E. ⑤是过去天气现象

22. 以下 L 波段（1 型）高空气象测报软件系统所提供的基本功能中，不会对观测数据记录的真实性、完整性造成破坏性影响的是（ ABD ）。

A. 放球时间订正　　B. 雷达斜距的气压高度替代

C. 整理删除下沉记录　　D. 录入补放小球数据

23. 开展地面气象观测站网优化调整工作所涉及的主要内容包括（ ABD ）。

A. 站网布局　　B. 观测方法　　C. 观测时间　　D. 观测要素

24. 有关地面风的测量，下面说法正确的是（ BCD ）。

A. 气象观测站测量的“地面风”都是距地面 12 m 高度处的水平风向风速

B. 以 3 秒钟风向、风速的平均值作为地面风的瞬时值

C. 对于天气、气候学应用，平均风一般取 10 分钟时段内的滑动平均值

D. 对于航空目的及气象台站人工编报所需的定时观测数据，平均风取 2 分钟时段内的滑动平均值

25. 任何测量结果可认为由两部分组成；信号与噪声。信号构成测定量的真值，而噪声则是与之不相干的部分、必须把它平滑掉。噪声可能以几种方式出现（ BCD ）。

A. 采用不同的观测仪器或观测方法

B. 测量误差

C. 被测量的量在短周期内的不规则性

D. 被测量的量在小尺度上的不规则性

26. 以下资料，属于气象行业标准 QX/T 102—2009 中划定的十四大类气象资料之一的是（ ABCD ）。

A. 海洋气象资料(OCEN)　　B. 数值预报产品(NAFP)

C. 气象灾害资料(DISA)　　D. 气象服务产品(SEVP)

27. 启用地面综合观测业务软件(MOI)的“数据备份”功能后，系统将对 MOI 软件安装目录下的（ ABD ）文件夹内容进行打包备份。

A. Configure　　B. AwsDataBase

C. ReportFiles　　D. MOIRecord

28. 以下有关调整观测方式、换用不同技术特性的观测仪器以及开展平行(对比)观测的要求，正确的是（ BD ）。

A. 观测方式从人工观测改为仪器自动观测时，平行(对比)观测的时间至少为 1 年

B. 换用不同技术特性的观测仪器，平行(对比)观测期限至少为 3 个月

C. 平行(对比)观测时次至少为北京时间 08、20 时两个时次

D. 平行(对比)观测期间的观测数据和资料报表必须存档并随正式数据资料报表一同上报

29. 所有无线电探空的仪温度传感器，在白天飞升过程中都存在因入射的太阳辐射造成的加热误差，这种加热误差对太阳高度角的变化非常敏感。其中，会产生明显误差的时段是（ AC ）。

A. 日出　　B. 正午　　C. 日落　　D. 夜间

30. 在气象观测分析和研究中，常用“均方根”(Root-Mean-Square，RMS)来表示测量数据的离散程度，是一个常用的表征观测仪器准确度的指标参数。从数学表达式来看，统计学上的（ CDE ）等名词和概念与 RMS 具有完全相同的含义。

A. 偏离度(degree of deviation)　　B. 方差(square error)

C. 均方差(mean-square error)　　D. 标准差(standard deviation)

E. 标准误差(standard error)　　F. 协方差(Covariance)

31. 有关气象卫星观测系统的描述，正确的是（ CD ）。

A. 属于空基探测平台，采用了遥测的探测方法

B. 风云-2D气象卫星是太阳同步轨道卫星

C. 一般有地球同步轨道和太阳同步轨道两种轨道运行方式

D. 最先进的三轴稳定气象卫星的观测时间分辨率可达1分钟

32. 气象观测资料由于受(ACD)的影响而造成资料序列的非均一性。

A. 站址迁移　　B. 气候变化　　C. 仪器换型　　D. 环境改变

33. 遥感测量系统测量大气的运动是通过获取以下测量目标物的电磁波或声波、利用其对电磁波或声波反射、折射或散射的不均匀性来实现的(ABCD)。

A. 水凝物　　B. 沙尘或浮尘　　C. 气溶胶颗粒　　D. 小尺度大气湍流

34. 一个信息安全措施完善的计算机信息网络系统，应提供的基本安全服务功能是(ABCD)。

A. 保密(Confidentiality)和认证(Authentication)

B. 数据完整(Data Integrity)

C. 防抵赖(Nonrepudiation)

D. 访问控制(Access Control)

35. 对关系型数据库进行各种访问操作一般需通过数据库的SQL(Structured Query Language，结构化查询语言)接口进行。SQL语法简单、易学易用，并有专门的国际标准统一规范和约束。以下词汇属于SQL基本语句动词的是(ABDE)。

A. CREATE　　B. SELETE　　C. MOVE

D. DELETE　　E. UPDATE

36. 以下数值分析预报产品标识符中，属于国内天气预报模式产品的是(ABC)。

A. HLAFS　　B. TYPH　　C. GRAPS　　D. ECMWF

37. 根据气象行业标准QX/T 102—2009，属于大气成分及相关资料的内容分类有(ABCD)。

A. 温室气体资料(GHG)　　B. 干湿沉降资料(DEP)

C. 反应气体资料(REG)　　D. 稳定和放射性同位素资料(ISP)

38. 台站气象装备保障的主要任务包括(ABCD)。

A. 仪器设备维修维护　　B. 系统运行监控

C. 观测数据质量控制　　D. 备件管理和现场校准

39. 使得雷达对于远距离目标探测能力降低的2个雷达固有局限性是(BD)。

A. 波束指向精度随距离的增加而减小　　B. 波束中心高度随距离增加而增加

C. 波束能量随距离的增加而衰减　　D. 波束宽度随距离增加而展宽

40. 以下波段的雷达中，可以称之为“分米波雷达”的是(BC)雷达。

A. X波段　　B. S波段　　C. L波段　　D. C波段

41. 影响大气运动的主要因子有(ABCD)。

A. 太阳辐射　　B. 地球自转

C. 地面摩擦　　D. 地球表面的不均匀性

42. 锋面(锋区)是性质(密度、温度、湿度)不同的两个气团之间的过渡区；在锋面附近常有降水系统活动。使用单站探空和测风资料来分析锋面时，正确的说法是（ ABC ）。

A. 锋面到达时，探空曲线应有逆温层（或等温层或温度直减率很小的气层）存在

B. 一般情况下，锋面逆温层上层的湿度要大于下层的湿度

C. 锋区内的热成风很大

D. 锋区附近，风随高度的变化有明显的特征，即：有冷锋时风向随高度呈逆时针转变、有暖锋时风向则随高度呈顺时针转变

43. 能引起台风初始扰动场的因素有（ ABCD ）。

A. 赤道辐合带中的涡旋 B. 东风波扰动

C. 中纬度切断冷涡 D. 热带高空冷涡

44. 冬季东亚大槽是东亚地区的一个重要天气系统，它是（ BD ）影响的产物。

A. 太阳辐射的不均匀性 B. 海陆热力差异

C. 西太平洋副热带高压 D. 青藏高原地形

45. 以下关于飑线与锋面的描述中，正确的是（ ACD ）。

A. 地面图上看，二者都是冷暖空气的分界面

B. 二者都是两个气团的分界面

C. 飑线的要素变化比锋面更为剧烈

D. 飑线是中尺度系统，而锋面是天气尺度系统

46. 西南涡的降水主要分布在（ AC ）。

A. 低涡的中心区 B. 低涡移向的左前方

C. 低涡移向的右前方 D. 低涡的后部

47. 寒潮冷锋的移动方向与（ ABC ）有密切关系。

A. 寒潮高压的路径 B. 锋前的气压系统和地形

C. 冷锋后的垂直于锋的高空气流分量 D. 冷锋后的高压强度

48. 辐射雾形成必要条件（ ABC ）。

A. 近地层湿度大 B. 有足够的辐射冷却时间

C. 没有明显的水平或垂直交换 D. 昼夜温差较大

49. 空气的相当位温大小与（ AC ）有关。

A. 温度 B. 比湿 C. 气压 D. 湿度

50. 有利于雷暴生成的条件有（ ACDE ）。

A. 高空冷平流 B. 高空暖平流

C. 天气尺度上升气流区 D. 地面温度和露点增加

E. 存在边界层辐合线 F. 低层温度不高，但相对湿度大

51. 根据中纬度天气尺度系统的观测值，以下哪些变量的特征尺度定义是准确的（ ABCD ）。

A. 水平速度 V：$10\ m \cdot s^{-1}$ B. 垂直速度 W：$10^{-2}\ m \cdot s^{-1}$

C. 水平尺度 L：$10^6\ m$ D. 垂直尺度 H：$10^4\ m$

52. 在地面天气图上确定锋面位置时，通常要考虑的锋面两侧气象要素除了温、压、湿外，还有（ ABCD ）。

A. 风向风速 B. 变压 C. 云量云状 D. 降水

53. 发展现代气象业务，不同的业务有不同的发展重点：其中，公共气象服务业务以提高气象服务的（ CD ）为根本目标。

A. 准确率　　B. 精细化　　C. 覆盖面　　D. 满意率

54. 根据《暴雨诱发中小河流洪水和山洪地质灾害气象风险预警服务业务规范》，地（市）级业务流程要求：山洪气象风险预警产品以实时和（ ABC ）预警服务产品为主。

A. 1 h　　B. 3 h　　C. 6 h

D. 12 h　　E. 24 h

55.《全国暴雨洪涝气象灾害风险普查技术规范》要求，历史上中小河流洪水、山洪灾害普查内容包括（ AC ）。

A. 普查历次中小河流洪水和山洪灾害的灾情损失情况

B. 普查中小河流和山洪沟的自然环境情况

C. 普查历年中小河流洪水和山洪灾害的灾情损失情况

D. 普查中小河流和山洪沟的社会经济情况

56.《国务院办公厅关于进一步加强人工影响天气工作的意见》指出，人工影响天气的重点领域包括（ ABCD ）。

A. 农业生产　　B. 森林防火　　C. 异常高温　　D. 严重空气污染

57. 县级气象灾害防御规划要明确县级气象灾害防御的指导思想、发展目标和（ AD ）。

A. 主要任务　　B. 行动路线　　C. 保障措施　　D. 重大工程

58. 现代气象业务体系包括（ ABC ）。

A. 综合气象观测体系　　B. 气象预报预测体系

C. 公共气象服务体系　　D. 应急减灾服务体系

59. 确定有水库的中小河流致灾临界雨量时，需要知道水库哪几个特征水位或高度（ ABCD ）。

A. 防洪高水位　　B. 设计洪水位　　C. 校核洪水位　　D. 漫坝水位

60. 强化气象灾害监测预报工作的重点区域为（ ABCD ）。

A. 城市　　B. 乡村　　C. 江河流域　　D. 水库库区

61. 农村气象防灾减灾科普宣传体系包括（ ABCD ）。

A. 一馆　　B. 一站　　C. 一栏　　D. 一员

62. 山洪沟的致灾临界（面）雨量确定时所采用的模型法包括（ AC ）。

A. 水文模型法　　B. 统计分析法

C. 淹没模型法　　D. 实地勘测法

63. 山洪灾害实地调查时，隐患点的主要测量要素包括隐患点及其测量点的（ AB ）、测量河道宽度、河床（或水面）距地面的垂直距离、洪水淹没痕迹距地面观测点的垂直高度。

A. 经纬度　　B. 海拔高度

C. 与乡镇的距离　　D. 与县城的距离

64. 预警信息发布要分类别明确（ ABCD ）等，提高预警信息的科学性和有效性。

A. 预警级别　　B. 起始时间　　C. 可能影响范围　　D. 警示事项

65. 自动气象站系统对瞬时气象观测值的质量控制包括以下几个方面（ ABCD ）。

A. 瞬时气象值变化极限范围检查

B. 瞬时气象值最大允许变化速率检查

C. 瞬时气象值最小应该变化速率检查

D. 瞬时气象值内部一致性检查

66. 以下对新型自动气象站系统采样瞬时值的质量控制判别条件的提法,正确的是(AC)。

A. 传感器的采样频率≥10 次/分钟时才适用

B. 应有≥75%的通过质控的“正确”风速采样瞬时值样本,才能够计算出 2、10 分钟风速平均值

C. 标识为“存疑”或“错误”的采用瞬时值,都不能用于计算瞬时气象值

D. 气压采样瞬时值的允许最大变化值是 0.2 hPa

67. 对气象资料进行质量检查的主要内容有(ABCD)。

A. 台站参数检查　　B. 气候极值和气候界限值检查

C. 资料的内部一致性检查　　D. 时间一致性和空间一致性检查

68. 根据 WMO 规定的“累年值”统计标准,若历年值(BC)时,该累年平均值为缺测。

A. 连续缺测 3 个以上　　B. 连续缺测 5 个以上

C. 总共缺测 3 个以上　　D. 总共缺测 5 个以上

69. 下列属于从雷达回波中提取的反映降水系统状态的三个基本量的是(BCD)。

A. 脉冲重复频率　　B. 反射率因子

C. 平均径向速度　　D. 径向速度谱宽

70. 以下几种格式的数据文件,属于新型自动气象站采集器端存储器数据文件的是(CD)。

A. LOGyyyy-mm-dd. TXT　　B. RECOyyyy-mm-dd. TXT

C. GGyymmdd. DAT　　D. STyymmdd. DAT

E. DDyymmdd. dat

71. 北半球 500 hPa 平均图上的低槽有“冬三夏四”的特征,所谓“冬三”指的是(ABC)。

A. 东亚大槽　　B. 北美大槽

C. 欧洲浅槽　　D. 贝加尔湖西部槽

72. 关于涡度的说法正确的是(AB)。

A. 有曲率的地区不一定有涡度　　B. 有切变的地区不一定有涡度

C. 等高线密集的地方一定有涡度　　D. 风大的地方一定有涡度。

73. 短时和临近预报检验内容应包括:强对流天气的(AE)。

A. 预报准确率　　B. 命中率　　C. 空报率

D. 漏报率　　E. 预警时间提前量

74. 西风带长波的移动速度与许多因素有关。当(BCE)时波动移动较快,反之移动较慢。

A. 地转涡度平流较大　　B. 波长较短

C. 纬度较高　　D. 南风较强

E. 西风较强

75. 在实际工作中,通常用天气图分析各层的温度和湿度平流,来估计对流性天气发生的可能性,下列几种实际情况描述正确的是(ABCD)。

A. 高层冷中心和冷温度槽与低层暖中心重叠的区域，会形成大片雷暴区

B. 当冷锋越山时，若山后低层为暖空气控制，山后可能形成大片雷暴

C. 在高层高空槽东移，冷空气入侵，而中层以下有浅薄热低压接近容易造成对流性天气

D. 当低层有湿舌，其上有干层，会使对流性不稳定增强

76. 以下水汽云图的特点，正确的是（ ABCD ）。

A. 积雨云和卷云清楚，特征和红外云图类似

B. 难以见到地面和低云，其发射的辐射全被水汽吸收

C. 水汽范围比红外云图上宽广，云区连续完整

D. 色调浅白的地区是对流层上部的湿区，与上升运动对应；暗区为干区，下沉运动

77. 以下说法正确的是（ AB ）。

A. 由卫星云图确定地面冷锋的位置可以依据云的边界和云系的稠密状况，一般而言，风的切变越明显，云的边界越光滑

B. 在山谷地区，白天加热和特殊地形，特别有利于对流云的发展

C. MCC常出现于低空偏南气流最大值的前部和强冷平流形成的辐合区内

D. 如果卫星看到的云很白，说明云很厚，在地面观测这块云就很亮

78. 下列哪些因子对冰雹形成和尺寸有影响？（ BD ）

A. 上升气流的尺度　　　　B. 上升气流的强度

C. 相对风暴气流尺度　　　　D. 融化层高度

79. 下面的几个降水量等级中，正确是（ BD ）。

A. 小雨 12 h 降雨量为 0.0 ～4.9 mm

B. 大雨 24 h 降雨量为 25.0 ～49.9 mm

C. 中雪 12 h 降雪量为 2.0 ～4.9 mm

D. 暴雪 24 h 降雪量为 10.0 ～19.9 mm

80. 下列哪种表述不是下沉逆温的属性？（ ABC ）

A. 位于近地面，后半夜或凌晨，下湿上干

B. 位于对流层中下层，高度随距地面锋的距离而增加，任何时间，通常下干上湿

C. 位于近地面以外的任何高度，任何时间，下湿上干

D. 位于行星边界层顶，任何时间，边界层比湿均匀

请根据下表给出的某测站在6月份某日一段时间内的要素实时观测数据，根据《地面气象观测资料质量控制》行业标准（QX/T118—2010）中的相关规定，回答第81～82题（其中，能见度自动观测设备的测量范围为0～30 km）。

时间(时:分)	13:11	13:12	13:13	13:14	13:15	13:16	13:17	13:18	13:19	13:20
气压(0.1 hpa)	998	996	997	996	998	997	011	012	011	010
气温(0.1 ℃)	203	202	201	203	195	201	201	181	205	202
露点(0.1 ℃)	176	175	181	188	167	177	175	176	176	177
20 cm 地温(0.1 ℃)	212	211	211	211	207	216	216	215	215	215
10 分钟平均能见度(m)	10875	10802	10835	9774	8875	11892	10981	11365	10661	10886

81. 对上述观测数据进行时间一致性判别为“可疑”的要素为（ ACE ）。

A. 气压　B. 气温　C. 露点
D. 20 cm 地温　E. 10 分钟平均能见度

82. 对上述观测数据无法给出的质量控制(疑误)信息类型是(BE)。
A. 观测值未超出气候学界限值　B. 观测值超出台站历史气候极值
C. 要素间内部一致性检查未通过　D. 要素时间一致性检查未通过
E. 空间一致性检查未通过

83. 以下观测仪器若因条件限制不能安装在观测场,可以安装在天空条件符合要求的屋顶平台上的有(ABCE)。
A. 日照　B. 总辐射　C. 直接辐射
D. 反射辐射　E. 散射辐射　F. 净全辐射

84.《自动气象站场室防雷技术规范》(QX 30—2004)要求:自动气象站场室的防雷设计应采用(ABCDE)等进行综合防护。
A. 接闪、分流　B. 共用接地系统
C. 屏蔽、等电位连接　D. 电涌保护
E. 综合布线

85. 在实际观测中,造成降水量误差的主要原因有(ABC)。
A. 沾水或溅水误差　B. 蒸发误差
C. 风影响误差　D. 仪器误差

86. 关于雷电探测设备的观测半径,以下描述正确的有(BCD)。
A. 单点探测设备观测半径为几公里
B. 局地性探测设备观测半径为几十公里
C. 区域性探测设备观测半径为几百公里
D. 大范围组网仪器观测设备可达几千公里

87. 以格雷码盘作风向传感器,下列正确的说法有(ACD)。
A. 格雷码每进一位只有其中的一位数发生 0 与 1 之间的变化
B. 二进制码与格雷码的进位规则不同,二者之间不能相互转换
C. 格雷码盘从里圈至外圈依次 $2^1,2^2,2^3,\cdots,2^n$ 等分的同心圆
D. 风向为北方时,7 位格雷码编码为“0000000”

88. 某国家自动气象站仅雨量数据缺测(有降水无数据),较大可能的故障原因是(CD)。
A. 通信串口故障　B. 电源故障
C. 雨量传感器故障　D. 采集器与雨量传感器连接线路故障

89. 现行自动气象站风向传感器测量风向的误差主要有(ABCDE)。
A. 启动误差　B. 动态偏角　C. 惯性误差
D. 转换误差　E. 零位误差

90.《气象设施和气象探测环境保护条例》所称气象设施,包括有(ABC)。
A. 气象观测仪器　B. 气象信息专用传输设备
C. 气象专用技术保障装备　D. 场地

91.《气象设施和气象探测环境保护条例》的核心内容是:“一条主线”——保护好气象台站,也

要兼顾地方经济社会的发展;“四项制度”则包括(ABCD)。

A. 气象设施保护制度　　B. 气象探测环境保护制度

C. 气象工程建设管理制度　　D. 气象台站迁移审批制度

E. 气象违法处罚制度

92. 我国地面气象台站的总辐射传感器的安装要求是(BD)。

A. 安装地点在全年日出和日落的方位角范围内须无障碍物

B. 传感器感应面高度角5°以上无遮挡

C. 传感器感应面须保持水平状态,距地高度为1.5 m±0.01 m

D. 传感器接线柱方向应朝向北面

93. 以下哪些传感器属于非数字式传感器(ABD)。

A. Pt100 温度传感器　　B. PTB210 气压传感器

C. SL3-1 雨量传感器　　D. AG2 蒸发传感器

94. 根据《地面气象观测资料质量控制》行业标准(QX/T 118—2010)规定,下列属于要素之间的相关性检查的是(CD)。

A. 定时风速≤日最大风速　　B. 总、低云量≤10

C. 海拔高度≤0时,海平面气压≤本站气压　　D. 气温≥露点温度

95. 以下有关新型自动气象站系统的CAN总线接口的属性,正确的是(ABCD)。

A. 采用非破坏性总线仲裁方式,允许多个节点同时发送信息,具有较高的总线利用率

B. 直接通信距离最远可达10 km

C. 通信介质可为双绞线、同轴电缆或光纤,抗干扰能力强

D. 完全由硬件实现,无须再为此开发相关软件(Software)或固件(Firmware)

96. 以下有关新型自动气象站系统的“智能传感器”的特点,正确的是(ABC)。

A. 是一种带有嵌入式处理器的传感器

B. 自身具有数据采集和处理功能

C. 可以输出并行或串行数据信号

D. 最高采样速率可达1 Mbps

97. 能够导致气象观测资料序列呈现非均一性改变的主要情况有(ABCD)。

A. 观测仪器换型

B. 气象观测环境恶化已经气象站易址

C. 基于采样值的平均值算法改变

D. 资料处理程序改变及采用新的修正值

E. 资料存储方式及数据存储格式改变

98. 安装、使用前向散射能见度仪,对观测环境的要求正确的有(ACD)。

A. 应不受干扰光学测量的遮挡物和反射表面的影响

B. 应远离建筑物

C. 应远离产生热量及妨碍降雨的设施

D. 应避免闪烁光源、树荫、污染源的影响

99. 根据《国家级地面气象观测站迁建撤暂行规定》,对拟迁观测站观测资料序列区域一致性

分析需选取合适的参考站，以下说法正确的是（ AB ）。

A. 选择的参考站与拟迁观测站序列平行年代长，环境变化少，海拔高度相差较小

B. 为保证参考站序列受城市化效应影响较小，应尽量选取乡村站或小城镇站作为参考站

C. 参考站资料尽可能选用序列完整性较好的资料，总缺测率应<0.3%

D. 对拟迁观测站观测资料序列的完整性、区域一致性和均一性进行分析主要针对以下要素的月值和年值：气温（平均、最高、最低）、平均气压、平均相对湿度、平均风速（2分钟）、降水量

100. 根据《国家级地面气象观测站迁建撤暂行规定》，对拟迁观测站观测资料序列进行区域一致性分析需采用以下方法（ BD ）。

A. 均值比较法　　B. 差值比较法

C. 显著比较法　　D. 趋势比较法

判断题

（每题0.3分，共100题，总分30分）

1. 根据《气象灾害防治条例》，太阳风暴、地球空间暴等空间天气灾害的监测、预报和预警工作也属于气象主管机构的职责范围。（ √ ）

2. 预计未来48小时内将有台风登陆或影响我国沿海时，应发布气象灾害（台风）I级预警。（ × ）

3. 根据《气象灾情收集上报调查和评估规定》，各级气象部门应当在重要灾害发生的12小时内及时进行灾情数据收集，并通过决策服务平台中的直报系统进行上报。（ × ）

4.《国务院办公厅关于加强气象灾害监测预警及信息发布工作的意见》（国办发〔2011〕33号）明确了"到2020年灾害性天气预警信息提前1小时发出、同时实现信息发布公众全覆盖"的工作目标。（ × ）

5. 目前我国气象风险预警服务业务采用的是国家、省、地市三级业务体制。（ × ）

6. 进行人工增雨防雹火箭发射作业，当发射仰角大于65°时操作手必须注意顶空安全、防止弹体伤害。（ × ）

7. 冰雹云分为强和弱两种。一般来说强冰雹云的云顶温度低于−20 ℃。（ √ ）

8. 利用高射炮、火箭发射装置从事人工影响天气作业的人员名单须由所在地气象主管机构抄送当地公安机关备案。（ √ ）

9. 冷空气是指气温低于前一日平均气温的空气。（ × ）

10. 一般来说，我国短时临近预报业务中的"短历时强降水"定义为一小时降水量≥20 mm的降水，但西北干旱省区可自行定义短历时强降水的标准、报备中国气象局后可在当地使用。（ √ ）

11. 开展雾的等级预报服务时，预计将会出现能见度小于50 m的重雾时应发出"强浓雾"预警。（ × ）

12. 在汛期时段和当地强对流天气易发时段，县级及以上气象台均应实行24小时值守班制度。（ √ ）

13. 某次天气过程，气象台发布暴雨预警信号后直至解除，中间进行了2次变更、1次确认，应

按发布了3次预警信号进行统计。（ × ）

14. 根据《降水量等级》国家标准，12小时内降水量达到5.0～14.9 mm的降雨称为“中雨”量级。（ √ ）
15. 根据《综合气象观测系统发展规划（2014—2020年）》，到2020年，我国的地面和高空气象观测业务要完全实现自动化，观测准确度全面达到WMO业务要求。（ √ ）
16. 大气湍流（乱流）运动较强时大气对气球的阻力减小，使得探空气球的实际升速高于理论升速。（ √ ）
17. 空气折射指数平均值随高度而降低，折射指数的这种变化使得雷达波弯曲地返回地球，因此大气折射通常造成雷达上观测的仰角将大于目标真实的几何仰角。（ √ ）
18. C波段一次测风雷达和L波段二次测风雷达的测距原理都是相同的。（ √ ）
19. 遥测是直接观测的一种形式。（ √ ）
20. 云量是指云遮蔽天空视野的成数，国际上通常采用10分量制来表示，即天空完全被云遮蔽时云量为10成。我国的地面气象测报规范也采用了这种规定。（ × ）
21. 目标物的最大能见距离通常有两种定义方法，一种是“消失距离”、另一种是“发现距离”。在气象上通常采用的是“发现距离”这种定义。（ × ）
22. 风是影响降水测量准确性的主要因素，由风造成的降水测量误差最高可达降水总量的10%以上。（ √ ）
23. 在以气温的垂直分布特点为依据来进行划分的几个大气层次中，只有对流层内有强烈的空气对流运动。（ × ）
24. GPS无线电探空仪能给出足够精确的位势高度，因此可以不在无线电探空仪上安装气压传感器，气压可以通过GPS高度反算得到。（ √ ）
25. 在北半球，低气压范围内的空气作逆时针旋转，因而称之为“反气旋”。（ × ）
26. 一个单次观测就是一个样本（典型的是一个传感器系统的一系列的点或瞬间读数），而由此得到一个平均值或平滑值即是进行了一次测量。（ × ）
27. 任何测量结果可认为由两部分组成：信号与噪声；观测技术的进一步改进可改善噪声的测量、但对信号却不能给出更好的结果。（ √ ）
28. 随着现代遥感技术的进步和发展，卫星遥感探测结果已经可以给出任意地理位置上空的温、湿度垂直分布结构，并且具有与无线电探空仪相同的准确度和可信度。（ × ）
29. 等几何高度面是水平面，而等位势高度面则不是水平面。（ × ）
30. 雷达测高误差远比测风误差明显。（ √ ）
31. 采用最新观测方法和观测仪器的测量结果表明：在对流层中，相对湿度小于20%是真实的、而且是十分普遍的。（ √ ）
32. 由于地球上的植被能通过光合作用大量吸收二氧化碳，因而可使大气中的二氧化碳含量逐年减少。（ × ）
33. 连阴雨属于灾情上报的一种灾害类别。（ √ ）
34. 国家气候观测网由国家基准气候站组成，国家基本气象站作为补充。（ √ ）
35. 国家天气观测网由国家基准气候站、国家基本气象站和国家一般气象站组成，区域气象观测站作为补充。（ √ ）

36. 水平方向上的风速一般比垂直对流速度大 10 倍以上。(√)
37. 双翻斗式雨量计中共有两个小翻斗,一个用来计量、另一个用来计数。(×)
38. 高空大气中的相对湿度实际值有可能超过 100%。(√)
39. 在尽量避免使用避雷针来解决避雷问题,可以降低遭受雷击(直击雷)的概率。(√)
40. 观测事实表明,暖积云很难产生降水、降水概率不高。(×)
41. 通过对气象观测资料的质量控制措施,可以有效减少随机误差对资料的不良影响。(×)
42. 风云三号(FY-3)系列气象卫星是我国的最新一代静止气象卫星。(×)
43. 在雷暴系统发生发展的初始阶段,雷达回波强度最强的地方一般在云体的中下部。(×)
44. 按照我国现行业务规定,高温灾害的标准是指某站日最高温度达到 37℃或以上的温度。(√)
45. 临近预报的责任区为天气雷达可探测区域。一般是在雷达扫描半径 200 km 左右范围内的地形遮挡角较小的区域。(√)
46. 由许多雷暴单体侧向排列而形成的强对流云带称为 MCC(中尺度对流复合体)。(×)
47. 地面锋线总是在高空锋区的暖区一侧。(√)
48. 太平洋副带高压区的高层往往有逆温层存在,这是由下沉运动造成的。(×)
49. 大气中的水平辐散辐合都是非地转风引起的。(√)
50. 重力在赤道上最小,随纬度增加而增大。(√)
51. 季风是大范围区域冬、夏季盛行风向相反或接近相关的现象。其形成的原因主要是陆地和海洋冷热程度不同。(√)
52. 地转风随高度的变化就是热成风,热成风的大小主要与两层等压面之间的平均温度有关。(×)
53. 目前全球天气监测网中约有 10000 个陆地地面气象观测站,其中有近 1/5 分布在我国。(√)
54. 冬季积雪覆盖对土壤起保温作用,主要与雪的反射率大有关。(×)
55. GCOS 指的是“全球天气观测系统”。(×)
56. 我国气象部门目前使用 L 波段测风雷达来进行高空风的观测,这是一种有源目标物雷达。(√)
57. “中尺度对流复合体”(MCC)这个名词,它实际上指的是“雷暴群”。(√)
58. 在干绝热过程中,一团湿空气从地面开始做上升运动时,该气团的比湿不变。(√)
59. 通常用“时间常数”来表征观测仪器的响应时间,即观测输出值达到最大值(总上升或总下降)的约 66.7%所需要的时间。(×)
60. 大小云滴在运行中不断发生碰撞和合并;在碰并增长过程中,以重力运动的作用最为显著。(√)
61. 当地面有效辐射增大时,夜间地面降温速度将加快。(√)
62. 谚语“十雾九晴”或“雾兆晴天”中的“雾”主要指的是平流雾。(×)
63. 我国气象灾害损失占所有自然灾害损失的 70%以上。(√)

64. 连续三天日最高气温将在35℃以上，应发布高温黄色预警信号。（ √ ）
65. 雷达测距计数脉冲的重复频率越高，测距的精度也就越高。（ √ ）
66. 当天气预报的时效增长时，需要考虑的气象观测的空间范围也随之扩大。（ √ ）
67. 强冰雹的产生要求雷暴内具有强烈上升气流；而雷暴大风的产生通常要求雷暴内具有强烈下沉气流。（ √ ）
68. 雷电是层积云中冰晶"温差起电"以及其他起电作用造成的。（ × ）
69. 气象上将不含水汽和悬浮颗粒物的大气称为干洁大气。（ √ ）
70. 低纬度地区的大气运动是非地转运动。（ √ ）
71. 无线电探空仪在飞升中不能悬挂得太靠近气球，这是因为气球飞升的尾流会影响到温度和相对湿度的测量结果。（ √ ）
72. 业务运行的多普勒天气雷达通常采用体积扫描的方式进行观测。（ √ ）
73. 在29种云类中，能够产生直达地面的降水的云只有雨层云、积雨云、蔽光层积云、蔽光高层云等少数几种，大多数云并不能直接产生降水、属于非降水性云。（ √ ）
74. 在超折射大气条件下，用雷达测高公式计算的回波高度比目标物的实际高度高，雷达探测范围会扩大。（ √ ）
75. 根据《气象仪器和观测方法指南》(第六版)，闪电定位测向系统是指通过观测闪电放电过程中产生的电磁波推断出闪电的准确位置。（ × ）
76. 利用超级终端检查自动气象站的故障，在超级终端中所有命令的返回值均是采集器中最原始的结果。（ √ ）
77.《自动气象站场室防雷技术规范》(QX 30—2004)中对等电位连接的定义是：将分开的装置、诸导电物体用等电位连接导体或电涌保护器连接起来以减小雷电流在它们之间产生的电位差。（ √ ）
78.《中华人民共和国气象法》规定：气象探测环境保护范围的划定标准由国务院气象主管机构规定。各级人民政府应当按照法定标准划定气象探测环境的保护范围，并纳入城市规划或者村庄和集镇规划。（ √ ）
79.《中华人民共和国气象法》规定，国务院气象主管机构和省自治区、直辖市气象主管机构可以根据需要建立气象计量标准器具，其各项最高计量标准器具依照《中华人民共和国计量法》的规定，经考核合格后，方可使用。（ √ ）
80.《中华人民共和国气象法》规定：其他有关部门所属的气象台站和与灾害性天气监测、预报有关的单位可以根据具体情况向气象主管机构提供监测、预报气象灾害所需要的气象探测信息和有关的水情、风暴潮等监测信息。（ × ）
81.《自动气象站场室防雷技术规范》(QX 30—2004)中规定，观测场内金属围栏，百叶箱支架、雨量器、遥测雨量计、虹吸雨量计、小型蒸发皿、校对蒸发雨量器、自动气象站信号转接盒等金属外壳应就近与观测场地网电气连接。（ √ ）
82. 大气气溶胶通过它对太阳辐射的散射和吸收会影响地球系统的辐射收支平衡及气候变化。（ √ ）
83. 适用于实际大气的气压—高度公式为 $P_z=\int_z^{\infty}\rho g\,\mathrm{d}z$ ，ρ 为空气密度，g 为重力加速度。它

表示任一高度上的气压即为该高度以上单位截面空气柱的重量。（ √ ）

84. 温度表瞬间即可取得被测介质的温度，进行热量交换，建立热平衡。温度表反映出介质的温度变化，总是先于介质温度的实际变化，温度表的这种性质称为热惯性或热滞现象，由此引起的误差称为热惯性误差或热滞误差。（ × ）
85. 辐射雾是在晴朗的夜间，由于地表及紧贴其上空气层的辐射冷却而形成的。其大多数在夜间发展，清晨最强，日出后逐渐消失或抬升变成云。（ √ ）
86. 前向式散射仪测定能见度的原理，是以探测前向散射光确定大气的消光系数和能见度值。这种仪器的缺点是采样体积空间很小，代表性较差。（ √ ）
87. 翻斗式遥测雨量计传感器上的有关部件易受外界干扰影响，往往无降水时也发生信号。以及筒口常受异物堵塞，造成有降水时，也无信号发生。（ √ ）
88. 气象部门规定，安装前向散射能见度仪时，其采样区中心高度要求均为 2.8 米。（ × ）
89. 自动气象站蓄电池长时间不放电，会引起内阻增大、储能容量减小、负载能力下降等影响业务有效性的问题。（ √ ）
90. 在现行自动气象站的风速算法中，10 分钟平均风向、风速均以 1 分钟钟为步长的滑动平均算法求得。（ × ）
91. 华云升达 HYPTB210 型气压传感器的感应元件为单晶硅压电阻传感器。（ × ）
92. 国家级地面气象观测站站址迁移后，旧址一般应长期保留自动气象观测。（ √ ）
93. 高空气象观测站的观测环境要求是：四周开阔，障碍物对观测系统天线形成的遮挡仰角不高于 5°，特别是观测站盛行风上风方向 120°范围内的障碍物对观测系统天线形成的遮挡仰角不得高于 2°。（ × ）
94. 无线电探空仪可将实时观测的高空大气压、温、湿、风等高空气象要素信息传送至地面接收设备。（ × ）
95. 大气透明度是影响能见度的主要因子。仅受大气分子影响时的最大能见度可超过 200 km；而在雾和沙尘暴天气中，能见度可低至几十米、甚至只有几米。（ √ ）
96. 地面天气图上所填的降水量是以 mm 为单位、字母“T”表示有微量 0.0 mm 的降水。（ √ ）
97. 碘化银的丙酮溶液，燃烧分散后可作为冷云催化剂。（ √ ）
98. 在进行观测值内部一致性检查时，如日照时数＞0 而总辐射＝0，则这两个观测值有疑问，相应观测结果应标记为可疑。（ √ ）
99. 在天气图分析中，每一种等值线都统一地规定了应分析的数值。如海平面等压线，规定了以 10 hPa 为基准线、间隔 1.5 hPa 分析一条等压线；高空等压面图上的等温线，规定了以 0 ℃为基准线，间隔 8 ℃分析一条等温线。（ × ）
100. 在自动气象站系统中的，观测要素的“瞬时”值都是一定时间区间内要素采样值的平均值。（ √ ）

2.6　云南省综合气象业务基础理论试题

单项选择题

（共50分，每题0.5分，共100题。错答、未答的不得分）

1. 如果实际风向在各高度层上为发散的，则径向速度图上的零等速度线呈弓形，径向出流位于弓形（ B ）。

A. 内侧　　B. 外侧　　C. 顶部　　D. 尾部

2. 上游槽脊线的转向会引起紧接着的下游脊槽强度的变化。下面那个说法错误。（ B ）

A. 当上游脊有南北向转为东北—西南向时，下游槽往往会显著加强

B. 当上游槽线由南北向转为西北—东南向时，下游脊的轴向转为东北-西南向并有所发展

C. 当上游脊线由南北向转为西北—东南向时，下游槽减弱，环流变平

D. 当上游槽由南北向转为东北—西南向时，下游脊将减弱，环流变平

3. 带状云系是一条大体上连续、具有明显长轴、长宽之比至少为（ A ）云系。

A. 4∶1　　B. 5∶1　　C. 5∶2　　D. 3∶1

4. 水汽的局地变化与（ B ）无直接关系。

A. 比湿平流和垂直输送　B. 降水　　C. 凝结、蒸发　　D. 湍流扩散

5. 新一代天气雷达降水估计的基本原理是基于（ A ）和降水率之间的正相关关系。

A. 反射率因子　　B. 平均径向速度　　C. 回波顶高　　D. VIL

6. 由于衰减，雷达所显示的降水回波将（ B ）实际的降水区，尤其是降水区远离雷达的一侧。

A. 等于　　B. 小于　　C. 大于　　D. 远大于

7. 新一代天气雷达回波顶高产品中的回波顶高度（ B ）。

A. 与云顶高度相等　　B. 小于云顶高度　　C. 大于云顶高度

8. 新一代天气雷达降水估计的基本原理是基于（ A ）和降水率之间的正相关关系。

A. 反射率因子　　B. 平均径向速度　　C. 回波顶高

9. 若雷达位于此中尺度云团的西方，此系统具有（ D ）

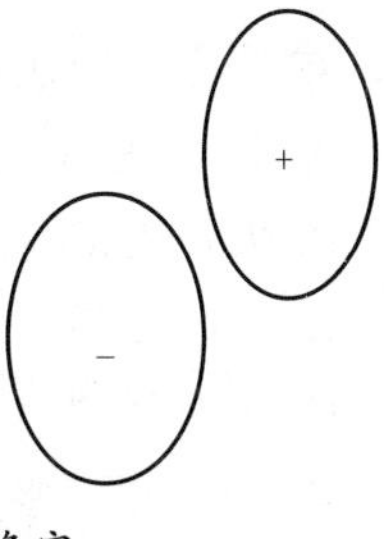

A. 气旋性辐合　　B. 反气旋性辐合

C. 气旋性辐散　　D. 反气旋性辐散

10. 气层静力稳定度判据中，当 $\gamma < \gamma_s$ 与 $\gamma_d > \gamma > \gamma_s$ 时，分别表示气层是（ B ）。

A. 绝对不稳定；绝对稳定　　B. 绝对稳定；条件不稳定

C. 绝对不稳定；条件不稳定　　D. 条件不稳定；绝对不稳定

11. 不同纬度的西风系统中，当两支气流的槽脊不同相，也不是完全反相时，由于气流的汇合和疏散，也可产生槽脊强度的变化。对于下图中北支波系落后于南支波系的情况，下列说法正确的是（ C ）。

A. 槽将发展，脊将发展　　B. 槽将减弱，脊将发展

C. 槽将发展，脊将减弱　　D. 槽将减弱，脊将减弱

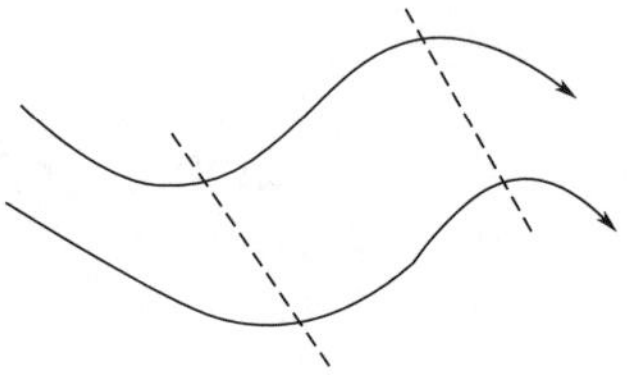

12. 如右图所示：实线为层结曲线，虚线为状态曲线。大气层结为（ D ）。

A. 不稳定

B. 稳定

C. 条件不稳定

D. 潜在不稳定

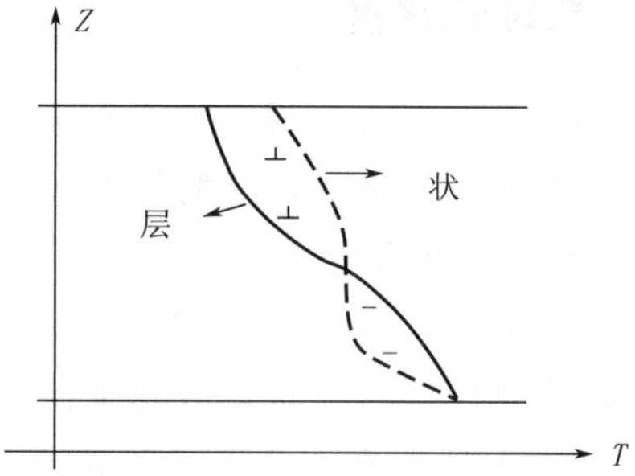

13. 平均径向和谱宽上的紫颜色是表示（ B ）。

A. 无回波

B. 算法不能够确定相应距离处的准确速度估计值

C. 大于最大不模糊速度的径向速度值

D. 0 值

14. 当雷达波束路径曲率大于地球表面曲率时，称之为（ B ）。

A. 负折射　　B. 超折射　　C. 临界折射

15. 经典超级单体风暴通常在（ D ）出现钩状回波。

A. 前侧　　B. 右前侧

C. 后侧　　D. 右后侧

16. 右图是何种冷锋（ B ）。

A. 一型

B. 二型

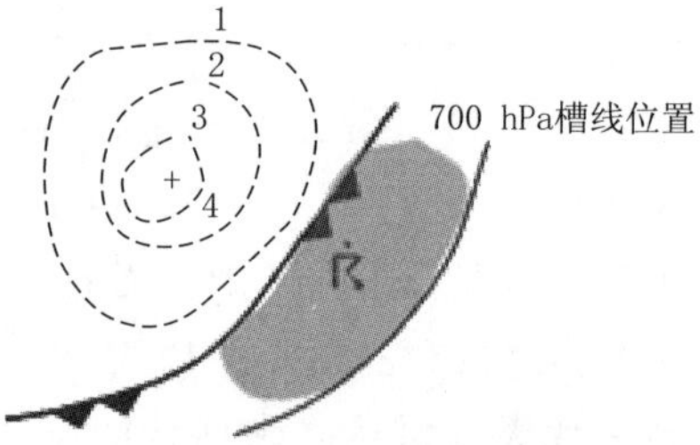

17. 右图是何种锢囚锋（ C ）。

A. 冷式

B. 暖式

C. 中性

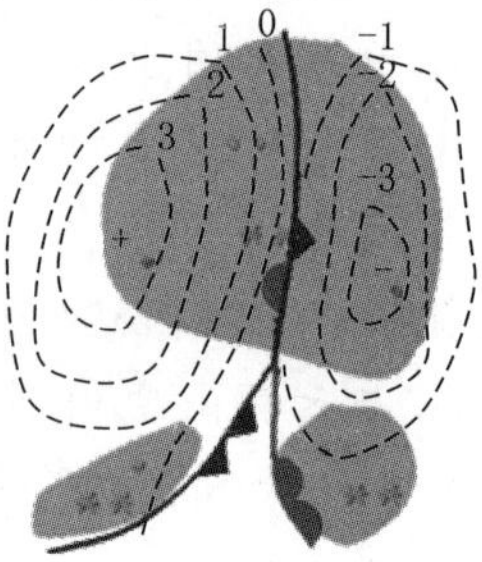

18. 已知某像素点的径向速度出现了一次模糊，如果该点的径向速度显示为－20 m/s，最大不模糊速度为 27 m/s，那么该点的径向速度值应该是（ B ）。

A. －64 m/s　　B. 34 m/s　　C. －47 m/s　　D. 47 m/s

19. 右图是何种逆温（ D ）。

A. 扰动逆温

B. 辐射逆温

C. 下沉逆温

D. 锋面逆温

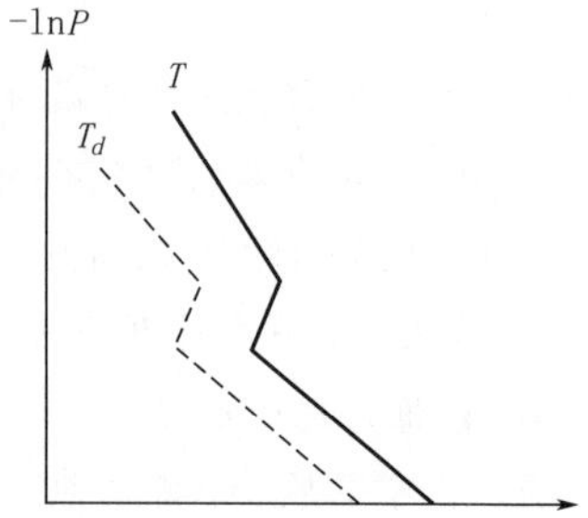

20. 空气中实际水气压与当时气温下的饱和水汽压的比值为（ B ）。

A. 比湿　　B. 相对湿度　　C. 绝对湿度　　D. 露点

21. 当理查逊数 $Ri=-0.5$ 时，有（ C ）产生

A. 积雨云　　　B. 雷暴　　　C. 系统性对流

22. 卫星在 10.5～12.5 μm 通道得到的云图称为（ C ）云图。

A. 可见光　　　B. 红外　　　C. 水汽

23. 有极高的反射率，在可见光云图上比较容易与低云区分的要素的（ C ）。

A. 沙尘暴　　　B. 树木　　　C. 积雪　　　D. 湖泊

24. 动画显示水汽图像，可以了解对流层中上层（ B ）的平均状态。

A. 温度场　　　B. 流场　　　C. 气压

25. 多普勒速度图大尺度风场结构为（ A ）。

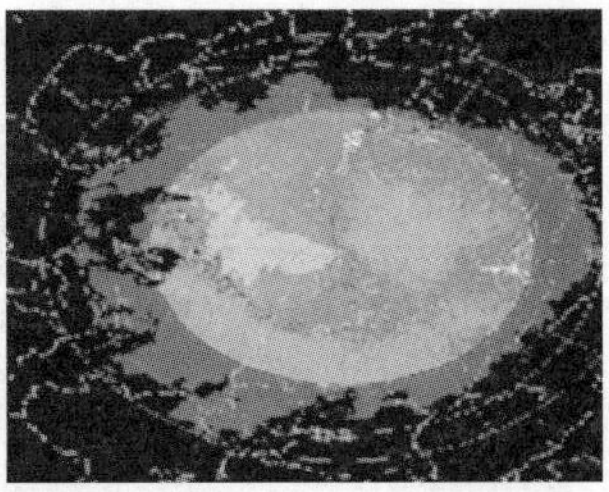

A. 暖平流＋风向辐合

B. 冷平流＋风向辐合

C. 暖平流＋风向辐散

D. 冷平流＋风向辐散

26. 多普勒速度图上中尺度系统特征（ B ）。

A. 中小尺度辐合

B. 中小尺度辐散

C. 中小尺度气旋式辐合

D. 中小尺度反气旋式辐散

27. 风暴路径信息(STI)显示被识别的风暴单体质心过去、现在和将来每隔（ C ）min 的位置，最长外推预报时效为（ C ）h。

A. 6，0.5　　　B. 15，0.5

C. 6，1　　　D. 15，1

28. 天空中有 10 成的高云，下面哪个天空状况是对的？（ B ）

A. 少云　　　B. 多云　　　C. 阴天

29. 右图风场表示的是（ A ）。

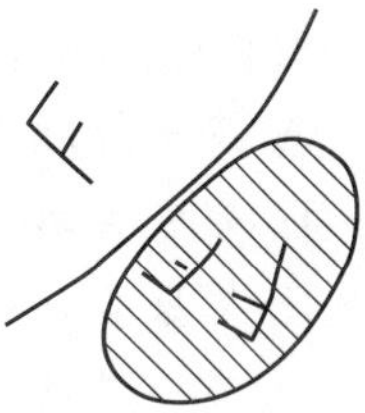

A. 切变辐合

B. 切变辐散

C. 切变

30. 直线型的地面风害主要是对流风暴内的（ B ）所导致的。

A. 上升气流　　　B. 下沉气流

C. 相对气流　　　D. 旋转气流

31. T-ln$P$ 图上抬升凝结高度以上，（ A ）两曲线的第一个交点叫（ A ）。

A. 状态曲线；层结曲线；自由对流高度

B. 层结曲线；状态曲线；自由对流高度

C. 状态曲线；层结曲线；对流上限

D. 层结曲线；状态曲线；对流上限

32. 下面不属于"五流"的是（ A ）。

A. 温度平流　　　B. 引导气流

C. 涡度平流　　D. 平均气流

33. 当大气处于弱的层结稳定状态时，虽然在垂直方向上不能有上升气流的强烈发展，但在一定的条件下可以发展斜升气流。这种机制称为（ B ），它可以用来解释与锋面相平行的中尺度雨带的形成和发展。

A. 斜压不稳定　　B. 对流不稳定　　C. 对称不稳定　　D. 位势不稳定

34.《气象仪器和观测方法指南》中规定，（ C ）已被采纳推荐选作国际参考标准蒸发器。

A. 美国 A 级蒸发器　　B. 俄罗斯 GGI-3000 蒸发器

C. 俄罗斯 20 m^2 蒸发池　　D. 蒸散器

35.（ D ）指单位时间内通过某一平面（或虚拟平面）的辐射能，也称为辐射功率，单位为 J/s 或 W。

A. 辐照度　　B. 曝辐量　　C. 辐射通量密度　　D.　辐射通量

36. 定时常规高空气象观测，应在气球施放前后（ A ）内进行施放瞬间压、温、湿、风、云状、云量、能见度和天气现象等气象要素的观测。

A. 5 min　　B. 10 min　　C. 15 min　　D. 30 min

37. 新型自动站终端命令 STATSENSOR 读取传感器工作状态返回"5"表示（ C ）。

A. 采样值偏高　　B. 采样值偏低

C. 采样值超测量范围上限　　D. 采样值超测量范围下限

38.（ A ）是雪深传感器的关键组成部分，是利用发射的波束（光波、声波或电磁波）遇到障碍物反射回来的特性进行距离差测量。

A. 测距探头　　B. 处理控制单元　　C. 通信单元　　D. 测量单元

39. 终端微机与主采集器间的信号传输距离应（ B ）。在规定的传送距离之内，信号传送质量不应因改变线缆的长度而降低。

A. ＞200 m　　B. ≥200 m　　C. ＞500 m　　D. ≥500 m

40. 根据《气象设施和气象探测环境保护条例》，以下属于危害国家级气象站探测环境行为的是（ C ）。

A. 某一般站观测场周边 40 m 范围内种植作物玉米，高度超过 1.9 m

B. 某基准站观测场周边 200 m 处有水塘

C. 某基本站观测场周边 300 m 处有一垃圾场

D. 某一般站观测场周边 900 m 处有一建筑物，高度 98 m

41. 某机构于 2016 年 4 月 6 日向国务院气象主管机构提交了申请气象专用技术装备使用许可相关资料，根据《气象专用技术装备使用许可管理办法》及《中华人民共和国行政许可法》，以下做法符合规定的是（ C ）。

A. 根据相关办法规定，该机构不具备规定条件，气象主管机构于 4 月 14 日出具书面凭证，决定不予受理，并说明理由。

B. 根据相关办法规定，该机构具备规定条件，气象主管机构于 4 月 11 日电话告知即日起受理决定。

C. 国务院气象主管机构于 2016 年 4 月 12 日受理该申请，根据检测机构出具的报告审查该机构符合相关规定，4 月 27 日作出准予许可的决定，并颁发许可证。

D. 国务院气象主管机构于2016年4月12日受理该申请，根据检测机构出具的报告审查该机构不符合相关规定，4月27日书面说明理由并退回申请机构。

42. 根据《气象观测业务事故分级和认定管理办法(试行)》，以下需向中国气象局上报事故有关情况的是(C)。

A. 高空气象观测单站出现连续5个观测时次观测数据全部缺失或错误。

B. 新一代天气雷达单站出现连续25天观测数据全部缺失或错误。

C. 运行监控中断4天，一、二级应急响应期间连续中断24小时。

D. 一年内单站气象探测环境评估得分降低25分，未按要求上报且未采取任何保护措施。

43. 根据《新型自动气象站维修规范(试行)》，以下接入主采模拟通道的要素是(A)。

A. 蒸发传感器　　B. 风向传感器　　C. 风速传感器

D. 气压传感器　　E. 翻斗雨量传感器　　F. 前向散射能见度仪

44. 台站某日08时3次雪深记录分别为7 cm、7 cm、6 cm，则08时正点维护雪深输入、常规要素B库、月报表中分别应为(B)。

A. 67、67、70　　B. 67、67、7

C. 67、70、70　　D. 67、70、7

45. 某站3月12—13日视程现象自动判别记录霾现象时间如下，根据现行业务技术规定对霾现象的处理原则，A文件中霾记录正确的是(D)。

12日：夜间(霾 0733-0800)白天(霾 0801-0954’1633-20)

13日：夜间(霾 20-2210’0521-0800)白天(霾 0801-1132)

A. 12日：05,. 13日：(05,)05,.

B. 12日：05,. 13日：(05,).

C. 12日：. 13日：(05,)05,.

D. 12日：. 13日：05,.

E. 12日：05,. 13日：05,.

46.《中国气象局关于县级综合气象业务改革发展的意见》中县级气象机构的分工任务中不包括以下(B)。

A. 面向地方党委政府决策、农业发展、经济运行和公众生产生活的气象保障服务任务

B. 统一组织人工影响天气、雷电灾害防御工作

C. 负责辖区内突发事件预警信息发布系统和部门联动机制建设

D. 开发具有地方特色和实际需求的气象服务产品

E. 统一发布辖区内气象信息和灾害预警信息，组织开展气象科普宣传

F. 强对流天气和突发气象灾害的临近预报预警业务，农用天气预报业务和农业气象灾害预警业务

47. 在地面风力不超过(C)情况下，自动探空系统中心站通过程序控制远端站设备自动运行，实现高空气象自动化观测。

A. 六级风(10.8～13.2 m/s)　　B. 六级风(10.8～13.8 m/s)

C. 八级风(17.2～20.7 m/s)　　D. 八级风(17.1～20.8 m/s)

48. 某台站经度128°15′E，纬度43°50′N，请问秋分时，该站正午时分太阳高度角约为(D)。

A. 44°　　B. 52°　　C. 51°　　D. 46°

49. 原来稳定的未饱和气层，由于整层被抬升到一定高度以上而变为不稳定的气层，称为(C)。

A. 真潜在不稳定　　B. 假潜在不稳定

C. 对流性不稳定　　D. 绝对不稳定

50. 以下各新型站设备的安装，根据新型自动站场室建设规范对方向的要求与另外几项不同的是(B)。

A. 百叶箱　　B. 蒸发百叶箱

C. 称重降水防风圈　　D. 风向传感器

51. 可见光是太阳辐射的可见部分，波长(B)。

A. 小于 0.400 μm　　B. 0.400～0.730 μm

C. 0.730～0.990 μm　　D. 大于 0.730 μm

52. 经检查某地人影部门实施人工影响天气作业使用不符合国务院气象主管机构要求的技术标准的作业设备，按照相关法律，由有关气象主管机构按照权限责令改正，给予警告，可以并处(C)的罚款。

A. 两万元以下　　B. 五万元以下

C. 十万元以下　　D. 与造成的经济损失相当金额

53. 根据《地面气象观测资料质量控制》，以下(D)要素不做值域检查。

A. 总云量　　B. 相对湿度

C. 日照时数　　D. 风速

54. 根据《地面气象观测业务技术规定(2016)版》，由省级气象主管机构指定台观测的项目是(B)。

A. 地面状态　　B. 雪压

C. 电线积冰　　D. 辐射

55. 天气现象仪地点选取应设在能较好地反映本地较大范围的(C)特点的地方，避免受到局部地形、建筑等障碍物的影响。

A. 天气现象　　B. 气候环境

C. 气象要素　　D. 气候要素

56. 世界气象组织对地面观测中气温测量的元件要求为，当通风速度为 5 m/s 时，热滞系数在(D)之间。

A. 10～30 s　　B. 60～120 s　　C. 20～30 s　　D. 30～60 s

57. DZZ5 型自动气象站在运行过程中，其 EL15-2C 风向传感器出现故障，D6 输出一直为 0，其余 D5－D0 输出正常，那么在 SMO 软件界面上，其风向显示值的变化范围是(B)。

A. 0°～90°　　B. 0°～180°　　C. 0°～270°　　D. 180 °～360°

58. 下图中大气层结的稳定性情况描述正确的是(A)。

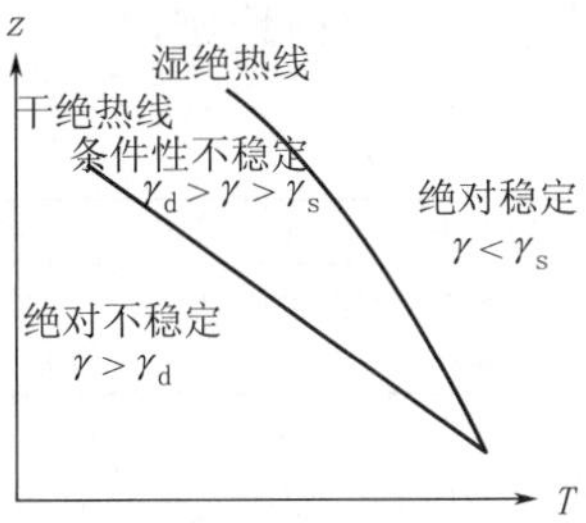

A

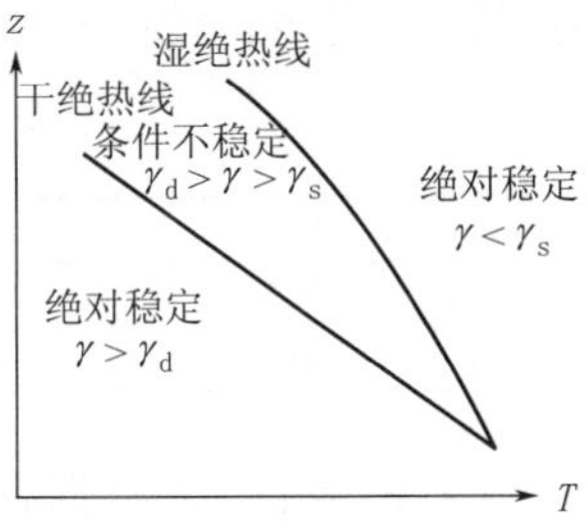

B

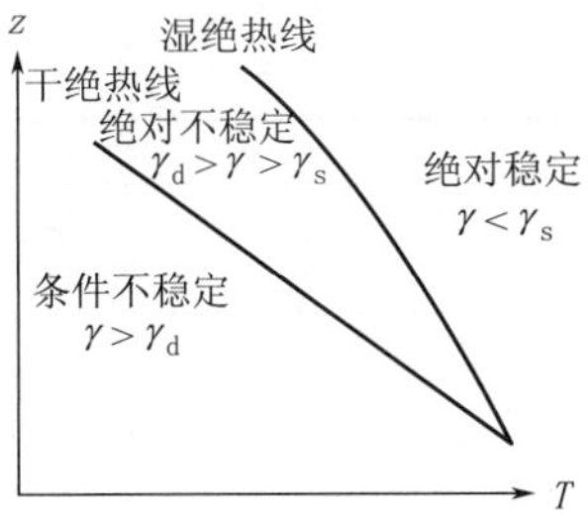

C

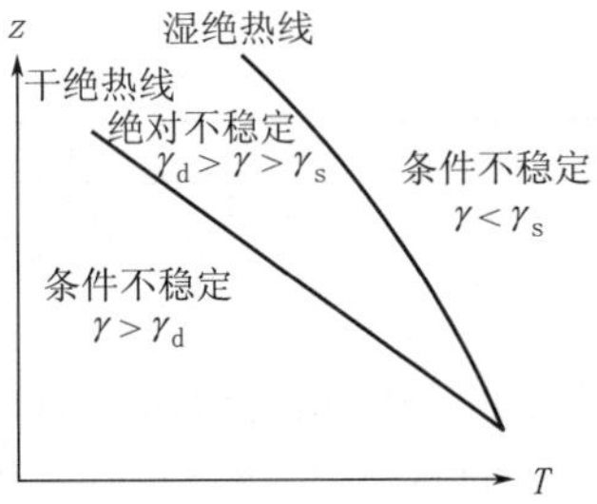

D

59. 天气现象仪首次使用(B)后应现场校准一次；之后(B)现场校准一次；每次维修仪器之后都应做校准检查。

A. 1 个半月、6 个月　　B. 1 个半月、12 个月

C. 2 个月、6 个月　　D. 2 个月、12 个月

60. 下图为某高空站 08 时探空曲线图，图中(C)代表的是气压观测曲线。

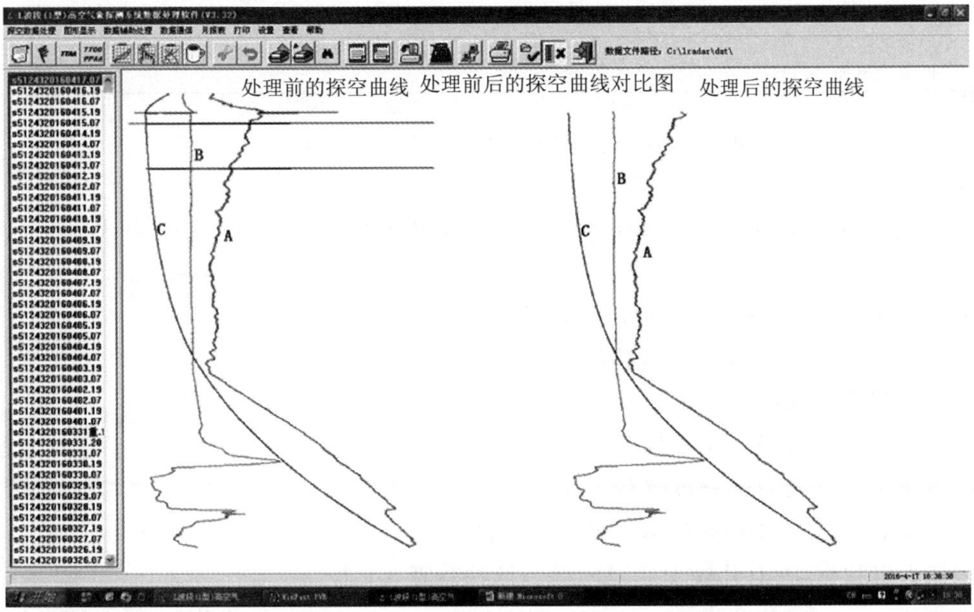

61. 某站 14:12-14:19 的部分气压资料如下表，根据下表回答，以下说法错误的是(B)。

A. 利用气候极限值可以判定 14:14、14:15 分数据错误

B. 利用时间一致性检查可以判定 14:14、14:16、14:17 分数据可疑

C. 若该站海拔高度负值，则通过该站所在地域要素检查可以判定以上数据均错误

D. 以上数据通过了内部一致性检查

	14:12	14:13	14:14	14:15	14:16	14:17	14:18	14:19
气压	996.3	996.4	997.4	997.3	996.2	997.3	996.4	996.3
海平面气压	1097.0	1097.3	1100.1	1100.1	1097.5	1097.4	1097.4	1097.3

62. 下表为某新型自动站湿度传感器 1 分钟采样数据，请根据该数据回答 62-63 题。下表中，采样数据可用于计算瞬时值的数据可用率是（ C ）。

A. 66%　　B. 60%　　C. 63%　　D. 57%

44%	45%	45%	44%	50%	43%	44%	45%	46%	46%
42%	48%	49%	43%	42%	45%	46%	52%	44%	42%
45%	49%	43%	44%	50%	51%	45%	43%	49%	43%

63. 根据上表中的 1 分钟采样数据计算出的分钟相对湿度值是（ D ）。

A. 44%　　B. 45%　　C. 46%　　D. //

下表为某测站一次大风过程的部分数据，请根据我国业务规定及《地面气象观测资料质量控制》回答 64-68 题。

时间	13:41	13:42	13:43	13:44	13:45	13:46	13:47	13:48	13:49	13:50
2 分钟风速(m/s)	3.4	4.3	3.7	3.9	5.2	7.3	21.2	17.9	20.3	23.5
2 分钟风向	102	110	98	108	112	116	109	124	124	124
时间	13:51	13:52	13:53	13:54	13:55	13:56	13:57	13:58	13:59	14:00
2 分钟风速(m/s)	16.3	74.5	15.4	17.8	17.3	17.9	23.6	24.7	22.5	17.9
2 分钟风向	124	124	124	124	124	124	124	124	109	103
小时极大风速/风向										23.2/117
小时最大风速/风向										17.9/120

64. 在该段时间内，2 分钟平均风速达到错误的时间点为（ D ）。

A. 13:46　　B. 13:47　　C. 13:51　　D. 13:52

65. 在该段时间内，2 分钟平均风速达到可疑的时间点为（ A ）。

A. 13:47　　B. 13:48　　C. 13:52　　D. 13:57

66. 根据上述数据，可判断以下说法错误的是（ B ）。

A. 观测值通过了气候学界限值检查

B. 大风现象记录时间应为：13:47—13:59

C. 要素未通过时间一致性检查

D. 要素间未通过内部一致性检查

E. 无法判断观测值超出台站历史气候极值

67. 根据表中数据，共有几处未通过内部一致性检查。（ C ）

A. 1 处　　B. 2 处　　C. 3 处　　D. 4 处

68. 根据上述分钟数据分析，最有可能应该编发大风重要报的时刻为（ B ）。

A. 1347　　B. 1348　　C. 1352　　D. 1354

69. 目前我国还没有自动播撒干冰的专用设备；一般按每公里航程播撒（ A ）克。

A. 100～1000　B. 10～100　C. 100～10000　D. 1000～10000

E. 500～10000

70. 县级以上地方人民政府、有关部门应当根据气象灾害发生情况，依照（ C ）的规定及时采取应急处置措施；情况紧急时，及时动员、组织受到灾害威胁的人员。

A. 气象法　B. 气象灾害防御条例

C. 中华人民共和国突发事件应对法　D. 行政许可法

71. 气象灾害得到有效处置后，经评估，短期内灾害影响不再扩大或已减轻，气象部门发布灾害预警降低或解除信息，启动应急响应的机构或部门降低应急响应级别或终止响应。国家应急指挥机制终止响应须经（ A ）同意。

A. 国务院　B. 国务院气象主管机构

72. 干旱Ⅰ级预警：（ D ）个以上省（区、市）大部地区达到气象干旱。

A. 2　B. 3　C. 4　D. 5

73. 全国气象灾情收集上报技术规范将气象灾害划分为（ D ）类。

A. 34　B. 23　C. 25　D. 28

74. 当灾害在全县（ B ）以上地区发生时，可以填写“全县范围”或“所有乡镇”，否则按实际发生灾害的乡镇名称填写。

A. 1/3　B. 2/3　C. 1/2　D. 3/4

75. 我国是世界上气象灾害最严重的国家之一，气象灾害损失占所有自然灾害总损失的（ C ）%以上。气象灾害种类多、分布地域广、发生频率高、造成损失重。

A. 85　B. 80　C. 70　D. 90

76. 全国每天接受气象服务信息的公众超过（ B ）亿人次。

A. 8　B. 10　C. 12　D. 14

77.《气象灾害防御条例》最高处罚（ C ）万元。

A. 15　B. 20　C. 10　D. 5

78. 气象灾害预警信息由（ A ）负责制作。

A. 各级气象主管机构　B. 各级气象部门

C. 各级人民政府

79. 防雹作业应在冰雹云到达高炮控制区之前至少（ B ）发出，尽可能提前。

A. 5 分钟　B. 10 分钟　C. 15 分钟　D. 20 分钟

80.（ A ）要切实加强组织协调，明确部门职责分工，将气象灾害防御工作纳入政府绩效考核。

A. 地方各级人民政府　B. 县以上气象主管机构

C. 国务院气象主管机构　D. 各级人民政府

81. 建立气象灾害预警（ C ）会议制度，定期沟通预警联动情况，会商重大气象灾害预警工作，协调解决气象灾害监测预警及信息发布中的重要事项。

A. 部门合作　B. 部门协作　C. 部际联席　D. 政府参与

82. 建立完善重大气象灾害预警信息紧急发布制度，对于台风、暴雨、暴雪等气象灾害红色预警和局地暴雨、雷雨大风、冰雹、龙卷风、沙尘暴等突发性气象灾害预警，要减少审批环节，建立快速发布的“（ C ）”，通过广播、电视、互联网、手机短信等各种手段和渠道第一时间无偿向社会公众发布。

A. 信息通道　B. 网络通道　C. 绿色通道

83. 各级气象主管部门要加强对农村气象信息服务站建设的（ B ），明确责任，力戒形式主义，注重工作实效。

A. 组织领导、技术指导　B. 行业管理、技术指导

C. 领导和管理、业务指导　D. 行业管理、业务指导

84. 力争用（ C ）年时间实现农村突发气象灾害的监测预报准确率接近城市水平。

A. 3　B. 4　C. 5　D. 10

85. 以服务现代农业为导向，坚持把（ D ）作为首要任务；坚持需求牵引、服务引领、顶层设计、统筹规划、总体布局；坚持可持续发展，依靠科技进步，着力创新。

A. 公共气象服务　B. 为农服务

C. 专业、专项气象服务　D. 气象为农业服务

86. 增雨作业的物理依据有（ C ）。

A. 过量催化和爆炸影响　B. 改变云物理过程

C. 静力催化和动力催化　D. 增加凝结核

87. 高炮布局必须在摸清当地（ A ）历史规律、天气、气候、地形特征、冰雹多发路径等情况的基础上设计。

A. 雹灾、旱灾　B. 雹灾、涝灾　C. 旱灾、涝灾　D. 极端天气

88. 农业气象服务信息覆盖率达到（ B ）%以上，基本覆盖到农业生产和农村社会经济各个方面各个层次的用户。

A. 80　B. 90　C. 95　D. 85

89. 市、县级业务单位从（ D ）种当地占主导地位的作物入手，逐步发展产前、产中和产后的全程专项农业气象情报业务。

A. 1　B. 2　C. 3　D. 1～2

90. 国家级农业气象试验站主要体现国家主体功能区划和国家农业总体布局的需要，区分种植业、特色农业、设施农业、林业、畜牧业和渔业等类型分类设置，全国总数在（ B ）个左右。

A. 40　B. 50　C. 55　D. 45

91. 农村气象信息服务站服务时间为每周不少于（ C ）小时，在农忙季节应尽量保证农民需求。

A. 24　B. 16　C. 18　D. 20

92. 应用（ B ）技术，建立精细化的土壤墒情与作物灌溉预报模型，动态监测、预测土壤墒情变化，为节水灌溉提供依据，有效防御农业干旱。

A. RS　B. GPS　C. GIS　D. 土壤水分自动监测

93. 开展中小河流洪水和山洪地质灾害气象风险预警服务业务的主要时段为（ D ）月。

A. 4—10　B. 6—8　C. 5—10　D. 5—9

94. 当预报有（ B ）级及以上等级的中小河流洪水和山洪地质灾害气象风险时，公共服务中心、气象中心面向国家级决策部门开展气象风险预警服务。

A. Ⅳ　B. Ⅲ　C. Ⅱ　D. Ⅰ

95. 中小河流为流域面积小于（ D ）km^2 的河流。

A. 2000　　B. 200　　C. 1000　　D. 3000

96.《国务院办公厅关于进一步加强人工影响天气工作的意见》中指出，地方人民政府要将人工影响天气业务经费列入（ D ）预算。

A. 中央财政　　B. 地方财政

C. 中央和地方财政　　D. 同级财政

97. 组织收集辖区内中小河流洪水和山洪地质灾害气象风险预警服务产品，并传输至（ A ），实现全国统一管理和共享。

A. 全国公共气象服务产品库　　B. 全国公共气象服务服务器

C. 全国气象信息服务中心　　D. 全国气候中心

98. 考虑到潜热作用和热传导效应，空中 600 hPa 冰水共存云中，相应的最大水汽密度出现在（ D ）。

A. −12 ℃　　B. −13 ℃　　C. −15.5 ℃　　D. −14.25 ℃

99. 防雹试验作业中，一般考虑催化使雹增长区（回波强度＞30 dBz 的负温区）的活化冰核数浓度达（ B ）。

A. $10^3 \sim 10^4/m^3$　　B. $10^4 \sim 10^5/m^3$

C. $10^5 \sim 10^6/m^3$　　D. $10^2 \sim 10^3/m^3$

100. 测雹板上的凹坑尺度与雹块的直径相比（ C ）。

A. 凹坑小　　B. 两者大小相当

C. 凹坑大　　D. 与凹坑厚处的雹直径一致

多项选择题

（共75分，每小题1.5分，共50题。每题有2个或以上正确答案，请将正确答案对应的字母填入答题卡上，否则不得分；多选、少选、错选或者漏选均不得分；需要按顺序而未按顺序的，不得分）

1. 闪电定位系统是用于雷电监测和预警的新型探测设备，可以自动、连续、实时监测闪电发生的（ ABCD ）等特征参数。

A. 时间　　B. 方位　　C. 强度　　D. 极性

2. 冰雹临近预报，主要指标有（ ABCD ）。

A. 三体散射　　B. VIL 的相对大值

C. 风暴顶强辐散　　D. 有界弱回波区

3. 在右图的高空槽脊分布中，描述正确的是（ ABC ）。

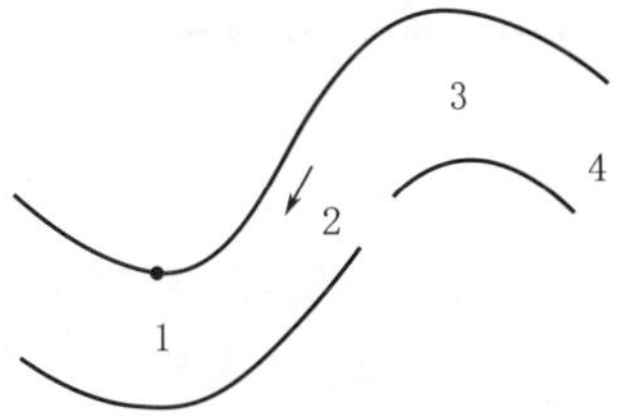

A. 位置 2 正涡度平流最大

B. 位置 1 的负涡度最大

C. 位置 4 负涡度平流最大

D. 位置 3 正涡度平流最大

4. 急流轴的（ BC ）。

A. 左侧风具有反气旋切变　　B. 左侧风具有气旋切变

C. 右侧风速具有反气旋性切变　　D. 右侧风速具有气旋性切变

5. 寒潮冷锋的移动方向与（ ABC ）有密切关系。

A. 寒潮高压的路径

B. 锋前的气压系统和地形

C. 引导冷空气南下寒潮冷锋后的垂直于锋的高空气流分量

D. 冷锋后高压的强度

6. 台风大多数发生在纬度（ CD ）。

A. 0°～5°N　　B. 0°～5°S　　C. 5°～20°N　　D. 5°～20°S

7. 影响大气的作用力中，哪些在惯性参照系中是不存在的。（ CD ）

A. 气压梯度力　B. 摩擦力　　C. 惯性离心力　　D. 地转偏向力

8. 下列关于急流的描述正确的有（ CD ）。

A. 全球最强最稳定的急流是西风急流

B. 低纬度地区不可能出现急流

C. 急流轴左侧风速具有气旋性切变

D. 涡度梯度在急流轴附近最大

9. 天气学规定的低纬地区以下叙述中正确的是？（ BCD ）

A. 低纬地区一般是指 20°N～20°S 以内的地区。

B. 天气学依据低纬地区和中纬地区的天气系统和天气过程的显著差别，将赤道两侧盛行东风带的地区范围定义为热带地区。

C. 将盛行东风带与中纬度盛行西风带之间的过渡区，即副热带高压活动的地区定义为副热带地区。

D. 低纬地区包括热带和副热带

10. 以下关于云团和环境场配置描述正确的是（ ABC ）。

A. 暴雨云团一般出现在垂直风切变较小条件下

B. 雷暴云团出现在强垂直风切变下

C. MCC 产生的大尺度环境条件是在弱静止锋附近有强低空暖湿气流入侵

D. 中尺度对流复合体生成子暖湿和强风垂直切变得环境中

11. 中尺度系统的特点有（ ABCDE ）。

A. 空间小尺度　B. 生存时间短　　C. 要素场梯度大　　D. 上升速度大

E. 不满足静力平衡和地转平衡

12. 下列哪些是雷暴大风的判据？（ ACD ）

A. 中层径向辐合　　B. 高悬的强回波

C. 弓形回波　　D. 低层径向速度大值区

13. 对于右图高空风分析，描述正确的是（ AC ）。

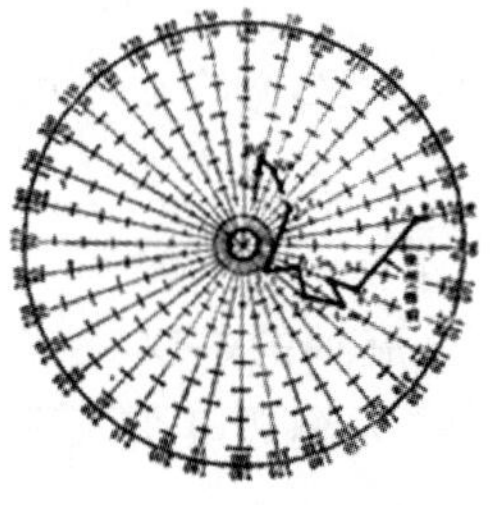

A. 测站上空，低层有暖平流，高层有冷平流

B. 测站上空，低层有冷平流，高层有暖平流

C. 测站上空层结不稳定

D. 测站上空层结稳定

14. 非降水回波包括（ ABCD ）。

A. 地物回波　　B. 海浪回波

C. 昆虫和鸟的回波　　D. 云的回波

15.《气象仪器和观测方法指南》中指出，使用称重式自记雨量计可以消除或者至少可以减少人工测量方法的某些潜在误差。也可以减少与人工观测误差或某种系统误差相关的随机误差，特别是（ AD ）。

A. 蒸发误差　　B. 溅水误差　　C. 系统的风场变形而导致的误差

D. 沾湿误差　　E. 吹雪或飘雪导致的误差

16. 根据湍流摩擦力、气压梯度力和科氏力对不同高度层空气运动作用的贡献，一般可以把大气边界层分为（ ACD ）层。

A. 黏性副层　　B. 不稳定边界层　　C. 近地面层　　D. 埃克曼层

17. 业务软件中的数据质量检查用来检查和验证数据的完整性(integrity)，即数据的（ ABD ）

A. 完全性　　B. 正确性　　C. 准确性　　D. 一致性

18. 雪深传感器处理控制单元负责（ ACD ），并对采样样本进行数据质量控制、数据运算处理、记录存储和传输。

A. 对测距探头的激发控制　　B. 接收器接收信号的采集处理

C. 计算测量波速发送和接收的时差　　D. 计算测量波速发送和接收的相位差

19. 激光云高仪主要由（ ABCDE ）等部分组成。

A. 测量单元　　B. 通信单元　　C. 处理控制单元　　D. 加热吹风装置

E. 外壳　　F. 供电电源

20. 天气现象仪工作原理主要包括以下几类：（ BCD ）

A. 利用电阻式感雨器结合气象要素综合判断降水类型

B. 利用电容式感雨器结合气象要素综合判断降水类型

C. 通过测量降水粒子下落速度和粒子半径判断降水类型

D. 通过降水粒子光强闪烁判断降水类型

21. 下图为某国家基本气象站周边规划，其中符合国家标准中气象探测环境保护规范要求的规划点为：（ BCD ）

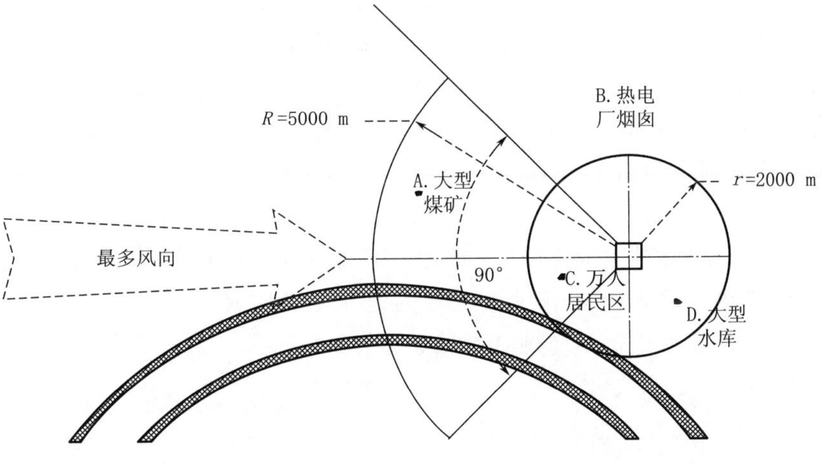

22. 无人值守国家一般气象站业务运行管理办法(征求意见稿)中,符合下列情况之一的,可对已建无人站进行撤销(CD)

A. 因实施城乡规划或国家重点工程建设,将严重危害站址或探测环境,经多方工作确实无法避免。

B. 因无人站安全受到严重威胁,经多方协调确实无法消除。

C. 该站已经失去气象业务应用价值

D. 因自然灾害等不可抗力因素,现址已不具备设站条件,并且无另选址重建意义

23. 严格执行湿度传感器月维护制度,每月清洁保护罩,确保测量准确性。每月维护情况应在(ABD)中记录。

A. 气簿-1 备注栏 B. MDOS 元数据

C. 值班日志 D. ASOM 月维护

24. 有序选择题:某站 13 时 20 分天气现象综判表中十分钟滑动能见度 3433 m,滑动湿度 43,极大风速 10.3 m/s,13 时 48 分十分钟滑动能见度降至 998 m,滑动湿度 47,极大风速 14.5 m/s,13 时 56 分十分钟滑动能见度 746 m,滑动湿度 47,极大风速 13.7 m/s,14 时 09 分十分钟滑动能见度 487 m,滑动湿度 56,极大风速 24.2 m/s,14 时 43 分十分钟滑动能见度 1135 m,滑动湿度 57,极大风速 4.3 m/s。该站重要天气报标准均执行国家标准,判断应编发(BD)现象重要天气报,首份重要天气报时间应为(E)。

A. 扬沙 B. 沙尘暴 C. 霾 D. 大风

E. 13 时 20 分 F. 13 时 48 分 G. 13 时 56 分 H. 14 时 09 分

25.《综合气象观测系统发展规划》指出,主要观测系统技术发展方向中自动气象站到 2020 年的目标,以下正确的有(BCD)。

A. 基于 CAN 总线、模块化自动气象站

B. 传感器向智能、低功耗、微型化、集约化方向发展

C. 设备状态自检自校、传感器性能检测和远程运行监控

D. 数据实时高效传输

E. 观测精度全面达到 WMO 业务要求

26. 分钟能见度状态中可以查看以下(ABCEF)要素。

A. 外接电源 B. 发射器、接收器通风

C. 主采主板电压 D. 发射器、接收器能量

E. 发射接收器加热 F. 窗口污染

27.《综合气象观测系统发展规划(2014—2020)》中提出,要完善相对湿度观测方法,解决(AD)环境下相对湿度观测误差。

A. 高湿 B. 低湿 C. 高温 D. 低温

28. 根据《地面气象观测资料质量控制》下面关于时间一致性判断中,正确的是(CD)。

A. 5 cm 地温数据在过去 60 min 内变化不超过 1 ℃为可疑

B. 本站气压 60 min 内变化不超过 0.2 hPa 为可疑

C. 2 min 风速 60 min 内变化不超过 0.5 m/s 为可疑

D. 气温 1 min 内变化超过 3 ℃为可疑

根据下表给出的某测站4月份某日一段时间内的几个自动化观测要素数据，回答29～30题，其中自动能见度设备的测量范围为0～30 km。

时间	0854	0855	0856	0857	0858	0859	0900	0901	0902	0903
气温(℃)	12.6	12.8	13.1	12.6	13.8	14.5	17.6	14.7	14.9	14.6
露点温度(℃)	9.7	9.9	10.9	12.8	11.4	11.3	13.2	11.5	10.8	10.9
5 cm地温(℃)	16.4	16.9	16.5	16.6	16.8	17.3	17.4	19.6	16.4	16.4
地面温度(℃)	17.8	18.7	18.4	18.5	18.7	19.3	19.5	15.8	19.1	19.5
10 min平均能见度(m)	12473	12546	13675	14589	11267	13975	13278	14389	15334	15035

29. 根据表中数据，时间一致性判断为可疑的数据是（ ACE ）。
A. 气温　B. 露点温度　C. 5 cm地温　D. 地面温度
E. 10 min平均能见度　F. 上述数据均没有时间一致性错误

30. 根据上表数据，可以判断的疑误信息有（ ABC ）。
A. 观测值未超过气候学界限值　B. 要素未通过时间一致性检查
C. 要素间未通过内部一致性检查　D. 观测值未超过台站历史气候极值
E. 空间一致性检查未通过

31. 有序选择题：前向散射仪现场校准，利用、和检查前向散射能见度仪的三个测试点，分别为量程上限检测，利用（ B ）；低值检测，利用（ C ）；中值检测，利用（ A ）。（有顺序）
A. 衰减器　B. 遮光板　C. 散光板

32. 气象灾害防御战略布局重点地方有（ ABCDEFG ）。
A. 城市　B. 农村　C. 沿海　D. 重要江河流域
E. 重点战略经济区　F. 重要交通干线　G. 重要输变电线沿线

33. 提高气象灾害监测预警能力的主要方面是（ ABDE ）。
A. 提高气象灾害综合探测能力　B. 完善气象灾害信息网络
C. 提高气象灾害预警能力　D. 加强气象灾害风险评估
E. 加强气象灾害预警信息发布

34. 气象灾害防御规划应当包括（ ABCDF ）等内容。
A. 气象灾害发生发展规律和现状　B. 易发区和易发时段
C. 防御设施建设和管理　D. 防御措施
E. 防御规划实施方案　F. 防御原则和目标

35. 各级气象主管机构应当根据气象灾害防御的需要组织开展跨地区、跨部门的气象灾害联合监测，并将（ ABCDF ）作为气象灾害监测的重点区域。
A. 人口密集区　B. 农业主产区
C. 地质灾害易发区　D. 重要江河流域
E. 牧区　F. 森林和草原

36. 在《气象灾情收集上报调查和评估规定》中，由气象条件引发的灾害有（ ABEF ）。
A. 滑坡　B. 赤潮
C. 大气污染　D. 城市内涝
E. 森林草原火灾　F. 林业病虫害

37. 依据《全国气象灾情收集上报技术规范》，如"受灾人口数百人""受灾面积数千公顷"，在上报材料中应记为（ AB ）。

A. 受灾人口 500 人　　B. 受灾面积 5000 公顷

C. 受灾人口 100 人　　D. 受灾面积 1000 公顷

E. 受灾人口 1000 人　　F. 受灾面积 10000 公顷

38. 有序选择题：各类气象灾害预警分级统计表中，Ⅱ级预警有（ A ）个，Ⅲ级预警有（ D ）个，Ⅳ级预警（ C ）个。（有顺序）

A. 8　　B. 9　　C. 10　　D. 11　　E. 12　　F. 13

39. 加强预警信息发布主要从（ ACD ）方面着手。

A. 完善预警信息发布制度　　B. 强化监测预报工作

C. 加快预警信息发布系统建设　　D. 加强预警信息发布规范管理。

40. 在（ ABC ）建设前，要严格按规定开展气候可行性论证，充分考虑气候变化因素，避免、减轻气象灾害的影响。

A. 城乡规划编制　　B. 重大工程项目

C. 区域性经济开发项目　　D. 重要输电线路沿线

E. 重要输油(气)设施　　F. 重要水利工程

41. 到 2020 年，建成（ ABCD ）的气象灾害监测预警及信息发布系统，气象灾害监测预报预警能力进一步提升，预警信息发布时效性进一步提高，基本消除预警信息发布"盲区"。

A. 功能齐全　　B. 科学高效　　C. 覆盖城乡　　D. 覆盖沿海

42.《国家气象灾害应急预案》指出，海上大风灾害的防范和救助工作由（ ACD ）按照职能分工负责。

A. 交通运输部　　B. 防汛抗旱总指挥部

C. 国家海洋局　　D. 农业部

43. 气象灾害预警信息发布遵循（ DEF ）原则。

A. 重点突出　　B. 简明扼要　　C. 通俗易懂　　D. 归口管理

E. 统一发布　　F. 快速传播

44.《国务院办公厅关于加强气象灾害监测预警及信息发布工作的意见》指出，强化（ ABCD ）旱情监测，加密布设土壤水分：墒情和地下水监测设施。

A. 粮食主产区　　B. 重点林区

C. 生态保护重点区　　D. 水资源开发利用和保护重点区

45.《国家气象灾害应急预案》就我国范围内气象灾害防范和应对的（ ABCDEF ）等方面做出了详细规定。

A. 组织体系　　B. 监测预警　　C. 应急保障　　D. 应急处置

E. 恢复与重建　　F. 预案管理

46.《国务院办公厅关于进一步加强人工影响天气工作的意见》提出要做好重点领域作业服务，包括（ ABC ）。

A. 强化对农业生产的服务　　B. 合理开发空中云水资源

C. 全力做好突发事件应对　　D. 强化对农业防灾减灾的服务

47. 我国开展的业务性人工增雨作业，其主要目的包括（ BCD ）。

A. 增加目标区的降水量，减少对比区的降水量

B. 增加水库蓄水量

C. 增加旱区的降水量，抗旱减灾

D. 增加区域降水量，改善生态环境，补充水资源

48.《气象灾害防御条例》指出，（ ABC ）应当协助本地人民政府做好气象灾害防御知识的宣传和气象灾害应急演练工作。

A. 企业事业单位　　B. 村民委员会

C. 居民委员会　　D. 气象信息服务站

49.《GB 31221—2014》中，影响源主要包括（ ABCD ）。

A. 热源　　B. 污染源　　C. 辐射源　　D. 电磁干扰源

50. 依据《GB 31221—2014》，下列对区域气象观测站要素观测要求阐述正确的是（ BE ）。

A. 影响源与温度传感器的水平距离宜大于 10 m

B. 人工建造水体与温度传感器的水平距离宜大于 10 m

C. 当太阳高度角大于 10°时，周围障碍物不宜对温度传感器产生阴影

D. 障碍物与降水传感器的水平距离 2 倍于障碍物与降水传感器的高度差

E. 障碍物与风杆的水平距离大于障碍物（从高出风杆安装基础平面以上起算的）自身高度的 3 倍

判断题

（共 35 分，每小题 0.5 分，共 70 题。正确的打√；不正确或不完全正确的打×，答案填写在答题卡上）

1. 等高线和等温线交角的大小，一般交角越接近 90°，平流强度越强。（ √ ）
2. 红外图上为灰暗色，可见光上白亮，水汽图上则不明显，表明为低云，易有降水产生。（ √ ）
3. 云团在红外和水汽图上白亮，而在可见光图上为灰白，则为中高云，一般不会有强天气。（ √ ）
4. 用云迹风资料能揭示云的移动规律、大气的运动以及天气系统的发展演变，特别有利于对流层中上部环流形势的判别。（ × ）
5. 青藏高原的热力作用，主要是夏季起热汇作用和冬季起热源作用。（ √ ）
6. 灾害应急预案规定的冷空气等级：弱冷空气、中等强度冷空气、较强冷空气、强冷空气、寒潮 5 级。（ √ ）
7. 当某地能见度为 250 米的沙尘暴时，应发布红色沙尘暴预警信号。（ × ）
8. 预计未来 2 小时有出现雷暴的可能，应发布雷暴橙色预警信号。（ × ）
9. 某 4 天日最低气温分别为：−15.6 ℃、−12.6 ℃、−25.7 ℃、−33.8 ℃，根据冷空气定义共达到 3 次寒潮。（√）
10. 只有冰雹有两个级别的预警信号。（ × ）
11. 沙尘天气一共分了 4 个等级。（ × ）

12. 9 月第一次出现霜冻时，称为终霜。（ × ）

13. 雷达图上表现的风场结构是典型“下冷上暖”，大气层结稳定。（ √ ）

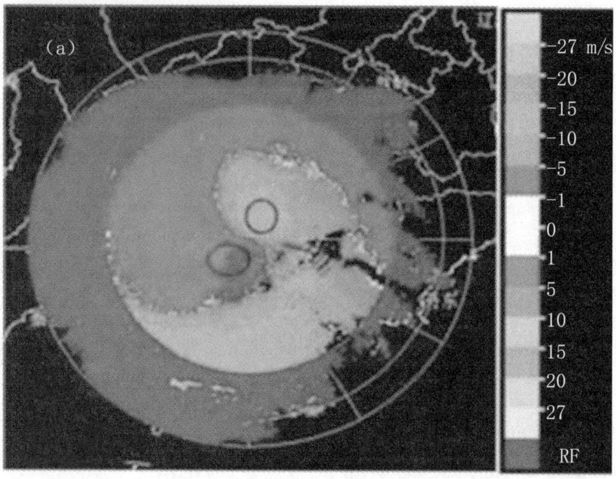

14. 根据《气象灾害预警信号发布业务规定》，某地发布 1 次预警信号，变更 3 次，确认 1 次，解除 1 次，在统计预警信号时，该地共发布此预警为 5 次。（ √ ）

15. 假相当位温是表征大气温度、压力、湿度的综合特征量，表示大气的温湿特征和垂直运动。其水平分布和垂直分布与对流天气的发生发展有极大关系，也反映了大气中能量的分布。（ √ ）

16. K 指数的高值区，反映出控制该区的气团较周围的大气干冷而不稳定。（ × ）

17. 如下图，由红外和可见光图可以判断出在黄海、东海北部海区出现的是海雾。（ √ ）

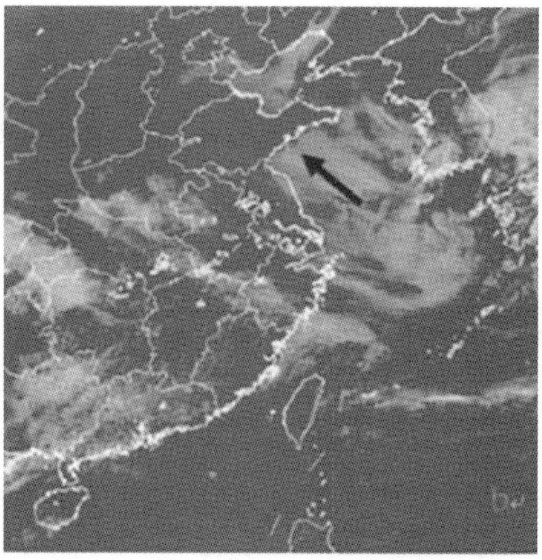

2008年4月7日11：00和可见光云图

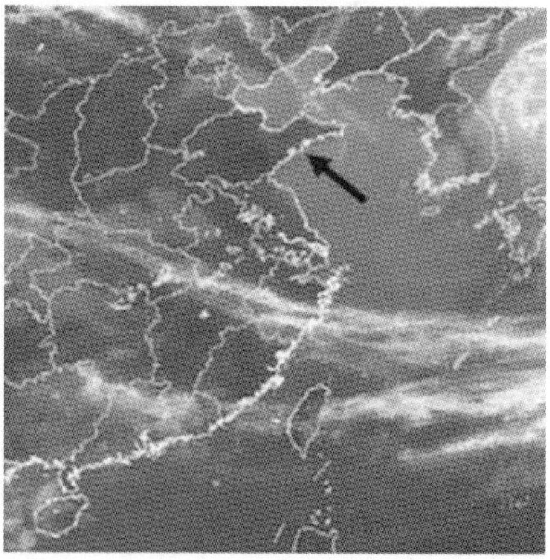

2008年4月7日11：00大雾监测红外云图

18. 沙尘暴天气过程：在同一次天气过程中，我国天气预报区域内相邻 5 个或 5 个以上国家基本（准）站同时出现了沙尘暴天气。（ × ）

19. 沙尘暴是由多种因素形成的，包括气候背景、地貌特征、季节变化、大气环流条件等，其形成需同时具备三个基本条件：即沙尘源、强风和不稳定的大气层结。（ √ ）

20. 沙尘暴来临前到沙尘暴过境的前半期，大气层结处于超绝热状态。（ √ ）

21. 可见光云图上，在沙尘暴的顶部区域结构均匀，顺着风向有纹理，色调呈浅灰色，有高云的暗影存在。（ √ ）
22. 低空急流、逆风区和气旋性辐合或切变是暴雨的主要速度特征。（ √ ）
23. 冻雨强度由凝聚物的厚度即雨凇的半径来表示。（ √ ）
24. 在平坦开阔地域上，测风仪器的标准安置高度是地面以上 10 m。开阔地域的定义是风速表与任何障碍物之间的距离至少是障碍物高度的 10 倍。（ √ ）
25. 目标物的最大能见距离有两种定义法，一种是消失距离，另一种是发现距离。目标物的消失距离要比发现距离大。气象上通常采用的是发现距离。（ × ）
26. 气块在上升时的干绝热减温率远远小于它的露点减温率，气块的温度和露点将逐渐接近，在某一高度达到饱和并发生凝结。（ √ ）
27. 观测获取的可用数据已达 500 hPa，但时间不足 15 min，应在规定时间内重放球。（ × ）
28. 验证每个采样瞬时值，应在传感器的正常测量范围内。未超出的，标识“正确”；超出的，标识“存疑”。标识“存疑”的，不可用于计算瞬时气象值。（ × ）
29.《新型自动气象站观测场值班室建设规范》中对多只温湿传感器安装位置的规定：若温湿传感器为一体式的，按主用在东、备用在西的原则布设；若为分体式的，则按照先南北、后东西的原则布设。（ × ）
30. 天气雷达站是获得大气垂直结构特征资料的主要场所，在天气分析、数值预报和气候预测预估业务中发挥着不可替代的基础作用。（ × ）
31. 天气雷达站遮挡仰角是指从雷达发射天线高度开始抬升波束直至其下边沿离开障碍物时的角度。（ × ）
32.《新型自动气象站维护规范（试行）》中规定，要每两月定期清洁能见度传感器发射单元、接收单元的镜头及防护罩，如果仪器所处环境条件不够理想，透镜清洁工作应适当增加维护频次。（ √ ）
33. CW 段的能见度为正点前 15 分钟(46—00 分)内的最小 10 分钟平均值，以 km 为单位，四舍五入取一位小数。（ × ）
34. 全国气象观测站都应根据地面气象应急加密观测指令承担应急加密观测任务。（ × ）
35.《新型自动气象站维护规范（试行）》中规定，每月至少启动一次发电机，发电机工作时间不得低于 20 min，检查发电机燃油备用情况，燃油储备量不得低于 8 h。（ √ ）
36. 日照传感器其核心部件为 3 个光电感应器件，放置于一透明玻璃罩内，其中 1 个光电感应器件用于测量总辐射，另外 2 个光电感应器件用于测量反射辐射。（ × ）
37.《地面气象观测资料质量控制》中，订正数据是指当原始观测数据疑误或缺测时，通过一定的统计方法计算或估算，可用以代替原疑误或缺测数据的数据。（ √ ）
38. 加密观测指令中未明确结束时间或需要提前结束加密观测的，必须由加密观测指令发布单位发布解除加密观测指令才能结束加密观测。（ √ ）
39. 自动探空系统远端站氢气舱与工作舱、其他建筑物之间距离在 50 m 以上，与重要建筑物之间在 100 m 以上。（ √ ）
40. 冬季结冰期较长的台站，在冬季结冰时使用小型蒸发，与大型蒸发的切换时间应选在结冰开始和化冰季节的月末 20 时观测后进行。（ √ ）

41. 电线积冰观测任务的台站，应每日测定积冰的最大直径和厚度，以毫米(mm)为单位，取整数。当所测的直径达到规定数值时，尚须测定积冰的最大重量，以克/米(g/m)为单位，取整数。(×)
42. 时间常数较小的温度表则有助于平滑掉快速波动。然而时间常数太小，可能在温度发生长周期变化时导致误差。(×)
43. 气溶胶粒子在云雾滴产生的过程中起着凝结核的作用。(√)
44. 就测量原理而言，在低能见度的情况下，透射式能见度仪比散射式能见度仪测量结果更接近真实能见度。(√)
45. 在指定地域和时域范围内，超出要素主要变化范围的数据为错误资料。(×)
46. 非法向社会发布公众气象预报、灾害性天气警报的，由有关气象主管机构按照权限责令改正，给予警告，可以并处五万元以下的罚款。(√)
47. 目前，用于人工影响天气作业的高炮炮弹、火箭弹属于军工和火工产品，其质量检测只能采用批量抽检法，安全性能尚不能达到百分之百。(√)
48. 农村气象信息服务站建设要按照公益性服务的要求，以基层农村为重点，以公众受益为核心，以满足公众的气象服务需求为前提。(×)
49. 农村气象信息服务站应因地制宜，可设在乡(镇)基层党政组织或文化活动中心等场所，可与各级办事大厅、农村综合信息服务站、农村党员干部现代远程教育服务点、农业技术推广站等合作共用，并悬挂统一的“综合气象信息服务站”标牌。(×)
50. 建立预报到乡、乡乡有站的农村气象灾害监测预报体系，力争用 5 年时间实现农村突发气象灾害的监测预报准确率接近城市水平。(√)
51. 县级以上人民政府要建立气象部门和乡镇、行政村、中小学校的双向预警信息传递机制，完善手机短信和电话气象信息发布系统。(×)
52. 建立两卡发放制度，县级统一制作气象灾害防御工作明白卡和气象防灾减灾明白卡，气象灾害防御工作明白卡由乡镇发放给气象灾害防御责任人，气象防灾减灾明白卡由村发放给全村村民。(√)
53. 用 3～5 年的时间，建立适应农业生产区域性布局的农业气象观测网络系统，完善现代农业气象指标体系，建立健全面向农业生产全过程、多时效、定量化的农业气象监测分析、预测预报和影响评估的技术系统。发展农业气象灾害预警、产量预报以及人工影响天气业务，提升国家粮食安全的气象综合保障能力。完成精细化农业气候区划和农业气象灾害风险区划，建立农业适应气候变化的决策服务业务。初步建成结构科学、布局合理、功能先进的国家、省、市、县四级现代农业气象服务体系。(√)
54. 结合各地农业发展布局，发展适合“一县一品、一乡一业”的特色农业、设施农业等专项气象服务业务。(×)
55. 强化国家三级粮食作物产量预报，拓展产量预报的领域，有选择地开展各地大宗作物、牧草产量与载畜量预报、农业年景预报和地方特色农业的产量与品质预报。(×)
56. 增强各地人影飞机、高炮作业能力，建立省、地、县三级作业指挥系统和作业效果评估系统，提高人工影响天气作业水平。(×)
57. 警戒水位指防汛部门根据堤防具体情况确定的，要求防汛值班人员日夜守护堤防，密切观

察险点、险段的特征水位。(√)

58. 汛限水位是水库防洪限制水位的简称,即水库汛期洪水到来前,坝前允许兴利蓄水的上限水位。(√)

59. 暴雨诱发的泥石流、滑坡灾害是指山丘区由于降雨引起的泥石流、滑坡灾害。(×)

60.《泥石流、滑坡灾害风险普查技术规范》中,普查表有两个,分别是表 L-1 和表 L-2。(√)

61.《山洪灾害实地调查指南》适用于山洪沟,特别是缺少水文资料的山洪沟的山洪灾害实地调查。(√)

62. 断面为峡谷时,只测量河床海拔高度;断面为开阔地面,需要测量河床海拔高度及河床深度,海拔高度和河床深度精确到 0.01 m。(×)

63. 水位基面是计算水位和高程的起始面。在水文资料中涉及的基面有:绝对基面、假定基面、测站基面、冻结基面等四种。(√)

64. 气象风险预警服务工作应遵循需求牵引、开放共享,因地制宜、注重实效的原则。(×)

65. 气象风险预警服务业务分为国家、省、地市、县四级。(√)

66. 加强对全国空中云水资源的监测评估,制定开发利用计划,在重点江河流域和大型水库汇水区开展常态化人工增雨(雪)作业;在生态脆弱区域等重要生态功能区,围绕生态保护与建设需要,开展增蓄性人工增雨(雪)作业。(×)

67. 健全国家、省、市、县四级作业指挥系统,加强军队与地方间的协作,建立作业空域划定、跨区域作业协调机制,提高作业装备的全国统一调度和跨区域指挥能力。(×)

68. 存放高炮、火箭的作业站点必须建设专用库房。人雨弹、火箭弹等必须存放于弹药库中,禁止与其他易燃、易爆等危险品共同存放。作业装备有专人看管。(×)

69. 实施人工影响天气作业使用的火箭发射装置、炮弹、火箭弹,由国务院气象主管机构和有关部门共同指定的企业按照国家有关强制性技术标准和要求组织生产。(√)

70. 人工增雨(雪)是对具有人工增雨(雪)催化条件的云,采用科学的方法,将适当的催化剂引入云的有效部位,达到人工增加雨(雪)目的的科学技术措施。(×)

填空题

(共 40 分,每题 1.0 分,共 40 题。错答、未答的不得分)

1. 在大片的正(负)速度区中,嵌套着小块的相反速度的回波区,就称为(逆风区)。

2. 业务中发现一般冰雹的回波顶高 ET 较局地暴雨(高)。

3. 在我国新一代天气雷达的有两种波段是 S 波段和 C 波段,它们的波长分别是(10 cm)和(5 cm)。

4. 根据气旋形成和活动的主要地理区域,按其形成和热力结构,则可分为(无锋气旋)和(锋面气旋)两大类。

5. 在雷达 PPI 图上,以雷达为中心,沿着雷达波束向外,径向距离增加的同时距地面的高度也(增加)。

6. 大气运动可以看作是各种大气环流不同时间周期变化的总和。一般将时间尺度大于(7~10)天小于一个季度的大气振荡称为低频振荡。

7. 根据气旋形成和活动的主要地理区域,可分为(温带气旋)、(热带气旋)。

8. 当高层有冷平流,低层有暖平流,预报当地层结趋于(不稳定)。

9. 大气中的水平辐散辐合都是(非地转风)引起的。

10. 重力在赤道上最(小),随纬度增加而(增大)。

11. 按照尺度数 α 的大小可将散射分为三类:(瑞利散射、米散射、几何光学散射)。

12. 主采集器存储 1 小时的采样瞬时值、7 天的瞬时气象(分钟)值、1 月的正点气象要素值,以及相应的(导出量和统计量)等。

13. 各地根据实际情况,可基于上级指导产品,开展 24 小时内(灾害性天气落区)预报和乡镇(精细化气象要素)预报的订正业务,开展环境气象预报预警的订正业务。

14.《综合观测系统发展规划(2014—2020)》中提升观测自动化水平的主要任务包括地面气象观测、农业气象观测、(环境气象观测、交通气象观测)及其他专业气象观测。

15. 一般把(pH<5.6)的降水称为酸雨。

16. 高空观测获取的可用数据已达 500 hPa,但时间(不足 10 分钟),应在规定时间内重放球。

17. 根据《地面气象观测资料质量控制》,质量控制码“4”代表的含义是(修正数据)。

18. 气象观测专用技术装备,是指专门用于气象观测业务的设备、仪器、(仪表和消耗器材)。

19. 目前对于降水量的测量,还存在许多问题,其中最重要的是(代表性)问题。

20. 当人工观测改为自动观测或换用不同技术特性的仪器进行观测时,为了解取得的资料序列的(非均一性),必须进行平行对比观测。

21.《国家气象灾害防御规划(2009—2020 年)》中,由气象因素引发的衍生、次生灾害有城市气象灾害、农业气象灾害、林业气象灾害、水文气象灾害、海洋气象灾害、交通气象灾害、(地质气象灾害)、航空气象灾害、电力气象灾害等。

22. 气象灾害防御以预防为主,防抗结合,非工程措施与工程措施相结合,实现(综合防御)。

23. 区分城市、农村、沿海、重要江河流域、重点战略经济区、重要交通干线与输变电线沿线,按照点面结合、全面防御、(突出重点)的战略布局,组织开展气象灾害的防御工作。

24. 防御(农村气象灾害),需要加强气象灾害监测预警发布能力建设,提高农村气象灾害预警信息的覆盖面,保障气象灾害信息能够到村入户。

25. 发生跨省、自治区、直辖市大范围的气象灾害,并造成较大危害时,由(国务院)决定启动国家气象灾害应急预案。

26. 某市某防雷公司超越资质许可范围从事雷电防护装置设计、施工,应处以(5 万元以上 10 万元以下)的罚款。

27. 气象灾害应急准备认证乡镇是指通过当地气象部门和地方应急管理部门认证,具备(气象防灾减灾)能力和意识,能自动自发进行灾前、灾中到灾后各项灾害防御工作,能降低气象灾害发生的机会、承受气象灾害的冲击和降低气象灾害带来损失的乡镇。

28. 依据《气象灾情收集上报调查和评估规定》,台风外围云系影响而产生的降雨灾害属于(暴雨洪涝)。

29. 在《气象灾情收集上报调查和评估规定》中对一些特殊的单位,如受灾人口出现“户”、倒塌或损坏房屋出现“幢”等,按(1 对 3)的关系换算。

30. 应急响应原则应遵循分灾响应、分级负责、(上下联动)的原则。

31. 下图为某陆地测站填写内容：其中，过去天气有阵雪、（ 吹雪 ）；低云状为（ 层云 ），“1120”代表（ 东南风 20 米/秒 ）。

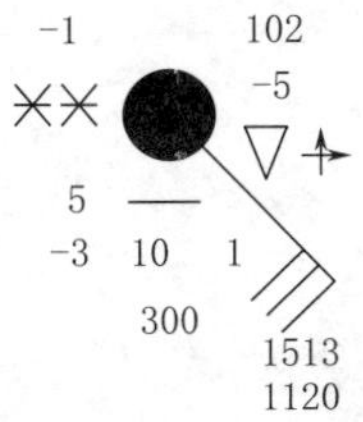

32. 积雨云在可见光图像上是（ 白 ）色调，在红外云图上是（ 白 ）色调；卷云在可见光云图上是（ 灰 ）色调，在红外云图上是（ 白 ）色调。
33. 云型是识别天气系统的重要依据，锋面云系具有（ 带 ）状云型，气旋云系具有（ 涡旋 ）状云型，山脉背风波云系具有（ 线 ）状云型，高空短波槽具有（ 盾 ）状云型。
34. 雷电是由积雨云中冰晶（ 温差起电 ）以及其他作用所造成的。第一次闻雷表明云顶已达（ －20 ℃ ）等温线高度附近。
35. 寒潮天气系统包括（ 极涡 ）、（ 极地高压 ）、寒潮地面高压、寒潮冷锋。
36. 暖锋多在我国（ 东北地区 ）和（ 长江中下游 ），大多与冷锋联结在一起。
37. 根据地面锋线与高空暖区相对位置，分别指出下图各锢囚锋的性质，左图、右图分别为（ 冷性锢囚 ）、（ 暖性锢囚 ）。

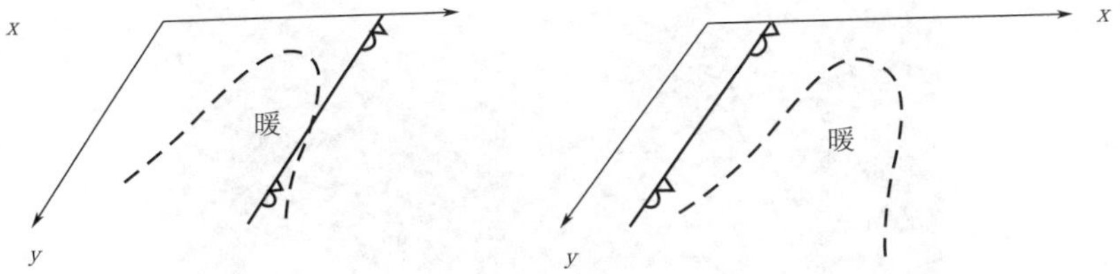

38. 下图为 2006 年 2 月 4 日环渤海湾地区云图，图中显示环渤海湾地区的弧形、较宽的白色区域为（ 积雪区 ）。

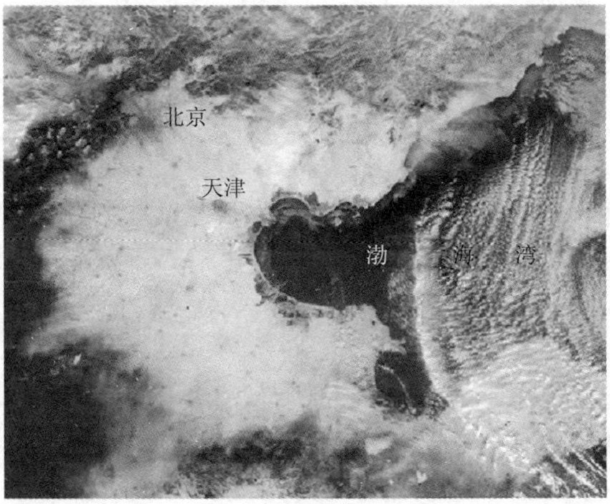

39. 下图是卫星在上午观测到的可见光云图，图中 A、B、C 箭头所指示的是（ 暗影 ）。

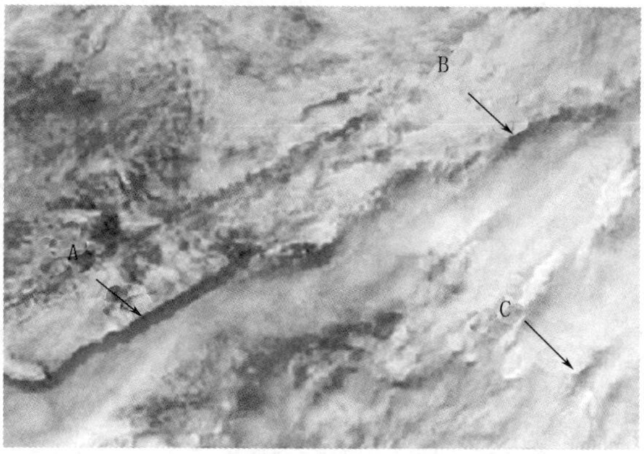

40. 下图是 2007 年 11 月 16 日观测到的我国南海北部海上的 MODIS 云图，图中单体 A、B、C、D 为（ 积雨云团 ），它们组成了（ 中尺度对流复合体或 MCC ）。

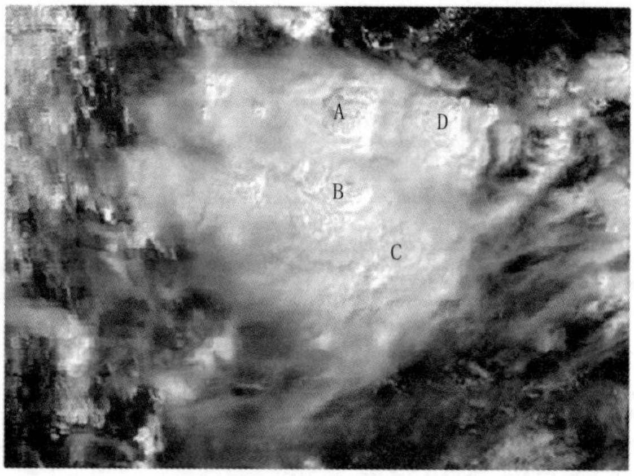

3

2016年省级气象行业职业技能竞赛技术保障试题选编

3.1 河北省技术保障试题

说明

1. 提供的设备及工具

设备名称	配置(DZZ4 型)	备注
	机箱	
自动站机箱	DZZ4	
电源箱	DZZ4-PD1	
	采集器	
主采集器	WUSH-BH	
温湿度分采	WUSH-BTH	
	传感器	
温度传感器	WUSH-TW100	
湿度传感器	DHC2	
气压传感器	DYC1	
风向、风速传感器	ZQZ-TF	
雨量传感器	SL3-1	
综合集成硬件控制器	DPZ1	
安装附件	风横臂、温湿度支架、风横臂支架、电池、线扣、电缆若干、光纤尾纤	
工具箱	万用表、指南针、水平尺;扳手、一字螺丝刀、十字螺丝刀、内六角扳手、胶带	
选手自带	网线、笔记本电脑	

2. 注意事项:

当裁判长宣布竞赛开始时,选手方可开始操作,同时各组裁判开始计时,选手应注意操作过程的规范化,裁判根据选手的操作步骤、操作过程和操作结果进行评分。

当裁判长宣布整场竞赛时间到(或选手宣布完成考试),裁判计时结束,选手应立即停止操作,裁判将不再计分,选手需协助裁判将设备拆卸,恢复成初始状态,并在裁判的监督下退场。

竞赛中不包含对市电操作,竞赛开始时设备处于带电状态,防雷器(板)与采集器已预先连接,选手不必拆卸。

一、自动气象站设备维护与调整(27 分)

1. 操作台上的温度、湿度、气压、雨量 4 要素自动气象站有 1 处设备安装方式不规范,请维护并调整为规范的安装方式。

2. 根据填写好的雨量测量值,完成雨量校准记录表,并给出基点的简易调整方法。

校准记录表

雨强(mm/min)	标准值(mm)	测量值(mm)	测量平均值(mm)	测量误差(mm)
1	10.0	9.5		
		9.4		
		9.6		
4	10.0	9.3		
		9.2		
		9.4		
基点简易调整方法				

二、风向、风速传感器的安装、连接(15分)

安装风向、风速传感器，将其数据线接入到相应的采集器。

三、湿度传感器测试(4分)。

测量湿度传感器输出电压值(保留两位小数)，并计算湿度值。将测量值和计算结果填入下表。

湿度传感器	数　值
输出电压(V)	
相对湿度(%)	

四、供电单元测量(8分)

请使用万用表完成以下供电单元测量。测量的结果填入下表。

供电单元	数值(V)(保留1位小数)
硬件综合集成硬件控制器供电电压	
风速传感器供电电压	
温湿分采供电电压	
主采集器供电电压	

五、采集系统参数设置(12分)

1.按照下图设备连接方式将采集器通过硬件综合集成控制器(串口服务器)与笔记本电脑连接。硬件综合集成控制器(串口服务器)IP为192.168.1.1。

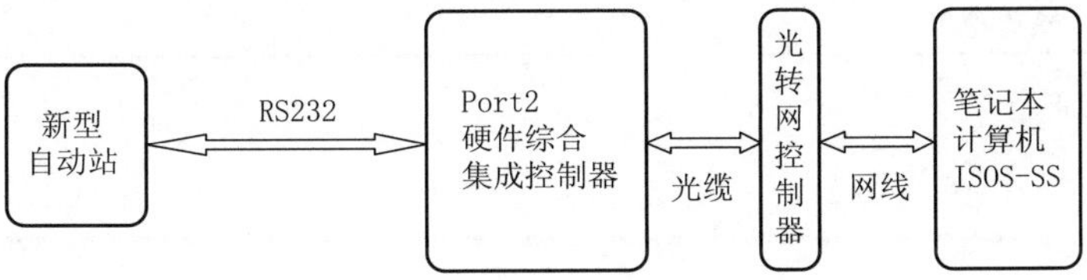

2.请完成以下操作：

(1)设置通信参数：波特率：9600，数据位：8，停止位：1，校验位：无；

(2)将主采集器时间设置为2016年8月19日8时58分00秒；

(3)设置采集器的台站号为56798；

(4)若所属自动气象站观测场的海拔高度为613.8 m，设置海拔高度；

(5)气压传感器安装高度为 1.3 米,设置气压传感器海拔高度。

六、自动气象站终端命令应用(15 分)

1. 读取主采集器工作状态,并实际操作。根据实际返回值写出:

主采集器电源电压__________V。

主采集器供电类型__________。

主采集器 CF 卡容量__________MB。

2. 读取风速传感器的配置参数,并实际操作,根据返回值写出风速与频率的关系式。

____

3. 读取传感器质量控制参数,并实际操作。

读取当前温度传感器质量控制参数,则键入命令为:

____

写出最后一组返回值的含义:

____

七、自动气象站故障检测与诊断(19 分)

1. 通过自动气象站终端命令下载分钟常规观测数据,读取气温、相对湿度、气压、风向的观测数据并填写下表。

要素	数值
气温(℃)	
相对湿度(%)	
气压(hPa)	
风向(°)	

2. 依据上表的分钟常规观测数据,检测维护自动气象站,填写故障维护单。

描述故障现象一	
确定故障点	
故障分析	
维修操作	
描述故障现象二	
确定故障点	
故障分析	
维修操作	

3.2　安徽省技术保障试题

说明：

1. 当裁判长宣布竞赛开始，选手方可开始操作，裁判开始计时，选手根据题目要求完成相关设备的安装、连接与测试，选手应注意操作过程的规范化，裁判根据选手的操作步骤和操作过程进行评分。当裁判长宣布整场竞赛时间到（或选手宣布完成考试），裁判计时结束，选手立即停止操作，裁判将不再计分，选手需协助裁判将设备拆卸，恢复成初始状态，并在裁判的监督下退场。统计名次时，分数相同的，以用时较少的排名靠前。

2. 题目中要求测量的数据和计算结果按要求填写在该试卷上，字迹不清或未填写的不得分。

3. 部分设备已预先连接，选手不必拆卸。选手在操作过程中欲进行可能危及仪器设备安全的操作时，裁判可现场制止并酌情扣分。

4. 竞赛开始时设备处于不带电状态，如选手需要通电调试，需向裁判申请，经裁判同意后，方可通电。当选手在操作过程中有威胁到自身安全的操作时，裁判必须立即制止，并酌情扣分。

5. 提供的设备及工具

设备名称	配置（DZZ3型自动气象站）
自动站机箱	DZZ3
主采集器	CMA-MA
温湿度分采	CMA-ST
温度传感器	TP-01
湿度传感器	EE180
气压传感器	PTB210
风向传感器	EL15-2C
风速传感器	EL15-1C
雨量传感器	SL3-1
附件	光纤通信盒、风横臂、温湿度支架、风横臂支架、线扣、电缆若干、光纤尾纤等
工具箱	万用表、水平尺、扳手、一字螺丝刀、卷尺、内六角扳手等

一、温湿度传感器的安装与连接（15分）

1. 将温湿度传感器安装到温湿度传感器专用支架上（距地高度1.2 m）。

2. 将温湿度传感器连接到温湿度分采集器的正确位置。

3. 在区域站湿度传感器现场核查工作中，依据《区域自动站现场核查方法（试行）》的要求，完成湿度核查记录表。

核查环境	气温:15.7 ℃　湿度:82%RH　风速:4.8 m/s				
核查点	标准值(%RH)	修正值(%RH)	标准值算术平均(%RH)	被核查示值(%RH)	示值误差(%RH)
当前环境湿度	83.9				
	83.8	−1		79	
	83.8				
	83.7				
	83.6	−1		78	
	83.5				
	83.2				
	83.2	−1		76	
	83.1				
核查结果					
核查依据	《区域自动站现场核查方法(试行)》				
是否符合要求	□是　□否				

二、风向、风速传感器的安装与连接(18分)

1.安装风横臂(固定在支架上)、风速和风向传感器,并将风向调整到WNW位置(使用胶带固定)。

2.打开风横臂接线盒,确认风速、风向电缆线的连接方式,并将电缆线连接到主采集器的正确位置。

三、雨量传感器的安装与测试(12分)

1.雨量传感器已安装完成,请检查雨量传感器的安装是否规范,并调整为规范的安装方式(不考虑安装高度)。

2.雨量传感器的通断测量及故障判断

请用万用表分别在采集器、雨量传感器接线柱两个位置测量雨量传感器的脉冲信号,并依据测量结果勾选及填空:

雨量传感器:好□　　坏□

从雨量传感器至接入主采集器的整个数据流向中,是否存在故障点?若有,请指出故障点为:________________。

注:考生可以请考官协助翻动指定的翻斗。

四、通信系统安装(10分)

1.将主采集器通信电缆线接入到综合硬件集成控制器的正确位置(port1),并利用提供的光纤尾纤、综合集成硬件控制器室外和室内部分、网络线等线缆完成新型自动站通信系统的连接(供电部分不必连接)。

2.在计算机上安装SMOPORT驱动软件(桌面SMOPORT文件夹内)。

注:安装驱动后需重新启动计算机。

五、供电系统连接与测量(10分)

1.检查各传感器与主采集器的线路连接情况后,向裁判示意线路连接正常,申请接通电源,裁判同意后,自行将所有电源接入。

2.测量航空电源输出电压为____V,CAN总线输出电压为____V,风传感器供电电压

____V(结果保留1位小数)。

六、自动气象站终端命令应用(14分)

1.正确设置计算机的IP地址,并利用SMO软件的终端维护界面完成以下操作:

(1)设置串口调试工具通讯参数:

波特率:9600,数据位:8,停止位:1,校验位:无;

(2)将主采集器的日期时间设置为2016年8月5日7时55分00秒。

(3)设置经纬度如下:经度:118°32′20″,纬度:32°40′12″。

(4)读取气压传感器拔海高度:

2.根据输入命令的返回值,填写下表。

命令:STATMAIN

返回值:STATMAIN　0 126 1 225 0 0 0 1025 0 1 0 0 0 576 256

"STATMAIN"的含义	
"126"的含义	
"225"的含义	
"1025"的含义	
"576"的含义	

七、自动气象站故障检测与诊断(21分)

1.通过自动气象站终端命令下载分钟常规观测数据,并填写下表。

要素	数值(结果保留1位小数)
风向(°)	
气压(hPa)	
能见度(m)	

2.依据上表的分钟观测数据,检测维护自动气象站,填写故障维护单。

故障现象描述	
故障点检测	
故障分析	
维修活动	

3.3 山东省技术保障试题

说明

1.提供的设备及工具

设备名称	配置(DZZ4 或 DZZ5 型)	备注
	机箱	
自动站机采集单元	DZZ4 或 DZZ5	
电源箱		
温湿度分采		
	传感器	
温度传感器		
湿度传感器		
气压传感器		
风向传感器		
风速传感器		
雨量传感器		
安装附件	光纤通信盒、风横臂、温湿度支架、风横臂支架、电池、线扣、电缆若干、光纤尾纤	
工具箱	万用表、指南针、水平尺;扳手、一字螺丝刀、十字螺丝刀、内六角扳手、胶带	
选手自带	USB 转串口线、笔记本电脑	

2.注意事项

当裁判长宣布竞赛开始时,选手方可开始操作,同时各组裁判开始计时,选手应注意操作过程的规范化,裁判根据选手的操作步骤、操作过程和操作结果进行评分。

当裁判长宣布整场竞赛时间到(或选手宣布完成考试),裁判计时结束,选手应立即停止操作,裁判将不再计分,选手需协助裁判将设备拆卸,恢复成初始状态,并在裁判的监督下退场。

竞赛中不包含对市电操作,竞赛开始时设备处于带电状态,防雷器(板)与采集器已预先连接,选手不必拆卸。

一、自动气象站设备维护与调整(20 分)

1.操作台上的温度、气压、风向、风速、雨量五要素自动气象站有 1 处设备安装方式不规范,请维护并调整为规范的安装方式。

2.根据填写好的雨量测量值,完成雨量校准记录表,并给出基点的简易调整方法。

校准记录表

雨强(mm/min)	标准值(mm)	测量值(mm)	测量平均值(mm)	测量误差(mm)
1	10.0	9.5		
		9.4		
		9.6		

续表

校准记录表				
雨强 (mm/min)	标准值 (mm)	测量值 (mm)	测量平均值 (mm)	测量误差 (mm)
4	10.0	9.3 9.2 9.4		
基点简易调整方法				

二、湿度传感器传感器的安装、连接(9分)

安装湿度传感器，将其数据线接入到相应的采集器。

三、风向传感器测试(10分)。

测量风向传感器(固定方向)的7位格雷码，7位格雷码转换成二进制码、十进制码，并计算风向传感器方向角(保留整数)。风向传感器分辨力为2.8°，测量的格雷码值和计算结果填入下表。

测量值和计算值	数　值
7位格雷码	
二进制	
十进制	
风向(度)	

四、供电单元测量(10分)

请使用万用表完成以下供电单元测量。测量的结果填入下表。

供电单元	数值(V)(保留1位小数)
气压传感器供电电压	
主采集器供电电压	
湿度传感器供电电压	
CAN总线供电电压	

五、采集系统参数设置(10分)

1.通过串口转USB线将光纤转换器和笔记本电脑连接。

2.请完成以下操作：

(1)设置通信参数：波特率：9600，数据位：8，停止位：1，校验位：无；

(2)将主采集器时间设置为2016年7月19日8时58分00秒；

(3)设置采集器的台站号为57498；

(4)若所属自动气象站观测场的海拔高度为113.6 m，设置海拔高度；

(5)气压传感器安装高度为1.3米，设置气压传感器拔海高度。

六、自动气象站终端命令应用(8分)

1.写出可以读取传感器状态的2个终端命令，并实际操作。

2. 设置传感器测量范围，并实际操作。

设置湿度传感器测量范围下限为 0，上限为 100，采集瞬时值允许最大变化值为 5，则键入命令为：

____

3. 读取传感器质量控制参数，并实际操作。

读取当前温度传感器质量控制参数，则键入命令为：

____

写出最后一组返回值的含义：

____

七、自动气象站故障检测与诊断(33 分)

1. 通过自动气象站终端命令下载分钟常规观测数据，读取气温、相对湿度、气压、风向的观测数据并填写下表。

要素	数值
气温(℃)	
相对湿度(%)	
气压(hPa)	
风向(°)	

2. 依据上表的分钟常规观测数据，检测维护自动气象站，填写故障维护单。

描述故障现象一	
确定故障点	
故障分析	
维修操作	

描述故障现象二	
确定故障点	
故障分析	
维修操作	

3.4 湖北省技术保障试题

一、雨量传感器安装与校准(20.0分)

1. 安装0.1 mm翻斗雨量传感器,将其接入主采集器机箱(10分)。

2. 根据填写好的测量值,完成校准记录,并给出基点简易调整方法(10分)。

校准记录表

雨强(mm/min)	标准值(mm)	测量值(mm)	测量平均值(mm)	测量误差(mm)
		9.8		
1	10.0	9.5		
		9.2		
		9.6		
4	10.0	9.3		
		9.1		
基点简易调整方法				

二、自动气象站设备安装检查(5.0分)

操作台上的自动气象站有多处设备安装不规范,请调整为规范的安装方式。

说明:风、温、湿、雨量、能见度等传感器安装高度不作要求;定义桌子长边为南北向,本教室靠走廊方向为北。

三、供电及信号检测(10.0分)

请使用万用表完成以下部分测量,测量结果填入下表。

项目	数值(除湿度输出信号电压值外均保留一位小数)
能见度传感器直流输入电压(V)	
集成硬件控制器直流输入电压(V)	
主采集器直流供电电压(V)	
湿度传感器供电电压(V)	
湿度输出信号电压值(mV)	

四、综合集成硬件控制器与SMO软件的联调(10.0分)

完成综合集成硬件控制器与SMO软件的联调,使自动站主采集器与能见度分采集器能够正常接入SMO软件。

五、系统参数设置(12.0分)

1. 修改计算机时间:设为2016年9月6日时01分00秒(1分);

2. 设置采集器时间:设为2016年9月6日时01分00秒(2分);

3. 利用SMO软件将采集器时间与计算机时间同步(1分);

4. 假设测站经纬度与海拔高度分别为:经度115°30′00″E,纬度33°25′00″N,海拔高度36.5m,以及现场设备安装情况,利用SMO软件设置采集器相应参数(未使用的传感器通道不作操作)(8分)。

六、自动气象站终端命令应用(12.0 分)

1. 设置传感器测量范围,并实际操作(3 分):

设置气温传感器测量下限为－30 ℃,测量上限为 50 ℃,采集瞬时值允许最大变化值为 3 ℃。键入的命令:____________。

2. 设置/读取要素质量控制参数,并实际操作(6 分):

(1)读取气温质量控制参数。

键入的命令:________________。

返回值:____________________。

(2)设置气温极值的下限为－25 ℃,上限为 50 ℃,存疑的变化速率为 2 ℃,错误的变化速率 4 ℃,最小应该变化的速率 0.1 ℃。

键入的命令:__________。

3. 写出可以读取主采集器软件版本号的一个终端命令,并实际操作(3 分)。

键入的命令:__________。

软件版本号:__________。

七、自动气象站故障检测与诊断(31.0 分)

1. 用量杯量取 150 ml 水,缓缓倒入雨量传感器;

2. 通过 SMO 软件中“维护终端”读取常规分钟数据,逐一读取气温、相对湿度、本站气压、2 min 平均风速、1 min 平均能见度、小时累计降水量,并填写下表(气温\气压\风速\小时累计降水量等结果保留 1 位小数)。

要素	观测值
气温	
相对湿度	
本站气压	
2 min 平均风速	
1 min 平均能见度	
小时累计降水量	

3. 检查以上分钟常规观测数据,检测修复自动气象站相关故障,填写维护故障单。

3.5　广西壮族自治区技术保障试题

A. 卷面分数构成

题号	第一题	第二题	第三题	第四题	第五题	合计
分值	23 分	18 分	6 分	31 分	22 分	100 分

B. 考题和评分细节

一、雨量信号线的安装及万用表的使用(23 分)

(1)正确连接雨量线(本题 5 分);

(2)雨量传感器的通断测量及故障判断(本题 8 分);

请用万用表分别在采集器、防雷板、雨量传感器接线柱等 3 个位置测量雨量传感器的脉冲信号,并依据测量结果勾选及填空:

① 雨量传感器:好__□__　坏__□__

② 从雨量传感器至接入主采集器的整个数据流向中,是否存在故障点?若有,请指出故障点为:________________________。

注:考生可以请考官协助翻动指定的翻斗。

(3)用万用表完成温湿度分采集器的相关测量(本题 10 分)。

① 测量分采集器供电电压:________________(保留一位小数点)。

② 通过测量法计算出当前湿度:______________(保留一位小数点)。

③ 通过测量法得出气温传感器的大、小电阻分别为:________、________(保留一位小数点)。

④ 依据测量的电阻值计算出当前温度________(要求列出计算公式,计算结果保留一位小数点)。

二、风传感器的安装(本题 18 分)

(1)请将提供的风信号线缆安装到机箱底部正确的位置(本题 1 分)。

(2)请通过测量法将主采集器机箱底部散落的风信号线按正确顺序接入防雷板(本题 12 分)。

(3)请将风向传感器、风速传感器正确安装到风横臂上,并将风向传感器的风向设置为东风(误差可在±15°范围内)(本题 5 分)。

注:风向传感器设置好方向后,可用电工胶固定使风向保持在该角度。

三、地温分采集器的安装(6 分)

(1)请将 4 支地温传感器分别安装到草温、10 cm、40 cm、320 cm 处(本题 4 分)。

(2)安装好地温分采集器供电及通讯线缆(本题 2 分)。

四、主采集器的连接、参数设置及数据测试(本题 31 分)

(1)完成 DB9+冷轧端子通讯线的制作,并将主采集器与电脑连接,以便完成主采集器参数的设置(本题 5 分)。

(2)利用串口调试软件完成如下设置(本题 6 分):

① 设置参数,使主采集器能正常采集 PT210 气压传感器(9600 N 8 1);

② 设置参数,使主采集器能正常采集华云能见度 DNQ1;

③ 设置参数,使主采集器启用温度传感器。

(3)通过 SMO 软件或串口调试助手读取气压、温度、相对湿度、草温、10 cm、40 cm、320 cm 的实时观测数据,并填写到下表中(本题 5.5 分)。

注:若读取的某要素为缺测状态,需要先找到缺测原因并排除故障,再填写下表。

要素	实时数据	得分(每空 0.5 分)
气温		
相对湿度		
气压		
草温		
10 cm		
40 cm		
320 cm		

(4)通过串口调试助手或 SMO 软件发送终端命令下载风向、风速、气压的分钟观测数据,并填写下表(本题 2.5 分)。

注:若读取的某要素为缺测状态,需要先找到缺测原因并排除故障,再填写下表。

要素	分钟数据	分值(每空 0.5 分)
风向		
风速		
气压		

(5)依据获取的数据进行故障判断,并进行故障修复(本题 12 分)。

五、综合集成硬件控制器设置及主采集器挂接(本题 22 分)

(1)利用提供的 3 芯线缆将主采集器的直连通信口连接到综合集成硬件控制器的 PORT1(本题 4 分)。

(2)利用提供的光纤尾纤、综合集成硬件控制器、通信转换单元、网络线等线缆模拟新型自动站通信系统的连接(本题 6 分)。

(3)综合集成硬件控制器已设置为默认 IP 地址,现需将 IP 设置为 10.158.20.25(本题 6 分)。

(4)将综合集成硬件控制器的 PORT5 的波特率设为 19200(本题 2 分)。

(5)通过 ISOS 软件进行新型自动站能见度的挂接(本题 3 分)。

(6)通过 SMO 软件或者串口调试助手工具发送指令,读取主采集器的区站号为“________”(本题 1 分)。

3.6 云南省技术保障试题

说明：

1. 当裁判宣布竞赛开始，选手方可开始操作，计时裁判计时开始，当计时裁判宣布整场竞赛时间到（或选手宣布完成考试），裁判计时结束，选手立即停止操作，裁判将不再计分。

2. 设备已安装或部分安装。选手在操作过程中欲进行可能危及仪器设备安全的操作时，裁判可现场制止并酌情扣分。

3. 竞赛中并不包含对市电电源线连接操作（已连接好），请选手不要私自操作市电部分，竞赛开始时设备处于不带电状态，如选手需要通电调试，需向裁判申请，经裁判同意后，方可通电。当选手在操作过程中有威胁到自身安全的操作时，裁判必须立即制止，并酌情扣分。

4. 本次竞赛考查的观测要素包括：气温、湿度、气压、风速、风向、降水量、能见度。能见度采用DNQ1型前向散射式能见度仪，分采为华云的HY1100能见度采集器。综合集成硬件控制器为华云的DPZ1型综合集成硬件控制器。

一、气温传感器测试（12分）

用万用表测量温度传感器四线之间的电阻值 R_1 和 R_2（$R_1>R_2$），并利用铂电阻温度公式（$t\approx(R_t-100)/A$，A 取0.385）计算该温度传感器测量的温度值。测量的电阻值和计算结果填入下表。

测量值和计算值	数值(结果保留1位小数)
电阻值 R_1	
电阻值 R_2	
电阻值 R_t	
温度值 t	

二、雨量传感器的安装和连接（12分）

安装雨量传感器，并将连接线接入主采集箱的正确位置。

三、通信系统连接和设备安装检查（13分）

1. 分别连接主采集器和综合集成硬件控制器、能见度仪和综合集成硬件控制器、综合集成硬件控制器和网络通信盒，用网线连接网络通信盒和计算机；

2. 检查并连接自动气象站中未连接好的设备和接线。

四、供电和输出信号测量（14分）

接通自动气象站电源，使用万用表测量以下量并填写测量结果：

测量项	数值(保留1位小数)
主采集器电源箱的交流输入电压	
主采防雷板上CAN总线供电电压	
能见度仪的工作电压	
能见度仪的加热电压	
风向D0位输出电压	
湿度传感器的输出电压	

五、采集系统参数设置和测试(19 分)

提示:如果 SMOPORTAdmin 显示联网正常而串口无法通讯时,可尝试重启 nettocom 服务与 comtonet 服务。

1. 在笔记本电脑上连接串口服务器,SMOPORTAdmin 软件的用户名为 SMOPORT,密码为 123456;

2. 启动台站地面综合观测业务软件(SMO),在 SMO 中正确挂接观测项目,并利用 SMO 软件完成以下操作:

(1)读取主采集器主板温度为:__________;

(2)读取 CAN 总线状态为:__________;

(3)正确设置风速传感器的配置参数;

(4)气温、风向、风速、降水量要素的采样频率分别为:__________、__________、__________、__________。

六、自动气象站故障诊断(21 分)

1. 读取常规观测数据(风速、降水量结果保留 1 位小数),注意:SAMPLES 命令无法使用时可用 SAMPLE 命令。

要素	数值
瞬时风向	
2 min 平均风速	
分钟降水量	
分钟能见度	

2. 据上表的观测数据,诊断故障,根据故障现象情况填写下表(注意:共有两个故障,采集器没有任何故障)。

序号	故障现象(或要素异常情况)	确定故障点	故障分析及维修操作
1			
2			

七、能见度仪维护(9 分)

DNQ1 能见度仪设计为可连续运行数年,除清洁镜头以外,不需要执行其他维护。为获取可靠的结果,DNQ1 发射单元和接收单元装置的镜头应相对保持干净,因为脏镜头可提供比实际能见度更好的能见度值。因此,应每隔六个月或更短的时间执行一次能见度仪清洁。

请按步骤对能见度传感器进行清洁维护。

命令	说明
OPENCHANNEL1!	打开分采的 RS232-1 口,进入透传模式
CLOSECHANNEL!	关闭分采的 RS232-1 口,进入工作模式
OPEN	打开能见度传感器的调试通道
CLOSE	关闭能见度传感器的调试通道
STA	显示状态

续表

命令	说明
MES	显示数据信息
PAR	参数信息
CAL	校准
CLEAN	设置清洁基准

说明：

1. 当裁判宣布竞赛开始，选手方可开始操作，计时裁判计时开始，当计时裁判宣布整场竞赛时间到(或选手宣布完成考试)，裁判计时结束，选手立即停止操作，裁判将不再计分。

2. 设备已安装或部分安装。选手在操作过程中欲进行可能危及仪器设备安全的操作时，裁判可现场制止并酌情扣分。

3. 竞赛中并不包含对市电电源线连接操作(已连接好)，请选手不要私自操作市电部分，竞赛开始时设备处于不带电状态，如选手需要通电调试，需向裁判申请，经裁判同意后，方可通电。当选手在操作过程中有威胁到自身安全的操作时，裁判必须立即制止，并酌情扣分。

4. 本次竞赛考查的观测要素包括：气温、湿度、气压、风速、风向、降水量、能见度。能见度采用 DNQ1 型前向散射式能见度仪，分采为华云的 HY1100 能见度采集器。综合集成硬件控制器为华云的 DPZ1 型综合集成硬件控制器。

4

2016年省级气象行业职业技能竞赛观测数据综合处理试题选编

4.1 河北省观测数据综合处理试题

说明：

1. 软件在下发的U盘中，选手必须在自备计算机上完成此软件安装，并以此完成相关内容，形成相关数据文件。若选手的计算机中已安装同类软件，请先卸载(并删除原安装文件夹)，再行安装。

2. 软件安装路径统一为“D:\ISOS”，将“考试用数据”目录中的文件放置到相应文件夹中。

3. 本次计算机综合处理试题异常记录的处理均按《地面气象观测业务技术规定》(2016版)执行。

4. 选手答题结束后，必须在所发U盘的根目录和自备计算机的桌面，建立以本人“考号”命名的文件夹(文件夹不符要求扣总分1分)，将软件安装文件夹下的如下内容(文件夹、参数文件和数据文件)：dataset、metadata、AwsDataBase、AwsNet、ReportFiles、Synop、Configure、Moiftp，以及试题中要求形成的文件，拷入U盘中本人创建的文件夹，由监考人员统一收取。

该试卷的Word文档在下发U盘的数据文件夹内。

一、软件安装、参数设置(15分，评卷以参数文件为准)

按下列资料完成参数设置，没有要求的内容均以下发软件参数库中的内容和软件运行时自动形成的缺省值为准。(每错一项扣0.2分，扣完为止)

1. 台站参数

(1)请按下表给出的项目和参数值完成基本参数设置。

项目	参数值
区站号	66001
省名	河北
台站名	专用国家基本气象站
站址	华北市滨海区气象科技园25号“郊区、公园”
省编档案号	10058
台站字母代码	BVLT
台站类别	国家基本气象站
人工定时观测次数	5
辐射站级别	二级(传感器不挂接)
总表、净表距地高度	1.5米
建站日期	1956年10月1日
经度	118°53′12″E
纬度	39°25′45″N
观测场海拔高度	8.5 m
气压传感器海拔高度	9.7 m
气压表海拔高度	9.7 m
风向、风速器距地高度	10.5 m(平台距地高度0.0 m)
历年平均气温	10.6 ℃
历年平均本站气压	1016.1 hPa

续表

项目		参数值
视程障碍现象能见度阈值		根据能见度观测方式及相关规定设置
视程障碍现象湿度		根据相关数据文件查询后设置(2016 年 2 月 26 日 9—10 时)
首页控件显示要素数据表		常规要素每日逐分钟质控数据表
报警设置	质控	分钟文件和小时文件:格式检查、缺测检查、界限值检查、台站极值参数检查勾选外,其他均不勾选;启用报警勾选、声音报警勾选,声音文件:CUCKOO. WAV
	灾害	设置逐分钟质控数据达到大风报警,规则名称为"大风报警"。启用报警勾选、声音报警勾选,声音文件:Message. wav
	状态报警设置	设置蒸发水位加水报警:规则名称为"蒸发水位过低需加水"。启用报警勾选、声音报警勾选,声音文件:tishi. wav。 设置蒸发水位取水报警:规则名称为"蒸发水位过高需取水"。启用报警勾选、声音报警勾选,声音文件:tishi. wav。 阈值:≤150,≥850
Z 文件输出时间间隔		只上传整点长 Z 文件,不上传加密长 Z 文件
测站数据源目录路径		根据软件安装路径和参数进行设置
降水观测数据源		翻斗式雨量计(称重式雨量计为备份)
读取自动观测数据	重试次数	5 次
	重试间隔	10 s
报警参数	大风	≥17,24
	蒸发	≤150、≥850
观测项目	自动观测项目	本站气压、气温(百叶箱)、湿度、风(不包括 1.5 m)、能见度(设备集成在主采集器上)、视程障碍类天气现象、翻斗式雨量(不包括 0.5 mm)、称重式雨量、草温、地面温度(不包括红外地温)、浅层地温(全部)、深层地温(全部)、大型蒸发(4-10 月启用,其他月份停用,停用时启动小型蒸发) 观测项目挂接设置完成后,导出挂接参数。名称:挂接参数
	人工观测项目	云量、云高、定时降水量、其他天气现象、日照、雪深、雪压、电线积冰、冻土、无地面状态、酸雨(输出酸雨资料,所在盘 D:) 提示:选手考出 Configure 文件以数据维护处理部分的参数判分。

(2)请按下表给出的项目和参数值设置报文编发、数据备份。

重要天气报	区域代码为 50,扩展名修改为 ZZZ,大风始发为 17.0 m/s,续发为 24.0 m/s 无省补充段,视程障碍现象自动编发
数据备份	启用,每天,备份目录:D:\数据备份

(3)极值参数和审核规则库:

从题目给出的 Syslib. mdb 文件导入 66001 分钟极值和小时极值参数,从题目中给出的 GeneralRule. xml 文件导入 66001 审核规则库数据,再按下表完成 SMO 小时极值参数及 MOI 地面审核规则库修改设置(MOI 缺省地面审核规则库需删除)。

气温日最高高于定时的最大值	8.0 ℃
气温日最低低于定时的最大值	8.0 ℃
地面日最高高于定时的最大值	15.0 ℃
地面日最低低于定时的最大值	15.0 ℃
最大风速的气候极限	25.0 m/s

2. 值班员信息

(1)删除原有的值班员;添加值班员:“小雨”、“中雪”、“暴雪”,密码均为“4”,其中小雨为管理员;

(2)台站参数中每天班数为“2”。

3. 地面气象测报通信与监控设置(口令为 dmqxgc)。

(1)设置正确的 MOI 软件目录。

(2)按照下表给出的内容,设置主通道 FTP 通信参数,其他不需设置。

线路	文件类型	服务器 IP 地址	远程目录	用户名	密码	模式
主通道	Z 文件	172.18.32.3	vdata/	X28	x28x28	被动
	重要报	10.48.36.15	awsnew/	X28	x28x28	

(3)设置整点 Z 文件发送时间为 4 分 00 秒。

(4)不启用“软件监控”,但需设置 SMO 和 MOI 软件路径。

二、模拟自动气象站运行及值班操作(25 分,评卷以数据文件为准)

1. 退出 ISOS 软件及分钟资料实时入库程序后,将计算机时间调整至 2016 年 8 月 23 日 19 时 50 分以前,完成 2016 年 8 月 23 日 19 时 51 分至 2016 年 8 月 23 日 20 时 10 分的实时数据采集(模拟数据功能需在 50 分 20 秒—51 分 10 秒之间开启)。评分以时间段内质控数据为准。

2. 值班期间台站人员对观测设备作了如下操作,请在软件中进行相关操作(如有需要设置时需将秒改为 00 秒,评卷以采集数据文件为准)。

(1)维护终端发送命令:(3 分)

a. 冬季由于 0 cm 地温传感器被积雪覆盖时观测数据不变化,造成时极值缺测。要求修改质量控制参数,0 cm 地温极值上限为 80 ℃,下限为−75 ℃,错误变化速率为 5 ℃,存疑变化速率为 3 ℃。

b. 冬季由于草温传感器被积雪覆盖时观测数据不变化,造成时极值缺测。要求修改质量控制参数,0 cm 地温极值上限为 90 ℃,下限为−90 ℃,错误变化速率为 10 ℃,存疑变化速率为 5 ℃。

(2)查看自动站数据模拟期间工作状态,提交返回值。(2 分)

a. 传感器工作状态

b. 温湿度智能传感器供电电压

将所用命令及相应返回值、自动站模拟期间工作状态及返回值存入 TXT 文件中,文件名称为“命令.txt”。

(3)19 时 58 分发现 80 cm 温度跳变,19 时 58 分至 20 时 02 分,进行设备维护。操作人:小雨;维护内容:维护 80 cm 地温传感器,导出文件 “维护导出.csv”。(1 分)

(4)导出模拟时段的气温、相对湿度、本站气压、80 cm 地温逐分钟质控数据,保存文件命名为 “数据导出.csv”。(2 分)

3. 根据实时数据采集情况,按照业务规定要求,完成模拟运行期间的重要天气报和 20 时正点观测编报处理(天气现象按终止到编发小时正点输入)。(共 17 分)。

20 时人工观测记录如下表:

20 时人工观测记录	总/低云量	云高
	10/10	700
天气现象	夜间栏	白天栏(截止至 20 点)
	二Ω	二Ω $\dot{\bigtriangledown}$ 17^{53}-20 △ 19^{55}-20^{04}(其中 19^{55} 直径 5 mm,20^{01} 增至 15 mm) ≡ 19^{56}-20 ⚡ 19^{51}-20^{03}
备注	19—20 时业务站翻斗式雨量传感器数据异常,称重式雨量正常。 08 时气温为 26.7 ℃,20 时备份站气温为 23.1 ℃。20 时人工补测能见度是 8 km。	

三、数据维护处理和编制重要天气报(60 分,评卷以数据文件为准)

以下为 66001 站 2016 年 2 月资料,请按照要求完成相关内容。

1.13 日部分人工观测和备份自动站记录如下:

项目	08 时	11 时	14 时	17 时	20 时
总/低云量	10/10-	10/10-	10/10-	8/3	5/0
云高	1500	1500	1500	1500	2700
人工观测能见度	3.0	2.0	33.0	38.0	33.0
气温	−1.3	−1.7	−0.5	−0.8	−2.4
相对湿度	93	89	54	45	37
气压记录	1020.7	1021.6	1020.7	1022.0	1023.3
2 分钟风向/风速	37/2.3	4/40	347/5.4	35/3.2	28/3.4
10 分钟风向/风速	34/3.6	10/37	345/5.3	2.6/3.8	28/3.5
天气现象实况	20—08 时 二•⊔✕⊠	08—20 时 二⊔✕ 0800-1305 1402-1508 ⊠			
定时降水量	5.5 mm	4.3 mm			
冻土深度	上限 4 cm 下限 34 cm				
其他	1. 根据省局需要 08 时(含)起开展每 3 小时降雪应急加密任务,加密观测项目雪深、降水量,14 时加密任务结束。 2. 由于称重雨量传感器出现故障,6—8 时小时降水量数据异常。 08 时雪深 4.3 cm;11 时雪深 5.9 cm。				

完成以下内容(若能够判断自动气象站数据异常,或数据缺测,或滞后降水,须按规定处理):

通过正点观测编报,完成 08、11、14、17、20 时数据处理(天气现象按终止到编发小时正点录入),形成正点上传数据文件(长 Z 文件)。相关时次数据异常修改正确即可,不形成上传数据文件。(共 10 分,每个时次 2 分。以上传数据文件即为准,每错 1 组扣 0.2 分,每个时次最多扣 2 分)。

2. 数据维护:(36 分,以 B 文件为准,每错 1 个数据扣 0.2 分。)

(1)完成 66001 站 2 月 4 日和 23 日数据维护。

时间 项目	4日					23日					
	08时		14时		20时	08时		14时		20时	
总/低云量	3/0		3/0		7/0	10-/10-		7/7		10/10	
天气现象	(⊔∞ 20:01-0:22)⊔=					(⊔✻)⊔✻ 1132-1250 1305-1340 1351-1437 =					
日照时数	日期	7—8	8—9	9—10	10—11	11—12	12—13	13—14	14—15	15—16	16—17
	4日	0.1	1.0	1.0	1.0	1.0	1.0	1.0	1.0	1.0	0.2
	13日	0.0	0.0	0.0	0.0	0.0	0.0	0.0	0.0	0.0	0.3
	23日	0.4	1.0	1.0	0.3	0.0	0.0	0.4	0.5	1.0	1.0

(2)在上述地面数据维护中，4日、13日、23日应形成日上传数据文件和日照上传数据文件。(共12分。以上传数据文件即为准，每少一个文件扣1.0分，数据文件中每错1组扣0.2分，每个文件最多扣2分。)

3. 报表文件维护处理

(1)根据所给资料，请对66001站2016年2月以下不完整记录或疑误记录进行处理。(提示：天气现象修改在常规日数据中操作，分钟数据异常时，除降水外，其他要素的分钟数据一律不修改。)

序号	日期	要素与说明
1	1	正南方新建建筑物，距观测场边缘距离40.5米，仰角5.8°
2	1	1日台站所属行政地名变更为华北市滨海区。地址同步变更
3	8	天气现象
4	10	日落后漏更换日照自记纸
5	14—19	积雪深度
6	18	天气现象
7	23	风
8	28	冻土深度：0-13、15-18、20-22

(2)A文件维护，完成以上数据维护后，将下表给出的封面、封底内容录入到A文件中(所给内容若不完整或数据不正确，答题时不要考虑)。(以B文件为准，每错、漏1项扣0.5分)

2016年2月A文件封面封底内容：

项目		内容
台(站)长		慢羊羊
输入		沸羊羊
校对		懒羊羊
预审		美羊羊
审核		喜羊羊
打印/传输		美羊羊
传输日期		2016年3月10日
下月1日20—08时降水量		无
天气气候概况	主要天气气候特征	本月平均气温−0.3 ℃，比历年平均值偏高1.7 ℃，最高气温10.4 ℃，最低气温−9.6 ℃。本月降水量9.9 mm，比历年平均值偏多5.2 mm。
	主要天气过程	本月降水过程有两次，分别出现在13日、23日。出现两次大雾天气。出现积雪日数7天，最大积雪深度为6厘米。
	本月天气气候综合评价	本月气温显著偏高，降水异常偏多，对冬小麦越冬有利。

续表

项目	内容
备注	13 日夜间至 19 日 09 时 15 分地温传感器被积雪覆盖，照常观测。
	17 日上午清洁维护湿度传感器。
	13 日 10 时 28 分至 16 日 12 时 20 分草温传感器为雪面观测。
纪要	13 日 06 时至 7 时在羊村用火箭进行人工增雨作业。

(3)生成由台站上报上级资料审核部门的 2016 年 2 月 A 文件和 J 文件。(2 分)

4.2 安徽省观测数据综合处理试题

说明：

1. 下发的U盘中的"计算机综合处理.rar"文件包含ISOS软件(含SMO、MOI、MOIFTP)安装包、升级包、参数及数据文件以及本试卷电子稿，选手须在自带计算机上完成软件安装，并按试卷要求完成指定操作，形成相关数据文件。若选手的计算机中已安装同类软件，请先卸载并删除原安装文件夹，再行安装。安装软件前请关闭计算机声音，以免影响其他选手答题。

2. 软件安装路径统一为"D:\ISOS"，将"竞赛数据"目录中的参数和数据文件放置到相应文件夹中。(软件安装前，请注意退出相关防病毒及安全卫士类软件)

3. 异常记录的处理方法按《地面气象观测业务技术规定》(2016版)及《地面气象观测业务技术规定实用手册》中的相关条款执行。

4. 选手答题结束时，必须在下发U盘的根目录，建立以本人考号中三位数字命名的答题文件夹(例如"001"，答题文件夹名称不符要求的扣总分1分)，并将以下文件或文件夹拷入：

(1)SMO目录下的dataset和metadata文件夹；

(2)MOI目录下的AwsDataBase、AwsNet、Configure、ReportFiles、Synop文件夹；

(3)MOIftp目录下的MobileNum.xml文件；

(4)EXCEL答题卡和题目中要求导出形成的指定文件。

考试结束时由监考人员收取U盘。

5. 上述拷入的文件将作为评卷依据。考试结束前没有按上述要求将有关文件及文件夹拷入指定文件目录的，由监考人员将其拷入，但每缺1个文件或文件夹需从该选手总分中扣除1分。

一、软件安装和参数设置(15分，评卷以参数文件为准)

安装ISOS软件(MOI及MOIFTP需安装升级包)至指定目录中，并按给定的资料完成有关参数设置，没有给出的内容除必要的设置外，均以给定的参数库中的内容及软件运行时自动形成的缺省值为准。(每错一项扣0.3分，扣完为止)

1. 基本参数

利用SMO软件自带的区站参数和观测项目挂接参数导入功能导入给定的SMO区站参数和观测项目挂接参数(压缩包根目录)，并拷贝给定的MOI参数后按下列资料修改参数设置。

项目	项　值
省名	安徽省
区站号	58122
地理环境	郊区、集镇
台站类别	国家基本气象站
辐射站级别	无

续表

项目	项　值
经度	116°59′E
纬度	33°38′N
气压传感器海拔高度	27.1 m
自动观测项目	增加称重式降水作为雨量数据源、修改能见度为挂接在新型自动站上、增加视程障碍类天气现象
首页控件显示要素数据表为	常规要素每日逐分钟质控数据表
分钟极值、小时极值导入	导入“58122台站历史气候极值.txt”
长Z文件生成间隔设置	只上传整点长Z文件，不上传加密长Z文件
数据路径	根据软件安装路径和参数进行设置
大风报警参数	≥17，24
重要天气报	区域代码为50，扩展名修改为EIS，大风省级和国家级相同，始发为17.0 m/s，续发为24.0 m/s
数据备份	启用，每天，备份目录：D:\自动站数据备份

2. MOIFTP参数：(设置口令为dmqxgc)

主通道Z文件	IP地址、远程目录：在给定数据文件中查找确定　用户名：ZLSC　密码：zlsc
主通道重要报	IP地址、远程目录：在给定数据文件中查找确定　用户名：SYNOP　密码：synop
文件发送方式	不启用：换扩展名tmp方式
3G后备、航空报和第二通道	启用，IP地址等无须修改
整点Z文件发送时间	1分00秒

二、自动观测设备模拟运行(30分，评卷以数据文件和答题卡为准)

注：请在完成上述参数设置后重启SMO、MOI软件，再进行以下操作。

1. 将计算机时间调整至2016年1月31日13时39分，完成2016年1月31日13时41分至2016年1月31日14时05分的实时数据采集(模拟数据功能需在40分20秒—41分10秒之间开启)。

2. 查看2016年1月31日13时42分后分钟数据质量控制报警信息，根据质控报警信息做出相应的设备维护操作(当前无明显天气过程，如出现数据跳变，应及时维护设备)。设备维护时间为13时50分-14时02分。操作人员：“张三”，操作内容：“发现数据跳变，进行设备维护”。并将所有维护记录导出，文件名为“设备维护”，保存在U盘自己创建的答题文件夹下。(3分)

3. 查看2016年1月31日13时42分后分钟数据质量控制报警信息，根据质控报警信息分析2016年1月的逐分钟质控数据，做出相应的台站历史气候极值修改，数据分析过程中的文件不必提交。(3分)

4. 导出58122站2016年1月1日至3日全天(按气象日界)的10 min滑动平均相对湿度、10 min滑动平均能见度逐分钟数据，保存为“数据导出”命名的文件并拷贝到U盘自己创建的答题文件夹中。根据“数据导出.csv”文件，进行如下数据分析：

根据对比观测，58122站2016年1月1日00时06分—10时24分未出现霾，请根据“数据导出.csv”文件，分析该过程中的滑动湿度轻雾判别阈值(取最小值)，并根据分析结果修改SMO相应参数。(4分)

5. 根据修改后的相对湿度阈值和给定数据文件，模拟软件规则重新编发58122站2016年1月3日的霾重要天气报。(2分)

6. 请查看主采集器电源电压、温湿度智能传感器供电电压以及主采集器和温湿度智能传感器主板温度，将答案填到EXCEL答题卡上。(2分)

7. 设备交互操作，利用设备交互命令获取信息，依次进行下述操作，并将相关答案填到EXCEL答题卡上。(4分)

(1)读取地温观测分采集器工作状态。

(2)读取蒸发传感器状态，查看其是否开启。

(3)读取10 m风速传感器的配置参数，通过其返回值得到风速与频率的关系式。

8. 根据实时数据采集情况，按照业务规定要求，完成14时正点观测编报处理(天气现象按终止到相应小时正点输入，需进行降雪加密观测)。14时人工观测记录如下：

总/低云量：10/10

云高：800 m

人工观测3小时/6小时降水量：0.5/10.1 mm

14时小时降水量0.4 mm

雪深：9.5 cm

雪压：7.9 g/cm^2

31日全天天气现象：

(结冰，轻雾，雪，)雪 8-10^{12}　10^{48}-20，积雪，阵雪 10^{12}-10^{48}

三、观测编报和数据维护处理(55分，评卷以数据文件和答题卡为准)

1. 根据下面所给资料和拷贝的数据文件完成以下内容(若有自动气象站数据缺测或异常，或降水滞后，需按规定进行处理)。

(1)完成58122站2016年3月8日08、11、14、17、20时的正点观测编报。(天气现象按终止到相应小时正点输入，需形成该5个时次的长Z文件，以上5个定时之外的异常记录若与该5个时次的异常记录相关需处理但不能形成长Z文件，其他无关异常不必处理)。(共10分。长Z文件每多一份扣0.3分，每错一组数据扣0.2分，每份最多扣2分，每少一份扣2分，扣完为止。)

(2)8日由于降水较大，日照计进水导致日照纸无法使用，请处理该日的日照数据并形成日照上传数据文件。

8日部分人工观测记录和备份自动站资料如下(两站气压传感器海拔高度相同)：

项目	08时	11时	14时	17时	20时
能见度(km)	5.0	5.5	6.5	12.0	13.5
总/低云量	10/10	10/10	10/0	10/0	10/0
云高	800	900	2600	3000	10000
2分钟风	50/2.5	77/4.5	91/3.6	65/2.6	70/1.9
10分钟风	77/2.5	73/3.9	80/4.2	68/2.8	75/2.9
气温	5.3	5.3	4.0	4.9	4.2
相对湿度	92	94	85	81	73
水汽压	8.2	8.4	6.9	7.0	6.0

续表

项目	08时	11时	14时	17时	20时
露点温度	4.1	4.4	1.7	1.9	−0.1
气压	1018.8	1020.5	1019.9	1019.9	1022.4
0 cm 地温	5.7	7.1	6.7	6.3	3.5
5 cm 地温	6.9	6.8	7.9	6.9	5.6
10 cm 地温	8.4	8.3	8.1	8.2	7.9
15 cm 地温	9.6	9.5	9.3	9.2	8.8
20 cm 地温	10.4	10.3	10.2	10.0	9.9
天气现象实况(观测时均为连续性小雨)	夜间			白天	
	雨 阵雨 轻雾			雨 8-16^{09} 轻雾	

2. 下面给出的是58122站2016年3月7日和17日的部分人工观测数据：

时间 / 项目	7日			17日		
	08	14	20	08	14	20
总/低云量	10/10	6/0	10/10	10^{-}/0	10^{-}/0	10/10
人工观测定时降水量						0.9
天气现象	(10,01,42,)10,01,60 1931 2000,.			(05,10,01,)10,01,15 1113 1130,60 1816 2000,.		
大型蒸发	0.8			0.9		
7日日照	无					
17日日照	日照计进光孔堵塞					

请根据以上数据和拷贝的数据文件完成以下内容：

(1)7日夜间和白天均出现雾，但由于MOI软件异常，未能自动编发重要天气报，且白天漏记雾，请根据提供的数据文件补充完成该日天气现象记录，并补发白天的重要天气报。(4分)

(2)17日出现大风，请根据自动站数据编发重要天气报(不考虑数据的合理性，默认自动站数据正确)。(4分)

(3)17日称重降水传感器出现故障，请按结冰期规定处理降水量数据(不形成小时上传数据文件)。

(4)录入7日和17日相关数据，形成7日、17日的日上传数据文件和日照上传数据文件。(2分)

3. 根据下表提供的MDOS疑误信息，对观测数据进行质量控制(在EXCEL答题卡中回答正确或错误，将错误数据修改正确并形成上传数据文件，如判断为正确数据则无需修改，维持原记录且不必形成上传数据文件)：(10分)

序号	MDOS疑误信息			补充说明
	日期	时间	疑误信息	
1	3月28日	08时	能见度79与天气现象(01,).矛盾	
2	1月22日	17-19时	分钟合计降水量(60个分钟值求和)与小时正点降水量6、3、2不一致	

续表

序号	MDOS 疑误信息			补充说明
	日期	时间	疑误信息	
3	2 月 20 日	09 时	气温正点分钟数据(00 分)与正点小时数据 55 不一致	
4	1 月 11 日	20 时	有降水量但未记录在降水时段内	观测时将称重式雨量传感器承水口内沿的积雪清理到收集容器内
5	4 月 1 日	12 时	水汽压、露点温度未通过内部一致性检查,与利用相对湿度和气温计算所得值相差较大	备份站相对湿度 51,水汽压 140,露点温度 120

4.请根据以下资料填写 58122 站 2016 年 3 月 A 文件的附加信息,并形成由台站上报上级资料审核部门的 A 文件格式(附加信息仅按下表录入,其中除天气气候概况中相关数据需自行补充完整外,不可自行添加其他内容)。(共 25 分,若缺 A 文件则不得分。A 文件中每错一个数据扣 0.3 分,7 日、8 日、9 日每日最多扣 3 分,其他每日最多扣 0.3 分,扣完为止。附加信息每错、漏 1 项扣 0.5 分,天气气候概况中数据每错、漏一个扣 0.5 分,扣完为止。)

封面、封底内容如下:

项目		内容
台(站)长		赵爱国
输入		集体观测员
校对		钱敬业
预审		孙诚信
打印/传输		李友善
传输日期		2016.04.08
天气气候概况	主要天气气候特征	本月平均气温为℃,较历年同期偏低 0.8 ℃,月极端最高气温为℃,极端最低气温为℃。月降水量为 mm,与历年同期持平。月日照时数为小时,比历年同期偏多 27.5 小时。
	主要天气过程	本月降水过程有 2 次,出现在　　日和日。
	本月天气气候综合评价	综观全月,本月平均气温偏低,但全月分布不均匀,显现出前中期偏冷、后期偏暖的特征,少阴雨(雪)天气,日照明显偏多。
备注		8 日 17 时自动能见度数据缺测,用人工观测代替。
		17 日 18—20 时称重降水传感器故障,用人工观测记录代替。

4.3 山东省观测数据综合处理试题

说明：

1. U盘“观测数据综合处理试题”文件夹中已存入台站地面综合观测业务软件(包含smo和MOI、MOIFTP安装包、升级包)、数据补丁包、“电子答卷”以及本试卷电子稿。选手需先退出杀毒软件，在计算机上完成ISOS软件安装、升级和数据补丁的安装，并按试卷要求完成指定操作。若选手的计算机中已安装同类软件，请先卸载并删除原安装文件夹，另行安装。安装软件前请关闭计算机声音，以免影响其他选手答题。

2. 异常记录处理按《地面气象观测业务技术规定》(2016版)执行。

3. 试题中涉及到的台站名、人名等均为出题所用，如有相同，纯属巧合。

4. 选手答题结束后，必须在下发U盘的根目录建立以本人考号(两位数字)命名的上报文件夹(例如01)，并将以下文件或文件夹拷入：

(1)smo目录下的dataset和metadata文件夹；

(2)MOI目录下的AwsDataBase、AwsNet、Configure、ReportFiles、Synop文件夹(注：“Configure”文件夹需在数据模拟开始前立即拷贝)；

(3)ISOS目录下的MOIftp文件夹；

(4)XX-电子答卷.doc、模拟数据.csv(注：“XX”为选手考号，并在“电子答卷”密封线以外指定位置录入“单位”、“姓名”、“考号”)。

5. 上述参数文件、数据文件为答卷的一部分，和“XX-电子答卷.doc、模拟数据.csv”一起作为评卷依据。

考试结束前没有按上述要求将有关文件及文件夹拷入U盘上报文件夹(例如01)的，监考人员代其拷入，但每代拷1个文件或文件夹需从该选手总分中扣除1分，最多扣6分。

一、软件安装和参数设置(25分，每错误1处扣0.3分，扣完为止。评卷以参数文件为准)

第一步：用U盘“观测数据综合处理试题”文件夹中提供的安装程序将smo软件安装在D:\ISOS\smo目录(安装包：smo_Ver4.0.8.2_azb)；MOI和MOIFTP软件安装在D:\ISOS目录(安装包：MOI_Ver3.0.0.0_azb)，再将MOI和MOIFTP软件升级至Ver3.0.0.2(升级包：MOI_MOIFtp_update_Ver3.0.0.2)。

第二步：运行“数据补丁”，自动完成相关参数文件和数据文件(目标文件夹：D:\ISOS，默认设置无须修改)的复制。

按给定的资料完成有关参数维护，没有给出的内容除必要的设置外，均以下发软件缺省参数为准。

1. 基本参数设置(含smo区站参数、MOI台站参数、观测项目挂接等设置)

项目	项值
省名	山东
区站号	54999
台站名	综合观测竞赛国家基本气象站

续表

项目	项值
站址	山东省综合观测专用测试站(郊外、丘陵)
省编档案号	98176
台站字母代码	BEJN
台站类别	国家基本气象站
辐射站级别	无
经度	110°45′00″E
纬度	35°41′00″N
观测场、地段海拔高度	112.3 m
气压传感器海拔高度	113.2 m
气压表海拔高度	119.1 m
风向、风速器距地高度	10.5 m
平台距地高度	0.0 m
历年平均气温	13.1 ℃
历年平均本站气压	1009.4 hPa
视程障碍现象湿度	60%
观测项目挂接设置	地面综合观测主机、风向、风速(不包括 1.5 m)、降水(0.1 翻斗和称重式雨量传感器均挂接,但使用称重降水作为正式记录)、百叶箱气温、湿度、本站气压、草温、地表温度、浅层地温(全部)、深层地温(全部)、能见度(挂接在新型自动站上)、视程障碍天气现象、大型蒸发。(山东省统一规定 11 月-次年 3 月停止使用翻斗雨量、蒸发传感器)
人工定时观测次数	按照《地面气象业务技术规定》(2016 版)规定设置
新型自动站通信参数设置	通信端口:com5,波特率、校验位、数据位、重试次数分别为:19200、奇校验、7、1.5 位、4 次
人工观测项目	云、降水类现象、其他天气现象、定时降水量、雪深、雪压、日照、冻土、电线积冰
长 Z 文件生成间隔设置	每小时上传 1 份长 Z 文件
数据路径	根据软件安装路径和参数进行设置
重要天气报	重要天气报全部编发。 区域代码为 30,扩展名为“EJN”,文件名按固定时间编发,大风始发为 17.0 m/s,续发为 24.0 m/s。 视程障碍现象相关编发标准、编发要求根据《地面气象观测业务技术规定》(2016 版)规定设置,无“省定补充段”。
数据备份	启用,每天,备份路径:D:\综合观测数据备份

2. smo 小时极值参数及 MOI 地面审核规则库设置

按下表完成 smo 小时极值参数及 MOI 地面审核规则库修改设置前,需从 U 盘提供的 SysLib. mdb(…\ISOS\MOI\Configure\)中导入 54999 的分钟极值、小时极值、审核规则库数据,MOI 缺省地面审核规则库需删除。

冻土深度处的地温最大值	−0.3 ℃
最低地面温度高于前一日 20 时定时的最大值	5.5 ℃
草面最高温度高于最高气温的最大值	22.0 ℃
5 月地面温度气候极限最高值	42.7 ℃
草面最高温度低于前一日 20 时定时的最大值	3.1 ℃
测站观测时有降水,相对湿度最小值	30%

3. smo 系统及报警设置

项　目	项　值
首页控件显示要素所在数据表	常规要素每日逐分钟质控数据表
质控报警设置	除小时文件"缺测检查"、"台站极值参数检查"外的分钟和小时文件的其他质控报警均勾选，声音报警文件为"Message. wav"(D:\ISOS\MOI\Music\)
流程报警设置	新型自动站流程取消启用报警
灾害报警设置	添加"高温"灾害报警，阈值设置为：逐分钟质控数据表中的"气温(百叶箱)"超过35.0 ℃，启动声音报警文件 CUCKOO. WAV

4. MOI 值班员信息

值班员信息	管理员设为"美好人生"，密码设为"6914"，台站值班人员有："快乐"、"幸福"、"开心"、"高兴"，密码均设为"52455"，删除其他人员。
班次及值班信息查询	每天 2 班：第一班，白天班(08-20 时)；第二班，夜班(20-08 时)；观测、发报传输、操作、报表工作基数均需"置空"。

5. MOIFTP 参数设置

整点 Z 文件发送时间	正点长 Z 文件，在设定的时间推迟 2 秒钟均成功发送，查找相关记录后设定
主通道 Z 文件	IP 地址、远程目录：从相关数据文件中查找确定 用户名：BeJn 密码：BEjn　模式：主动
主通道重要报	IP 地址、远程目录：从相关数据文件中查找确定 用户名：bejnUp 密码：BeJnUp1 模式：主动
3G 后备、航空报和第二通道	不启用，且清空相关信息。
报警信息相关设置	只保留白天值班员"幸福"接收短信的手机号为 130××××××××，短信串口启用"com2"。
软件监控	启用，并根据软件安装路径进行设置

二、模拟自动气象站运行及值班操作(25 分，评卷以数据文件为准)

1. 修改计算机时间，完成 2016 年 8 月 28 日 19 时 50 分至 2016 年 8 月 29 日 20 时 10 分(以北京时 20 时为日界)的实时数据采集。

2. 台站业务人员对观测设备作了如下维护操作，请在软件中进行相关操作(设置时需将秒改为 00 秒；将通过模拟数据扣分)。

(1)由于出现固态降水，固态降水期间将翻斗雨量传感器暂时停用。

(2)8 月 28 日 19 时 56 分至 8 月 29 日 20 时 07 分(以北京时 20 时为日界)，20 cm 地温传感器故障，操作员对其进行了维护。

3. 根据实时数据采集情况，按照业务规定要求，完成模拟运行期间的重要天气报和 20 时正点观测编报处理。

(注：天气现象按终止到相应小时正点输入，20 时后形成的状态信息文件、日分钟数据文件不必删除。共 9 分，每错 1 组扣 0.5 分，扣完为止。)

28 日 20 时人工观测及天气现象(不含该日视程障碍现象)如下表：

28 日 20 时 人工观测记录	总/低云量	云高
	10－/8	1300 m
28 日(北京时) 天气现象	00-08 时	08-24 时
	Ω	Ω $\dot{\nabla}$ 13^{34}-13^{59}　15^{17}-18^{04}　19^{31}-20^{22}　22^{08}-22^{49} • 14^{15}-14^{51}　23^{06}-23^{38} △ 19^{55}-20^{08}(19^{55} 直径 3 mm,中常强度;20^{07} 增至 14 mm。)
28 日(北京时) 地面值班日记记录	1. 19^{56}-20^{53}(定时观测完成后,20^{03} 听到雷声); 2. 19^{31}-19^{45} 分钟降水均为 0.1 mm,19^{46}-19^{49} 分钟降水均为 0.2 mm。20 时定时观测时次,需维护影响年降水时段挑取的 19-20 时分钟降水资料。	

4.数据模拟过程中,利用设备交互命令依次完成下述操作,获取相关信息。将交互界面局部抓屏(包含所有交互信息)并复制到“电子答卷”相应表格中(如未提交抓屏图片,则此题不得分),并将相关答案填到“电子答卷”上,保存到以本人考号命名的文件夹中。(共 4 分)

(1)读取气温传感器极值范围上限、下限、最小应该变化速率、存疑变化速率、错误变化速率。

(2)读取风速传感器的配置参数,通过其返回值得到风速与频率的关系式。

(3)读取大风报警阈值。

(4)读取当前气温传感器工作状态。

5.通过状态信息查看新型自动站 CF 卡剩余空间,将查询界面截屏并复制到“电子答卷”相应表格中(如未提交抓屏图片,则此题不得分),并将相关答案填到“电子答卷”上。(共 1 分)

6.根据 28 日 13 时前视程障碍现象识别结果,20 时定时观测时次判断并记录该日视程障碍现象,同时将判识结果(如“浮尘”等)填写在“电子答卷”中。(共 1 分)

7.将 19^{50}-20^{10} 经 ISOS 软件质控后的分钟模拟数据导出,以“模拟数据.csv”保存到以本人考号命名的文件夹中,导出的数据包括:时、分(北京时);2 分钟平均风向风速、10 分钟平均风向风速、分钟内最大瞬时风向风速;分钟降水量(翻斗式或容栅式,RAT)、小时累计降水量(翻斗式或容栅式,RAT)、称重式分钟及小时降水量;气温(百叶箱)、相对湿度、水汽压、露点温度、本站气压、草面温度、地表温度(铂电阻)、5～320 cm 地温、当前分钟蒸发水位、小时累计蒸发量;1 min、10 min 平均能见度。

(共 10 分,每错一组数据扣 0.2 分,扣完为止。)

三、观测编报和数据维护处理(50 分,评卷以数据文件为准)

1.正点观测编报和重要天气报

(1)请完成 54999 站 2016 年 2 月 9 日 08、11、14、17、20 时 5 个定时的正点观测编报,形成正点上传数据文件(长 Z 文件),以上 5 个定时之外的异常记录也需判断处理并形成上传数据文件,异常数据需按《地面气象观测业务技术规定(2016 版)》进行处理,长 Z 文件中天气现象需录入至编发正点(按长 Z 文件评分,长 Z 文件每多一份扣 0.5 分,每少一份扣 3 分,每错一组数据扣 0.3 分,每份最多扣 3 分,扣完为止。)

(注:2016 年 2 月 8 日 20 时及以前的正点数据已完成入库,2 月 9 日各正点数据均未入库,请按需执行入库操作,其异常资料的处理情况不在 A 文件备注栏中备注。如无特别说明,2 月份分钟降水在降水现象停止后 2 小时内出现视为滞后降水)。

（2）根据下表天气现象和值班日记记录，完成该站2016年2月9日全天重要天气报编发任务。（注：每多一份报文扣1分，报文文件每错、漏、多1组数据扣0.5分，少报也按错漏组扣分，扣完为止；报文文件名错误按少报处理。）

2月9日异常情况说明及部分人工观测记录和备份自动站资料如下（备份自动站为Ⅰ型站，未挂接能见度、深层地温、草温传感器，且深层地温人工观测设备已撤除，气压传感器与主站同高）：

异常情况说明（无特别说明者均未在smo中屏蔽异常记录）	1. 7^{47}-8^{09} 温度传感器故障导致数据异常，受影响的记录已通过smo维护功能屏蔽。 2. 9^{48}-10^{53} 现用新型自动站杯式风速传感器冻住，备份自动站风速传感器 9^{50}-10^{16} 冻住。10^{31} 巡视仪器时，将冻结在称重式雨量传感器筒口内沿的雨凇清理到内筒中。 3. 13^{11}-14^{32} 测站能见度持续好转，13^{44}-14^{12} 能见度传感器、湿度传感器故障，相应时段的能见度值、湿度值异常，受影响的记录已通过smo维护功能屏蔽。 4. 16^{45}-17^{11} 地温分采集器故障，受影响的各层地温记录已通过smo停用功能屏蔽。 5. 19^{10}-19^{29} 校准称重降水传感器。 6. 19^{05} 巡视时将称重式雨量传感器筒口内沿堆积的雪及时清理到内筒中；19^{55} 人工量取14—20时雨量筒降水量为9.5 mm。				
时次	08时	11时	14时	17时	20时
能见度(km)	0.5	0.9	1.5	1.7	1.1
总/低云量	10/10	10-/0	10/10	10/9	10/6
云高	×	2700	800	1100	900
2分钟风向/风速	359/1.1	140/1.4	168/1.7	75/1.5	147/1.2
10分钟风向/风速	2/0.7	155/2.0	173/1.6	89/1.3	145/1.1
瞬时风向/风速	349/1.7	156/1.6	132/2.2	84/3.1	160/1.9
气温	−3.4	−0.9	3.1	2.2	0.7
相对湿度	98	90	75	80	88
本站气压	1024.8	1025.1	1022.2	1022.1	1022.8
0 cm地温	−2.1	7.6	14.5	2.9	−2.2
5 cm地温	0.6	1.4	6.8	5.7	3.4
10 cm地温	2.5	2.4	4.5	5.8	5.1
15 cm地温	4.0	3.9	4.4	5.5	5.6
20 cm地温	5.4	5.3	5.2	5.7	5.9
雪深(mm)	12	日蒸发量	0.5	全天日照	0.0
冻土(cm)	冻结层上限0，下限3。				
天气现象（无特别注明，正点时次天气现象均为间歇性、小强度现象）	夜间	白天			
	⊔ 二 • ⊔̶ ≡[232]	⊔ ⊔̶ ≡8-8^{27} 8^{43}-9^{29} 二 ✱̇ 9^{31}-10^{06} ∾ 9^{34}-10^{58}（电线积冰最大直径31 mm、厚度29 mm、称得25 cm导线积冰重量7 g，测量时间为9时47分） ▽̇ 16^{20}-17^{17} 17^{37}-17^{59} △ 16^{46}-17^{02}（17^{01} 直径14 mm，其余时间最大直径为3 mm） ✱ 18^{24}-18^{58} 19^{16}-19^{52} ⊠（18^{35} 地面积雪）			
值班日记本班工作情况	07时46分降水停止；17时出现中常冰雹天气；20时降连续性小雪。				

2. 日数据及常规要素数据维护

(1)日上传数据文件和日照数据文件

根据上表和下面给出的数据，修改维护 54999 站 2016 年 2 月 9 日、11 日和 29 日相关数据，形成 2 月 9 日、11 日、29 日的日上传数据文件、2 月 9 日、11 日的日照上传数据文件。

(每错、漏一个数据扣 0.3 分，每份上传数据文件最多扣 2.0 分，上传数据文件每少一个均扣 2.0 分，扣完为止。)

<table>
<tr><td rowspan="2">时间
项目</td><td colspan="5">11 日</td><td colspan="5">29 日</td></tr>
<tr><td>08 时</td><td>11 时</td><td>14 时</td><td>17 时</td><td>20 时</td><td>08 时</td><td>11 时</td><td>14 时</td><td>17 时</td><td>20 时</td></tr>
<tr><td>总云量</td><td>10</td><td rowspan="2"></td><td>9</td><td rowspan="2"></td><td>10-</td><td>10-</td><td rowspan="2"></td><td>10</td><td rowspan="2"></td><td>9</td></tr>
<tr><td>低云量</td><td>7</td><td>4</td><td>6</td><td>9</td><td>5</td><td>6</td></tr>
<tr><td>云高(m)</td><td>800</td><td>1300</td><td>600</td><td>1400</td><td>1100</td><td>1200</td><td>1800</td><td>900</td><td>1500</td><td>700</td></tr>
<tr><td rowspan="2">天气现象</td><td colspan="2">夜间</td><td colspan="3">白天</td><td colspan="2">夜间</td><td colspan="3">白天</td></tr>
<tr><td colspan="2">∞
=
⌓</td><td colspan="3">=
⌓
• 10^{41}-12^{46}
✱̇ 12^{46}-13^{12}
✱ 13^{12}-19^{37}</td><td colspan="2">⊔̄
∞
=
⊔
•</td><td colspan="3">⊔̄
=
• 8-8^{26} 10^{19}-11^{40}
✱̇ 8^{26}-9^{12} 9^{48}-10^{19}
✱ 9^{12}-9^{48}</td></tr>
<tr><td>小型蒸发(mm)</td><td colspan="5">0.1</td><td colspan="5">1.0</td></tr>
<tr><td>日照时数(cm)</td><td colspan="5">8—9 时 0.5 h，10—11 时 0.2 h。</td><td colspan="5">全天无日照</td></tr>
<tr><td>说明</td><td colspan="10">29 日 08—20 时称重雨量传感器工作正常。</td></tr>
</table>

(2)常规要素维护

① 请将 2 月 11 日、29 日的云等数据通过“常规要素”窗口录入。

② 由于数据写入数据库错误，换用备份计算机进行相关业务操作，导致 2 月 11 日、29 日部分地温数据未写入 MOI 数据库，请将 2 月 11 日、29 日地温观测数据补调完整。

(评分均以 A 文件为准，共 5 分。每错、漏一个数据扣 0.2 分，扣完为止。)

③ 请根据下表资料，在“常规要素”中将 54999 站 2016 年 2 月 A 文件附加信息补充完整，形成 A 文件(相关备注从下表选择录入，不得自行添加或修改表中内容)。

(评分以 A 文件为准，共 7 分。每漏一处或处理错误一处扣 0.4 分，扣完为止。)

<table>
<tr><td colspan="2">台(站)长</td><td>美好人生</td><td>预审</td><td>高兴</td></tr>
<tr><td colspan="2">输入</td><td>全体观测员</td><td>打印/传输</td><td>幸福</td></tr>
<tr><td colspan="2">校对</td><td>全体观测员</td><td>传输日期</td><td>2016 年 3 月 8 日</td></tr>
<tr><td colspan="2">跨月降水</td><td colspan="3">跨月连续降水日期及降水量各项目均已自动统计完成</td></tr>
<tr><td colspan="2">海平面气压</td><td colspan="3">不生成</td></tr>
<tr><td rowspan="5">封底内容
(请自行判断录入)</td><td rowspan="3">全月</td><td colspan="3">本月平均气温为 1.2 ℃，较历年同期偏低 0.9 ℃。月降水量为 16.0 mm，比历年同期偏少 2 成。月日照时数为 121.3 小时，比历年同期偏少 11.4 小时。</td></tr>
<tr><td colspan="3">本月主要降水过程出现在 5 日、9 日、11—12 日、22 日、29 日。</td></tr>
<tr><td colspan="3">本月气温偏低，降水偏少，日照略偏少。气象条件对越冬作物生长总体不利，但对温室大棚蔬菜生长影响较小。</td></tr>
<tr><td>9 日</td><td colspan="3">16-17 时，趵突泉区、黑虎泉街道等局部地区遭受冰雹袭击，持续降雹约 15 分钟，名贵兰花综合试验基地等受灾严重，直接经济损失 1600 余万元。 【注：不在气候概况中录入】</td></tr>
<tr><td>9 日</td><td colspan="3">台站最大冰雹直径 14 mm，最大平均重量 14 g。</td></tr>
</table>

续表

台(站)长		美好人生	预审	高兴
封底内容（请自行判断录入）	9日	16:20-16:55,在蛙泉乡、龙泉镇等地开展了人工影响天气流动作业。		
	9日	20时补测雪深。		
	9—10日	9日18:40至10日夜间地温传感器被雪覆盖,照常观测。		
	22日	西北方向新增障碍物“三鼎塔”。高度11.5m,最近点距离99.8m,仰角6.6°,宽度角1.6°。		
	22日	20时补测雪深。		
	22—23日	22日18:35分至23日夜间地温传感器被雪覆盖,照常观测。		
	28日	东南方距观测场最近点78m处,宽度角9.2°,仰角6.3°的塔松林全部移除,该方向无障碍物遮蔽。		

4.4 湖北省观测数据综合处理试题

说明：

1. 选手检查计算机上 ISOS 必备的插件是否已正常安装。操作软件在竞赛用计算机桌面(文件名为 gcsjzhcl. zip 的压缩包)，选手必须在计算机上完成此软件安装并升级到最高版本(与台站软件现有升级方法相同)，并以此完成相关内容，形成相关数据文件。若选手的计算机中已安装同类软件，请先卸载(并删除原安装文件夹)，再行安装。

2. 软件安装路径统一为“C：\ISOS”。请将“计算机数据文件”目录中的数据放置到相应文件夹中，文件夹 SIM_AWS_RAW_放于 C：\ISOS\smo\dataset\湖北\57749 下。

3. 本次观测数据综合处理试题异常记录的处理均按最新业务规定执行，温度、相对湿度数据异常时，水汽压、露点温度进行反查处理。

4. 选手答题结束后，必须在竞赛用计算机的桌面，建立以本人“中文姓名-考号”命名的文件夹，将软件安装文件夹下的如下内容(文件夹、参数文件和数据文件)：dataset、metadata、AwsDataBase、AwsNet、ReportFiles、Synop、Configure、Moiftp，以及试题中要求拷贝的文件及截图，拷入所创建的文件夹，并将整个文件夹压缩为文件名“中文姓名-考号. zip”的压缩包(文件不符要求扣总分 1 分)。上述参数库文件和数据文件为答卷的一部分，与纸质答卷一并进行评卷。

5. 试题中涉及的省名、站名、区站号、人名均为出题所用，如有相同，纯属巧合。

本试卷的电子文档在下发的 gcsjzhcl. zip 压缩包内。

一、软件安装、参数设置(20 分，评卷以截图文件为准)

按下列资料完成参数设置，并根据要求进行截图。没有给出的内容均以下发软件参数库中的内容和软件运行时自动形成的缺省值为准。(每错一项扣 0.3 分，扣完为止)

1. 基本参数

省名	湖北
区(台)站号	57749
区站名	南湖国家基本气象站
地址	武汉市南湖路 146 号
地理环境	郊区山顶
省编档案号	20076
区站字母代码	BFHW
自动站类别标识	基本站
辐射站级别	无，距地高度均置空
建站日期	1975 年 11 月 1 日
历年平均本站气压	984.8 hPa
经纬度	110°00′13"E、27°33′55″N
观测场海拔高度	257.8 m
气压传感器海拔高度	258.8 m
气压表海拔高度	258.8 m
风速传感器距地高度	10.2 m

续表

省名	湖北
风向传感器距地高度	10.2 m
平台距地高度	0.0 m
历年平均气温	16.9 ℃
SMO 区站参数页截图为“区站参数.jpg”	
自动观测项目	本站气压、海平面气压、气温(百叶箱)、相对湿度、风向、风速、翻斗式降水(0.1 mm)(雨量数据源)、称重式降水、草温、0-320 cm地温、能见度(挂接在新型自动站上)、视程障碍类天气现象
在 SMO 挂接树上展开截图为“挂接树.jpg”	
人工观测项目	云量、云高、降水类现象、定时降水量、小型蒸发、其他天气现象、雪深、雪压:无、冻土:无、电线积冰、日照,地面状态:无
实时观测菜单显示设备个数	5
SMO 系统设置页截图“系统设置.jpg”	
分钟极值参数	导入 53798 极值参数.txt 中数据修改分钟内最大瞬时风速/最大风速的气候极限(见下表)

1月	2月	3月	4月	5月	6月	7月	8月	9月	10月	11月	12月
24	24	24	24	24	20	20	20	20	24	24	24

分钟极值参数导出为“分钟极值参数.txt”	
小时极值参数	导入 53798 极值参数.txt 中数据后修改 有结冰,最低气温最大值 0.1 有大风,最大风速最小值 5 测站有轻雾相对湿度最小值 65
小时极值参数导出为“小时极值参数.txt”	
环境报警	启用报警勾选、启用短信报警,手机号码:13830293061、17039389283,报警内容:ISOS 环境报警,请留意自动站状态!
截图为“环境报警.jpg”	
质控报警设置	勾选全部检查项目,启用报警勾选
截图为“质控报警.jpg”	
流程报警	仅勾选新型自动站分钟常规要素采集,取消其他项目;启用声音报警 CUCKOO.WAV
截图为“流程报警.jpg”	
灾害报警设置	修改大风报警规则,常规要素每日逐分钟质控数据表中 2 分钟平均风速≥5 m/s,启用报警
在大风规则修改页面截图为“大风报警设置.jpg”	
通讯串口设置	新型自动站:com1,大小写不敏感,命令重试次数 5 次
截图为“通信参数.jpg”	
Z 文件输出时间间隔	10 分钟
读取自动观测数据重试间隔	7 秒
测站数据源目录路径	根据软件安装情况进行相应设置
大风报警参数	≥17,24,30
输出酸雨资料	C:
MOI 台站基本参数页截图“基本参数.jpg”	
重要天气报	手动编发大风、雷暴、(尘)龙卷、冰雹、视程障碍,有省定补充段;区域代码 60,文件名按固定时间形成,扩展名根据台站字母代码生成

续表

省名	湖北
数据备份	每小时备份，备份到“C:\备份”文件夹下并进行测试
在不关闭测试页面的情况下截图为“报文编发.jpg”(注意不要挡住其他设置)	
值班信息	删除已有值班员，首先新增“李强”为管理员，密码989287，依次增加李琼、刘飞、李勇为当班值班员，密码392938，将所有工作基数和上班时段置空
值班员信息页截图为“值班员信息.jpg”	
测报业务排班	选取所有值班员参与2016年2月按月份排班，每天3个班，报表输入李强，校对李琼、预审刘飞。
测报业务排班页截图为“测报业务排班.jpg”	

2. MOIFTP参数：

修改正确的MOI软件目录，扩展名：选取，整点Z文件发送时间：2分50秒，软件监控：设置并启用。

3G后备文件类型	IP地址	远程目录	用户名	密码
Z文件(主动)	192.145.85.16	/SY1O3P/	234015	Bjs315
重要天气报(主动)	17.25.38.18	/1W34fD4ata/	567015	34js15

截图为“MOIFTP参数.jpg”

二、自动观测设备模拟运行(25分)

1. 将计算机时间调整至2016年1月12日16时42分以前，完成2016年1月12日16时44分-17时10分的实时数据采集(模拟数据功能需在43分20秒—43分50秒之间开启)，评分以时间段内质控数据为准。(5分)

2. 查看设备运行状态，根据设备数据异常时间段做出相应的设备维护操作。操作人员：“李强”，操作内容：“发现数据异常，进行设备维护”。并将所有维护记录导出到本人上交的文件夹内，文件名为“维护信息导出”。(5分)

3. 编发模拟采集期间的重要天气报。(2分)

4. 根据实时数据采集情况，按照业务要求，完成实时运行期间数据报文的相关处理。17时备份站自动观测记录和人工观测记录如下(16—17时期间无降水)：(5分)

总/低云量：10/5　云高：800 m

备份站气温：−10.0 ℃　能见度：3.00 km 地温：−12.0 ℃　本站气压：1030.0 hPa

5. 设备交互操作，利用设备交互命令获取信息，依次进行下述操作，将交互界面保存为“维护终端.jpg”。(8分)

(1)读取地方时差。

(2)读取数据采集器电源电压。

(3)读取160 cm地温状态。

(4)读取自动站所有状态信息。

三、数据维护处理和编制重要天气报(20分，评卷以数据文件为准)

1. 请完成57749站2015年11月6日08、11、14、17、20时5个定时的正点观测编报，形成正点上传数据文件(Z文件)。异常数据需按现行业务规定进行处理,天气现象需截取录入至编发正点,当日受不正常记录影响的5个定时之外的异常记录需一并处理并编发上传文件数据文件(Z文件)。

2. 根据下表天气现象和值班日记记录,完成该站11月6日全天重要天气报编发任务。

备份自动站资料及部分人工观测记录如下(备份自动站气压传感器与主站同高):

时次	08时	11时	14时	17时	20时
能见度(km)	0.3	7.0	10.0	28.0	35.0
总/低云量	10/10	1/1	10/10	4/4	2/2
云高(m)	—	800	700	800	800
气温	15.7	19.8	26.0	28.0	27.0
相对湿度	100	86	68	55	59
本站气压	983.7	983.2	978.9	977.8	980.0
0 cm地温	17.0	28.4	31.2	25.5	20.0
10 cm地温	17.3	18.3	21.3	23.0	21.9
天气现象及其它测量值					
	夜间	白天			
天气现象(降水现象均为中常强度,间歇或阵性)	Ω = ≡[217]	Ω ≡ $8\text{-}8^{22}$ =($08^{22}\text{-}08^{59}$,$09^{01}\text{-}11^{05}$) $\dot{\bigtriangledown}$ $13^{26}\text{-}17^{02}$(大)			
值班日记	≡ VV:7时31分890米,7时54分450米)(19时34分,NW方距本站2 km				

四、逐日地面数据维护和A文件维护处理(20分,评卷以数据文件为准)

1. 日数据维护

根据上表和下面给出的数据,修改维护57749站2015年11月11日和23日相关数据(不考虑合理性),并生成这两日的日数据文件和日照数据文件。

时间 项目	11日						23日					
	8时		14时		20时		8时		14时		20时	
总/低云量	10/10		10-/10-		10/0		10/10		10-/7		10-/0	
云高	500		900		3000		450		750		1450	
天气现象	夜间		白天				夜间		白天			
	• =		• $8\text{-}8^{17}$ $9^{21}\text{-}10^{39}$ $13^{28}\text{-}17^{20}$ $18^{49}\text{-}20$ =				= ⊔		Ω = • $8^{11}\text{-}8^{28}$ $9^{53}\text{-}10^{14}$ $18^{03}\text{-}18^{39}$			
小型蒸发	2.4						0.1					
日照时数	6—7	7—8	8—9	9—10	10—11	11—12	12—13	13—14	14—15	15—16	16—17	17—18
11日	0.0	0.0	0.0	0.2	1.0	0.2	1.0	0.5	1.0	1.0	0.0	0.0
23日	0.0	0.0	0.0	1.0	1.0	1.0	0.9	0.7	0.7	0.8	0.3	0.0

2. 形成57749站(标准地面观测场25 m×25 m)2015年11月的A文件。将封面、封底内容录入到A文件中并形成A3的PDF文件(所给内容不完整或数据不准确,以及本月数据修改维护操作一概不考虑)。

封面、封底内容如下:

项目		内容
台站名、地址、地理环境、省名		根据台站参数修改
台(站)长		李强
输入		集体
校对		集体
预审		李勇
打印/传输		李琼
传输日期		2015.2.5
天气气候概况	主要天气气候特征	本月月平均气温为 23.5 ℃,较历年该月平均气温 16.1 ℃偏高 3 ℃,本月最高气温为 23.8 ℃,出现在 3 日,最低气温为 15.3 ℃,出现在 23 日;本月降水 12 毫米,比历年该月降水量 19.1 毫米偏少 7 毫米。
	主要天气过程	本月 1、6—29 日出现降水天气过程。
	本月天气气候综合评价	本月气温偏高,降水偏少。
其他备注信息		1 日恢复启用 SL3-1 型雨量传感器,号码 201303222,上海产,标校日期 2014 年 3 月 31 日。
		25 日 09 时 35 分—09 时 45 分更换温湿传感器过滤罩。
		25 日 16 时 10 分—16 时 20 分在本市人工增雨。
		28 日测站正西方新植树木一排,从观测场中心测量,视宽度角 7.5°,仰角 6.4°,障碍物最近点距观测场中心 80.7 米。

五、数据文件人工审核(15 分,评卷以答卷纸为准)

请根据所提供的 58553 站 2015 年 12 月-2016 年 2 月的 A 文件和 2016 年 1 月 J 文件完成 2016 年 1 月 A、J 文件人工审核,并将人工审核发现的疑误信息填写在纸质答卷上,如下表样:每发现 1 条疑误(疑误信息必须写清楚和完整)得 1 分,审核错误(把正确记录认为是错的)每条从得分中扣 0.5 分。

人工审核登记表(样表)

A 文件人工审核				
序号	要素	日期	时间	人工审核错误或疑误信息及处理方法
1.				
2.				
3.				
4.				
5.				
6.				
7.				
8.				
J 文件人工审核				
1.				
2.				
3.				

人工审核填写说明:表中所列登记条数与实际错误条数无关。

4.5　广西壮族自治区观测数据综合处理试题

【考试说明】

1. 考试所需测报业务软件在考试U盘中下发，选手必须在自备计算机上完成此软件的安装、升级至最新版本，并以此为基础完成考试内容，形成相关数据文件。若选手计算机为win7之前的操作系统或需要安装“.NET Framework 4”，请从U盘中提供的安装包中查找安装。测报业务软件的安装路径统一设置为“D:\ISOS”；“考试用数据”目录中集中存放有解题所需的文件数据，请选手自行根据需要将相关数据文件放置到相应的业务系统文件夹中。

2. 本计算机综合处理试题的异常记录处理均按《地面气象观测业务技术规定(2016版)》(气测函〔2016〕13号)执行，未明确的部分按《〈地面气象观测规范〉技术问题综合解答(第1号)》(气测函〔2005〕227号)执行；温度、相对湿度数据异常时，水汽压、露点温度进行反查处理。

3. 答题结束后，请将软件安装文件夹下的如下内容(文件夹、参数文件和数据文件)：metadata、AwsDataBase、AwsNet、ReportFiles、Synop、Configure文件夹，MOIftp文件夹下MobileNum文件，台站号文件夹下的AWS文件夹和smo.loc文件，以及试题中其他明确要求拷贝的文件，完整地拷贝入U盘根目录下，以本人准考证号命名的答题文件夹中。上述参数库文件和数据文件为答卷的一部分，与纸质答卷一并由监考人员统一收取、进行评卷。

试题中涉及的省名、站名、区站号、人名均为出题所用；如有相同，纯属巧合。

一、软件安装和参数设置(25分，每错一个0.5分，扣完为止)

安装ISOS软件(SMO和MOI及MOIFTP)至指定目录中，升级到最新版，并按给定的资料完成有关参数维护，没有给出的内容除必要的设置外，均以下发软件缺省参数为准。

1. SMO软件安装和区站参数设置

(1)将SMO软件安装在D:\ISOS目录下并进行如下设置。

项目	项值
省名	广西壮族自治区
区站号	59999
台站名	竞赛专用国家基本气象站
站址	区气象局竞赛专用测试站38号
地理环境	郊区，集镇
省编档案号	15023
台站字母代码	BTSZ
台站类别	国家基本气象站
辐射站级别	无
经度	120°49′00E
纬度	29°36′00N
观测场海拔高度	104.3 m
气压传感器海拔高度	105.5 m
气压表海拔高度	103.8 m

续表

项目	项值
风向、风速器距地高度	10.5 m
平台距地高度	0.0 m
历年平均气温	15.1 ℃
历年平均本站气压	1014.0 hPa
视程障碍现象湿度	68
观测项目挂接设置	地面综合观测主机、风向、风速(不包括 1.5 m)、降水(0.1 mm 翻斗)、百叶箱气温、湿度、本站气压、草温、地表温度、浅层地温(全部)、能见度(挂接在新型自动站上)、大型蒸发、视程障碍天气现象
首页控件显示要素所在数据表	常规要素每日逐分钟质控数据表
人工定时观测次数	5 次
人工观测项目	云量、云高、降水和其他天气现象、雪深、日照、电线积冰
长 Z 文件生成间隔设置	10 分钟
数据路径	根据软件安装路径和参数进行设置
重要天气报	区域代码为 30,扩展名修改 MDS,大风省级和国家级相同,始发为 20.0 m/s,续发为 24.0 m/s 视程障碍现象按最新国家标准并自动编发
数据备份	启用,每小时,备份目录:D:\自动站数据备份

(2)修改以下小时极值数据。

月 项目	1月	2月	3月	4月	5月	6月	7月	8月	9月	10月	11月	12月
气温气候极限最高值	16.0	18.5	29.5	32.7	37.8	38.6	41.5	37.5	34.4	31.0	21.5	19.2
气温气候极限最低值	−16.7	−14.7	−10.1	−1.5	5.0	10.5	16.7	14.5	5.7	−3.8	−10.5	−14.9
草温气候极限最高值	19.6	27.6	35.9	42.8	52.8	53.4	55.4	53.1	45.8	40.2	32.3	20.3
草温气候极限最低值	−26.5	−19.0	−14.9	−7.6	0.2	7.6	14.1	11.7	0.0	−6.4	−14.3	−22.2

(3)自动气象站参数

项目	项值
新型自动站通信参数设置	端口号:COM1,波特率:9600,奇偶校验:无,数据位:8 位,停止位:1,命令重试次数:5
质控报警设置	选取分钟和小时所有质控报警,启用声音报警,报警文件为 MOI\Music 目录下 CUCKOO 当 cpu 使用率超过 80%时,进行报警,报警规则名称为 cpu 报警,启用声音报警同上。

2. MOI 和 MOIFTP 软件安装和参数设置。

(1)用试题包中提供的安装程序将 MOI 和 MOIFTP 软件安装在 D:\ISOS 目录下 并完成 moi 软件相应的参数设置。未提到的参数均使用试题包下发的默认参数。

(2)MOIFTP 参数设置

主通道 Z 文件	IP 地址:212.188.112.9　远程目录:/ZEW_ZDZsssSC/　用户名:zjjs　密码:czzl
主通道重要报	IP 地址:212.188.112.18　远程目录:/TIMW_eYB/　用户名:SPzhongyao　密码:synop
文件发送方式	启用:换扩展名 tmp 方式
3G 后备长 Z	IP 地址:12.188.112.9　远程目录:/ZEW_ZDZsssSC/　用户名:zjjs　密码:czzl
整点 Z 文件发送时间	3 分 30 秒
软件监控	不启用

二、观测编报和数据维护处理(45分)

项目	08时	11时	14时	17时	20时	
总/低云量	10/10	10/7	10-/10-	10-/8	9/2	
云高	800	360	600	1000	350	
能见度	5.0	14.0	8.0	22.0	3.0	
气温	23.0	25.7	—	24.9	24.2	
相对湿度	92	87	85	91	95	
气压	998.8	997.7	996.2	995.5	996.1	
0 cm 地温	25.1	29.1	30.1	25.1	25.1	
5 cm 地温	25.9	26.9	29.9	27.9	25.9	
10 cm 地温	26.4	26.8	28.4	29.4	26.9	
15 cm 地温	26.6	26.9	27.6	27.0	27.2	
20 cm 地温	26.8	26.9	27.8	26.8	27.3	
天气现象实况	夜间			白天		
	轻雾 大雾(0312-0736,能见度一直为650米) 阵雨			阵雨 0800-1230 1336-1657 1750-1810 1950-2000 冰雹 1346-1435(13时46分 2 mm,13时52分 10 mm,14时35分 12 mm) 轻雾		
值班日记记录	雷暴 13^{18}-14^{20}					

1.根据下面所给资料和拷贝的数据文件完成以下内容。

(缺少上传数据文件、重要报每份扣2分,多上传数据文件每份扣1分。数据每错、漏1项扣0.5分,长Z文件等数据文件每份最多扣分2分。)

(1)完成59999站2015年6月9日08、11、14、17、20时的正点观测编报,并按规定处理异常数据。涉及相关时次记录的,需一并修改,同时均需形成上传数据文件。(天气现象按终止到相应小时正点输入)

(2)根据所给的天气现象实况和值班日记记录,完成该日全天重要天气报任务,需编发重要报。

9日部分人工观测记录和备份自动站资料如下(两站气压传感器海拔高度相同):

2.下面给出的是59999站2015年6月15日和23日的部分人工观测数据。

项目＼时间	15日			23日		
	8	14	20	8	14	20
总/低云量	10/10	10/2	10-/5	10/0	10^{-}/8	10^{-}/10^{-}
云高	900	850	600	3500	800	900
天气现象	(10,80,) 10 80 0800-0926'1003-1057 601532-1833'1915-1942			(10,80,) 10 80 1015-1320,.		
大型蒸发	15—16时记录异常做缺测,日合计用人工5.3代替。					
15日日照	无					

23日日照	6—7	7—8	8—9	9—10	10—11	11—12	12—13	13—14	14—15	15—16	16—17
	0.0	0.3	1.0	—	0.0	0.0	0.0	0.0	0.0	0.0	0.0

请根据以上数据和拷贝的数据文件完成以下内容。

(1)补充完成15日、23日资料。

(2)形成15日、23日的日上传数据文件和日照上传数据文件。

3. 请根据以下资料填写59999站2015年6月A文件的附加信息，并形成由台站上报上级资料审核部门的A、J文件格式(附加信息仅按下表录入，无须自行添加其他内容；无须考虑数据准确与否。一项不一致扣2分)。

项目		内容
台(站)长		守信礼
输入		竞赛人
校对		参赛者
预审		评审员
打印/传输		裁判长
传输日期		2015.7.08
天气气候概况	主要天气气候特征	本月平均气温26.4 ℃，比常年平均(27.8 ℃)偏低1.4 ℃；月雨量343.0 mm，比常年(157.9 mm)偏多185.1 mm；月雨日22天，比常年(14.2天)偏多7.8天；月日照时数104.9小时，比常年(211.4小时)偏少106.5小时。
	主要天气过程	本月多强降水过程，月初受台风“娜基莉”影响，月雨量较常年异常偏多，月日照时数异常偏少，均破历史极值。6月10日受台风，“娜基莉”影响，有4个站点日雨量超100 mm，三界最大达173.0 mm，白岩出现8级阵风、牛团仓9级阵风。17—20日受高空槽和低涡切边的影响，有强降水过程，其中19日16时—20日20时，普降暴雨，局部大暴雨，平均面雨量达73.1 mm，全市26个自动气象观测站点均超过50 mm，雅璜最大100.8 mm。下半月，受副热带高压边缘影响，午后强对流天气频发，部分站点短时雨量较大。
	本月天气气候综合评价	本月平均气温较常年同期偏低，雨量、雨日较常年同期显著偏多，日照时数较常年同期明显偏少。上旬平均气温接近常年，出现了3天高温天气，高温强度较弱，上旬的天气条件对各类作物的生长较为有利。中旬全市出现历史同期罕见的凉爽、多雨、寡照天气，旬平均气温和日照较常年异常偏低，均为历史第一低值年。持续阴雨寡照天气对露地蔬菜受影响较大，大棚蔬菜生长减缓，造成晚稻和果蔬病虫害高发。下旬的各项气象条件较为正常，旬内日照仍然偏少，出现了一些短时强对流天气，对我市的农业生产影响不大。
备注		1日起启用草温自动观测，仪器号码2658，无锡研究所生产，有效期2013.12.12—2015.12.11。
		3日测站东北角出现建筑物，视宽角9.6度，仰角0.6度，距离观测场230.3米。
		8日7时因降水蒸发量偏大，作内插处理。
纪要		16日13时12分—14时16分在北漳镇进行人工增雨。
		16日本站出现冰雹，最大直径12 mm，平均重量0.3克。

三、A文件质量控制(30分，请直接在电子答题卡上答题)

试题压缩包中给出了59999站上报上级审核部门的2013年12月和2014年1、2月A文件以及2014年1月J文件。请完成该站2014年1月的A、J文件的数据质量控制。(少审核出一处疑误扣1分，多审核出一处疑误扣0.5分)

该站为国家基本气象站，每天5次定时观测，有海平面气压组。本站1月1日开始使用新型自动站单轨运行同时开始执行调整后的地面气象观测业务规定。

请综合运用各种方法对A、J文件进行审核，并将审核发现的疑误信息填写在答题卡上

（文件名为："2016 气象综合业务技能竞赛-计算机综合处理试卷答题卡"，在试卷 U 盘上另附）。

答题结束时，请将答题卡文件改名（或另存为）"计算机综合处理试卷答题卡-GX＊＊＊.DOC（GX＊＊＊为本人的准考证号）命名格式的 WORD 文档，与其他答题数据文件一起，存储在答题 U 盘根目录下、以本人准考证号命名的答题文件夹中。

4.6 云南省观测数据综合处理试题

说明：

1. 软件和本试卷的电子文档在下发的U盘中，选手在计算机上完成软件安装，并以此完成试题中要求的各项内容，形成相关数据文件。若选手的计算机中已安装同类软件，请先卸载(并删除原安装文件夹)，再行安装。

2. 软件运行环境：Microsoft. Net Framework 4.0 以及 Access 数据库组件 AccessDatabaseEngine. exe.

3. 软件安装步骤：

(1)“采集软件(SMO)”安装目录为 D:\ISOS\smo，安装完成后暂不启动。

(2)“业务及传输软件(MOI+MOIFTP)”及其补丁安装目录为 D:\ISOS，安装完成后暂不启动。

(3)“ISOS 数据”按默认路径安装，弹出“确认文件替换”窗口时，选择“是”。

软件务必按上述步骤正确安装，否则可能会导致数据读取错误，后果自负！

4. 试题中异常记录的处理方法按《地面气象观测业务技术规定(2016 版)》执行。

5. 选手必须在所发U盘的根目录和计算机桌面，建立以本人“中文姓名+考号”命名的文件夹(文件夹不符合要求扣总分1分)，答题结束后，将以下文件或文件夹拷入：

(1)smo 目录下的 dataset、metadata 文件夹。

(2)MOI 目录下的 AwsNet、Configure、ReportFiles、Synop 文件夹。

(3)MOIftp 目录下的 MobileNum. xml 文件。

考试结束后，由监考人员统一收取U盘。

一、参数设置(20 分)

按下表资料完成 SMO 和 MOI 的参数设置，没有列出的相关内容以下发软件参数库和软件缺省值为准。(20 分)

1. 基本参数

省名	云南省
区(台)站号	54323
区站名	竞赛专用国家基本气象站
地址	美满省幸福市康庄大道 168 号
地理环境	郊区、山顶
省编档案号	12345
区站字母代码	BSJS
自动站类别标识	基本站
辐射站级别	无
建站日期	1950 年 1 月 1 日
历年平均本站气压	1013.8 hPa
经纬度	120°20′00″E、36°04′00″N

续表

省名	云南省
观测场海拔高度	76.0 m
气压传感器海拔高度	77.1 m
气压表海拔高度	77.1 m
风速传感器距地高度	10.9 m
风向传感器距地高度	10.9 m
平台距地高度	0.0 m
历年平均气温	12.5 ℃
自动观测项目	本站气压、海平面气压、气温(百叶箱)、相对湿度、风向、风速、0.1 mm 翻斗式降水、称重式降水(为雨量数据源)、0～20 cm 地温、能见度、视程障碍类天气现象(挂接设置导出为"设备挂接.xml",放入上报文件夹。)
人工观测项目	云量、云高、降水类现象、其他天气现象、定时降水量、雪深、雪压、日照、冻土、电线积冰、小型蒸发。 大型蒸发:无;地面状态:无。
分钟极值、小时极值	导入 ISOS 目录下的"54323 台站历史气候极值.txt",修改"1 月份本站气压气候极限最高值"为 1035.0,"测站有轻雾相对湿度最小值"为 60。
首页控件显示要素所在数据表	常规要素每日逐分钟质控数据表
质控报警	分钟文件和小时文件除"文件内部一致性检查"不勾选外,其他均勾选。 启用报警勾选、声音报警勾选,声音文件: MOI\Music\CUCKOO.WAV
灾害报警	增加"短时强降水"报警功能,当常规要素每日逐分钟质控数据表中的小时累计降水量(翻斗式)达到或超过 20 mm 时启用报警,无其他条件。
通信参数	设置新型自动站通信参数,通信端口:COM2;波特率:9600;校验位:偶校验;数据位:7;自动重试:关闭。 截图保存为"通信参数.jpg"存入上报文件夹
要素显示	在要素配置界面顺序显示气温(百叶箱)、分钟降水量(称重式)、小时累计降水量(称重式)的分钟质控数据和气温(百叶箱)、分钟降水量(翻斗式)、小时累计降水量(翻斗式)的分钟数据,每行显示 1 个要素。
Z 文件输出时间间隔	60 分钟
测站数据源目录路径	根据软件安装情况进行相应设置
重要天气报	编发大风、雷暴、龙卷、冰雹、视程障碍(自动编发),无省定补充段;区域代码 50,文件名按固定时间形成,扩展名 SJS,大风重要报省定始发标准 17.0,续发标准 20.0,其他保持默认。
数据备份	每小时备份到"D:\数据备份"文件夹
审核规则库	删除原默认审核规则库,从 ISOS 目录下的 Syslib.mdb 中导入 54323 审核规则库,并修改最大风速的气候极限为 70.0 m/s,极大风速的气候极限为 80.0 m/s
MOI 值班员信息	删除原有值班员,增加管理员"李白",密码"lb"; 增加值班员"王红",密码"wh"、"张兰",密码"zl"。 (开放修改权限的管理员为 admin,密码 dmqxgc)

2. MOIFTP 参数

MOIFTP 参数中重要报和 Z 文件传输的"服务器 IP 地址"及"远程目录"因故缺失,已知用户名为 User,密码为 User1,请设法完善主通道通信参数。

其他参数信息如下：

文件发送方式：不勾选换扩展名 tmp

整点 Z 文件发送时间：3 分 50 秒；

软件监控：启用 SMO 和 MOI 监控。

二、模拟运行(20 分)

1. 调整计算机时间至 2016 年 8 月 15 日 13 时 50 分 30 秒，启动 SMO 和 MOI，开启 SMO 的模拟数据功能，完成 13 时 51 分—14 时 10 分的数据采集(4 分)。

2. 模拟期间降冰雹，值班员李白对“翻斗式雨量传感器”加盖(开始和结束时间与降雹时间同步，秒数为“00”)，操作内容“翻斗式雨量传感器加盖。”，请将维护记录导出为“设备加盖.csv”存入上报文件夹。(2 分)

3. 13 时 55 分 00 秒至 14 时 03 分 00 秒，值班员李白对“百叶箱气温传感器”进行了维护，操作内容“气温传感器故障，进行更换。”，请将维护记录导出为“设备维护.csv”存入上报文件夹。(2 分)

4. 截取 13 时 58 分的 SMO 要素显示界面，保存为“要素显示.jpg”存入上报文件夹。(1 分)

5. 在维护终端中与采集器进行模拟命令交互，依次进行下述操作，将交互界面截图为“设备交互.jpg”存入上报文件夹。(3 分)

(1)读取主采集器工作状态。

(2)设置翻斗式雨量传感器的配置参数，其三次多项式系数为“0、0.1、0、0”。

(3)设置蒸发传感器进入维护状态，时间 30 分钟。

6. 根据模拟数据采集情况，按照现行业务规定，形成 14 时正点长 Z 文件并编发期间出现的重要天气报。(8 分)

14 时备份站自动观测记录和人工观测记录如下：

要素	记录
总/低云量	10/10
云高(m)	600
备份站气温	26.6
备份站相对湿度	78
水汽压	27.1
露点温度	22.4
天气现象	$\dot{\triangledown}$ 13^{51}-14^{10} $\triangle$ 13^{54}-14^{05}
备注	前 12 小时气温 26.5 ℃其他记录详见值班日志

三、正点处理(30 分)

1. 请完成 54323 站 2016 年 1 月 17 日 08、11、14、17、20 时 5 次定时及相关受影响时次的正点观测编报，形成正点地面气象要素数据文件(长 Z 文件)。

注意：异常数据需按现行业务规定进行处理，天气现象时间需截取录入至编发正点。

备份自动站参考资料及部分人工观测记录如下(备份自动站气压传感器与主站同高)。

时次	08时	11时	14时	17时	20时
能见度(km)	1.0	1.5	5.0	11.0	15.0
总/低云量	10/0	10^{-}/0	10/10	因降雪 使天空不明	10/10
云高(m)	2500	2500	700		1000
2分钟风向/风速	320/6.0	340/7.5	330/9.8	22/7.0	20/7.0
10分钟风向/风速	320/6.5	340/8.3	345/10.2	25/8.5	10/9.0
瞬时风向/风速	340/9.0	347/8.0	320/13.3	20/10.0	30/9.0
气温(℃)	−0.5	0.5	−1.0	−3.2	−5.0
相对湿度	83	85	78	66	68
本站气压(hPa)	1010.5	1035.1	1009.5	1011.4	1012.9
雪深(mm)	42				
冻土(cm)	两个冻结层,上限分别为0和10,下限分别为7和20				

天气现象(无需考虑现象的合理性,按实有记录录入即可。)

夜间	白天
⊔ ⊔̶ =	⊔ ⊔̶ = ⚹ 12^{35}-15^{02}(小的雨夹雪) ∾ 13^{17}-16^{24} ✳ 16^{40}-18^{23}(连续性) ⊠(18时以后开始出现)
其他说明	该日有大风,需通过查询确定大风现象的起止时间。 13时51分至14时01分风杯被雨凇冻结。 14时前东西、南北方向的雨凇直径和厚度均为29 mm;14时后出现增长,15时增长至最大,东西方向30 mm,南北方向32 mm。 16时30分值班员巡视仪器时,把称重式雨量传感器口沿积雪清理至承水桶内。 16时46分至17时00分能见度数据明显异常。

2.1月16日夜间某时次正点数据因故未能上传,请补调上传该时次的长Z文件。

四、数据维护及重要天气报(30分)

1.根据下表,维护54323站2016年1月3日和6日的相关数据,并形成这两日的日照数据文件和日数据文件,日数据文件中的天气现象应符合霾日统计算法规定(6分)。

根据1月3日视程障碍现象的识别结果,模拟自动编发本日重要天气报。(4分)

项目 \ 时间	3日		6日	
			夜间	白天
天气现象	查询后补录该日 视程障碍天气现象		∞ ⊔̶	∞ ⊔̶ ✳ 15^{32}-15^{47}
小型蒸发	1.3		3.2	
日照时数	10—11时	11—12时	日照计进光孔堵塞	
	0.5	1.0		

2. 1 月 17 日小型蒸发为负值，日照时数如下表，形成此日的日照数据文件和日数据文件；根据此日天气现象记录，编发重要天气报(5 分)。

日照	08—09 时	09—10 时	10—11 时	11—12 时
	0.2	0.7	0.6	0.3

3. 常规要素数据分析与处理(15 分)

序号	不完整或疑误记录			其他观测记录及补充说明
	日期	时间	要素	
1	1	21	本站气压	通过补调功能获取
2	2		日最高气温	该数据有误，请核实修改

上表是 54323 站 2016 年 1 月的不完整或疑误记录，请在“常规要素”中进行正确处理并保存；然后根据下表内容，形成经台站维护后的 2016 年 1 月份 A 文件(所给内容可能不完整，但数据均准确无误)。

项目	内容
台(站)长	孟国中
输入	富强
校对	文明
预审	爱国
打印/传输	敬业
传输日期	2016.2.6
跨月降水	下月 1 日 20—08 时降水量：0.0 跨月连续无降水开始日期 2015 年 12 月 25 日
天气气候概况	本月月平均气温为−0.7 ℃，较历年该月平均气温−0.2 ℃偏低 0.5 ℃，本月最高气温为 10.8 ℃，出现在 2 日，最低气温为−15.1 ℃，出现在 24 日，创建站以来最低气温记录；本月降水 6.4 mm，比历年该月降水量 10.8 mm 偏少 4.4 mm。
	本月有 1 次降水过程，出现在 17 日。
	本月气温偏低，降水、日照明显偏少。气象条件对越冬作物不利。
其他信息	1 日本站台站类别由“一般站”改为“基本站”。
	1 日起台站所在地址由“小康路”更名为“康庄大道”。
	17 日 17 时 30 分至 20 时地温传感器被雪覆盖。
	17 日下午和谐镇遭受大风袭击，农林经济损失 200 万元。
	全月台站周围环境无变化。

5

竞赛总结及获奖情况

5.1 第十一届竞赛总裁判长技术点评

一、本次竞赛的基本情况

(一)竞赛内容情况

本次竞赛共有四个科目,总分 410 分,比上届增加了 10 分。

科目一是综合气象业务基础理论,总分 150 分(上届为 190 分,比重减少),考试时间 120 分钟,采用计算机上机考试。考试内容由防灾减灾与公共气象服务(分值占比 30%)、气象预警预报(分值占比 30%)、气象观测和技术保障(分值占比 40%)三部分构成,题型分为单选、多选、判断三种,各 100 道题,共 300 道题,内容涵盖了气象灾害防御、预警信息发布、观测基本知识、数据质量控制与气象资料应用、气象相关法律法规和规章等 15 个方面。其中,应知应会业务知识的题目占 50%,应了解业务知识的题目占 40%,有一定难度的题目占 10%。

为了充分体现技能竞赛公平竞争的原则,本次竞赛首次邀请行业专家针对不同部门气象业务特点,分类开展基础理论考试命题,因此在本届竞赛中首次出现了气象部门基础理论试卷、外部门基础理论试卷两种类型四份试卷。

同时,经历了十年技能竞赛,基础理论考试从纸质答卷、人工阅卷,到纸质答卷、机器阅卷,再到上机考试、自动阅卷,逐步在全国技能竞赛考试中实现了无纸化、自动化。

科目二是强对流天气监测预警与服务(取代上届竞赛的"观云测天科目",加强观测与预报服务的互动),总分 60 分(上届为 10 分,比重增大),考试时间 60 分钟,采用计算机上机考试。考试内容由监测预警分析(分值占比 2/3)、撰写气象服务决策材料(分值占比 1/3)两部分构成,分为判断、论述两种题型,要求考生自行操作 PUP 显示软件读取多普勒天气雷达资料,重点考查选手对灾害性强对流天气个例资料进行分析、预警发布并撰写决策气象服务材料的能力。同时也是第一次利用 PUP 软件对雷达资料进行监测分析,所以科目二也得到了竞赛选手的特别关注。

科目三是技术保障,总分 100 分,考试时间 30 分钟,采用实际动手操作设备考试。考试内容由观测设备安装与连接(分值占比 38%)、观测设备测量与设置(分值占比 24%)、观测设备故障检测与维护(分值占比 38%)三部分构成,将实际动手安装、硬件测试、软件调试、业务应用等结合在一起,重点考查选手解决业务运行中实际问题的综合能力。特别是:综合考查选手在设备操作、业务软件与设备交互的实际应用能力(如:在能见度设备标定前需要对 ISOS 软件进行设置),提高设备故障诊断难度(如:主采集器嵌入式软件设置故障叠加了设备自身故障),新设备的现场测试、校准方法应用(如:能见度仪)。

科目四是观测数据综合处理(名称发生变化,与上届"计算机综合处理"相比,更加强调观测数据跨平台处理,新增了 MDOS 平台反馈信息查询处理内容,占 10%),总分 100 分,考试时间 90 分钟,采用计算机上机考试。内容涵盖了地面气象测报业务软件(ISOS)安装与设置,数据录入、处理及上传,观测数据及台站元数据分析,MDOS 平台反馈信息查询处理等。与上届竞赛相比,ISOS 软件操作部分考查的重点和难点有所调整,一是突出了在实际业务运行过程中通过设备状态数据对设备进行监控和维护，二是突出了实际观测数据的分析并开展观测资料质量控制。

（二）参赛人员情况

本届竞赛参赛选手中：

（1）在年龄分布方面：以青年为主，平均年龄 29.5 岁（上届 30.6 岁），年龄最小的 20 岁（上届 24 岁），最大的 41 岁（上届 44 岁）。26—33 岁为主流，占 72%，34—38 岁占 12%，40 岁以上只有 3 人，不足 1%。

（2）在技术职称分布方面：初中级职称占主流，只有 3%的选手具有高级工程师职称，41%的选手具有工程师职称，56%选手为助工。

（3）在学历分布方面：本科占主流，9%的选手具有硕士研究生学历，89%的选手具有本科学历，4%的选手有大中专学历。

（4）在性别分布方面：男选手偏多，男性 65 人占 62%，女性 40 人占 38%。

（5）在民族分布方面：多民族共同参与，参赛选手中有汉族、藏族、侗族、回族、满族、蒙古族、白族、毛南族、蒙古族、土家族等 10 个民族。

参赛选手全部来自县级综合气象业务一线岗位，具有较好的大气科学和大气探测学基础理论知识，积累了较为丰富的基层业务经验，作为中青年业务骨干，代表了县级综合气象业务的总体水平。

二、本次竞赛主要特点

气象行业技能竞赛与气象行业的业务密切相关的职业技能竞赛，今年是中国气象局自 2007 年首次举办全国气象行业职业技能竞赛以来的第十年，这十年，经历了从单一的地面测报竞赛，到综合观测竞赛，再到县级综合业务竞赛，竞赛内容伴随业务发展不断丰富，竞赛组织在各方努力下不断完善。

与往届竞赛相比，本届竞赛内容呈现三个特点：

一是进一步加强了观测与预报、服务的互动。将“观云测天”科目升级为“强对流天气监测预警与服务”科目，实现了观测资料分析、短临灾害性天气预警、决策服务三个环节的有效统一，强化了根据观测资料发布预警信息、撰写决策服务材料的能力；在“综合气象业务基础理论”科目中，增加了气象为农服务、人工影响天气等县级台站实际业务工作内容，以适应县级综合气象业务改革及业务调整的需要；在“观测数据综合处理”科目中，增加了对 MDOS 平台的操作。

二是更加紧密结合地面观测自动化后的业务现状。在“技术保障”科目考试中，增加了业务中新增加的硬件集成控制器和前向散射式能见度仪，设计了设备安装、调试、故障诊断与排除等贴合台站业务工作实际的题目；在“观测数据综合处理”科目中，设计了利用观测设备状态数据进行设备监控与维护的题目，引导观测员向装备保障员和数据分析员过渡。

三是充分考虑外部门气象工作的特点。本次竞赛首次邀请行业专家针对不同部门（兵团、农垦、森工）气象业务特点，分类开展基础理论考试命题，“部门搭台，行业唱戏”。

在竞赛的组织方面上也呈现出两个特点：

一是参与单位多。命题单位最多，史上阵容最强大的命题阵容，10 个参与命题单位（探测中心、气象中心、信息中心、干部学院、公服中心、气科院、成信大、兵团、农垦、森工)，基本涵盖中国气象局全部业务单位及主要行业机构。参赛单位最多(江西信息应用职业技术学院首次组队参加)，共35支代表队，多达105名选手，历届最多。本届竞赛，参与单位多，涉及内容广，组织环节多，特别感谢竞赛的组织单位、承办单位和参赛单位，大家在各个方面对竞赛工作给予了大力支持。

二是创新举措多。第一次在年底前举办竞赛(与全国综合观测工作会议套开，与校园招聘会错峰)，成都信息工程大学第一次全面参与竞赛命题工作(基础理论、技术保障、考试系统)，第一次利用微信公众号做宣传，第一次基本实现无纸化考试，第一次全过程全方位高清录像(24台高清摄像机)，第一次设立团体最快进步奖、非气象部门行业技术能手奖。

三、竞赛成绩的基本分析

在整个竞赛过程中，监审、监考人员严肃认真，选手遵守规定，考场纪律严明、秩序井然，整个竞赛过程由公证人员全程公证。改卷工作严谨认真，每份试卷由评卷组名人评阅、审核；然后由记分组进行再次核查，最后，对前10名再由阅卷组成员进行审核，目前考试、阅卷、记分工作已圆满完成。以下对竞赛成绩进行分析：

(一)综合气象业务基础理论

本届竞赛，虽然题量增加了40道(原为260道题)，但因为使用了上机考试系统(节约了填涂答题卡时间)，绝大多数选手完成了全部答题，个别选手提前半小时交卷。满分150分，本届平均分为90.5分，相当于百分制的60.3分(第九届136/71.58分，第七届126.6/66.6分，满分为190分)较上届得分偏低，最高分为134.6/89.7分(第九届176/92.6分)较上届得分偏低，最低分45.7分(第九届67.5分)，及格(90分以上)人数为61人(第九届79人)，及格率58.1%(第九届77.4%)。

从题型的得分率看，多选题得分率较低(单选71.7%，多选48.6%，判断74.3%)。在所有题目中，“防灾减灾与公共气象服务”部分的试题得分率最高，为77%；“气象观测和技术保障”部分的试题得分率最低，为56%；“气象预警预报”部分的试题得分率居中，为65%。在被考查的15个知识模块中，得分率最高的是“预警信息发布知识”，为85.3%；得分率最低的是“综合观测基本知识”，为44%。

从一些具体的试题上来看，所有题中得分率最低的是在“气象观测和技术保障”部分中，“气象资料统计”知识模块下，考查地面气象辐射观测数据质量审核的题目。

(1)“防灾减灾与公共气象服务”部分，单选题得分率最低的是在为农服务“两个体系”建设知识模块中，题目为“建立乡镇气象信息服务站的基本条件”，答对人数为2人。多选题得分率最低的也是在为农服务“两个体系”建设知识模块中(A卷20题)，得分率为1.9%。判断题得分最低的是在人工影响天气知识模块中(A卷26题)，得分率为20%。上述得分率较低的题目，都是属于题干信息量较大的题型，需要考生花更多的时间阅读理解，一定程度上增加了考试难度。

(2)在“气象预警预报”部分，大部分选手都达到了及格标准，其中多选题得分率较低。“卫星气象”知识模块得分率为52.2%，较去年有所提高，得分率最低的依然是多选题，不过此次(15.9%)较上届(6.9%)明显提高，该题目涉及气象卫星中关于暖输送带的相关内容。“预报预警业务规范”平均得分率较高，为 77.6%；“业务发展政策及规划”得分率相对较低，为 64.7%；得分率最低的题是寒潮的定义，得分率仅为 8.6%。从上述得分情况来看，选手对天气学和多普勒天气雷达基础理论题掌握较好，除了掌握基本概念外还具有较强的应用能力，和一定的综合能力。

(3)在“气象观测和技术保障”部分，得分率较低的前 10 名题目中，有 4 道是综合观测基本知识的题目，知识点分别是高空观测业务报文编发资料、空气温度观测的传感器材料选择、大气成分和辐射记录的处理规定等。

本届竞赛理论考试，图片题目、表格题目较往届有大幅增加，充分利用了自动化考试平台，丰富了题目展现形式。

(二)强对流监测预警与服务

此科目为今年新增竞赛内容，从得分情况看，这部分平均分不高，为 34.1 分；及格率较低，为 45.7%；最高分 50 分，优秀率仅为 1%。

作为首次竞赛内容，考生对这部分考核内容还比较生疏，部分考生对 PUP 显示软件操作掌握不熟练。其中“监测预警”部分，平均分为 11.8 分(满分 20 分)，及格率(12 分以上)为 61%，优秀率(16 分以上)仅为 8.6%；“预警信号发布”部分，平均分为 9.1 分(满分 20 分)，及格率(12 分以上)为 26.7%，优秀率(16 分以上)仅为 2.9%；“撰写服务材料”部分，有 74%的考生成绩超过 12 分，达到决策服务材料撰写及格标准，16%的考生超过 16 分，达到良好水平，其中有 3 个考生成绩为 18 分，综合撰写能力表现较为突出，服务材料质量较高，达到优秀标准。本次竞赛过程中，总体感觉服务材料撰写质量不高，水平参差不齐，绝大部分考生从标题、材料主题内容、关注建议等部分中均存在各种各样的不足和问题，存在的主要问题有以下几点：一是有约 90%的考生材料中文字表达不够准确精炼，尤其是关注与建议部分；二是 80%以上的考生提出的建议多面面俱到，针对性不强，有的建议甚至是错误的；三是 50%左右的考生在实况和预报内容部分有交叉或重复，组织材料的逻辑性不强，谋篇布局有些混乱，对实况或预报中需要量化表现的内容表达不足或者没有表达。建议各地未来进一步加强基层台站业务人员在此方面的培训。

(三)技术保障

与上两届相比，成绩有明显提高。选手最高分 97 分(第九届 96 分，第七届 84 分)，80 分以上的选手有 62 人，平均成绩 81.5 分(第九届 75.3 分，第七届 60.4 分)，及格率 99%(第九届 87.3%，第七届 49.5%)；行业代表队选手最高分 91 分，80 分以上的选手有 3 人，平均成绩 70.4 分，及格率 77.8%。

比较各部分的具体得分，可以看出，最后两部分“观测设备故障检测与维护”、“前向散射式能见度仪现场校准”得分相对较低，分别为 65.8%、49.2%。

气象部门代表队得分情况如下：自动气象站设备安装检查，得分率 98%；风向、风速传感器的安装与连接，得分率 98.5%；前向散射能见度仪的安装与连接，得分率 92%。综合集成硬件控制器的安装与连接，得分率 93%。供电单元测量，得分率 92%。自动气象站采集系统参数设置，得分率 94.3%。观测设备故障检测与维护，得分率 65.8%。前向散射式能见度仪现场校准，得分率 49.2%。

行业代表队得分情况如下：自动气象站设备安装检查，得分率 96%。风向、风速传感器的安装与连接，得分率 93.1%。气温传感器测试，得分率 64.2%。供电单元测量，得分率 91%。自动气象站采集系统参数设置，得分率 76.1%。观测设备故障检测与维护，得分率 48.1%。

对于此次技术保障的竞赛有一些异议。异议产生的主要原因在于部分选手在考试操作过程中，由于未按照"标准流程"操作，与设置考题考点的方向有偏离，并受到竞赛预设规则的影响，带来了一些异议。此次技术保障所有的软硬件、设备、计算机都是由竞赛组织机构提供的，而且增加了新设备：硬件集成控制器和能见度仪，设备系统较之往届竞赛更加复杂。在竞赛之前，竞赛组织机构进行了大量的测试，非常担心由于设备和软件的问题，对选手造成影响；同时也对裁判也进行了多轮的培训。此项竞赛不仅考核选手对气象观测设备的熟练掌握，也需要选手掌握计算机系统底层的原理性知识，不仅要能知其然，更要知其所以然。

另外气象行业技能竞赛十年，尤感缺少专业的教材、教练、裁判和规则，虽然已经做了一些工作，但还远不够，必须持续稳定加强竞赛组织能力建设，不断提高竞赛组织者的能力，才能适应不断发展的技能竞赛工作的要求。

(四)观测数据综合处理

本科目平均成绩为 65.5 分(第九届为 62.8 分)，最高分为 89.0 分(第九届为 79.6 分)，及格率为 76.2%(第九届 68.6%)，与上届考试相比，选手总体成绩提高。

"台站基本参数维护"得分率最高，为 82.7%，说明各位选手对 ISOS 操作以及台站元数据维护方面掌握的较好，此部分考察选手对软件的基本操作，分析资料序列后进行判断修改参数。如第二大题自动观测设备模拟运行中，要求对轻雾发生过程中的湿度进行分析，得出视程障碍综合判断中的湿度合理阈值，有助于台站在实际工作中更加合理的进行台站参数的维护和设置，提高视程障碍天气现象综合判定的准确性。再比如台站历史极值的修改，是根据实时数据质量控制报警信息触发，引导选手进行数据分析，合理设置极值参数。除此之外，在业务使用过程中经常被忽视，但又对业务正常运行起着重要作用的一些基本参数设置，如设备的挂接方式、观测项目的设置等，都涉及此次考核内容。选手失分主要集中在数据的综合判定分析、观测项目的设置、设备的合理挂接等几个方面，由此可以看出，虽然绝大部分选手对软件的基本操作掌握较好，但是在如何运用多种资料进行综合分析判断的能力还有需重点关注和继续改进，尤其是地面气象观测自动化改革后，业务人员的数据综合判断分析和处理能力。

常规数据维护、异常数据处理是本次考试的重点考核部分，难度较大、占分较多，主要考核选手业务规定的综合应用，处理实际业务中经常遇到的异常数据的能力。本部分得分率为 63.58 %，主要失分集中在滞后降水处理、非定时观测时次异常数据处理以及多要素相关性判断等方面。

设备运行状态监控及设备操作是综合业务人员工作的重要职责。此次考核设置了设备状态实时监控、设备停用以及质量控制报警信息触发的设备维护操作、模拟实时数据采集等考点，得分率为 76.2%(第九届 33.4%)，较上一届竞赛有大幅度提高，说明台站人员在运用新型自动化观测设备方面有很大提高。

MDOS 平台信息查询处理平均得分 4.05 分，最高分 9 分，及格(6 分以上)人数 32 人，及格率 30.5%。《地面气象观测业务技术规定(2016 年)》规定了更正数据挑取规则、与错误数据相关的其他计算数据重算规定、数据反馈时效要求等，但相应考点得分率偏低，尤其与错误数据相关的其他计算数据重算规定，说明选手在此方面还需要加强。另外 14%的选手本部分未得分，可能与答题时间不足或对 MDOS 平台疑误信息处理规定不熟悉有关。

总的来说，此次观测数据综合处理不仅考查选手对观测数据维护处理能力，还考查对观测设备的管理、运行状态监控以及多种资料的综合应用能力。希望各位选手在以后的工作中进一步熟悉运用观测业务规定和技术规范，进一步提高地面观测数据质量。

以上是对此次竞赛从业务技术层面进行的分析。从第九届至十一届共在成都信息工程大学连续三届举办行业技能竞赛，有了前两届人员、技术、经验方面的积累，为此次竞赛提供了强有力的支持。在此再次向成都信息工程大学各位领导、老师表示衷心的感谢和支持！

也非常感谢此次竞赛的监审和公证人员，工作非常严谨认真；也非常感谢华云、无锡、东方公司在设备和技术方面给予的大力帮助！此次竞赛由于考虑不够全面深入、准备不够充分，在考试中出现了一些问题，影响了选手的水平发挥，在此向大家表示歉意！同时也感谢教练、选手们的理解、信任和支持，也希望大家能提出的宝贵意见，在以后的业务竞能赛中不断改进和提高！

5.2 获奖团体和人员名单

第十一届全国气象行业职业技能竞赛团体前十名获奖名单

名次	省份
1	河北省气象局代表队
2	云南省气象局代表队
3	内蒙古自治区气象局代表队
4	安徽省气象局代表队
5	山东省气象局代表队
5	广西壮族自治区气象局代表队
7	湖北省气象局代表队
8	上海市气象局代表队
9	福建省气象局代表队
10	湖南省气象局代表队

第十一届全国气象行业职业技能竞赛综合业务基础理论获奖名单

名次	代表队	姓名	奖项
1	河北省气象局代表	孟丽红	一等奖
2	河北省气象局代表	郭义涛	二等奖
3	福建省气象局代表	黄梅妹	二等奖
3	山东省气象局代表	干兆江	二等奖
5	山东省气象局代表	周振鲁	三等奖
6	山东省气象局代表	张　静	三等奖

第十一届全国气象行业职业技能竞赛强对流天气监测预警与服务获奖名单

名次	代表队	姓名	奖项
1	新疆维吾尔自治区气象局代表	唐　震	一等奖
2	湖北省气象局代表队	朱武杰	二等奖
3	宁夏回族自治区气象局代表队	周　楠	二等奖
4	江西省气象局代表队	郑江伟	三等奖
5	湖北省气象局代表队	汪　洲	三等奖
6	河北省气象局代表队	孟丽红	三等奖
6	福建省气象局代表队	李育慧	三等奖

第十一届全国气象行业职业技能竞赛技术保障获奖名单

名次	代表队	姓名	奖项
1	新疆维吾尔自治区气象局代表队	唐　震	一等奖
2	山西省气象局代表队	卫倩倩	二等奖
2	内蒙古自治区气象局代表队	李　鑫	二等奖
2	福建省气象局代表队	李育慧	二等奖
5	山东省气象局代表队	干兆江	三等奖
5	云南省气象局代表队	姜　勇	三等奖
5	陕西省气象局代表队	武维刚	三等奖

第十一届全国气象行业职业技能竞赛观测数据综合处理获奖名单

名次	代表队	姓名	奖项
1	河北省气象局代表队	郭义涛	一等奖
2	内蒙古自治区气象局代表队	陆占东	二等奖
3	河北省气象局代表队	罗　晶	二等奖
4	山东省气象局代表队	干兆江	三等奖
5	广西壮族自治区气象局代表	张　欣	三等奖
5	云南省气象局代表队	刘维鑫	三等奖

第十一届全国气象行业职业技能竞赛个人全能前十三名获奖名单

名次	代表队	姓名	奖项
1	河北省气象局代表队	孟丽红	一等奖
2	河北省气象局代表队	郭义涛	二等奖
3	山东省气象局代表队	干兆江	二等奖
4	新疆维吾尔自治区气象局代表队	唐　震	三等奖
5	上海市气象局代表队	王丽芳	三等奖
6	重庆市气象局代表队	唐　凤	三等奖
7	四川省气象局代表队	李雪松	三等奖
8	广西壮族自治区气象局代表队	张　欣	三等奖
9	云南省气象局代表队	苏锦兰	三等奖
10	湖北省气象局代表队	朱武杰	三等奖
11	福建省气象局代表队	黄梅妹	三等奖
12	山东省气象局代表队	周振鲁	三等奖
13	湖北省气象局代表队	汪　洲	三等奖